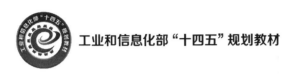

工业和信息化部"十四五"规划教材

移动通信原理、技术与系统
（第 2 版）

沙学军　吴宣利　何晨光　主编

电子工业出版社

Publishing House of Electronics Industry

北京·BEIJING

内 容 简 介

本书面向新工科建设的要求,重点介绍移动通信原理、技术与系统,包括原理和技术篇及系统篇。原理和技术篇包括第1~6章,从移动通信的概念及其历史演进入手,重点介绍了电波传播及信道模型、信源和信道编解码技术、调制技术、链路性能增强技术及移动通信组网技术等相关内容,注重技术演进过程的分析和各技术适用场景的讨论,培养读者分析技术适用场景的能力;系统篇包括第7~10章,主要对现有蜂窝移动通信中的常见系统进行介绍,具体包括GSM、IS-95、3G、4G、5G相关系统,重点介绍了从2G到5G的演进过程及其关键技术的变化,培养读者根据不同应用场景和需求运用适当的技术构建移动通信系统的能力,进而具备解决复杂工程问题的综合能力和创新思维。此外,本书在梳理中国在移动通信领域的发展历程(1G空白、2G跟随、3G突破、4G同步、5G引领)的同时,介绍了发达国家在移动通信领域的最新研究情况,使读者在具有民族自豪感的同时也具有一定的紧迫感。

本书层次清晰、内容丰富、面向前沿科技成果,可作为高等学校电子信息和通信工程相关专业高年级本科生及研究生移动通信课程的教材,也适合通信工程相关专业或相关领域工程技术人员参考使用。

图书在版编目(CIP)数据

移动通信原理、技术与系统 / 沙学军,吴宣利,何晨光主编. —2 版. —北京:电子工业出版社,2022.3
工业和信息化部"十四五"规划教材

ISBN 978-7-121-42984-2

Ⅰ. ①移… Ⅱ. ①沙… ②吴… ③何… Ⅲ. ①移动通信—高等学校—教材 Ⅳ. ①TN929.5

中国版本图书馆 CIP 数据核字(2022)第 031377 号

责任编辑:邓茗幻
文字编辑:冯 琦
印　　刷:三河市鑫金马印装有限公司
装　　订:三河市鑫金马印装有限公司
出版发行:电子工业出版社
　　　　　北京市海淀区万寿路 173 信箱　　邮编 100036
开　　本:787×1 092　1/16　印张:23.75　字数:608 千字
版　　次:2013 年 4 月第 1 版
　　　　　2022 年 3 月第 2 版
印　　次:2022 年 3 月第 1 次印刷
定　　价:75.00 元

再 版 前 言

近年来，移动通信是通信领域发展最快的部分，对社会的发展及信息化具有至关重要的作用。近30年，我国移动通信产业持续高速发展，移动通信的网络规模、技术层次和服务水平都发生了飞跃。近10年是移动通信发展最快、改革力度最大、影响最广泛的重要时期，不仅第五代移动通信系统正式商用，对6G的相关研究也已经全面展开。面对这一形势，为了培养人才，国内大部分高校通信及信号处理相关专业开设了"移动通信"相关课程，但现有教材大部分不能满足学生了解最新技术发展动向的需求。因此，本书在介绍移动通信领域的基本原理、基本技术和基本系统的基础上，对移动通信领域的一些最新进展，包括第五代移动通信标准及关键技术，以及第六代移动通信技术进行了分析和介绍，使读者在掌握基本知识的基础上，能够更加深入和透彻地了解移动通信系统的发展趋势及关键技术。

本书包括原理和技术篇、系统篇。原理和技术篇包括第1~6章，第1章主要介绍了移动通信的特点、分类及发展趋势等；第2~6章分别介绍了电波传播及信道模型、信源和信道编解码技术、调制技术、链路性能增强技术及移动通信组网技术等相关内容，重点阐述移动通信系统涉及的各种关键原理与技术，并着重指出各种关键技术在实际系统应用中受到的限制及各种技术在不同信道中的性能对比，为后续系统设计奠定理论基础。系统篇由第7~10章构成，主要对现有系统进行介绍，具体包括GSM、IS-95 CDMA，以及第三代、第四代、第五代、第六代移动通信系统，解释如何将原理和技术篇中的相关技术应用到实际系统中，以及采用这些原理和技术的具体原因，从而使读者对移动通信系统的整体有一个明确概念，并了解移动通信系统设计中的各种原则。

针对移动通信中容易混淆的一些概念和内容，本书给出了尽可能详细的阐述和解释。

本书层次清晰、内容丰富、面向前沿科技成果，可作为高等学校电子信息和通信工程相关专业高年级本科生及研究生移动通信课程的教材，也适合通信工程相关专业或相关领域工程技术人员参考使用。学习本书前，读者应系统学习随机信号分析、通信原理等相关课程。本书需要40~60学时讲授。

在本书第2版的修订中，沙学军负责第1、4、5章的修订工作，吴宣利负责第2、3、9、10章的修订工作，何晨光负责第6、7、8章的修订工作。此外，梅林、房宵杰在本书修订中负责素材准备工作，谢子怡、张传斌、李婷、王茹协助完成了部分文字的整理工作。

尽管编者数易其稿，力求内容准确、文字精练、难易结合、详略得当，但由于水平有限，书中难免存在不妥乃至错误之处，敬请读者不吝指正。

编 者

2022 年 3 月

目 录

下篇　系统篇

上篇

原理和技术篇

第1章

概　述

1.1　移动通信简史及典型系统介绍

在信息时代，信息技术在国家经济发展、社会进步、人民生活水平提高等方面具有重要作用。人们对信息的充裕性、及时性、高效性和便捷性要求也越来越高，能够随时、随地、高速、便捷地获取所需要的信息是人们一直都在追求的目标。电报、电话、广播、电视、人造卫星、Internet 带领人们一步步向这个梦想靠近，然而最终能够使人们美梦成真的却是移动通信技术。

移动通信技术是现代通信技术中不可或缺的组成部分。顾名思义，移动通信指通信双方至少有一方在移动中（或临时停留在某一非预定的位置上）进行信息传输和交换，包括移动体和移动体之间的通信及移动体和固定点之间的通信。采用移动通信技术和设备组成的通信系统即移动通信系统。严格来说，移动通信属于无线通信的范畴，无线通信与移动通信虽然都通过无线电波实现，但却是两个概念。无线通信强调无线的特性，而移动通信强调移动性。

现代移动通信技术是复杂的高新科学技术，不仅集中了无线通信和有线通信的最新技术成就，还集中了电子技术、计算机技术和通信技术的许多成果；不但可以传递语音信息，而且支持用户随时随地、快速、可靠地进行多种信息交换。目前，移动通信已从模拟移动通信发展为数字移动通信，并朝万物互联发展。

人类历史上早期的通信手段和现在一样是"无线"的，如利用火光传递信息的烽火台。在我国和部分非洲国家，击鼓传信是最早、最方便的办法。非洲人用圆木特制的大鼓可以传声至 3km 外，再通过"鼓声接力"和专门的"击鼓语言"，可以在较短时间内将信息准确传输至 50km 外的另一个部落。其实，无论是击鼓、烽火、旗语（通过各色旗子的舞动），还是今天的移动通信，要实现信息的远距离传输，都需要中继站的层层传递。人类通信史上的革命性变化发生在将电作为信息载体后。

1753 年 2 月 17 日，在《苏格兰人》杂志上发表了一封署名 C. M. 的信。在这封信中，作者提出了用电流进行通信的大胆设想。虽然在当时还不是十分成熟，而且缺乏应用推广的经济环境，但是使人们看到了电信时代的一缕曙光。

1820 年，丹麦物理学家奥斯特（Hans Christian Oersted，1777—1851 年）发现，当金属导线中有电流通过时，放在它附近的磁针会发生偏转。接着，学徒出身的英国物理学家法拉第（Michael Faraday，1791—1867 年）明确指出，奥斯特的实验证明了"电能生磁"。他还通过艰苦的实验，发现了导线在磁场中运动时会有电流产生，即"电磁感应"现象。

著名的科学家麦克斯韦（James Clerk Maxwell，1831—1879 年）进一步用数学公式表达了法拉第等的研究成果，并将电磁感应理论推广到了空间。他认为，在变化的磁场周围会产生变化的电场，在变化的电场周围又将产生变化的磁场，如此一层层地像水波一样推开，便可把交替的电磁场传得很远。1864 年，麦克斯韦发表了电磁场理论，成为人类历史上预言电磁波存在的第一人。

那么，又由谁来证实电磁波的存在呢？1887 年的一天，赫兹（Heinrich Rudolf Hertz，1857—1894 年）在一间暗室里做实验，他对两个相距很近的金属小球加高电压，随之产生一阵噼噼啪啪的火花放电。这时，在他身后放着一个没有封口的圆环。当赫兹把圆环的开口调小到一定程度时，便看到有火花越过缝隙。通过这个实验，他得出了电磁能量可以越过空间进行传播的结论。赫兹的发现公布之后，轰动了世界。为了纪念这位杰出的科学家，电磁波的单位被命名为"赫兹（Hz）"。

赫兹的发现具有划时代的意义，不仅证明了麦克斯韦理论的正确性，还推动了无线的诞生，开辟了电子技术的新纪元，是从"有线通信"到"无线通信"的转折点，也是移动通信的起源。应该说，从这时开始，人类进入了无线通信的新领域。

通常，1897 年被认为是人类移动通信元年。这一年，美国"圣保罗"号邮船在向东行驶时收到了 150km 外的怀特岛发来的无线电报，马可尼（Guglielmo Marchese Marconi，1874—1937 年）向世人宣告了移动通信的诞生，由此揭开了移动通信的序幕。

当前，移动通信已经成为现代社会不可或缺的通信手段，在各领域都发挥着不可替代的作用。随着移动通信技术的发展及应用范围的扩大，移动通信系统越来越多，目前主要有蜂窝移动通信系统、专用业务移动通信系统、卫星移动通信系统等。下面对它们进行介绍。

1.1.1　蜂窝移动通信系统

蜂窝移动通信是当前移动通信发展的主流和热点，而蜂窝组网理论的提出和应用要追溯到 20 世纪 70 年代中期。随着民用移动通信用户数量的增加和业务范围的扩大，有限的频谱供给与增长的可用频道需求之间的矛盾日益尖锐。为了更有效地利用有限的频率资源，贝尔实验室提出了在移动通信发展史上具有里程碑意义的小区制蜂窝组网理论，为移动通信系统在全球的广泛应用开辟了道路，蜂窝移动通信系统结构如图 1-1 所示。蜂窝组网理论中的几个重要部分是移动通信发展的基础，具体如下：①频率复用，有限的频率资源可以在一定的范围内被重复使用；②小区分裂，当容量不够时，可以缩小蜂窝的范围，划分更多蜂窝，进一步提高频谱利用率；③多信道共用和越区切换，多信道共用是为了保证大量用户共同使用仍能满足服务质量的信道利用技术，越区切换则保证了通信的连续性。

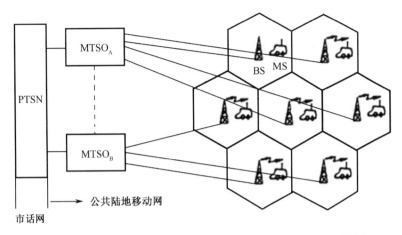

PTSN—公共交换电话网；MTSO—移动电话交换局；BS—基站；MS—移动台；

图 1-1 蜂窝移动通信系统结构

1. 第一代移动通信系统

蜂窝移动通信系统的发展速度超乎寻常，它是 20 世纪人类最伟大的科技成果之一。1946年，美国电话电报公司（American Telephone & Telegraph，AT&T）推出了移动电话，为通信领域开辟了新的发展空间。然而移动通信真正走向广泛的商用，为普通大众所使用，还应该从蜂窝移动通信系统的推出算起。20 世纪 70 年代，贝尔实验室提出了蜂窝小区和频率复用的概念，现代移动通信开始发展。1978 年，贝尔实验室开发了高级移动电话系统（AMPS），这是第一种真正意义上的可以随时随地通信的大容量蜂窝移动通信系统。其他国家也相继开发了移动通信网。

- 日本于 1979 年推出了 800MHz 汽车电话系统，在东京、大阪、神户等地投入商用。
- 瑞典等北欧四国于 1980 年开发了北欧移动电话（Nordic Mobile Telephone，NMT）通信网，并投入使用，频段为 450MHz。
- 英国于 1985 年开发了全接入通信系统（Total Access Communication System，TACS），在伦敦投入使用，逐渐覆盖了全英国，频段为 900MHz。
- 法国于 1985 年开发了 Radiocom 2000 系统，频段为 450MHz 和 900MHz。

这些系统都是双工的基于频分多址（Frequency Division Multiple Access，FDMA）的系统，其传输的无线信号为模拟量，因此人们将该系统称为模拟移动通信系统，又称第一代移动通信系统。该系统利用蜂窝组网技术解决了容量密度低、活动范围受限的问题。但也存在很多缺点，如频谱利用率低；通信容量有限；通信质量不高，保密性弱；制式太多，标准不统一，互不兼容；不能提供非话数据业务，不能提供自动漫游功能等。

随着移动通信市场的快速发展，人们对移动通信技术提出了更高要求。由于模拟移动通信系统存在上述缺点，无法满足需求。因此，20 世纪 90 年代初期，基于数字技术的移动通信系统，即数字移动通信系统应运而生，这就是第二代移动通信系统。

2. 第二代移动通信系统

第二代移动通信系统克服了模拟移动通信系统的很多缺点，其语音质量提高、保密性大大增强，而且可以进行省内、省际自动漫游。因此，其一经推出就备受关注，短短十几年就成为世界上最大的移动通信网，几乎完全取代了模拟蜂窝移动通信系统。第一个数字蜂窝移动通信标准 GSM（Global System for Mobile Communication）基于时分多址（Time Division Multiple Access，TDMA），由欧洲提出；美国提出了两个标准，分别为基于 TDMA 的 IS-54 和基于码分多址（Code Division Multiple Access，CDMA）的 IS-95。应用最广泛、影响最大、最具有代表性的是 GSM 和 IS-95。

GSM 的空中接口采用 TDMA，是为改变欧洲第一代移动通信系统四分五裂的状态而发展起来的。在 GSM 出现之前，欧洲各国在整个欧洲大陆上采用了不同的标准。由于用户无法使用一种制式的移动台在整个欧洲进行通信，且模拟移动通信系统存在容量限制。因此，1990 年，欧洲电信标准协会（ETSI）的前身欧洲邮政电信管理会议（CEPT）的移动特别行动小组发布了 GSM，1992 年投入商用。

IS-95 采用 DS-CDMA。CDMA 由美国的高通（Qualcomm）公司提出，1990 年 9 月，高通公司发布了 CDMA "公共空中接口" 规范的第一个版本；1992 年 1 月 6 日，美国通信工业协会（Telecommunications Industry Association，TIA）开始进行 CDMA 的标准化；1995 年，IS-95 登上了移动通信的舞台。CDMA 向人们展示了独特的无线接入技术：用户地址存在频率、时间和空间的重合，CDMA 使用相互准正交的地址码完成对用户的识别。

随着通信需求的日益增长，人们不再满足于语音业务，特别是 Internet 的发展大大推动了人们对数据业务的需求。从当时的统计结果中可以看出，固定数据通信网的用户需求和业务使用量持续增长。因此，必须开发适用于数据通信的移动通信系统。人们首先开发的是基于 2G 的数据系统，在原系统的基础上，适当增加一些模块和一些适用于数据业务的协议，使系统以较高的效率完成数据传输，这就是通常所说的 2.5G 系统。例如，GPRS（General Packet Radio Service）、EDGE（Enhanced Data Rate for GSM Evolution）及基于 IS-95 的 CDMA2000 1x。

虽然 2.5G 系统可以方便地传输数据，但是其带宽有限，限制了数据业务的发展，也无法提供移动的多媒体业务，不能从根本上解决无线信道传输速率低的问题；由于各国标准不统一，该系统也无法实现全球漫游。因此，2.5G 系统只是过渡产品，在市场和技术的双重驱动下，推出第三代移动通信系统势在必行。

3. 第三代移动通信系统

第三代移动通信系统是第二代移动通信系统的演进和发展，而不是重新建设一个移动通信网。在 2G 的基础上，3G 增加了强大的多媒体功能，不仅能接收和发送语音、数据信息，还能接收和发送静态、动态图像及其他数据业务。同时，3G 克服了多径、时延扩展、多址干扰、远近效应、体制等技术难题，具有较高的频谱利用率，解决了系统容量问题，系统设备成本低、业务服务质量高，可以满足个人通信需求。

第三代移动通信系统具有以下目标。

（1）全球漫游，以低成本的多模手机实现。全球具有公用频段，不要求各系统的无线传输设备及网络技术完全一致，但要求在网络接口、互通及业务能力方面统一或协调。其在设计上具有高通用性，拥有足够的系统容量和强大的多用户管理能力，能提供全球漫游；是一个覆盖全球、高度智能、具有个人服务特色的移动通信系统。

（2）能提供高质量的多媒体业务，包括高质量语音、高分辨率图像业务等，能实现多种信息的一体化。

（3）适应多种环境，采用多层小区结构，即微微蜂窝、微蜂窝、宏蜂窝，将地面移动通信系统和卫星移动通信系统结合，与不同网络互通，保障业务的一致性；网络终端具有多样性，并与第二代移动通信系统共存和互通；结构开放，易于引入新技术。

（4）具有足够的系统容量、强大的多用户管理能力、较强的保密性和较高的服务质量。用户可以使用唯一的个人通信号码在任何终端上获取服务。

为实现上述目标，对无线传输技术提出以下要求。

（1）高速传输以支持多媒体业务。

● 在室内环境下至少为 2Mbps。

● 在室外步行环境下至少为 384kbps。

● 在室外车辆环境下至少为 144kbps。

（2）传输速率按需分配。

（3）上行、下行链路能适应不对称业务需求。

（4）简单的小区结构和易于管理的信道结构。

（5）频率和无线资源管理、系统配置和服务设施灵活。

第三代移动通信标准通常指无线接口的无线传输技术标准。截至 1998 年 6 月 30 日，提交到国际电信联盟（International Telecommunications Union，ITU）的第三代移动通信标准有 10 种。ITU 在 2000 年 5 月召开的世界无线电通信大会（World Radiocommunication Conference，WRC）上正式批准了 IMT-2000（International Mobile Telecommunication-2000）的 5 种技术标准，如表 1-1 所示。

表 1-1　IMT-2000 的 5 种技术标准

多址接入技术	正 式 名 称	惯 用 名 称
CDMA	IMT-2000 CDMA-DS	WCDMA
	IMT-2000 CDMA-MC	CDMA2000
	IMT-2000 CDMA-TDD	TD-SCDMA/UTRA-TDD
TDMA	IMT-2000 TDMA-SC	UWC-136
	IMT-2000 TDMA-MC	EP-DECT

最终只有 3 种技术标准成为在全球范围内应用的的第三代移动通信标准，并受到国际标准化组织 3GPP（3rd Generation Partnership Project）和 3GPP2（3rd Generation Partnership Project 2）的支持。3GPP 负责 CDMA-DS（Code Division Multiple Access-Direct Sequence）和 CDMA-TDD（Code Division Multiple Access-Time Division Duplex）的标准化工作，分别称为频分双工（Frequency Division Duplex，3GPP FDD）和时分双工（Time Division Duplex，3GPP TDD）；3GPP2 负责 CDMA-MC（Code Division Multiple Access-Multi Carrier）的标准化工作。由此，形成了全球公认的第三代移动通信标准及商用系统，即 WCDMA、CDMA2000 和 TD-SCDMA。在中国，其分别由中国联通（WCDMA）、中国电信（CDMA2000）和中国移动（TD-SCDMA）建设和运行。

随着3G逐渐走向商用，以及信息社会对无线业务需求的快速增长，第三代移动通信系统2Mbps的峰值速率远不能满足需求。因此，第三代移动通信系统采用各种速率增强技术提高实际传输速率。CDMA2000 1x系统的下一阶段为CDMA2000 1xEV，其中EV是Evolution的缩写，意为在CDMA2000 1x基础上的演进系统。新系统不仅要与原系统保持后向兼容，还需要提供更大的容量、更佳的性能，满足高速分组数据业务和语音业务需求。CDMA2000 1xEV分为两个阶段，即CDMA2000 1xEV-DO和CDMA2000 1xEV-DV。WCDMA和TD-SCDMA系统引入了HSPA（High Speed Packet Access），HSPA+是在HSPA基础上的演进。3G高速解决方案要求数据传输具有非对称性，且激活时间短、峰值速率高，能够更加有效地利用频率资源，增大吞吐量。

2007年，WiMAX（Worldwide Interoperability for Microwave Access）的崛起打破了WCDMA、CDMA2000和TD-SCDMA三足鼎立的格局，使竞争进一步升级，并加快了技术演进的步伐。为了保证3G的持续竞争力，移动通信行业提出了新的市场需求，要提供更强大的数据业务能力，向用户提供更优质的服务，具有与其他技术竞争的实力。因此，3GPP和3GPP2分别启动了3G技术长期演进（Long Term Evolution，LTE）和空中接口演进（Air Interface Evolution，AIE）的标准化工作。

2005年10月，在ITU-R WP8F第17次会议上，ITU为超3G技术赋予了正式名称——IMT-Advanced。IMT-2000技术和IMT-Advanced技术有相同的前缀"IMT"，表示移动通信；当前的WCDMA、CDMA2000、TD-SCDMA及其增强技术均为IMT-2000技术；新的接口技术为IMT-Advanced技术。2008年年初，ITU开始公开征集IMT-Advanced标准，并对候选技术和系统进行评估。

为满足数据业务对传输速率和网络性能的要求，研究开发第四代移动通信系统成为各国和相关机构关注的重点。

4. 第四代移动通信系统

通信技术日新月异，给人们带来了极大便利，大约每十年就有一项技术更新。因此，对于移动通信服务业及相关产业来说，必须随时注意移动通信技术的变化，以适应市场需求。随着数据业务和多媒体业务需求的发展，适应移动数据、移动计算及移动多媒体运行需要的第四代移动通信技术逐渐兴起。

4G以3G为基础，其不断提高无线通信效率、扩充功能。同时，其包含的不是一项技术，而是多种技术的融合，不仅包括传统移动通信领域的技术，还包括宽带无线接入领域的技术及广播电视领域的技术。因此，对于4G使用的核心技术，业界并没有太大分歧，包括正交频分复用（Orthogonal Frequency Division Multiplexing，OFDM）技术、软件无线电技术、智能天线技术、多输入多输出（Multiple Input Multiple Output，MIMO）技术、基于IP的核心网技术等。

ITU在2012年1月召开的世界无线电通信大会上，正式审核通过了4G标准，WCDMA的演进标准FDD-LTE-Advanced及我国主导的TD-LTE-Advanced入选，WiMAX的演进标准也获得通过。

从字面上看，LTE-Advanced是LTE的升级，LTE-Advanced的正式名称为Further Advancements for E-UTRA，其满足ITU-R的IMT-Advanced技术需求，是3GPP形成欧洲IMT-Advanced技

术提案的一个重要来源。LTE-Advanced 后向兼容，能完全兼容 LTE，与 HSPA 和 WCDMA 的关系相似。LTE-Advanced 的关键性能参数如下。

- 带宽：100MHz。
- 峰值速率：下行 1Gbps，上行 500Mbps。
- 峰值频谱利用率：下行 30bps/Hz，上行 15bps/Hz。
- 针对室内环境进行优化。
- 有效支持新频段和大带宽应用。
- 峰值速率大幅提高，频谱利用率有限。

严格来看，LTE 为 3.9G 移动通信系统，那么 LTE-Advanced 作为 4G 标准更加确切。LTE-Advanced 包含 TDD 和 FDD 两种方式。其中，TD-SCDMA 演进为 TDD，WCDMA 演进为 FDD。

IEEE 802.16 系列标准被称为 Wireless MAN，Wireless MAN-Advanced 即 IEEE 802.16m。其最高可以提供 1Gbps 的传输速率，还兼容 4G 网络。可以在漫游模式或高效率、强信号模式下提供 1Gbps 的下行速率。

在全球各大运营商都在筹划下一代网络的时候，Telia Sonera 于 2009 年率先完成了 LTE 网络的建设，并宣布开始在瑞典首都斯德哥尔摩、挪威首都奥斯陆提供 LTE 服务，这也是全球正式商用的第一个 LTE 网络。中国于 2011 年年初开始在广州、上海、杭州、南京、深圳、厦门 6 个城市进行了 TD-LTE 规模技术试验；2013 年 12 月，工业和信息化部正式向中国电信、中国移动和中国联通三大运营商发布了 4G 牌照，中国步入 4G 时代。

更快、更灵活、更智能的第四代移动通信技术为人们带来了更好的生活体验，推动了实时视频通信、移动互联网的快速发展。

5. 第五代移动通信系统

近年来，"4G 改变生活，5G 改变社会"的口号非常流行，那为什么之前那么多移动通信系统都没有改变社会，而此时才喊出这样的口号呢？原因在于，5G 充分考虑了各方面需求。此前，移动通信技术的更新是由用户需求驱动的，1G 解决了从固定通信到移动通信的需求；2G 解决了从语音通信到数据通信的需求；3G 解决了从窄带通信到宽带通信的需求；4G 解决了人们生活中的一系列问题，如移动支付、短视频、实时视频通信等。而 5G 除了要满足网络接入更快、传输速率更高、业务类型更丰富等需求，更重要的是其面向各垂直行业，如面向汽车行业提出了车联网、无人驾驶等概念；面向游戏行业引入了增强现实、虚拟现实等业务；面向物联网，提出了万物互联的概念，充分扩展了物联网的应用场景。这些应用的实现，将使社会发生根本性变革。

5G 有 3 个典型应用场景，分别是增强移动宽带（Enhanced Mobile Broadband，eMBB）、超高可靠超低时延通信（Ultra Reliable Low Latency Communication，uRLLC）和大规模机器类型通信（Massive Machine Type Communication，mMTC）。其中，eMBB 主要面向移动互联网流量快速增长的需求，为移动互联网用户提供更极致的应用体验；uRLLC 主要面向工业控制、远程医疗、自动驾驶等对时延和可靠性具有极高要求的垂直行业应用需求；mMTC 主要面向智慧城市、智能家居、智慧农业等以传感和数据采集为目标的应用需求。针对这 3 个典型应用场景，ITU 定义了一系列关键性能参数。

- 峰值速率：常规 10Gbps，特定场景 20Gbps。

- 用户体验速率：100Mbps，部分场景 1Gbps。
- 频谱利用率：相对 IMT-Advanced 提高 3 倍。
- 移动性：500km/h。
- 空中接口时延：1ms。
- 连接数密度：100 万个/km^2。
- 网络能量效率：相对 IMT-Advanced 提高 100 倍。
- 流量密度：10Mbps/m^2。

2017 年 12 月，3GPP 发布了非独立组网（NSA）的 5G 标准；2018 年 6 月，发布了独立组网（SA）的 5G 标准，至此 5G 的第一个完整版本 R15 发布完成。非独立组网指使用 4G 基站和 4G 核心网，将 4G 作为控制面的锚点，满足运营商利用现有 LTE 资源，实现 5G 快速部署；独立组网指同时具备 5G 基站和核心网的标准网络。由于 5G 的建设和发展对国家的建设和发展具有较大的推动作用，因此各国都在积极推进 5G 商用。2019 年 4 月，韩国成为第一个 5G 商用国家，美国紧随其后。2019 年 6 月，工业和信息化部正式向中国电信、中国移动、中国联通、中国广电发放 5G 商用牌照，并于 11 月 1 日正式上线 5G 商用套餐。截至 2019 年年末，全球 5G 网络数量达到 65 个，5G 基站数量超过 100 万个，5G 用户数量超过了 1000 万个，因此 2019 年被称为 5G 元年。截至 2021 年 2 月，中国累计建设完成 80 万个 5G 基站，拥有的 5G 用户数量超过 2 亿个，行业应用超过 5000 个。

对移动通信技术和网络的研究永远在路上，研究人员已开始研究 6G，并发布了一系列白皮书。

1.1.2 专用业务移动通信系统

专用业务移动通信系统在给定业务范围内，为部门、行业、集团提供服务，如生产调度系统。集群移动通信系统属于专用业务移动通信系统，其与蜂窝移动通信系统的比较如表 1-2 所示。

表 1-2 集群移动通信系统与蜂窝移动通信系统的比较

移动通信系统	集群移动通信系统	蜂窝移动通信系统
用途	专用网	公用网
目标用户群	以团体为单位，团体中的个体用户往往在工作上具有一定的联系，并有不同的优先级	以个体为单位，通信对象具有随机性，系统内部用户之间是平等的，无优先级
业务特征	一呼百应的群组呼叫，通信一般以群组为单位，以调度台管理为特征	一对一通信，用户平等，被叫用户有权拒绝主叫用户的呼叫请求
组网模式	需要根据用户的工作区域进行组网，不由业务量决定组网顺序	进行事先预测和事后统计，根据业务量和用户地理位置分布进行组网
系统性能要求	在系统安全性、可靠性、通信接续时间、通信时延等方面有较高要求，适合大量频繁通信	适合次数不多但接续时间长的通信
系统功能	基本功能包括组呼、全呼、广播呼、私密呼及电话互联呼叫等，补充功能包括调度区域选择、多优先级等，对于特殊用户还需要提供双向鉴权、空中加密、端到端加密等功能	无特殊要求

移动通信系统	集群移动通信系统	蜂窝移动通信系统
终端要求	除了功能、性能的一般性要求，在外观上，还要适应现场恶劣工作环境的需要，往往很难做到外观小巧、漂亮；在类型上，既要有手持终端，又要有车载和固定终端	除了功能、性能的一般性要求，还追求外观的精美、小巧等，而且主要是手持终端
运营管理	具备用户（指团体用户）自行管理的能力	由运营商统一进行网络建设、运营维护和日常用户管理
计费方式	与团体用户的终端用户数量、服务质量要求、业务范围、业务功能等有关	按照统一的资费政策，基于个体用户的业务使用情况进行计费

集群移动通信系统早期为单区单基站网络结构，这种网络结构最简单。但随着经济的发展，各部门的业务面扩大，联系增多，有许多工作还需要跨部门、跨地区进行；而且一些大城市的地域不断扩大，高楼大厦越建越高、越建越多，单区单基站网络结构无法满足覆盖要求，于是单区多基站和多区多基站集群移动通信系统逐渐发展起来。

集群通信共网是在单区单基站网络结构的基础上发展起来的一种结构。通常由一个运营公司运营，主要由投资集团投资，在某区域构成一个由几万个或十几万个用户组成的大网。其用户是集团用户，他们可以向运营公司购买用户终端，缴纳入网费和通信费等。在这个大网中，不同的部门和行业又可以各自组成群组进行调度指挥，群组之间不会相互干扰。这样，这些要建网的部门和行业就不必为频率、中继线、资金的筹划而费力，也不必为设计、建网而花工夫了。集群通信共网与集群通信专网的区别如表1-3所示。

集群移动通信系统由集群通信专网发展而来，而集群通信共网随集群移动通信系统的发展而形成。集群通信专网在一定时间内将继续发挥作用，不能完全被集群通信共网代替。因此，这两种网络形式都要发展。

表 1-3　集群通信共网与集群通信专网的区别

集群通信网	集群通信共网	集群通信专网
性质	是商业实体，由运营公司运营，为用户提供服务	仅供部门使用
目的	在体现社会效益的基础上以体现经济效益为主	主要满足本部门工作需要，体现社会效益
用户	用户面很广，面向集团用户	仅面向本部门用户
频谱利用率	集中使用频率，使其为更多用户共有，提高了频谱利用率	频谱利用率不高

1.1.3　卫星移动通信系统

20世纪80年代以来，地面移动通信系统飞速发展，但受地形和人口分布等客观因素的限制，地面固定通信网和移动通信网不可能实现全覆盖，海洋、高山、沙漠和草原等将成为盲区。这不是由于技术上不能实现，而是由于在这些地方建立地面通信网耗资巨大。卫星移动通信系统具有良好的地域覆盖特性，可以快捷、经济地解决这些地方的通信问题，对地面移动通信系统进行补充。

卫星移动通信系统将人造地球卫星作为空间链路的一部分，其不受地理条件限制，覆盖面大、频带宽、通信容量大、传输稳定、通信质量好，但造价昂贵、运行成本高。

卫星移动通信系统能实现全球覆盖。采用卫星建立通信可追溯至 1962 年，在贝尔实验室成功进行 Echo 和 Telstar 实验后，Comsat 公司成立，其早期工作是基于美国国家航空航天局（National Aeronautics and Space Administration，NASA）进行应用技术卫星规划。卫星移动通信系统的实际覆盖区域取决于卫星轨道。

1. 地球同步轨道（Geostationary Earth Orbit，GEO）卫星

GEO 卫星处在地球赤道上方 35786km 的轨道上，沿轨道的运行速度和地球自转速度相同。因此，从地球上看，GEO 卫星停留在某处。GEO 卫星具有近 13000km 的视场（Field-of-View，FOV）直径，可以覆盖较大区域。GEO 卫星是区域性卫星，其具有多波束并能通过波束进行频率复用。GEO 卫星的优点是能与节点保持连续通信，缺点是信号的往返路径时延约 250ms。用户在进行语音或视频通信时，可能会感觉到延迟。

2. 中轨道地球（Medium Earth Orbit，MEO）卫星

MEO 卫星处在地球上方约 10000km 的轨道上，其 FOV 直径约 7000km。为了覆盖全球重要区域，要使用一组 MEO 卫星，MEO 卫星每 12 小时绕地球一圈。例如，全球定位系统（Global Positioning System，GPS）中有 24 颗卫星，其中 18 颗处于活跃状态，6 颗备用。GPS 覆盖全球，在任意时间，在地球上的任意一点至少能"看见"处于地球上方的 4 颗卫星，其发射的信号有 P 码和 C/A 码，P 码供美国军方及特许用户使用，C/A 码供民用。中国自行研制的全球卫星导航系统——中国北斗卫星导航系统也采用了 MEO 卫星。2020 年 7 月 31 日上午，北斗三号全球卫星导航系统正式开通，其提供两种服务，即开放服务和授权服务。开放服务是在服务区免费提供定位、测速和授时服务，定位精度为 10m，授时精度为 50n，测速精度 0.2m/s；授权服务是向授权用户提供更安全的定位、测速、授时和通信服务及系统完好性信息。

国际海事卫星组织的中圆轨道（Intermedia Circular Orbit，ICO）卫星通信系统也采用了 MEO 卫星，其仅提供数据传输服务。

3. 低轨道地球（Low Earth Orbit，LEO）卫星

LEO 卫星处在地球上方约 800km 的轨道上，其 FOV 直径约 800km，LEO 卫星绕地球一圈需要 2h 左右。在使用 LEO 卫星的系统中，覆盖区域的短时变化将引起频率变化，可能导致系统容量小，并影响连接的稳定性。从 LEO 卫星到地球的往返路径时延只有 5ms。其优点包括：①时延短；②路径损耗小，可使地球上的天线更小、更轻；③比地面移动通信系统的覆盖区域大，且能实现频率复用；④需要的基站（卫星）较少；⑤能覆盖海洋、陆地和空中。缺点有 2 个：一是信号太弱，不能穿透建筑的墙壁；二是工作在 10GHz，存在雨衰效应。

传统的使用 LEO 卫星的系统包括摩托罗拉的铱（Iridium）系统、Loral 和 Qualcomm 的全球星（Global Star）系统及 Teledesic 的 Teledesic 系统等。

当前，小卫星技术的发展，为实现非同步的中、低轨道卫星通信提供了条件。由于其具有时延短、路径损耗小、能有效实现频率复用、卫星研制周期短、能多星发射、卫星互为备用且抗毁能力强、多星组网可实现真正意义上的全球覆盖等特点。同时，利用小卫星组成卫星移动通信系统，可以降低成本、缩短卫星计划酝酿和制定时间、及时采用最新技术等。因此，卫

星移动通信系统成为实现个人通信、促进"信息高速公路"发展的重要手段之一。

2021 年 1 月 20 日,美国太空探索技术公司(SpaceX)发射了第十七组 60 颗"星链"卫星,此次发射使 SpaceX"星链"卫星数量超过 1000 颗。美国太空探索技术公司计划于 2019—2024 年在太空搭建由约 12000 颗卫星组成的"星链"网络,以提供互联网服务,其中 1584 颗将部署在地球上空 550km 处的近地轨道。另外,SpaceX 的创始人埃隆·马斯克(Elon Musk)于 2019 年向国际电信联盟申请了额外的 30000 颗 Starlink 卫星,如果发射成功,埃隆·马斯克将向近地轨道发射 42000 颗卫星,其目标是实现全球高速互联网覆盖。

1.1.4　无线数据网络

无线数据网络可根据其覆盖区域划分。无线个域网(Wireless Personal Area Network,WPAN)的圆形覆盖区域半径一般在 10m 以内,用于实现同一地点处终端与终端的连接,如连接手机和蓝牙耳机等,其必须运行于许可的无线频段;无线局域网(Wireless Local Area Network,WLAN)用于在建筑的特定楼层连接用户,也可以服务于工业园区或校园,在这些地方,网络能覆盖整个区域,使用相当便利;无线城域网(Wireless Metropolitan Area Network,WMAN)主要用于解决城域网的接入问题,覆盖范围为几千米到几十千米;覆盖范围最大的网络是无线广域网(Wireless Wide Area Network,WWAN),其能覆盖整个国家。

1. 无线个域网

在过去的几十年内,无线技术产生了革命性飞跃。近年来,电子制造商意识到,用户对"将有线变为无线"有巨大需求。利用隐形、低功耗、小范围的无线连接取代笨重的线缆,可以极大提高组网的灵活性,从而使人们的生活更加便捷。另外,无线连接可以使人们方便地移动设备,也能够在个人之间、设备之间和其生活环境之间实现协作通信。因此,WPAN 应运而生。

WPAN 用于计算机、电话、各种附属设备及小范围内的数字设备之间的通信。WPAN 是为了实现活动半径小、业务类型丰富、面向特定群体的无线连接而提出的新兴无线通信网络技术,它能够有效解决"最后几米电缆"的问题。

支持 WPAN 的技术有很多,每项技术只有被用于特定用途或领域才能发挥最大作用,一些技术被认为是相互竞争的,但它们常常又是互补的,主要包括蓝牙、ZigBee、超宽带(Ultra Wideband,UWB)、IrDA(Infrared Data Association)、HomeRF(Home Radio Frequency)等技术。

蓝牙技术在无线个域网中的应用最为广泛,其名称源于北欧国家中的一个海盗国王。1978 年,爱立信公司发展了蓝牙技术,用无线代替了短线,实现了短距离通信。其信道带宽为 200kHz,使用 QAM,数据传输速率可达 1Mbps。ZigBee 依据 IEEE 802.15 标准发展起来,其有效接入距离可达 30m,数据传输速率为 144kbps 左右。

20 世纪 80 年代,随着频率资源的紧张及高速通信需求的增长,超宽带技术逐渐应用于无线通信领域。2002 年,美国联邦通信委员会发布了超宽带无线通信规范,正式解除了超宽带技术在民用领域的限制。脉冲超宽带是其最经典的实现方式,通信时利用宽度在纳秒或亚纳秒级且具有极低占空比的基带窄脉冲序列携带信息。发送信号是由单脉冲信号组成的时域脉冲序列，无须经过频谱搬移就可以直接辐射。脉冲超宽带具有潜在的支持高数据传输速率和大容量的能力，可共享频率资源，定位精度高、探测能力强、穿透能力强，还具有低截获概率、较强的抗干扰能力和保密性、低成本、低功耗等特点。可见，脉冲超宽带满足低速率 WPAN 对物理层的基本业务要求。

2. 无线局域网

WLAN 是利用无线通信技术在一定范围内建立的网络，是计算机网络与无线通信技术结合的产物。WLAN 以无线多址信道为传输媒介，提供传统有线局域网的功能，能够使用户真正实现随时、随地、随意的网络接入。

起初，WLAN 被作为有线局域网的延伸，广泛应用于构建办公网络。但随着应用的进一步发展，WLAN 逐渐从传统的局域网发展成"公共无线局域网"，成为国际互联网宽带接入手段。WLAN 具有易安装、易扩展、易管理、易维护、移动性强、保密性强、抗干扰能力强等特点。

WLAN 中的标准化行动是应用扩展的关键，其大多针对非授权频带。可以通过两个主要途径来管制非授权频带：一是所有设备遵循的共同操作规则；二是频谱格式，即由不同的供应商制造 WLAN 设备，公平分享无线资源。由于 WLAN 基于计算机网络与无线通信技术，在计算机网络中，逻辑链路控制（Logical Link Control，LLC）层和应用层对不同物理层的要求可以是相同的，也可以是不同的。因此，WLAN 标准主要针对物理层和介质访问控制（Media Access Control，MAC）层，涉及空中接口通信协议等技术规范与技术标准。

IEEE 802.11 无线局域网标准工作组成立于 1987 年，其致力于 ISM 频段的扩频标准化工作。虽然频谱不受限制且业界对其有强烈兴趣，但直到 20 世纪 90 年代，当网络互联更普及、便携计算机应用更广泛的时候，WLAN 才成为无线通信领域的快速增长点。1997 年，IEEE 802.11 标准获得批准，众多制造商开始按照互操作性原则制造设备，相关市场迅速发展。1999 年，IEEE 802.11 的高数据传输速率标准——IEEE 802.11b 获得批准，其能够为用户提供 11Mbps 和 5.5Mbps 的速率，且保留了最初的 2Mbps 和 1Mbps 的速率。

1999 年，IEEE 802.11a 标准获得批准，其规定 WLAN 工作频段为 5.15～5.825GHz，数据传输速率达到 54Mbps 和 72Mbps，传输距离控制在 10～100 m。2.4GHz 频段是工业、教育、医疗等专用频段，是公开的，不需要执照；而工作于 5.15～5.825GHz 频段是需要执照的。一些公司更看好后续推出的混合标准——IEEE 802.11g。IEEE 802.11g 标准比 IEEE 802.11a 标准的数据传输速率高，比 IEEE 802.11b 标准的安全性好，采用 IEEE 802.11a 标准中的 OFDM 与 IEEE 802.11b 标准中的 CCK（Complementary Code Keying）两种调制方式，与 IEEE 802.11a 标准和 IEEE 802.11b 标准兼容。

自 IEEE 802.11 标准实施以来，IEEE 802.11b、IEEE 802.11a、IEEE 802.11g、IEEE 802.11e、IEEE 802.11f、IEEE 802.11h、IEEE 802.11i、IEEE 802.11j 等标准陆续制定，但是 WLAN 依然面临带宽小、漫游不便捷、网管不强大、系统不安全和没有强大的应用等缺点。为了实现大带宽、高质量的 WLAN，IEEE 802.11n 应运而生。2009 年，IEEE 802.11n 标准获得批准，其工作频段为 2.4GHz 和 5GHz，核心技术是 MIMO 和 OFDM，数据传输速率为 300Mbps，最高可达 600Mbps，其兼容 IEEE 802.11b 标准和 IEEE 802.11g 标准。IEEE 802.11ac 采用并扩展了源自 IEEE 802.11n 标准的空中接口概念，将 RF 带宽增至 160 MHz、MIMO 空间流增至 8，实现了 256-QAM 高阶调制等。IEEE 802.11ac 标准通过 5GHz 频段提供无线局域网服务。

与 IEEE 802.11ac 标准相比，IEEE 802.11ax 标准提供了更大的网络容量、更高的效率、更好的性能和更短的时延，IEEE 802.11ax 又称高效率无线局域网（HEW）标准，其兼容 IEEE 802.11b、IEEE 802.11a、IEEE 802.11g、IEEE 802.11n、IEEE 802.11ac 等标准。为了更好地推广，2018 年 10 月，Wi-Fi 联盟重新命名不同标准，IEEE 802.11ax 标准被命名为 Wi-Fi 6，IEEE 802.11n 标准和 IEEE 802.11ac 标准分别被命名为 Wi-Fi 4 和 Wi-Fi 5。

3. 无线城域网

WMAN 的标准化工作主要由两个组织负责：一是 IEEE 802.16 工作组，其主要开发 IEEE 802.16 标准；二是欧洲的 ETSI，其主要开发 HiperAccess。

1999 年，IEEE 802.16 工作组成立，其由 3 个小工作组组成，每个小工作组负责不同的方面，IEEE 802.16.1 工作组负责制定频率为 10～60GHz 的无线接口标准；IEEE 802.16.2 工作组负责制定宽带无线接入系统共存方面的标准；IEEE 802.16.3 工作组负责制定在 2～10GHz 频率范围内获得频率使用许可的无线接口标准。

IEEE 802.16 标准的正式名称为 Wireless MAN，又称 WiMAX。随着技术的发展，4G 逐步实现宽带业务的移动化，而 3G 则实现移动业务的宽带化，两者的融合程度也越来越高。

4. 无线广域网

WWAN 主要用于全球及大范围网络接入，具有移动、漫游、切换等特征，移动性强。

1.2　移动通信的工作方式

按照通信状态和频率使用情况，可以将移动通信的工作方式分为单工通信、双工通信、半双工通信。下面对其进行介绍。

1. 单工通信

单工通信指通信双方交替进行收信和发信。根据通信双方是否使用相同的频率，可以将单工通信分为同频单工和异频单工，单工通信如图 1-2 所示。单工通信常用于点对点通信，待机时，双方设备的接收机均处于接听状态。A 方需要通信时，先按下"按一讲"开关，关闭接收机，由 B 方接收；B 方需要通信时，按下"按一讲"开关，关闭接收机，由 A 方接收，从而实现双向通信。在这种通信方式下，发射机与接收机可以使用一套天线，不需要天线共用器，设备简单、功耗小，但操作不方便，在使用过程中往往会出现断续现象。同频单工与异频单工的操作和控制方式类似，差异在收发频率方面。单工通信适用于专业性强的通信系统，如交通指挥等公安系统。

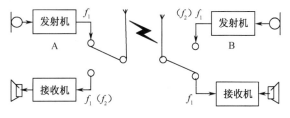

图 1-2　单工通信

2. 双工通信

双工通信指通信双方的发射机与接收机同时工作，一方讲话时，可以听到另一方的语音，不需要按"按—讲"开关，双方通话像室内通话一样，又称全双工通信，双工通信如图 1-3 所示。在这种通信方式下，不管是否有信息需要发送，发射机总在工作，因此电能消耗大，对于以电池为能源的移动台来说十分不利。为解决这一问题，在一些系统中，移动台的发射机仅在需要通信时工作，而接收机持续工作，通常称这种系统为准双工系统，该系统可以与双工系统兼容。

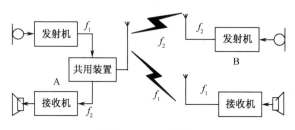

图 1-3 双工通信

在双工通信中需要采用一定的技术来区分双向信道。也就是说，双向通信总需要一定的双工制式。常用的有频分双工（Frequency Division Duplex，FDD）和时分双工（Time Division Duplex，TDD），FDD 和 TDD 的对比如图 1-4 所示。

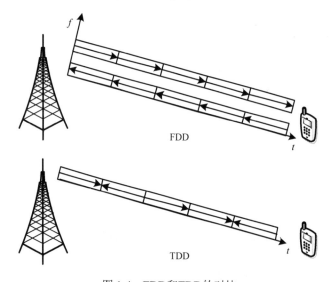

图 1-4 FDD 和 TDD 的对比

FDD 用不同的频率区分收发信道。例如，移动台到基站采用一种频率 f_1（被称为上行信道），基站到移动台采用另一种频率 f_2（被称为下行信道）。GSM、IS-95 等采用了 FDD。

TDD 用同一频率、不同的时间段来区分收发信道，我国开发研制的 TD-SCDMA 系统采用了 TDD。

（1）采用 TDD 时，只要基站和移动台之间的上行和下行时间间隔不大，小于信道相关时间，就可以比较简单地根据对方的信号估计信道特征；而采用 FDD 时，上行和下行频率间隔远大于信道相关带宽，几乎无法利用上行信道估计下行信道，也无法用下行信道估计上行信道。因此，TDD 在功率控制技术和智能天线技术的使用方面有明显优势。但也是因为这一点，TDD 系统的覆盖范围较小，TDD 基站的覆盖区域明显小于 FDD 基站。

（2）TDD 可以灵活地设置上行和下行转换时间，以实现不对称的上行和下行业务带宽，有利于实现上行和下行明显不对称的互联网业务。但这种转换时刻的设置必须与相邻基站协同进行。

（3）与 FDD 相比，TDD 可以使用零碎的频段，因为以时间段进行区分，不必要求频段带宽对称。

（4）TDD 不需要收发隔离器，只需要一个开关。

（5）移动台移动速度受限。在高速移动时，多普勒效应会导致衰落较快。速度越高，衰落变化频率越高，衰落深度越大，因此移动速度不能过高。例如，在使用了 TDD 的 TD-SCDMA 系统中，当数据传输速率为 144kbps 时，最大移动速度仅 250km/h，与 FDD 相比，还有一定差距。一般来说，TDD 移动台的移动速度只能达到 FDD 移动台移动速度的一半甚至更低。

（6）发送功率受限。如果 TDD 要发送与 FDD 一样多的数据，发射时间只有 FDD 的一半左右，就要求 TDD 的发送功率大，同时也需要更复杂的网络规划和优化技术。

3. 半双工通信

为解决双工通信耗能大的问题，在一些简易通信设备中可以使用半双工通信方式。半双工通信指通信双方中的一方使用双工通信，即接收机与发射机同时工作，且使用两个不同的频率 f_1 和 f_2；另一方则使用异频单工通信，即接收机与发射机交替工作。在这种通信方式下，移动台一般采用单工通信，基站则同时收发。其优点是设备简单、功耗小，避免出现断续现象，但操作仍不太方便，因此主要在专用业务移动通信系统中应用，如汽车调度系统等。半双工通信如图 1-5 所示。

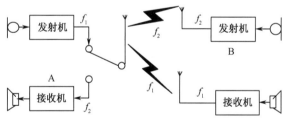

图 1-5　半双工通信

1.3　移动通信的频谱分配

频谱是无线电发展的有力支撑，随着科学技术的迅速发展和经济全球化的不断深入，频率资源稀缺已成为全球关注的焦点。而要确定通信频段，即频谱分配，需要考虑电波传播特性、环境噪声及干扰情况、障碍物尺寸、服务区域范围及地形、与已经开发频段的协调和兼容等。

无线通信设备建立在适当和可用的频段上，使用不同频段时，其传播特性是不同的。新系统在其频段中使用的业务范围（指所处理业务的频率范围）决定了该频段的带宽，数据传输速率越高，则需要的带宽越大。制造商希望分配到期望的频段，并获得相应的投资回报。

ITU 在世界无线电通信大会上制定了国际频率分配表。国际频率分配表按照大区域和业务类型制定，各国可根据具体国情做出调整。

（1）1979 年，ITU 首次为陆地移动通信划分主要频段。1980 年，我国制定了陆地移动通信使用的频段（以 900MHz 为中心）。

① 集群移动通信：806～821MHz（上行），851～866MHz（下行）。

② 军队：825～845MHz（上行），870～890MHz（下行）。

③ 公用陆地移动通信：890～915MHz（上行），935～960MHz（下行）。

此时，我国大容量公用陆地移动通信采用 TACS（Total Access Communications System）体制的模拟移动通信系统，频率间隔为 25kHz。

（2）为支持个人通信发展，1992 年，ITU 在世界无线电通信大会上对工作频段做了进一步划分。

移动通信频段：

① 1710～2690MHz 在世界范围内可灵活应用，并鼓励开展各种新的移动业务。

② 1885～2025MHz 和 2110～2200MHz 用于 IMT-2000 系统，以实现世界范围内的移动通信。

移动卫星通信频段：

① 小低轨道移动卫星通信：148～149.9MHz（上行），137～138MHz、400.15～401MHz（下行）。

② 大低轨道移动卫星通信：1610～1626.25MHz（上行），2483.5～2500MHz（下行）。

③ 第三代移动卫星通信：1980～2010MHz（上行），2160～2200MHz（下行）。1995 年，修改为 1980～2025MHz（上行），2160～2200MHz（下行）。

此时，我国公用陆地移动通信采用 GSM 体制的数字移动通信系统，频率间隔为 200kHz。采用 890～915MHz（上行）和 935～960MHz（下行）。

随着移动通信业务的发展，我国开通了基于 CDMA 的 IS-95 数字移动通信系统，采用 824～849MHz（上行）和 869～894MHz（下行）。

此外，我国对 2000MHz 的部分地面无线电业务的频率进行了重新规划：

① 公众蜂窝与移动通信 1（1800MHz 频段）：1710～1755MHz（上行），1805～1850MHz（下行）。

② 公众蜂窝与移动通信 2（1900MHz 频段）：1865～1880MHz（上行），1945～1960MHz（下行）。

（3）2000 年，ITU 在世界无线电通信大会上为 IMT-2000 重新分配了频段（805～960MHz、1710～1885MHz 和 2500～2690MHz），标志着建立全球无线系统新时代的到来。

依据国际电信联盟有关第三代移动通信系统的频段划分和技术标准，按照我国无线电频段划分规定，结合我国无线电频谱使用的实际情况，得到我国第三代移动通信系统频段划分如表 1-4 所示。

表 1-4　我国第三代移动通信系统频段划分

主要工作频段	FDD	1920～1980MHz 和 2110～2170MHz
	TDD	1880～1920MHz 和 2010～2025MHz

续表

补充工作频段	FDD	1755~1785MHz 和 1850~1880MHz
	TDD	2300~2400MHz,与无线电定位业务共用,均为主要业务,共用标准另行制定
卫星移动通信系统工作频段		1980~2010MHz 和 2170~2200MHz

（4）2007 年,在 WRC-07 会议上,国际电信联盟无线通信标准化部门 ITU-R 制定了国际移动通信（第三代及第四代移动通信系统）的新频段为 3.4~3.6GHz 的 200MHz 带宽、2.3~2.4GHz 的 100MHz 带宽、698~806MHz 的 108MHz 带宽和 450~470MHz 的 20MHz 带宽。

WRC-07 会议不仅为国际移动通信确定了新频段,还为卫星、航空、集群等技术重新修订了频谱标准。

（5）2015 年,在 WRC-15 会议上,国际电信联盟针对"为国际移动通信（IMT）新增频谱"的相关议题做出了如下决定:700MHz 频段成为全球一致的 IMT 频段;UHF 频段,美洲和亚太部分国家将 470~698 MHz 中的部分或全部频段作为 IMT 频谱,同时设立面向欧洲、中东和非洲地区的 WRC-23 新议题,研究将 470~694MHz 频段在以上地区用于 IMT 的可能性;L 频段,在 1427~1518 MHz 形成全球一致的 IMT 频段;C 频段,在 3400~3600 MHz 形成全球一致的 IMT 频段的基础上,非洲、拉美、亚太部分国家新增 3300~3400 MHz 频段,美洲部分国家新增 3600~3700 MHz 频段。至此,全球大部分国家将在 C 频段上获得 200~400 MHz 连续的 IMT 频段。此外,一些国家也确定将 4800~4990 MHz 作为 IMT 频段。

（6）2019 年,在 WRC-19 会议上,国际电信联盟针对 5G 网络的毫米波频段,明确了在全球范围内将 24.25~27.5GHz、37~43.5GHz、66~71GHz 用于 5G 系统和未来移动通信系统;同时,采取措施充分保护相同频段的卫星间业务、卫星固定业务,以及相邻频段的卫星地球探测、射电天文无源业务。

我国 5G 主力频段四大运营商频段划分如表 1-5 所示。我国 4G 主力频段三大运营商频段划分如表 1-6 所示。我国 2G、3G、NB-IoT 主力频段三大运营商频段划分如表 1-7 所示。

表 1-5　我国 5G 主力频段四大运营商频段划分

运营商	频段（MHz）	带宽（MHz）	Band	备注
中国移动	2515~2675	160	n41	4G、5G 共享
	4800~4900	100	n79	
中国广电	4900~4960	60	n79	
	703~799、758~788	2×30	n78	
中国电信、中国联通、中国广电	3300~3400	100	n78	三家室内覆盖共享
中国电信	3400~2500	100	n78	两家共建共享
中国联通	3500~3600	100	n78	

表 1-6　我国 4G 主力频段三大运营商频段划分

运营商	频段（MHz）	带宽（MHz）	Band	频段名称
中国移动	1710~1735、1805~1830	2×25	B3	1800
	1885~1915	30	B39	TDD 1900
	2010~2025	15	B34	TDD 2000
	2320~2370（室内覆盖）	50	B40	TDD 2300

运营商	频段（MHz）	带宽（MHz）	Band	频段名称
中国电信	1765～1785、1860～1880	2×20	B3	1800
	1920～1940、2110～2130	2×20	B1	IMT Core Band
中国联通	1735～1765、1830～1860	2×30	B3	1800
	1940～1965、2130～2155	2×25	B1	IMT Core Band

表 1-7　我国 2G、3G、NB-IoT 主力频段三大运营商频段划分

运营商	频段（MHz）	带宽（MHz）	Band	频段名称
中国移动	889～904、934～949	2×15	B8	900
中国电信	824～835、869～880	2×11	B5	850
中国联通	904～915、949～960	2×11	B8	900

1.4　移动通信的发展趋势

截至 2019 年，全球已有 45.4 亿个用户通过智能手机接入互联网，占全球人口总数的近60%，可以说移动通信基本实现了人与人的互联，并正在实现人与互联网的互联。4G 的普及正使越来越多的人通过手机上网，随着 5G 的商用，智能手机等终端的数量将更加可观。

在实现人与互联网的互联后，人类将迎来人与物、物与物互联的物联网时代，一个无所不连的时代即将到来。届时，移动终端的用途将大大增加，"随时、随地、无所不在"将成为移动通信的基本特征，移动终端的应用将成为移动通信领域的重点，开发各类移动终端节点的新用途将成为竞争的焦点。宽带化、智能化、个性化、媒体化、多功能化、绿色环保化是世界移动通信发展的新趋势。

提到手机的用途，大家立刻会想到打电话、上网。但未来手机的用途远不止这些，它可以是"指尖上"的教室、银行、影院，可以提供定位服务，可以远程控制家中的洗衣机和微波炉，汽车、冰箱、微波炉等都可以嵌入 SIM 卡，成为移动通信的综合终端。

一些专家提出，手机的定位功能不能仅限于普通的导航功能，还应发送用户的地理位置，记录用户的行踪；当用户抵达目的地后，还应为用户提供更多服务。例如，用户使用普通的导航功能抵达购物中心后，手机还可以提供购物中心各楼层、各柜台的实时信息，用户可以直接到适合的柜台购物。

随着物联网时代的到来，医疗设备将大量嵌入 SIM 卡，移动终端将广泛应用于医疗保健领域。全球移动通信系统协会宣布将进军医疗保健领域，在该领域应用嵌入式移动通信技术，进行远程疾病诊断、健康监测和报警。这一功能普及后，在经济合作与发展组织及金砖国家的慢性病防治方面，每年将节省超过数千亿美元。电子货币将越来越普及，不仅可以使实现无纸化支付，还可以代替银行卡，迎来"无卡化"时代。从而方便用户，降低交易系统的成本。

此外，手机和多样化移动终端的用途还将涉及教育、新闻、娱乐、广告等领域。随着 5G 的发展，通信也将向"个人通信"的目标迈进，实现无约束的自由通信。

6G 将以 5G 的 3 个典型应用场景（eMBB、uRLLC 和 mMTC）为基础，通过技术创新，不断提高性能、优化体验，并进一步将服务的边界从物理世界延伸至虚拟世界，在人、机、物、境完美协作的基础上，探索新的应用场景、业务形态和商业模式。

（1）从网络接入方式上看，6G 将包含更多样的接入方式，如卫星通信、无人机通信、水声通信、可见光通信等。

（2）从网络覆盖范围上看，6G 将构建跨地域、跨空域、跨海域的一体化网络，实现真正意义上的全球覆盖。

（3）从网络性能指标上看，6G 在传输速率、端到端时延、可靠性、连接数密度、频谱利用率等方面的性能都会有很大提升，从而满足各垂直行业的多样化网络需求。

（4）从网络智能化程度上看，6G 将网络和用户统一，AI 在赋能 6G 的同时，更重要的是深入挖掘用户的智能需求，增强用户体验。

（5）从网络服务边界上看，6G 的服务对象将从物理世界的人、机、物延伸至虚拟世界的境，通过物理世界和虚拟世界的连接，实现人、机、物、境的协作，满足人们的精神和物质需求。

思考题与习题

1．什么是移动通信？其主要特点是什么？
2．简述移动通信的工作方式与分类。
3．单工通信与双工通信有什么区别？各自有哪些优缺点？
4．双工通信方式的特点是什么？对于高速移动的用户来说，采用哪种更合理？
5．简述蜂窝移动通信系统的发展历程和各阶段的特点。
6．集群移动通信系统的基本概念是什么？有哪些特点？
7．卫星移动通信系统有哪些特点？与地面移动通信系统的区别是什么？
8．简述 6G 的发展趋势及关键技术。

参 考 文 献

[1] Rappaport T. Wireless Communications Principles and Practice[M]. 北京：电子工业出版社，2013.

[2] Mischa Schwartz. Mobile Wireless Communications[M]. 北京：电子工业出版社，2006.

[3] 张中兆，沙学军，张钦宇，等．超宽带通信系统[M]．北京：电子工业出版社，2010.

[4] 王华奎，李艳萍，张立毅，等．移动通信原理与技术[M]．北京：清华大学出版社，2009.

[5] 啜钢，高伟东，孙卓，等．移动通信原理（第 2 版）[M]．北京：电子工业出版社，2016.

[6] 张玉艳，于翠波．移动通信[M]．北京：人民邮电出版社，2010.

[7] 王映民，孙韶辉．TD-LTE 技术原理与系统设计[M]．北京：人民邮电出版社，2010.

[8] 张克平．LTE-B3G/4G 移动通信系统无线技术[M]．北京：电子工业出版社，2008.

[9] 林辉，焦慧颖，刘思杨，等．LTE-Advanced 关键技术详解[M]．北京：人民邮电出版社，2012.

[10] Bjerke B A．LTE-Advanced and the Evolution of LTE Deployments[J]．IEEE Wireless Communications, 2011, 18(5):4-5.

[11] Baker M．From LTE-Advanced to the Future[J]．IEEE Communications Magazine, 2012, 50(2):116-120.

[12] Ghosh A．LTE-Advanced: Next-Generation Wireless Broadband Technology[J]．IEEE Wireless Communications, 2010, 17(3):10-22.

第 2 章

电波传播及信道模型

移动通信系统的性能主要受信道的限制，发射机与接收机之间的传播环境非常复杂，包括直接的视距传播及在各种复杂的地形下的传播等。无线电波不仅受路径损耗、阴影衰落的影响，还受时变的多径衰落的影响，而且移动台的移动速度也可能对无线电波产生影响，因此信道建模是移动通信系统设计的难点。研究方法包括理论分析、现场实测、计算机模拟等。

本章首先介绍电波传播的特点，分析自由空间的电波传播特性和地面电波的传播机制，并采用射线跟踪的方法讨论双射线和多射线传播模型；其次研究路径损耗、阴影衰落、多径衰落等；最后介绍多径信道的统计模型。

2.1 电波传播的特点

要分析移动通信系统的性能，必须了解无线电波的传播环境。本节主要讨论无线电波在不同环境中的传播特性。

1864 年，麦克斯韦建立了电磁场理论并预言了电磁波的存在。1887 年，他的预言被赫兹（Heinrich Rudolf Hertz）证明，但赫兹未发现电磁波在实际应用中的巨大价值，因为他认为音频信号频率很低，传播效果很差，无线电波甚至无法承载声音。麦克斯韦和赫兹开启了无线通信领域的研究，1894 年，洛奇（Oliver Joseph Lodge）利用电磁场理论建立了第一个无线通信系统，当时的有效通信距离只有 150m；1901 年，马可尼（Guglielmo Marconi）成功实现了跨越大西洋的无线通信，这些早期通信都是利用电报信号来传输信息的。1906 年，费森登第一次利用振幅调制实现了音频信号的传输，即将低频信号调制为高频并传输，现在这种方式在无线通信系统中仍然存在一定的应用。

无线电波的传播环境包括地形、建筑、气候特征、电磁干扰等，传播方式主要表现为直射、反射、绕射、散射及它们的合成。由于传播环境的复杂性，无线电波主要受 3 种影响，如图 2-1 所示。①随电波传播距离变化出现路径损耗；②传播环境中的地形、建筑及其他障碍物阻挡无线电波，引起阴影衰落；③无线电波在传播路径上发生反射、绕射和散射，使得接收机接收到的信号是通过多条路径传来的不同信号的叠加，导致信号的幅度、相位和到达时间随机变化，出现多径衰落。此外，如果移动终端沿电波传播方向径向运动，则接收端会产生多普勒频移，接收信号会在频域发生扩展，产生附加的调频噪声，导致信号失真。

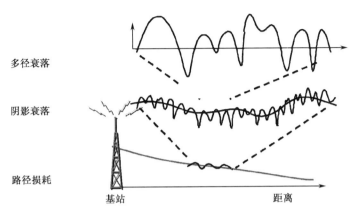

图 2-1　无线电波主要受 3 种影响

对移动传播模型的研究，通常基于对相对发射机一定距离处平均接收信号强度的预测，以及对特定位置附近信号强度变化的分析。因此，常将无线信道分为大尺度模型和小尺度模型。大尺度模型主要描述发射机与接收机之间长距离（几百米或几千米）的信号强度变化，包括路径损耗和阴影衰落，表征了接收信号在一定时间内随传播距离和环境变化而呈现的变化，一般变化较为缓慢；小尺度模型主要描述短距离（波长）或短时间（秒级）内接收信号强度的快速波动，主要为多径衰落，表现为经过短距和短时传播后，信号强度迅速变化，引起随机频率调制和时间弥散。这两种模型并不是独立的，在同一信道中，既存在大尺度衰落，也存在小尺度衰落。

因此，无线信道的衰落特性可以描述为

$$h(t) = \text{const} \, d^{-\alpha} 10^{-\frac{\delta(t)}{10}} g^2(t) \tag{2-1}$$

式中，$h(t)$ 为信道的衰落因子，这里指接收功率与发送功率之比；$d^{-\alpha}$ 表示路径损耗的影响，d 为传输距离，α 一般为 2～5；$10^{-\delta(t)/10}$ 表示阴影衰落的影响，阴影衰落服从对数正态分布；$g^2(t)$ 表示小尺度衰落的影响，包括多径衰落等。

2.2　自由空间的电波传播

前面说明了无线电波在不同环境中传播会存在路径损耗，本节重点分析无线电波在理想环境中（自由空间）的传播情况，并讨论电波的视距传播场景。

2.2.1　自由空间的传播损耗

通常将均匀无损耗的无限大空间视为自由空间。该空间具有各向同性且电导率为零，相对介电系数和相对磁导率恒为 1。在研究电波传播问题时，为了提供一个用于比较的基准，并简化场强和传播损耗的计算方法，引入了自由空间电波传播的概念。

假设在自由空间中有一理想点源天线（无方向性天线，天线发射增益系数 $G_T = 1$），如果

天线辐射功率为 P_T（W），均匀分布在以点源天线为中心的球面上，则距天线距离为 d 处的球面面积为 $4\pi d^2$。由天线理论可知，接收天线接收空间电波功率的效率与有效口径 A_e 有关。假设存在某天线面积，投射到该面积上的无线电波功率全部被天线的负载吸收，该面积就被称为天线的有效面积或有效口径。可以证明，有效口径 A_e 与天线接收增益系数 G_R、工作波长 λ 的关系为 $A_e = G_R \lambda^2 / 4\pi$。因此，天线的接收功率 P_R 可以表示为

$$P_R = \frac{P_T G_T}{4\pi d^2} \frac{\lambda^2}{4\pi} G_R = \left(\frac{\lambda}{4\pi d}\right)^2 P_T G_T G_R \qquad (2\text{-}2)$$

对于无方向性天线，当天线发射增益系数 G_T 和天线接收增益系数 G_R 均为 1 时，式（2-2）可以写为

$$P_R = \left(\frac{\lambda}{4\pi d}\right)^2 P_T \qquad (2\text{-}3)$$

自由空间的传播损耗 L_{bs}（单位为 dB）为无线电波在自由空间传播时，由传播路径引起的功率损耗，可以定义为

$$L_{bs} = \frac{P_T}{P_R} \qquad (2\text{-}4)$$

当 $G_T = G_R = 1$ 时，自由空间的传播损耗可以表示为

$$L_{bs} = 10\lg\left(\frac{P_T}{P_R}\right) = 10\lg\left(\frac{4\pi d}{\lambda}\right)^2 = 10\lg\left(\frac{4\pi d f}{c}\right)^2 \qquad (2\text{-}5)$$

$$= 20\lg(4\pi) + 20\lg d + 20\lg f - 20\lg c$$

式中，f 为系统载波的工作频率（单位为 Hz）；c 为光的传播速度（单位为 m/s）。为了简化计算，通常取 f 的单位为 MHz，d 的单位为 km，此时可以得到

$$L_{bs} = 32.45 + 20\lg f + 20\lg d \qquad (2\text{-}6)$$

需要说明的是，自由空间是理想环境，不会吸收能量。这里的自由空间传播损耗，实际上指球面波在传播过程中，随着传输距离的增大，能量发生了自然扩散，扩散损耗的大小只与频率 f 和距离 d 有关。实际上，接收天线接收的信号能量只是发射天线发射的信号能量的小部分，大部分能量都扩散了。

例 2.1 假设发射机的发送功率为 50W，请将其换算成 dBm 和 dBW。如果发射机和接收机均采用单位增益天线，且载频为 900MHz，求在自由空间中距天线 100m 处和 10km 处的接收功率。

解：（a）发送功率

$$P_T = 10\log 50000 = 47.0 \text{dBm}$$

（b）发送功率

$$P_T = 10\log 50 = 17.0 \text{dBW}$$

当 $d = 100\text{m}$ 时，利用式（2-2）计算接收功率为

$$P_R = \left(\frac{\lambda}{4\pi d}\right)^2 P_T G_T G_R = 3.5 \times 10^{-6} \text{W} = -24.5 \text{dBm}$$

当 $d = 10\text{km}$ 时，接收功率为

$$P_R = \left(\frac{\lambda}{4\pi d}\right)^2 P_T G_T G_R = -64.5\text{dBm}$$

也可以利用式（2-6）计算，先计算自由空间的传播损耗 L_{bs}，再用发送功率和 L_{bs} 计算接收功率。

当 $d = 10\text{km}$ 时，自由空间的传播损耗 L_{bs} 为

$$L_{bs} = 32.45 + 20\lg 900 + 20\lg 10 = 111.5\text{dB}$$

得到接收功率为

$$P_R = P_T - L_{bs} = 17\text{dBW} - 111.5\text{dB} = -64.5\text{dBm}$$

2.2.2　视距传播

由于地球近似为球形，凸起的地面会挡住视线。视线所能到达的最远距离被称为视线距离 d_0，（简称视距），视线距离示意图如图 2-2 所示。设发射天线和接收天线的高度分别为 h_1 和 h_2，连线 AC 与地球表面相切于 B 点，$d_0 = d_1 + d_2$。

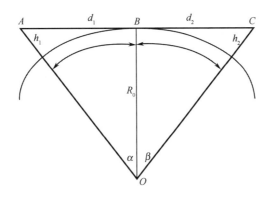

图 2-2　视线距离示意图

设地球半径为 R_0，在直角三角形 AOB 中，$AB = \sqrt{(R_0 + h_1)^2 - R_0^2} = \sqrt{2R_0 h_1 + h_1^2}$；在直角三角形 COB 中，$CB = \sqrt{(R_0 + h_2)^2 - R_0^2} = \sqrt{2R_0 h_2 + h_2^2}$。由于 $R_0 >> h_1, h_2$，因此可以略去 h_1^2 和 h_2^2，近似得到

$$\begin{cases} d_1 \approx AB \approx \sqrt{2R_0 h_1} \\ d_2 \approx CB \approx \sqrt{2R_0 h_2} \end{cases} \tag{2-7}$$

将 $R_0 = 6370\text{km}$ 代入，可得

$$d_0 = d_1 + d_2 = \sqrt{2R_0 h_1} + \sqrt{2R_0 h_2} = \sqrt{2R_0}\left(\sqrt{h_1} + \sqrt{h_2}\right) \tag{2-8}$$

即

$$d_0 = 3.57\left(\sqrt{h_1} + \sqrt{h_2}\right) \tag{2-9}$$

令 $h_1 = 10\text{m}$，$h_2 = 2\text{m}$，可得 $d_0 = 16.34\text{km}$。由此可见，视线距离取决于收发天线架设高度。天线架设越高，视线距离越大。因此，在实际通信中，应尽量利用地形、地物把天线适当架高。

实际上，当考虑空气的不均匀性对电波传播轨迹的影响时，直射波传播的距离与通过

式（2-9）确定的值稍有区别。例如，在标准大气折射的情况下，式（2-9）应修正为

$$d_0 = 4.12\left(\sqrt{h_1} + \sqrt{h_2}\right) \tag{2-10}$$

当电波传播距离不同时，通信性能也不同。为便于分析，通常依据接收点与发射天线的距离将通信区域分为 3 种。

① $d < 0.7d_0$ 的区域为亮区。

② $0.7d_0 \leqslant d \leqslant (1.2\sim1.4)d_0$ 的区域为半阴影区。

③ $d > (1.2\sim1.4)d_0$ 的区域为阴影区。

在进行通信工程设计时，应尽量保证工作在亮区。海上和空中移动通信可能进入半阴影区和阴影区，这时可用绕射和散射公式计算场强，相关内容可查阅参考文献[1]。

2.3 地面电波的传播机制

2.1 节分析了移动通信系统中电波传播受到的影响，一般认为，这些影响主要源于反射、绕射和散射 3 种传播方式。本节讨论它们的传播模型。

反射是地面电波传播产生多径衰落的主要因素。当电波遇到比自身波长大得多的物体时会发生反射，反射多发生于地球表面、建筑表面等。

当接收机和发射机之间的传播路径被尖锐的边缘阻挡时，电波会发生绕射。由阻挡表面产生的二次波会分散在整个空间，甚至到达阻挡体的背面，导致电波围绕阻挡体产生弯曲。当发射机和接收机之间不存在视距传播路径时，绕射现象也会存在。绕射和反射现象在与物体的形状，以及入射波的同度、相位和极化情况等有关。

当电波穿行的介质中存在小于自身波长的物体，且单位体积内阻挡体的数量非常多时，会发生散射。散射多发生于存在粗糙表面、小物体或其他不规则物体时。在实际的移动通信系统中，树叶、街道标志和灯柱等都会引起电波的散射。下面对这 3 种传播方式进行详细介绍。

2.3.1 反射

当电波入射到两种具有不同介电常数的介质的交界处时，一部分会被反射，另一部分会折射进入新介质。如果平面电波入射到理想介质的表面，一部分能量进入第二个介质，另一部分能量反射回第一个介质，且没有能量损失；如果第二个介质是理想导体，则入射波的所有能量都反射回第一个介质，且没有能量损失。将反射波与入射波电场强度的比称为反射系数。

地面电波在不同介质中传播时，入射波会在两者的交界处发生反射，平滑表面的反射如图 2-3 所示。

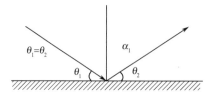

图 2-3　平滑表面的反射

垂直极化场和水平极化场的反射系数分别如式（2-11）和式（2-112）所示。

$$R_V = \frac{\varepsilon_0 \sin\theta - \sqrt{\varepsilon_0 - \cos^2\theta}}{\varepsilon_0 \sin\theta + \sqrt{\varepsilon_0 - \cos^2\theta}} \tag{2-11}$$

$$R_H = \frac{\sin\theta - \sqrt{\varepsilon_0 - \cos^2\theta}}{\sin\theta + \sqrt{\varepsilon_0 - \cos^2\theta}} \tag{2-12}$$

式中，$\varepsilon_0 = \varepsilon - j60\sigma\lambda$，$\varepsilon$ 为介电常数，θ 为入射角，σ 为电导率，λ 为波长。

这里简要介绍电磁场的极化特性。极化指电波在传播的过程中，其电场矢量的方向和幅度随时间变化的状态。电波的极化方式包括线极化、圆极化和椭圆极化。线极化存在两种特殊情况，即电场方向垂直于地面的垂直极化和平行于地面的水平极化，垂直极化和水平极化如图 2-4 所示。在传统的移动通信系统中通常采用垂直极化天线。

图 2-4 垂直极化和水平极化

只有在接收天线的极化方式与被接收的电波的极化方式相同时，才能有效接收信号，否则将导致信号质量变差，甚至根本接收不到信号，这种现象为极化失配。采用不同极化方式的天线也可以互相配合使用，如线极化天线可以接收圆极化波，但是只能收到两个分量中的一个。圆极化天线可以有效接收旋转方向相同的圆极化波或椭圆极化波，但是如果旋转方向不同则几乎不能接收到信号。

2.3.2 绕射

绕射使无线电波能够穿越障碍物，在障碍物后方形成绕射场。尽管接收机移动到障碍物的阴影区时，场强衰减得非常迅速，但是绕射场依然存在且常常具有足够的强度。

绕射现象可以用惠更斯—菲涅尔原理解释，即波在传播过程中，行进中的波前上的所有点都可以作为产生次级波的点源，这些次级波组合起来形成传播方向的新的波前。次级波传播进入阴影区形成绕射，其场强为围绕障碍物的所有次级波的矢量和。

刃形绕射接收机和发射机如图 2-5 所示。具有无限宽度、有效高度为 h 的阻挡屏放在距发射机 d_1、接收机 d_2 处。很明显，波从发射机经阻挡屏到达接收机的传播距离比视距（如果存在）长。假设 $h \ll d_1, d_2$，发射机高度 h_t 和接收机高度 h_r 相差不大，且 $h \gg \lambda$，则将直射和绕射路径的差称为附加路径长度 Δd_c，可以推导得到

$$
\begin{aligned}
\Delta d_c &\approx \sqrt{d_1^2 + h^2} + \sqrt{d_2^2 + h^2} - (d_1 + d_2) \\
&= \frac{h^2}{\sqrt{d_1^2 + h^2} + d_1} + \frac{h^2}{\sqrt{d_2^2 + h^2} + d_2} \\
&\approx \frac{h^2(d_1 + d_2)}{2d_1 d_2}
\end{aligned}
\tag{2-13}
$$

相位差为

$$\phi = \frac{2\pi \Delta d_{\mathrm{c}}}{\lambda} \approx \frac{\pi h^2 (d_1 + d_2)}{\lambda d_1 d_2} \tag{2-14}$$

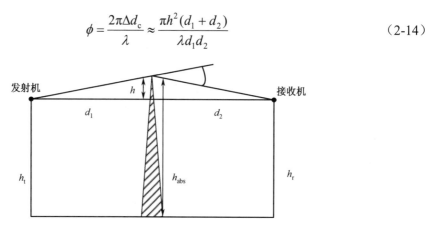

图 2-5　刃形绕射接收机和发射机

一般计算绕射损耗使用无量纲的 Fresnel-Kirchoff 绕射参数 v_F，绕射参数与相位差的关系为 $v_F = \sqrt{2\phi / \pi}$。绕射损耗是 Fresnel-Kirchoff 绕射参数的函数，因此也是相位差 ϕ 的函数。绕射损耗的公式比较复杂，这里不做介绍，可以查阅参考文献[1]；想了解更普遍的刃形绕射模型，同样可以查阅参考文献[1]。

围绕阻挡体传播时，作为路径差函数的绕射损耗可用菲涅尔区解释。菲涅尔区是一个连续区域，从发射机到接收机的次级波路径比视距长 $n\lambda / 2$。定义了连续菲涅尔区边界的同心圆如图 2-6 所示。发射机发射的电波因为阻挡体的阻挡而发生绕射，平面上的同心圆环即菲涅尔区。这些连续的菲涅尔区会对总的接收信号产生影响。第 n 个同心圆的半径 r_n 可以表示为

$$r_n = \sqrt{\frac{n\lambda d_1 d_2}{d_1 + d_2}} \tag{2-15}$$

一般认为，式（2-15）成立的条件是 $d_1, d_2 \gg \lambda$（d_1 和 d_2 分别为阻挡体与发射机和接收机的距离）。

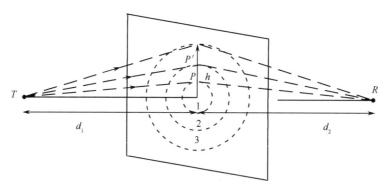

图 2-6　定义了连续菲涅尔区边界的同心圆

通过同心圆的射线附加路径长度为 $n\lambda / 2$，其中 n 为正整数。$n=1$ 对应最小圆，附加路径长度为 $\lambda / 2$，此区域为第一菲涅尔区。$n=2$ 和 $n=3$ 对应的圆的附加路径长度为 λ 和 $3\lambda / 2$。显然 P' 点的二级辐射波对 R 处场强的贡献小于 P 点，因此如果阻挡体的高度小于第一菲涅尔区半径，则绕射影响较小。另外，由式（2-15）可知，菲涅尔区的半径还与 d_1 和 d_2 有关，说

明阻挡体在接收机和发射机间的位置也影响绕射损耗，进而影响阴影衰落。

在移动通信系统中，对次级波的阻挡产生了绕射损耗，只有部分能量能通过阻挡体。通常认为，在接收点处，第一菲涅尔区的场强是全部场强的一半。当阻挡体不阻挡第一菲涅尔区时，绕射损耗较小，绕射影响可以忽略不计。

2.3.3　散射

在实际的移动通信系统中，接收信号强度比单独绕射和反射模型预测得要强。这是因为当电波遇到粗糙表面时，反射能量由于散射而散布在所有方向，这种散射为接收机提供了额外能量。

通常将物理尺寸远大于波长的平滑表面建模为反射面，而散射发生的表面通常是粗糙不平的。给定入射角 θ_i，可以定义表面平整度的参考高度 h_c 为

$$h_c = \frac{\lambda}{8\sin\theta_i} \tag{2-16}$$

如果平面上最大的凸起高度 h 小于 h_c，则认为该表面是光滑的；反之，则认为是粗糙的。对于粗糙表面，计算反射系数需要乘以散射损耗系数 ρ_s，以代表减弱的反射场。Ament 提出表面高度 h 是具有局部平均值的高斯分布的随机变量，散射损耗系数 ρ_s 为

$$\rho_s = \exp\left[-8\left(\frac{\pi\sigma_h\sin\theta_i}{\lambda}\right)^2\right] \tag{2-17}$$

式中，σ_h 为表面高度与平均表面高度的标准偏差。

当 $h > h_c$ 时，可以用粗糙表面的修正反射系数和反射场强 $\varGamma$ 来表示场强 $\varGamma_{\text{rough}}$，即

$$\varGamma_{\text{rough}} = \rho_s\varGamma \tag{2-18}$$

2.4　地面电波传播的射线跟踪模型

2.3 节分析了地面电波反射、绕射、散射的传播机制，本节基于这些机制利用几何光学原理进行射线跟踪建模，以更好地了解移动通信系统无线电波的传播原理。

射线跟踪是一种被广泛用于在移动通信和个人通信环境中预测电波传播特性的技术，可以确认多径信道中接收机和发射机之间所有可能的射线路径。一旦所有可能的射线路径被确认，就可以根据电波传播理论计算每条射线的幅度、相位、延迟和极化情况，并结合天线方向图和系统带宽得到接收点所有射线的相干合成结果。

射线跟踪方法最早出现于 20 世纪 80 年代初期，基于几何光学原理，通过模拟射线的传播路径来确定反射、折射和阴影等。对于障碍物的绕射，通过引入绕射射线来补充几何光学理论，即几何绕射理论（Geometric Theory of Diffraction，GTD）和一致性绕射理论（Uniform Theory of Diffraction，UTD）。本节按照从易到难的顺序介绍常见的射线跟踪模型，介绍双射线传播模型，这种模型适用于反射物较少、较为空旷的场景，如郊区公路或高速公路，一般不适用于室内场景，并介绍包括多条反射路径的多射线传播模型。

2.4.1　双射线传播模型

实际的传播环境非常复杂，在研究传播问题时通常将其简化，并从最简单的情况入手。仅考虑从基站到移动台的直射路径及地面反射波的双射线传播模型是最简单的射线跟踪模型。在开阔区域，双射线传播模型接近实际信道。双射线传播模型如图 2-7 所示，接收点 B 的场强 E 可以表示为

$$E = E_0[1 + R\exp(\mathrm{j}\Delta\varphi)] \tag{2-19}$$

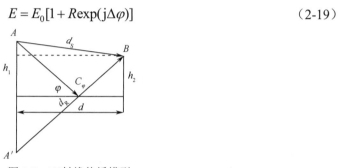

图 2-7　双射线传播模型

式中，E_0 是自由空间（直射波）接收点的场强；R 是地面反射系数；$\Delta\varphi$ 是接收点处直射波与反射波的相位差。如果直射波和反射波的路径差为 $\Delta d = d_R - d_S$，则有

$$d_S = AB = \sqrt{d^2 + (h_1 - h_2)^2} \tag{2-20}$$

$$d_R = A'B = \sqrt{d^2 + (h_1 + h_2)^2} \tag{2-21}$$

式中，h_1、h_2 分别为发射天线与接收天线的高度。当发射天线与接收天线的距离 $d \gg h_1 + h_2$ 时，有

$$\Delta d = \sqrt{d^2 + (h_1 + h_2)^2} - \sqrt{d^2 + (h_1 - h_2)^2} \approx \frac{2h_1 h_2}{d} \tag{2-22}$$

如果无线电波波长为 λ，则相位差为

$$\Delta\varphi = \frac{2\pi}{\lambda} \frac{2h_1 h_2}{d} \tag{2-23}$$

接收功率为

$$P_R = \frac{|E|^2}{2\eta_0} = \frac{\left|E_0[1 + R\exp(\mathrm{j}\Delta\varphi)]\right|^2}{2\eta_0} \tag{2-24}$$

式中，η_0 为自由空间特性阻抗。由于

$$\frac{|E_0|^2}{2\eta_0} = P_T\left(\frac{\lambda}{4\pi d}\right)^2 \tag{2-25}$$

考虑到在地面传播环境下，$R \approx -1$，$\Delta\varphi \ll 1$（弧度），因此式（2-24）可以表示为

$$
\begin{aligned}
P_R &= P_T\left(\frac{\lambda}{4\pi d}\right)^2 \left|1 + R\exp(\mathrm{j}\Delta\varphi)\right|^2 \\
&= P_T\left(\frac{\lambda}{4\pi d}\right)^2 \left|1 - \cos\Delta\varphi - \mathrm{j}\sin\Delta\varphi\right|^2 \\
&\approx P_T\left(\frac{\lambda}{4\pi d}\right)^2 (\Delta\varphi)^2
\end{aligned}
\tag{2-26}
$$

将式（2-23）代入式（2-26）可得

$$P_{R} = \frac{P_{T}(h_1 h_2)^2}{d^4} \tag{2-27}$$

由式（2-27）可知，接收信号的功率与距离的 4 次方成反比。

2.4.2　多射线传播模型

当存在建筑和起伏地形时，接收信号中将包含反射波。此时，可用三径、四径等多径模型来描述信道。考虑 N 条路径，式（2-26）可以推广为

$$P_{R} = P_{T}\left(\frac{\lambda}{4\pi d}\right)^2 G_{T} G_{R} \left|1 + \sum_{i=1}^{N-1} R_i \exp(\mathrm{j}\Delta\varphi_i)\right|^2 \tag{2-28}$$

应根据实际传播环境计算各反射波的 R_i 和 $\Delta\varphi_i$。采用三径模型且考虑一个反射体时，根据基站、移动台和建筑反射波之间的相对位置及建筑表面材料可以求出反射波的反射系数和相位差。四径、五径等模型也是如此，当模型中的电波达到四径、五径后，场强变化的不规则性逐渐增强。在这种情况下，无法用公式准确计算接收功率，必须用统计方法进行分析。

更普遍的射线跟踪模型能够预测任意建筑配置和天线配置的场强分布和时延扩展情况。但是在这种模型中，必须指定建筑的相关信息和与建筑有关的发射端和接收端位置信息，还需要考虑由散射和绕射引起的传播路径变化，详细内容可以查阅参考文献[2]。

2.5　路径损耗

在移动通信系统中，移动台常常工作在城市建筑群等地形地物较为复杂的环境中，其信道特性是随时随地变化的，因此无线信道是典型的随参信道。在无线信道中，信号会受大尺度和小尺度衰落的影响，大尺度衰落包括路径损耗和阴影衰落，小尺度衰落主要包括多径衰落。本节对无线信道的路径损耗进行介绍。

前面介绍了无线电波在自由空间的传播损耗，但是对于无线信道来说，其传播环境比较复杂，与自由空间有较大区别，而传播环境决定了传播损耗。因此，人们通常根据测试数据分析归纳出基于不同环境的经验模型，在此基础上对模型进行校正，使其更真实、更准确。

电波传播预测模型包括室外传播模型和室内传播模型，本节分别对其进行介绍。

2.5.1　室外传播模型

1. Okumura 模型

Okumura 模型是日本科学家奥村通过对东京进行大量电波传播损耗的测量，利用一系列经验曲线得出的模型。Okumura 模型可以表示为

$$L = L_{bs} + A_{mu}(f,d) - G_{T}(h_{te}) - G_{R}(h_{re}) - G_{AREA} \tag{2-29}$$

式中，L 为传播损耗中值，单位为 dB；L_{bs} 为自由空间的传播损耗，单位为 dB；A_{mu} 为与电波工作频率 f 和收发天线之间的距离 d 相关的损耗因子，单位为 dB；$G_{T}(h_{te})$ 为发射天线的增益，单位为 dB；$G_{R}(h_{re})$ 为接收天线的增益，单位为 dB；G_{AREA} 为与地形有关的增益因子，

单位为 dB。

Okumura 模型的应用较为广泛，适用于载频为 1500～1920MHz 的宏蜂窝设计。后面要介绍的很多模型都以 Okumura 模型为基础，因此掌握 Okumura 模型对于理解室外传播模型来说十分重要。

2. Okumura-Hata 模型

Okumura-Hata 模型是在 Okumura 模型的基础上简化得到的，适用于频率为 150～1500MHz、小区半径大于 1km 的宏蜂窝系统的路径损耗预测。

Okumura-Hata 模型路径损耗计算的经验公式为

$$L = 69.55 + 26.16\lg f_{\text{c}} - 13.82\lg h_{\text{b}} - \alpha(h_{\text{re}}) + \\ (44.9 - 6.55\lg h_{\text{b}})\lg d + C_{\text{cell}} + C_{\text{terrain}} \qquad (2\text{-}30)$$

式中，f_{c} 为载频，单位为 MHz；h_{b} 为基站天线有效高度，单位为 m，定义为基站天线实际海拔高度与基站沿传播方向实际距离内的平均地面海拔高度之差，2.5.2 节会对该参数进行详细介绍；h_{re} 为接收天线有效高度，单位为 m；d 为基站天线和移动台天线之间的水平距离，单位为 km；$\alpha(h_{\text{re}})$ 为有效天线修正因子，单位为 dB，可由式（2-31）计算得到。

$$\alpha(h_{\text{re}}) = \begin{cases} (1.11\lg f_{\text{c}} - 0.7)h_{\text{re}} - (1.56\lg f_{\text{c}} - 0.8), & \text{中小城市} \\ 8.29(\lg 1.54 h_{\text{re}})^2 - 1.1, & f_{\text{c}} \leqslant 300\text{MHz}, & \text{大城市、效区、乡村} \\ 3.2(\lg 11.75 h_{\text{re}})^2 - 4.97, & f_{\text{c}} > 300\text{MHz}, & \text{大城市、效区、乡村} \end{cases} \qquad (2\text{-}31)$$

C_{cell} 为小区类型校正因子，可以表示为

$$C_{\text{cell}} = \begin{cases} 0, & \text{城市} \\ -2\left[\lg(f_{\text{c}}/28)\right]^2 - 5.4, & \text{郊区} \\ -4.78(\lg f_{\text{c}})^2 + 18.33\lg f_{\text{c}} - 40.98, & \text{乡村} \end{cases} \qquad (2\text{-}32)$$

C_{terrain} 为地形因子，单位为 dB。

3. COST 231-Hata 模型

COST 231-Hata 模型是 COST（European Cooperation in Science and Technology）开发的 Okumura-Hata 模型的扩展版本，其应用频率为 1500～2000MHz，其他适用条件与 Okumura-Hata 模型相同。因此，也有专家称 COST 231-Hata 模型是 Okumura-Hata 模型在 2G 的扩展。

COST 231-Hata 模型路径损耗的经验计算公式为

$$L = 46.3 + 33.9\lg f_{\text{c}} - 13.82\lg h_{\text{b}} - \alpha(h_{\text{re}}) + \\ (44.9 - 6.55\lg h_{\text{b}})\lg d + C_{\text{cell}} + C_{\text{terrain}} + C_{\text{M}} \qquad (2\text{-}33)$$

式中，C_{M} 为大城市中心校正因子，单位为 dB，如式（2-34）所示。

$$C_{\text{M}} = \begin{cases} 0, & \text{中等城市和郊区} \\ 3, & \text{大城市中心地区} \end{cases} \qquad (2\text{-}34)$$

不难看出，与 Okumura-Hata 模型相比，COST 231-Hata 模型除了频率衰减系数、常数偏移发生变化，最大的变化在于其加入了大城市中心校正因子 C_{M}，使大城市中心地区的路径损耗增大了 3dB。

4. COST 231-Walfisch-Ikegami 模型

从名称上可以看出，COST 231-Walfisch-Ikegami 模型（简称 COST 231-WI 模型）与 COST 231-Hata 模型具有一定的关系。

在实际应用中发现，COST 231-Hata 模型在高楼密集城区的预测值与实测值之间存在较大误差。为了解决这一问题，欧洲研究委员会进行了大量现场实测和模型分析，并参考了 Walfisch-Bertoni 模型和 Ikegami 模型的理论基础，将 COST 231-Hata 模型分成自由空间的传播损耗、屋顶到街道的衍射和散射损耗及多次屏蔽 3 部分，形成 COST 231-WI 模型。该模型可以用于发射天线高于、等于或低于周围建筑的电波传播预测，广泛适用于建筑高度近似一致的环境，频率为 800～2000MHz。

COST 231-WI 模型参数如图 2-8 所示。各参数含义如下。

h_b：基站天线有效高度，单位为 m。

h_m：移动台天线高度，单位为 m，$1m \leq h_m \leq 3m$。

h_B：建筑的平均高度，单位为 m。

d：基站天线与移动台天线的距离，$0.2km \leq d \leq 5km$。

$\Delta h_b = h_b - h_B$：基站天线高于建筑的高度，单位为 m。

$\Delta h_m = h_B - h_m$：移动台天线低于建筑的高度，单位为 m。

b：相邻建筑的距离。

w：移动台所在的街道宽度。

ϕ：街区轴线与发射机和接收机天线连线的夹角。

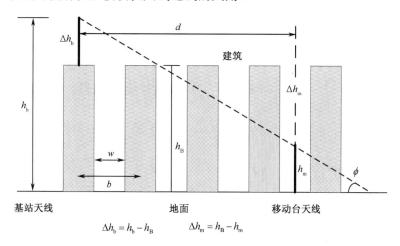

图 2-8　COST 231-WI 模型参数

COST 231-WI 模型对路径损耗的计算分为视距传播和非视距传播两种情况。

对于视距传播情况，路径损耗计算公式与自由空间的传播损耗计算公式类似，则有

$$L = 42.6 + 261g\,d + 20lg\,f \qquad (2\text{-}35)$$

对于非视距传播情况，即传播路径上有障碍物时，路径损耗计算公式为

$$L = \begin{cases} L_{bs} + L_{rts} + L_{mds}, & L_{rts} + L_{mds} \geq 0 \\ L_{bs}, & L_{rts} + L_{mds} \leq 0 \end{cases} \qquad (2\text{-}36)$$

式中，L_{bs} 是自由空间的传播损耗，L_{rts} 是由沿屋顶最近的衍射引起的衰落损耗，L_{mds} 是沿屋

顶的多重衍射（除了最近的衍射）引起的损耗。

① L_{bs} 的计算公式为

$$L_{\text{bs}} = 32.4 + 20\lg d + 20\lg f \tag{2-37}$$

② L_{rts} 的计算公式为

$$L_{\text{rts}} = -16.9 - 10\lg w + 10\lg f + 20\lg \Delta h_{\text{m}} + L_{\text{ori}} \tag{2-38}$$

式中，w 为街道宽度，单位为 m；$\Delta h_{\text{m}} = h_{\text{B}} - h_{\text{m}}$ 为基站天线所在位置的建筑高度 h_{B} 与移动台天线高度 h_{m} 的差，单位为 m；L_{ori} 为定向损耗，其计算公式为

$$L_{\text{ori}} = \begin{cases} -10 + 0.354\phi, & 0° < \phi < 35° \\ 2.5 + 0.075(\phi - 35), & 35° \leqslant \phi < 55° \\ 4.0 - 0.114(\phi - 55), & 55° \leqslant \phi \leqslant 90° \end{cases} \tag{2-39}$$

③ L_{mds} 的计算公式为

$$L_{mds} = L_{bsh} + k_a + k_d \lg d + k_f \lg f - 9 \lg b \tag{2-40}$$

式中

$$L_{\text{bsh}} = \begin{cases} -18\lg(1 + \Delta h_{\text{b}}), & h_{\text{b}} - h_{\text{B}} > 0 \\ 0, & h_{\text{b}} - h_{\text{B}} \leqslant 0 \end{cases} \tag{2-41}$$

$$k_{\text{a}} = \begin{cases} 54, & h_{\text{b}} - h_{\text{B}} > 0 \\ 54 - 0.8\Delta h_{\text{b}}, & h_{\text{b}} - h_{\text{B}} \leqslant 0, \ d \geqslant 0.5\text{km} \\ 54 - 1.6\Delta h_{\text{b}} d, & h_{\text{b}} - h_{\text{B}} \leqslant 0, \ d < 0.5\text{km} \end{cases} \tag{2-42}$$

$$k_{\text{d}} = \begin{cases} 18, & h_{\text{b}} - h_{\text{B}} > 0 \\ 18 - 15\dfrac{\Delta h_{\text{b}}}{h_{\text{B}}}, & h_{\text{b}} - h_{\text{B}} \leqslant 0 \end{cases} \tag{2-43}$$

$$k_{\text{f}} = \begin{cases} -4 + 0.7\left(\dfrac{f}{925} - 1\right), & \text{中等城市和郊区} \\ -4 + 1.5\left(\dfrac{f}{925} - 1\right), & \text{大城市中心地区} \end{cases} \tag{2-44}$$

k_{d} 和 k_{f} 表示相互独立的多重衍射损耗，它们分别是距离 d 和频率 f 的函数。

5. CCIR 模型

CCIR 模型综合考虑了自由空间的传播损耗和地形引入的路径损耗对电波传播的影响。计算公式为

$$L = 69.55 + 26.16\lg f_{\text{c}} - 13.82\lg h_{\text{te}} - \alpha(h_{\text{re}}) + (44.9 - 6.55\lg h_{\text{te}})\lg d - B \tag{2-45}$$

从式（2-45）中可以看出，该模型为 Okumura-Hata 模型在城市传播环境中的应用，B 为地物覆盖校正因子，有

$$B = 30 - 25\lg(\text{地面建筑物覆盖率}) \tag{2-46}$$

如果 15%的区域被建筑覆盖，则

$$B = 30 - 25\lg 15 \approx 0\text{dB} \tag{2-47}$$

CCIR 模型中的地物覆盖校正因子 B 和 Okumura-Hata 模型中的小区类型校正因子 C_{cell} 所起的作用相同，都是为了体现建筑密度对电波传播的影响。在 CCIR 模型中，传播损耗随建筑密度的增大而增大。

6. 标准传播模型

当前，很多网络规划软件中经常使用标准传播模型，即 SPM（Standard Propagation Model），该模型建立在 COST 231-Hata 模型的基础上，计算公式为

$$L = K_1 + K_2 \log_{10} d + K_3 \log_{10} h_b + K_4 \text{Diff\_loss} + \\ K_5 \log_{10} h_b \log_{10} d + K_6 h_{re} + \text{Clutter\_Offset} \tag{2-48}$$

式中，K_1 为常数偏移，单位为 dB；K_2 为与距离有关的衰落系数，单位为 dB；K_3 为与发射天线有关的衰落系数，单位为 dB；K_4 为与衍射损耗有关的衰落系数，单位为 dB；Diff_loss 为阻隔路径上的衍射造成的损耗，单位为 dB；K_5 为与发射天线高度和距离相关的衰落系数，单位为 dB；K_6 为与接收天线有效高度相关的衰落系数，单位为 dB；Clutter_Offset 为地形引起的加权平均损耗，单位为 dB。

SPM 往往用于传播模型的校正，网络规划软件 Atoll 支持 SPM。在校正时，SPM 系数默认值如表 2-1 所示。

表 2-1 SPM 系数默认值

系　　数	默　认　值	系　　数	默　认　值
K_1	23.5	K_5	−6.55
K_2	44.9	K_6	0
K_3	5.83	$K_{cluster}$	1
K_4	1		

2.5.2 传播损耗的图形计算法

2.5.1 节分析了路径损耗的室外传播模型，可以看出，由于移动通信环境具有复杂性和多变性，对接收场强或传播损耗进行准确计算有很大困难。在实际应用中，通常在大量实验的基础上，寻找各种地形地物下的传播损耗（或接收场强）与距离、频率及天线高度的关系，绘制移动通信的传播特性计算图形，从而获得较为简便的预测方法。利用 Okumura 模型计算准平滑地形的传播损耗中值，然后将地形地物划分为不同类型，利用图形得到特殊地形的中值变动和瞬时值变动值，对传播损耗中值进行修正，最终可以得到电波传播损耗的预测值。

1. 地形地物的分类及天线有效高度

按照地面起伏高度可以将地形分为两类，一类是准平滑地形，在传播距离为数千米时，其平均地面高度的起伏变化在 20m 以内，而且峰谷之间的水平距离大于波动幅度；另一类是不规则地形，按地形状态又可以分为丘陵地形、孤立山岳、倾斜地形和水陆混合地形等。

按照环境地物（地面障碍物）的密集程度，可以将移动通信环境分为以下 3 类。

（1）开阔地，指在电波传播方向上无高大树木、建筑等障碍物，呈开阔状，如农田、荒野

和广场等。

（2）郊区，指在移动台附近存在障碍物但不密集的地区，如树木、房屋稀少的田园地区。

（3）市区，指有两层以上建筑的密集地区。除大城市和中等城市外，还包括建筑与树木混合分布的大村庄等。

实际上，有时很难严格按照上述定义来分类。但我们掌握了上述类型下的场强特性，可以大致估计其他情况。

由前面的分析可知，电波传播特性和天线高度密切相关，但由于地形复杂，天线高度并无多大实际意义。因此，有必要提出基站天线有效高度的概念。如图 2-9 所示，设基站天线高度为 h_{tn}，距基站天线设置点 3km～15km 内的地面平均高度为 h_{gn}，则基站天线有效高度 $h_b = h_{tn} - h_{gn}$。移动台天线高度 h_m 指地面上的高度。

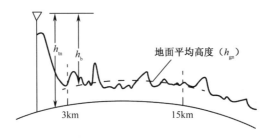

图 2-9　基站天线有效高度

2. 准平滑地形的传播损耗中值

在市区，电波传播损耗取决于传播距离 d、工作频率 f、基站天线有效高度 h_b、移动台天线高度 h_m 及街道的走向和宽窄等。根据 Okumura 模型曲线簇预测的准平滑地形情况如图 2-10 所示。

图 2-10（a）表明了传播损耗中值与频率、距离的关系，是在基站天线有效高度 h_b=200m、移动台天线高度 h_m=3m、自由空间的传播损耗为 0dB 的情况下求得的传播损耗中值的修正值，图形中查得的数值是对自由空间的传播损耗 L_{bs} 的修正值，两者相加才是实际的路径损耗。

如果基站天线有效高度 h_b 不是 200m，则通过图 2-10（b）查得修正值，$H_b(h_b, d)$ 是基站天线有效高度增益因子，反映了基站天线有效高度变化导致的预测值变化，该曲线的适用频率为 150～2000MHz。

图 2-10（c）是移动台天线高度增益因子 $H_m(h_m, f)$ 的预测曲线。由图 2-10（c）可知，当 h_m>5m 时，$H_m(h_m, f)$ 不仅与移动台天线高度 h_m 和频率 f 有关，还与环境有关。

对于中小城市，在 h_m=4～5m 处，曲线出现拐点，原因在于实际测试中的中小城市建筑平均高度约 5m，因此当 h_m>5m 时，建筑屏蔽作用减弱。而大城市建筑的平均高度约 15m，因此在移动台天线高度为 10m 以下时没有拐点。当移动台天线高度为 1～4m 时，移动台天线高度增益因子受频率和环境的影响较小，h_m 变化一倍时，其变化约 3dB。这种特性也适用于丘陵地形。

另外，准平滑地形的传播损耗中值还与街道走向（相对于电波传播方向）有关，特别是在与电波传播方向一致的街道（纵向）和与电波传播方向垂直的街道（横向）上，传播损耗中值有明显差别。街道走向对传播损耗中值的修正值如图 2-11 所示，从图 2-11 中可以看出，随着距离的增加，修正值的绝对值越来越小。因此，当基站覆盖范围较大时，可以忽略此项。

综上所述，传播损耗中值的计算公式为

$$L_T = L_{bs} + A_m(f,d) - H_b(h_b,d) - H_m(h_m,f) \tag{2-49}$$

3. 地物状况的修正

按照环境地物的密集程度，可以将移动通信环境分为开阔地、郊区、市区 3 类。郊区和开阔地的电波传播条件优于市区，其传播损耗中值必然低于市区。郊区传播损耗中值为市区传播损耗中值与郊区修正因子 K_{mr} 的差。郊区修正因子如图 2-12 所示，K_{mr} 随工作频率的提

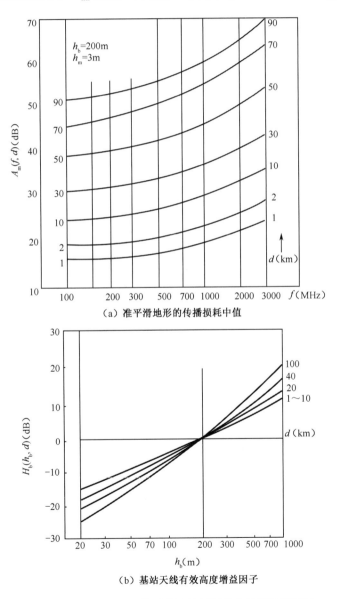

（a）准平滑地形的传播损耗中值

（b）基站天线有效高度增益因子

图 2-10　根据 Okumura 模型曲线簇预测的准平滑地形情况

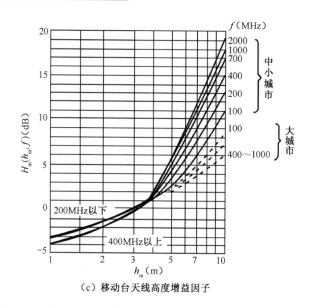

（c）移动台天线高度增益因子

图2-10 根据Okumura模型曲线簇预测的准平滑地形情况（续）

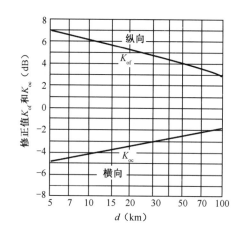

图2-11 街道走向对传播损耗中值的修正值

高而增大，与基站天线有效高度关系不大。当距离小于 20km 时， K_{mr} 随距离的增大而减小；当距离大于 20km 时， K_{mr} 基本不变。

开阔地、准开阔地修正因子如图 2-13 所示。由图 2-13 可知，开阔地和准开阔地（开阔地与郊区的过渡地区）的电波传播条件明显优于市区和郊区。

4. 不规则地形的修正

1）丘陵地形修正因子

丘陵地形修正因子如图 2-14（a）所示，地形起伏高度 Δh 表示从移动台向基站延伸 10km 内，地形起伏 90%与 10%处的高度差，该概念只适用于地形起伏较多的情况，不包括单纯的倾斜地形。

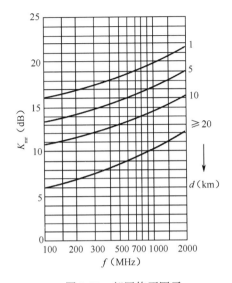

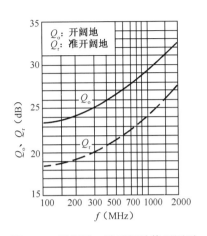

图 2-12　郊区修正因子　　　　图 2-13　开阔地、准开阔地修正因子

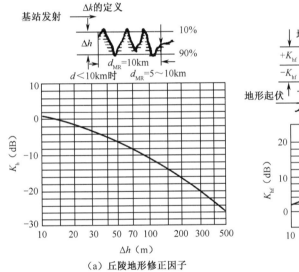

（a）丘陵地形修正因子

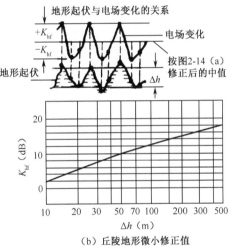

（b）丘陵地形微小修正值

图 2-14　丘陵地损耗中值修正因子

　　丘陵地形的修正分为两项来处理，一项是丘陵地形修正因子 K_h，表示丘陵地形传播损耗中值与基准损耗中值的差，可以通过图 2-14（a）查得；另一项是丘陵地形微小修正值 K_{hf}，如图 2-14（b）所示，表示接收点位于峰、谷处的损耗中值偏移 K_h 的最大变化量。在计算丘陵地形不同地点的传播损耗中值时，先按图 2-14（a）修正，再按图 2-14（b）补充修正。

　　2）孤立山岳修正因子

　　孤立山岳修正因子如图 2-15 所示，孤立山岳修正因子 K_{js} 表示使用 450MHz、900MHz，在山岳高度 $H=110\sim350$m 时，基准损耗中值与实测损耗中值的差，并将其归一化为 $H=200$m 的值。当山岳高度不等于 200m 时，查得的 K_{js} 值还需要乘以系数 β。

$$\beta = 0.07\sqrt{H'} \tag{2-50}$$

式中，H' 为孤立山岳的实际高度。这里山岳的底部宽度约 4km，并认为其高度变化时，底部宽度也发生变化。

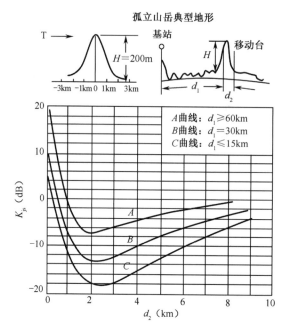

图 2-15　孤立山岳修正因子

3）倾斜地形修正因子

倾斜地形指在 5～10km 内倾斜的地形。在电波传播方向上，如果地面逐渐升高，则为正斜坡，地形平均倾角为 $+\theta_m$；否则为负斜坡，地形平均倾角为 $-\theta_m$。450MHz 和 900MHz 频段以距离为参变量的倾斜地形修正因子 K_{sp} 如图 2-16 所示，这里只给了 3 种距离，其他距离下的修正因子可用内插法计算。对于倾斜丘陵地形，还需要考虑丘陵地形修正因子。

4）水陆混合地形修正因子

水陆混合地形修正因子如图 2-17 所示，d_{SR} 为水面距离，d 为发射机与接收机的距离。水陆混合地形修正因子 K_s 不仅与 d_{SR}/d 有关，还与水面位置有关。

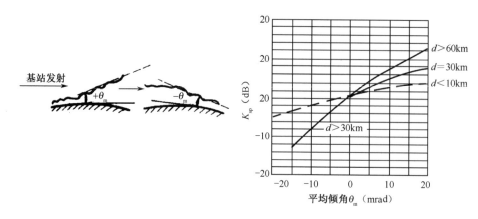

图 2-16　倾斜地形修正因子

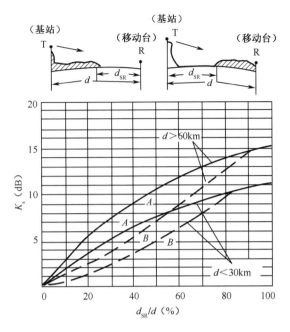

图 2-17　水陆混合地形修正因子

5）任意地形地物下的信号中值预测

前面介绍了在各种地形地物下，电波传播损耗中值与工作频率、通信距离、天线高度等的关系，并给出了各种图形。利用这些图形，可以对任意地形地物下的信号中值进行预测。信号中值可以是场强中值，也可以是传播损耗中值或接收功率中值，总之，都是用于表示移动通信电波传播特性的。在计算中，常常使用传播损耗中值和功率中值，预测步骤如下。

① 计算自由空间的传播损耗。

$$L_{bs} = 32.4 + 20 \lg d + 20 \lg f \tag{2-51}$$

② 计算准平滑地形的传播损耗中值。

$$L_T = L_{bs} + A_m(f,d) - H_b(h_b,d) - H_m(h_m,f) \tag{2-52}$$

如果发射机的发送功率为 P_T，则准平滑地形的接收功率中值 P_R 为

$$P_R = P_T - L_T = P_T - L_{bs} - A_m(f,d) + H_b(h_b,d) + H_m(h_m,f) \tag{2-53}$$

③ 计算任意地形地物下的信号中值。

$$L_A = L_T - K_T \tag{2-54}$$

式中，L_T 为准平滑地形的传播损耗中值；K_T 为地形地物修正因子。

K_T 的表达式为

$$K_T = K_{mr} + Q_o + Q_r + K_h + K_{hf} + K_{js} + K_{sp} + K_s \tag{2-55}$$

式中，K_{mr} 为郊区修正因子；Q_o 和 Q_r 为开阔地、准开阔地修正因子；K_h、K_{hf} 为丘陵地形修正因子及丘陵地形微小修正值；K_{js} 为孤立山岳修正因子；K_{sp} 为倾斜地形修正因子；K_s 为水陆混合地形修正因子。

根据实际地形情况，K_T 计算公式中的某几项可能为零。例如，在开阔地、丘陵地形中，有

$$K_T = Q_o + K_h + K_{hf} \tag{2-56}$$

任意地形地物下接收功率中值 P_{PC} 是在准平滑地形的接收功率中值 P_R 的基础上，加上地

形地物修正因子 K_T，即

$$P_{PC} = P_R + K_T \qquad (2\text{-}57)$$

2.5.3 室内传播模型

3G 时代，室内通话占语音业务的 70% 左右；4G 时代，70% 的移动通信业务发生在室内；5G 时代，室内流量占比高达 80%。因此，人们对室内传播环境的研究越来越感兴趣，其具有两个重要特点：一是室内覆盖面积更小；二是传播环境变化更大，研究表明，影响室内传播的主要因素包括建筑布局、建筑材料和建筑类型等。

室内传播同样受反射、绕射、散射的影响，但与室外传播相比有很大不同。研究表明，建筑内部接收到的信号强度随楼层高度的增加而增大。在楼层较低时，穿透建筑的信号电平很低；在楼层较高时，如果存在视距传播，会产生较强的直射建筑外墙的信号。因此，对室内传播特性的预测，需要使用针对性更强的模型。下面简单介绍几种室内传播模型。

1. 室内（办公室）路径损耗模型

室内（办公室）路径损耗模型以 COST 231-Hata 模型为基础，计算公式为

$$L = L_{bs} + L_c + \sum_{j=1}^{J} k_{wj} L_{wj} + n^{\frac{n+2}{n+1}-b} L_f \qquad (2\text{-}58)$$

式中，L_{bs} 为接收机和发射机之间的自由空间传播损耗；L_c 为固定损耗；k_{wj} 为被穿透的第 j（$1 \leqslant j \leqslant J$）类墙的数量，一般根据墙的厚度、材料等分类；$L_{wj}$ 为第 j 类墙的损耗；n 为被穿透楼层的数量；b 为经验参数；L_f 为相邻楼层之间的损耗。

需要说明的是，L_c 一般为 37dB；室内（办公室）环境一般取 $n=4$。

室内路径损耗模型可以用简化形式表示为

$$L = 37 + 30 \lg d + 18.3 n^{\frac{n+2}{n+1}-0.46} \qquad (2\text{-}59)$$

式中，d 为接收机和发射机的距离，单位为 m。L 应大于自由空间的传播损耗。

2. 衰减因子模型

衰减因子模型考虑了建筑类型和阻挡体引起的变化，该模型的灵活性很强，计算公式为

$$L(d) = L(d_0) + 10 \gamma_{SF} \log_{10}\left(\frac{d}{d_0}\right) + FAF \qquad (2\text{-}60)$$

式中，γ_{SF} 表示同楼层测试的系数；$d_0 = 1m$ 为参考距离；$L(d_0)$ 为参考距离处的路径损耗。如果同楼层不同地点的 γ 很好确定，则不同楼层不同地点的路径损耗可以通过附加楼层衰减因子（Floor Attenuation Factor，FAF）获得。也可以考虑用多楼层路径损耗系数计算，即

$$L(d) = L(d_0) + 10 \gamma_{MF} \log_{10}\left(\frac{d}{d_0}\right) \qquad (2\text{-}61)$$

式中，γ_{MF} 表示基于测试的多楼层路径损耗系数。

3. Keenan-Motley 模型

Keenan-Motley 模型是一个实验模型，表示从发射机到接收机的路径中，由墙壁和地板造成的损耗，计算公式为

$$L_{pico} = L_0 + 10\gamma \log_{10} d + \sum_{j=1}^{J} N_{wj} L_{wj} + \sum_{i=1}^{I} N_{fi} L_{fi} \tag{2-62}$$

式中，L_0 表示在参考点处（1m 处）的损耗；γ 表示损耗系数；N_{wj} 和 N_{fi} 表示发送信号穿过不同种类的墙和地板的数量；L_{wj} 和 L_{fi} 表示不同种类的墙和地板所对应的损耗因子。参数的建议值为

$$\begin{cases} L_0 = 37\text{dB} \\ \gamma = 2 \\ L_{fi} = 12 \sim 32\text{dB} \\ L_{wj} = 1 \sim 5\text{dB} \end{cases} \tag{2-63}$$

4. 多墙模型

可以用非线性函数对 Keenan-Motley 模型进行修正，得到多墙模型，计算公式为

$$L_{pico} = L_{bs} + C + L_f N_f^{E_f} + \sum_{j=1}^{J} N_{wj} L_{wj} \tag{2-64}$$

式中，C 是常数，N_f 表示穿过相邻楼层的数量，E_f 为

$$E_f = \frac{N_f + 2}{N_f + 1} - b \tag{2-65}$$

式中，b 的值根据经验确定。参数的建议值为

$$\begin{cases} L_f = 18.3\text{dB} \\ J = 2 \\ L_{w1} = 3.4\text{dB} \\ L_{w2} = 6.9\text{dB} \\ b = 0.46 \end{cases} \tag{2-66}$$

式中，L_{w1} 是穿过窄墙（小于 10m）的损耗，L_{w2} 是穿过宽墙（大于 10m）的损耗。

5. 超宽带模型

超宽带模型与上述模型有所不同。目前普遍认可的能较好描述室内超宽带传输特性的是基于分簇方式的模型。该模型由 Turin 于 1972 年提出，后来 Saleh 和 Valenzuela 在对宽带信号的研究中提出了进一步规范的模型，该模型得到了普遍认可，即 S-V 模型。S-V 模型的物理描述如下：多径信号不是按照固定的速率均匀到达接收机的，而是以簇（Cluster）的形式，一簇一簇地到达。簇和簇内射线（Ray）的到达时间服从泊松随机过程分布。先后到达的多径信号增益统计独立，其幅度呈瑞利分布，相位在 $[0, 2\pi)$ 内均匀分布。在 IEEE 802.15.4a 标准中采用的超宽带模型是对 S-V 模型的改进，其到达路径成簇分布，到达时间服从混合泊松分布。

在窄带系统中，路径损耗模型满足

$$L(d) = \frac{F\left[P_{\mathrm{R}}(d,f_{\mathrm{c}})\right]}{P_{\mathrm{T}}} \qquad (2\text{-}67)$$

式中，P_{T} 是发送功率；P_{R} 是接收功率；d 是发射端与接收端的距离；f_{c} 是载频；F 表示 d 和 f_{c} 的函数。

对于超宽带系统来说，由于信号占用频带很宽，因此路径损耗不只是距离的函数，可以表示为

$$L(f,d) = F\left[\int_{f-\Delta f/2}^{f+\Delta f/2} \left|H(\tilde{f},d)\right|^2 \mathrm{d}\tilde{f}\right] \qquad (2\text{-}68)$$

式中，$H(\tilde{f},d)$ 是发射天线到接收天线的传递函数。

为了简化计算，将路径损耗写成距离函数和频率函数的乘积形式。因为不同天线会产生不同效应，所以 IEEE 802.15.4a 标准建议仅考虑信道本身造成的路径损耗而不考虑天线产生的效应，即

$$L(f,d) = L(f)L(d) \qquad (2\text{-}69)$$

路径损耗和频率的关系为 $\sqrt{L(f)} \propto f^{-k}$。不考虑阴影衰落，路径损耗和距离的关系应该满足

$$L(d) = L(d_0) + 10\gamma \log_{10}\left(\frac{d}{d_0}\right) \qquad (2\text{-}70)$$

式中，d_0 是参考距离，$d_0 = 1\mathrm{m}$；$L(d_0)$ 是距离 d_0 处的路径损耗；γ 与环境有关，且与是否为视距传播有关。

2.5.4　超密集网络中的传播损耗

随着用户对网络容量的需求逐渐增长，作为 5G 和 6G 的关键技术，超密集网络（Ultra Dense Network，UDN）的信道模型受到广泛关注。超密集网络的核心思想是增大基站设备的部署密度，以代替 LTE 的宏基站部署，从而提高热点区域的频谱利用率，在占用相同带宽的情况下增大系统容量。

UDN 中微基站密集部署，单位面积内微基站的数量显著增加且微基站的覆盖范围较小，因此用户到微基站的距离更近，大概为几米到几十米，从而使视距传播概率增大。

参考文献[16]对宏基站和微基站共同部署的场景进行了详细介绍，在该场景下，宏基站的覆盖区域内分布着一些微基站，宏基站与微基站异频组网。在微基站密集部署场景下的视距传播概率为

$$P = \frac{1}{2} + \min\left(\frac{1}{2}, 5\mathrm{e}^{-\frac{d}{0.03}}\right) - \min\left(\frac{1}{2}, 5\mathrm{e}^{-\frac{0.156}{d}}\right) \qquad (2\text{-}71)$$

式中，d 为用户到微基站的距离。视距传播概率如图 2-18 所示。

由图 2-18 可知，视距传播概率随用户到微基站的距离的增大而减小，当距离小于 20m 时，视距传播概率接近 1；当距离为 30m 时，即基本位于微基站覆盖范围的边缘时，视距传播概率仍然高达 97.24%，与宏基站部署场景相比，其视距传播概率增大。对于微基站密集部署场景，视距传播和非视距传播损耗分别如式（2-72）和式（2-73）所示。

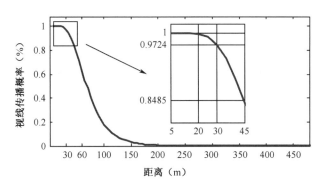

图 2-18　视距传播概率

$$L_{los} = 103.8 + 20.9 \times \log_{10} d \qquad (2\text{-}72)$$

$$L_{nlos} = 145.4 + 37.5 \times \log_{10} d \qquad (2\text{-}73)$$

式中，L_{los} 和 L_{nlos} 分别为视距传播和非视距传播损耗。

2.6　阴影衰落

当电波在传播路径上遇到起伏地形、建筑、植被等障碍物时，在障碍物的后面会形成电波的阴影区，阴影衰落示意图如图 2-19 所示，阴影区的场强较弱，移动台在移动中通过不同障碍物的阴影时，会导致接收天线场强变化，从而引起衰落。阴影衰落的信号电平起伏相对缓慢，因此将其归类为慢衰落。

图 2-19　阴影衰落示意图

阴影衰落的深度（接收信号局部中值电平变化的幅度）取决于信号频率和障碍物状况。频率高的信号更容易穿透障碍物，而频率低的信号具有较强的绕射能力。

为了研究阴影衰落的规律，通常把一段距离（1～2km）作为样本区间，每隔 20m（小区间）左右观察信号电平的中值变动，以分析信号在各小区的分布和标准偏差。实验表明，阴影衰落近似服从对数正态分布，其概率密度函数为

$$p(r) = \frac{1}{\sqrt{2\pi}\mu_s} \exp\left[-\frac{(r-m)^2}{2\mu_s^2}\right] \qquad (2\text{-}74)$$

式中，r 为接收信号的局部均值；m 为 r 的期望值；μ_s 为标准偏差。这 3 个参数的单位均为 dB。标准偏差 μ_s 取决于测试区的地形地物和工作频率等因素。标准偏差如表 2-2 所示。

表 2-2　标准偏差

频　　率	准平坦地形		不规则地形（Δh）		
	城区	郊区	50m	150m	300m
50MHz			8dB	9 dB	10dB
150MHz	3.5～5.5dB	4～7dB	9dB	11dB	13dB
450MHz	6dB	7.5dB	11dB	15dB	18dB
900MHz	6.5dB	8dB	14dB	18dB	24dB

2.7　多径衰落

前面分析了路径损耗和阴影衰落，本节重点分析多径衰落，包括由多普勒频移引起的频谱扩展和由多径传播时延引起的时间弥散，并介绍相关时延参数和频谱扩展参数，根据不同参数对无线信道进行分类。

2.7.1　多普勒频移

移动台在移动中进行无线通信时，接收信号频率会发生变化，其变化程度与用户移动速度和接收信号的频率成正比，该现象为多普勒效应（Doppler Effect）。由此引起的附加频移为多普勒频移，如图 2-20 所示。

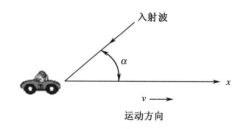

图 2-20　多普勒频移

多普勒频移可以表示为

$$f_\mathrm{d} = \frac{v}{\lambda}\cos\alpha = f_\mathrm{m}\cos\alpha \qquad (2\text{-}75)$$

式中，v 表示移动台的移动速度；λ 表示移动台接收信号的波长；α 表示入射波和移动台移动方向之间的夹角。$f_\mathrm{m} = v/\lambda$ 与入射角无关，是 f_d 的最大值，称为最大多普勒频移。

由式（2-75）可知，多普勒频移与移动台移动方向、移动速度及入射角有关。如果移动台朝入射波方向移动，则多普勒频移为正（接收信号频率提高）；反之为负（接收信号频率降低）。

多普勒频移一般只出现在高速车载通信场景中，在慢速移动或静态通信场景中，不需要考虑。

需要注意的是，多普勒频移不是由多径产生的，而是由移动台的移动导致的，但是多径信道会导致每条路径的多普勒频移不一致，从而发生多普勒扩展，体现了多径信道的时变特性。

2.7.2　多径信道基本模型

多径传播是移动通信的主要特征之一，当电波传播到移动台的天线时，信号不是单一的，而是从许多路径来的多个信号的叠加。假设发送信号为

$$x(t) = \text{Re}\left[s(t)\exp(\text{j}2\pi f_{\text{c}}t)\right] \tag{2-76}$$

式中，f_{c} 为载频。此信号经过多径信道时会受到多径衰落的影响。假设第 i 条路径的长度为 x_i，衰落系数为 a_i，则接收到的信号可以表示为

$$
\begin{aligned}
y(t) &= \sum_i a_i x\left(t - \frac{x_i}{c}\right) = \sum_i a_i \text{Re}\left\{s\left(t - \frac{x_i}{c}\right)\exp\left[\text{j}2\pi f_{\text{c}}\left(t - \frac{x_i}{c}\right)\right]\right\} \\
&= \text{Re}\left\{\sum_i a_i s\left(t - \frac{x_i}{c}\right)\exp\left[\text{j}2\pi\left(f_{\text{c}}t - \frac{x_i}{\lambda}\right)\right]\right\}
\end{aligned}
\tag{2-77}
$$

推导得到

$$y(t) = \text{Re}\left[r(t)\exp(\text{j}2\pi f_{\text{c}}t)\right] \tag{2-78}$$

式中，$r(t)$ 为接收信号的复数形式，即

$$r(t) = \sum_i a_i s\left(t - \frac{x_i}{c}\right)\exp\left(-\text{j}2\pi\frac{x_i}{\lambda}\right) = \sum_i a_i s(t - \tau_i)\exp(-\text{j}2\pi f_{\text{c}}\tau_i) \tag{2-79}$$

式中，$\tau_i = x_i / c$ 为信号时延。

$r(t)$ 实际上是接收信号的复包络。如果考虑移动台的移动情况，则每条路径的长度变化会导致出现多普勒效应。假设路径 i 的到达方向和移动台移动方向之间的夹角为 θ_i，则路径长度的变化量为

$$\Delta x_i = -vt\cos\theta_i \tag{2-80}$$

式中出现负号是因为当移动台朝入射波方向移动时，夹角为锐角，多普勒频移为正，路径长度变小；反之则夹角为钝角，多普勒频移为负，路径长度变大。

此时，接收信号的复包络变为

$$
\begin{aligned}
r(t) &= \sum_i a_i s\left(t - \frac{x_i + \Delta x_i}{c}\right)\exp\left(-\text{j}2\pi\frac{x_i + \Delta x_i}{\lambda}\right) \\
&= \sum_i a_i s\left(t - \frac{x_i}{c} + \frac{vt\cos\theta_i}{c}\right)\exp\left(-\text{j}2\pi\frac{x_i}{\lambda}\right)\exp\left(\text{j}2\pi\frac{v}{\lambda}t\cos\theta_i\right)
\end{aligned}
\tag{2-81}
$$

由于 $vt\cos\theta_i / c$ 的通常比 x_i / c 小很多，式（2-81）可以化简为

$$
\begin{aligned}
r(t) &= \sum_i a_i s\left(t - \frac{x_i}{c}\right)\exp\left(-\text{j}2\pi\frac{x_i}{\lambda}\right)\exp\left(\text{j}2\pi\frac{v}{\lambda}t\cos\theta_i\right) \\
&= \sum_i a_i s\left(t - \tau_i\right)\exp\left[-\text{j}2\pi\left(\frac{x_i}{\lambda} - \frac{v}{\lambda}t\cos\theta_i\right)\right] \\
&= \sum_i a_i s\left(t - \tau_i\right)\exp\left[-\text{j}\left(2\pi f_{\text{c}}\tau_i - 2\pi f_{\text{m}}t\cos\theta_i\right)\right]
\end{aligned}
\tag{2-82}
$$

式中，f_{m} 为最大多普勒频移。

如果令

$$\varphi_i(t) = 2\pi f_{\text{c}}\tau_i - 2\pi f_{\text{m}}t\cos\theta_i = \omega_{\text{c}}\tau_i - \omega_{\text{D},i}t \tag{2-83}$$

式中，τ_i 表示第 i 条路径到达接收机的信号分量的增量时延；$w_c\tau_i$ 表示多径时延对随机相位的影响；$w_{D,i}t$ 表示多普勒效应对随机相位的影响。式（2-82）可以进一步简化为

$$r(t) = \sum_i a_i s(t-\tau_i)\exp[-j\varphi_i(t)] = s(t)h(t,\tau) \tag{2-84}$$

式中，$s(t)$ 为复基带传输信号；$h(t,\tau)$ 为信道冲激响应，可以表示为

$$h(t,\tau) = \sum_i a_i \exp[-j\varphi_i(t)]\delta(t-\tau_i) \tag{2-85}$$

式中，a_i、τ_i 表示第 i 个分量的幅度衰落系数和增量时延；相位 $\varphi_i(t)$ 包含第 i 个分量时延内一个多径分量的所有相移。

假设信道冲激响应不随时间变化或在某段时间内不随时间变化，则信道冲激响应可以简化为

$$h(\tau) = \sum_i a_i \exp[-j\varphi_i(\tau)]\delta(\tau-\tau_i) \tag{2-86}$$

该冲激响应完全描绘了信道特性，此模型在工程上可用抽头延迟线实现，应用广泛。

2.7.3 多径信道主要参数

受移动台移动等因素的影响，信号在时间、频率和角度上出现了色散。本节主要介绍多径信道时间色散和频率色散的相关参数，包括时间色散参数、相关带宽、多普勒扩展和相关时间。

1. 时间色散参数

为了比较不同多径信道及总结一些通用的系统设计原则，人们量化了多径信道的一些参数，包括平均附加时延、rms 时延扩展及附加时延扩展等。这些参数可由 PDP（Power Delay Profile）得到。宽带多径信道的时间色散特性通常用平均附加时延（$\overline{\tau}$）和 rms 时延扩展（σ_τ）定量描述。平均附加时延是功率延迟分布的一阶矩，定义为

$$\overline{\tau} = \frac{\sum_k a_k^2\tau_k}{\sum_k a_k^2} = \frac{\sum_k P(\tau_k)\tau_k}{\sum_k P(\tau_k)} \tag{2-87}$$

式中，如果发送信号的幅度归一化，则 a_k 为多径信道第 k 个分量的幅值；$P(\tau_k)$ 为第 k 个分量的功率。

rms 时延扩展是功率延迟分布的二阶矩的平方根，定义为

$$\sigma_\tau = \sqrt{E(\tau^2)-(\overline{\tau})^2} \tag{2-88}$$

式中

$$E(\tau^2) = \frac{\sum_k a_k^2\tau_k^2}{\sum_k a_k^2} = \frac{\sum_k P(\tau_k)\tau_k^2}{\sum_k P(\tau_k)} \tag{2-89}$$

在 $\tau_0=0$ 且第一个可检测信号到达接收机时开始测量，式（2-87）～式（2-89）不依赖 $P(\tau)$ 的绝对功率电平，仅依赖多径分量的相对幅度。户外无线信道的 rms 时延扩展为微秒级，室内无线信道为纳秒级。

需要注意的是，rms 时延扩展和平均附加时延是由一个功率延迟分布定义的。功率延迟分

布源于本地连续冲激响应的测量值的短时或空间平均。功率延迟分布的最大附加时延定义为多径能量从初值衰落到低于最大能量的时间。为了更直观地说明平均附加时延、rms 时延扩展及最大附加时延扩展的概念，给出典型的归一化时延扩展谱，如图 2-21 所示。在图 2-21 中，T_m 为归一化的最大附加时延扩展；τ_m 为归一化平均附加时延；Δ 为 rms 时延扩展。

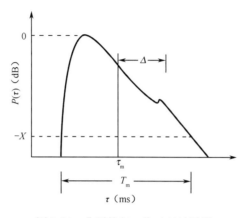

图 2-21　典型的归一化时延扩展谱

例 2.2　计算以下归一化功率延迟分布的 rms 时延扩展。

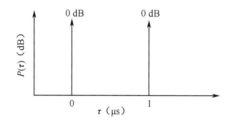

解：

$$E(\tau) = \frac{1 \times 0 + 1 \times 1}{1+1} = \frac{1}{2} = 0.5 \mu s$$

$$E(\tau^2) = \frac{1 \times 0^2 + 1 \times 1^2}{1+1} = \frac{1}{2} = 0.5 (\mu s)^2$$

$$\sigma_\tau = \sqrt{E(\tau^2) - E^2(\tau)} = \sqrt{0.5 - (0.5)^2} = 0.5 \mu s$$

2. 相关带宽

在移动通信中，不同频率分量的衰落通常不同。显然，频率间隔越大，衰落分量的幅度相关性越小。相关带宽表征的是信号中两个频率分量基本相关的频率间隔。也就是说，当衰落信号中的两个频率分量的频率间隔小于相关带宽时，它们是相关的，其衰落具有一致性，当频率间隔大于相关带宽时，它们就不相关了，其衰落具有不一致性。实际上，相关带宽是对无线信道传输能力的统计度量，至于信号通过时会出现何种衰落则取决于信号本身的带宽，如果输入信号的带宽远小于相关带宽，则输出信号频谱中，谱分量幅度与相位关系就是确定的（不同时间可以有不同的常数因子），此时的衰落为平坦衰落；反之，则会出现频率选择性衰落，引起输出信号的失真，对于数字移动通信来说，则会引起错码。

一般来说，衰落信号的包络相关系数可以近似定义为

$$\rho_r(\Delta f) \approx \frac{1}{1+(2\pi\Delta f \sigma_\tau)^2} \qquad (2\text{-}90)$$

式中，Δf 为相关带宽。从式（2-90）中可以看出，当频率间隔增大时，包络的相关性降低。如果要求 $\rho_r(\Delta f)$=0.9，则 $2\pi\Delta f\sigma_\tau$=1/3，相关带宽为

$$B_c = \Delta f = \frac{1}{6\pi\sigma_\tau} \qquad (2\text{-}91)$$

当 $\rho_r(\Delta f)$=0.5 时，有

$$B_c = \Delta f = \frac{1}{2\pi\sigma_\tau} \qquad (2\text{-}92)$$

式（2-92）表明，时延扩展 σ_τ 越大，相关带宽越小，信道传输的不失真频带越窄；反之，σ_τ 越小，则相关带宽越大，信道传输的不失真频带越宽。

一般来说，模拟移动通信主要考虑多径衰落引起的接收信号幅度变化，而数字移动通信主要考虑多径衰落引起的脉冲信号时延扩展，因为时延扩展将引起符号间干扰（Intersymbol Interference，ISI），严重影响数字信号的传输质量。

考虑到移动通信环境的复杂性与不确定性，无论是幅度衰落还是时延扩展，都必须用统计方法研究。当传播达到四径或五径后，场强变化的不规则性逐渐增强，在数量更多的情况下，不能用公式准确计算接收功率，必须用统计方法研究。

3. 多普勒扩展和相关时间

时延扩展和相关带宽用于描述时间色散特性，但不能提描述时变特性。这种时变特性一般由移动台与基站的相对运动或信道路径中物体的运动引起。多普勒扩展和相关时间可以描述时变特性。

多普勒扩展 B_D 是对由可变速率引起的频谱展宽程度的度量。多普勒扩展被定义为一个频率范围，在此范围内接收的多普勒频谱为非 0 值。当发送频率为 f_c 的正弦信号时，接收信号频谱即多普勒频谱在 $f_c - f_d$ 和 $f_c + f_d$ 范围内存在分量，其中 f_d 是多普勒频移。频谱展宽与 f_d 有关。

相关时间 T_C 是多普勒扩展在时域的表示，用于在时域描述频率色散的时变特性，近似与最大多普勒频移成反比，即

$$T_C \approx \frac{1}{f_m} \qquad (2\text{-}93)$$

式中，f_m 为最大多普勒频移。

相关时间是信道冲激响应维持不变的时间内统计平均值。在此时间内，两个到达信号有很强的幅度相关性。如果基带信号带宽的倒数大于信道相关时间，那么基带信号可能在传输中发生改变，导致接收信号失真。与讨论相关带宽的方法类似，如果信号包络相关度为 0.5，则相关时间为

$$T_C \approx \frac{9}{16\pi f_m} \qquad (2\text{-}94)$$

实际上，式（2-93）给出了瑞利衰落信号可能剧烈起伏的时间间隔，而式（2-94）常常过

于严格。在现代通信中，普遍将相关时间定义为两式的几何平均，即

$$T_C \approx \sqrt{\frac{9}{16\pi f_m^2}} = \frac{0.423}{f_m} \qquad (2\text{-}95)$$

由相关时间的定义可知，时间间隔大于 T_C 的两个到达信号所受的影响不同。例如，移动台的移动速度为 50m/s，信道的载频为 1900MHz，则相关时间为 1.336ms，因此要保证信号经过信道时不会在时间轴上产生失真，对于二进制系统，必须保证传输速率大于 0.75kbps。

2.7.4　无线信道分类

前面详细讨论了信号通过无线信道时产生的多径时延、多普勒扩展等，这些因素导致信号在通过无线信道时，会出现不同类型的衰落。信道的时间色散和频率色散可能产生 4 种衰落效应，这是由信号、信道及移动速度之间的关系引起的。多径时延扩展会引起时间色散和频率选择性衰落，多普勒扩展会引起频率色散和时间选择性衰落，两者互相独立。根据多径时延可以将信道分为平坦衰落信道和频率选择性衰落信道，根据多普勒扩展可以将信道分为快衰落信道和慢衰落信道。

1. 平坦衰落信道和频率选择性衰落信道

如果信道相关带宽大于信号带宽，且在带宽范围内具有恒定增益及线性相位，则接收信号会经历平坦衰落过程，这种衰落在通信速率较低时较为常见。在平坦衰落情况下，信道多径结构不会使发送信号的频谱特性在接收机内发生变化。然而，由于多径信道增益变化，接收信号的强度会随时间变化。平坦衰落又称非频率选择性衰落，其产生条件为

$$B_s \ll B_c \qquad (2\text{-}96)$$

或

$$T_s \gg \sigma_\tau \qquad (2\text{-}97)$$

T_s 为信号周期（信号带宽 B_s 的倒数）；σ_τ 为信道的 rms 时延扩展；B_c 为相关带宽。平坦衰落信道的特征如图 2-22 所示。对于平坦衰落信道，虽然接收信号的幅度可能发生变化，但是其频谱特性基本不变。

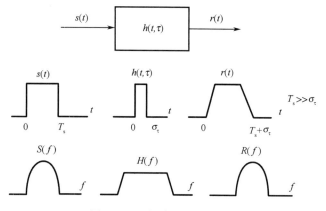

图 2-22　平坦衰落信道的特征

如果信道具有恒定增益和线性相位，且相关带宽小于信号带宽，则此信道特性会导致接

收信号产生频率选择性衰落。此时，信道冲激响应具有多径时延扩展，其值大于发送信号带宽的倒数。在这种情况下，接收信号中包含了经历不同衰减和时延的发送信号，从而导致接收信号失真。频率选择性衰落是由信道中发送信号的时间色散引起的，信号会因色散而产生符号间干扰。在频域，接收信号在不同频率下会获得不同增益，产生频率选择性衰落的条件为

$$B_s > B_c \qquad (2\text{-}98)$$

或

$$T_s < \sigma_\tau \qquad (2\text{-}99)$$

通常认为，如果 $T_s \geqslant 10\sigma_\tau$，则该信道是平坦衰落的；如果 $T_s < 10\sigma_\tau$，则该信道是频率选择性衰落的。频率选择性衰落信道的特征如图 2-23 所示。可以看出，由于在不同频率下会获得不同增益，信号的频谱特性会发生变化，导致接收信号失真。

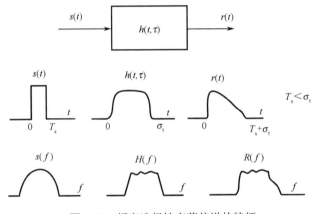

图 2-23　频率选择性衰落信道的特征

2. 快衰落信道和慢衰落信道

当信道的相关时间比信号周期短，或者信号带宽 B_s 小于多普勒扩展 B_D 时，信道冲激响应在符号周期内变化很快，从而导致信号失真，产生衰落，此衰落为快衰落。因此，产生快衰落的条件为

$$T_s > T_C \qquad (2\text{-}100)$$

或

$$B_s < B_D \qquad (2\text{-}101)$$

当信道的相关时间远大于信号周期，或者信号带宽 B_s 远大于多普勒扩展 B_D 时，信道冲激响应的变化比要传输的信号码元的周期变化慢很多，可以认为信道是慢衰落信道，产生慢衰落的条件为

$$T_s \ll T_C \qquad (2\text{-}102)$$

或

$$B_s \gg B_D \qquad (2\text{-}103)$$

综上所述，无线信道分类如表 2-3 所示。

表 2-3　无线信道分类

	$B_s<B_c$	$B_s>B_c$
$T_s<T_C$	非频率选择性慢衰落信道	频率选择性慢衰落信道
$T_s>T_C$	非频率选择性快衰落信道	频率选择性快衰落信道（时频双弥散信道）

需要注意的是，不能将快、慢衰落模型与大、小尺度模型混淆。因为快、慢衰落涉及的是信道的时间变化率与发送信号的时间变化率之间的关系，而大、小尺度模型主要是根据路径长短变化的传播损耗模型。另外，在考虑角度色散的情况下，还可以将原二维信息（时间、频率）扩展为包含时间、频率、空间的三维信息，可以根据信道是否具有空间选择性，将信道分为标量信道和矢量信道。

2.8　多径信道的统计模型

在实际应用中，由于无线信道具有复杂性，对无线信道的分析通常采用统计方法。本节主要在前面内容的基础上，分析多径信道的统计特性，并介绍基于统计模型的无线信道建模和仿真方法，以加深读者对无线信道的理解并进行建模和仿真。

2.8.1　多径信道的统计分析

这里所讲的多径信道的统计分析，主要讨论多径信道的包络统计特性。一般接收信号的包络根据不同的无线环境分别服从瑞利分布、莱斯分布，以及具有参数 m 的 Nakagami-m 分布，当 m 取不同值时对应的分布不同，因此更具有广泛性。

1. 瑞利分布

瑞利分布是最常见的用于描述平坦衰落信道接收信号包络或独立多径分量接收统计时变特性的分布类型。一般来说，两个正交高斯噪声信号之和的包络服从瑞利分布。对于平坦衰落信道，当发射机与接收机之间没有直射路径，而有大量反射路径，且到达接收机天线的方向角是随机的（$0\sim2\pi$ 均匀分布），各反射波的幅度和相位独立时，信号在接收端的包络即瑞利分布。瑞利分布的概率密度函数为

$$p(r)=\begin{cases} \dfrac{r}{\sigma^2}\exp\left(-\dfrac{r^2}{2\sigma^2}\right), & 0\leqslant r\leqslant+\infty \\ 0, & r<0 \end{cases} \tag{2-104}$$

式中，r 是信号的包络值；σ 是包络检波之前所接收电压信号的均方根值；σ^2 是包络检波之前所接收信号包络的时间平均功率。接收信号包络不超过特定值 R 的概率由相应的累积分布函数（Cumulative Distribution Function，CDF）给出，则有

$$P_c(R)=\int_0^R p(r)\mathrm{d}r=1-\exp\left(-\frac{R^2}{2\sigma^2}\right) \tag{2-105}$$

瑞利分布的均值 r_{mean} 为

$$r_{\text{mean}} = E[r] = \int_0^{+\infty} rp(r)\mathrm{d}r = \sigma\sqrt{\frac{\pi}{2}} = 1.2533\sigma \tag{2-106}$$

瑞利分布的方差为 σ_{ray}^2，表示信号包络中的交流功率，其值为

$$\sigma_{\text{ray}}^2 = E[r^2] - E^2[r] = \int_0^{+\infty} r^2 p(r)\mathrm{d}r - \frac{\sigma^2\pi}{2} = \sigma^2\left(2 - \frac{\pi}{2}\right) = 0.4292\sigma^2 \tag{2-107}$$

将满足 $P_c(r \leqslant r_{\text{m}}) = 0.5$ 的 r_{m} 称为信号包络样本区间的中值，利用累积分布函数可以解得 $r_{\text{m}} = 1.177\sigma$。由此可知，瑞利衰落信号的均值（信号的期望）和中值仅差 0.55dB。注意中值经常在实际中应用，因为衰落数据的测量一般实地进行，不能假设服从某特定分布。采用中值容易比较不同的分布，其均值的变化幅度可能很大。

瑞利分布的概率密度函数如图 2-24 所示。

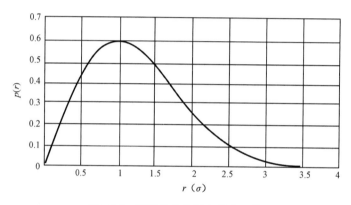

图 2-24　瑞利分布的概率密度函数

2. 莱斯分布

当存在一个主要的、稳定的（非衰落）信号分量时，则多径信号的包络服从莱斯分布。在这种情况下，从不同路径随机到达的多径分量叠加在稳定的主信号上，反映在包络检测器的输出端，就会附加一个直流分量。

当主信号到达接收端时，会与许多弱多径分量混合，从而形成莱斯分布。但当主信号减弱到与其他分量的功率近似相同时，混合信号包络近似为瑞利分布。因此，当接收信号中没有主信号时，莱斯分布变为瑞利分布。

莱斯分布的概率密度函数为

$$p(r) = \begin{cases} \dfrac{r}{\sigma^2}\exp\left(-\dfrac{r^2 + A^2}{2\sigma^2}\right)I_0\left(\dfrac{Ar}{\sigma^2}\right), & A \geqslant 0, \quad r \geqslant 0 \\ 0, & r < 0 \end{cases} \tag{2-108}$$

式中，A 为主信号幅度；σ^2 为 r 的方差；$I_0(\cdot)$ 是 0 阶第一类修正贝赛尔函数。莱斯分布常用参数 K 描述，K 定义为主信号的功率与多径分量方差之比，即

$$K = 10\log\frac{A^2}{2\sigma^2} \tag{2-109}$$

K 是莱斯因子，其完全确定了莱斯分布。当 $A \to 0$ 且 $K \to -\infty$ 时，莱斯分布变为瑞利分布。莱斯分布的概率密度函数如图 2-25 所示。显然，强主信号的存在使接收信号包络从瑞利分布变为莱斯分布；当主信号进一步增强时，莱斯分布趋向高斯分布。

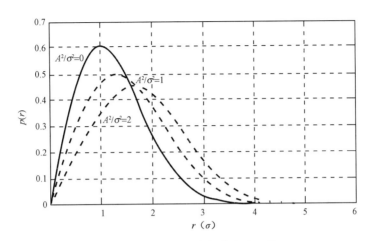

图 2-25　莱斯分布的概率密度函数

3. Nakagami-m 分布

20 世纪 40 年代，Nakagami 提出了 Nakagami-m 分布，通过基于场测试的实验方法，利用曲线拟合获得近似分布。研究表明，Nakagami-m 分布对无线信道的描述具有很好的适应性。

如果信号包络服从 Nakagami-m 分布，则其概率密度函数为

$$p(r) = \frac{2m^m r^{2m-1}}{\Gamma(m)\Omega^m} \exp\left(-\frac{mr^2}{\Omega}\right) \tag{2-110}$$

式中，$m = E^2(r^2)/\mathrm{var}(r^2)$ 为不小于 1/2 的实数；$\Omega = E(r^2)$；$\Gamma(m) = \int_0^{+\infty} x^{m-1} e^{-x} dx$ 为伽马函数。

对于功率 $s = r^2/2$，概率密度函数为

$$p(s) = \left(\frac{m}{\bar{s}}\right)^m \frac{rs^{m-1}}{\Gamma(m)} \exp\left(-\frac{ms}{\bar{s}}\right) \tag{2-111}$$

式中，$\bar{s} = E(s) = \Omega/2$ 为信号的平均功率。

当 $m = 1$ 时，有

$$p(r) = \frac{2r}{\Omega} \exp\left(-\frac{r^2}{\Omega}\right) = \frac{r}{s} \exp\left(-\frac{r^2}{2s}\right) \tag{2-112}$$

则 Nakagami-m 分布变为瑞利分布。

另外，Nakagami-m 分布可以用 m（称为形状因子）和莱斯因子 K 之间的关系确定，即

$$m = \frac{(K+1)^2}{2K+1} \tag{2-113}$$

当 m 较大时，Nakagami-m 分布趋向高斯分布。

2.8.2 衰落信道建模和仿真

1. 衰落信道建模基本原理

这里主要介绍广泛应用的 Clarke 模型。在 Clarke 模型中，移动台接收信号的场强统计特性基于散射。该模型假设有一台具有垂直极化天线的固定发射机。入射移动台天线的电磁场由 N 个平面波组成，这些平面波具有任意载频、相位、入射方位角及相等的平均幅度。注意这里存在相等的平均幅度的基础是不存在视距传播路径，到达接收机的散射分量经小尺度传播后，经历了相似的衰减。

一辆车以速度 v 沿 x 轴运动，入射平面波入射角示意图如图 2-26 所示。由于接收机的运动，每个波都经历了多普勒频移并同时到达接收机。也就是说，假设任何平面波（平坦衰落条件下）都没有附加时延，则第 n 个以角度 α_n 到达 x 轴的入射波的多普勒频移为

$$f_n = \frac{v}{\lambda}\cos\alpha_n \qquad (2\text{-}114)$$

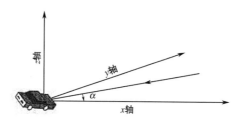

图 2-26　入射平面波入射角示意图

到达移动台的垂直极化平面波存在电场强度 E 和磁场强度 H 的分量，分别表示为

$$E_z = E_0 \sum_{n=1}^{N} C_n \cos(2\pi f_c t + \theta_n) \qquad (2\text{-}115)$$

$$H_x = -\frac{E_0}{\eta} \sum_{n=1}^{N} C_n \sin\alpha_n \cos(2\pi f_c + \theta_n) \qquad (2\text{-}116)$$

$$H_y = -\frac{E_0}{\eta} \sum_{n=1}^{N} C_n \cos\alpha_n \cos(2\pi f_c t + \theta_n) \qquad (2\text{-}117)$$

式中，E_0 是电场强度的实际幅度；C_n 是表示不同电波幅度的实数随机变量；η 是自由空间的固有阻抗（377 Ω）；f_c 是载频。第 n 个到达分量的随机相位 θ_n 为

$$\theta_n = 2\pi f_n t + \phi_n \qquad (2\text{-}118)$$

式中，ϕ_n 是相互独立的不同路径的附加相移，其在 $(0, 2\pi]$ 均匀分布。

进行归一化后，可以得到 C_n 的平均值，并通过式（2-119）确定。

$$\sum_{n=1}^{N} E(C_n^2) = 1 \qquad (2\text{-}119)$$

由于多普勒频移与载频相比很小，因此 3 种分量可建模为窄带随机过程。如果 N 足够大，3 种分量可以近似看成高斯随机变量。假设相位角在 $(0, 2\pi]$ 均匀分布，可以证明，电场强度可以用同相和正交分量表示为

$$E_z(t) = T_c(t)\cos(2\pi f_c t) - T_s(t)\sin(2\pi f_c t) \tag{2-120}$$

$$T_c(t) = E_0\sum_{n=1}^{N}C_n\cos(2\pi f_n t + \phi_n) \tag{2-121}$$

$$T_s(t) = E_0\sum_{n=1}^{N}C_n\sin(2\pi f_n t + \phi_n) \tag{2-122}$$

高斯随机过程在任意时刻 t 均可独立表示为 $T_c(t)$ 和 $T_s(t)$。$T_c(t)$ 和 $T_s(t)$ 是非相关零均值的高斯随机变量，两者的方差相等。

$$E\left[T_c^2(t)\right] = E\left[T_s^2(t)\right] = E\left(|E_z(t)|^2\right) = \frac{E_0^2}{2} \tag{2-123}$$

则接收的电场强度包络为

$$|E_z(t)| = \sqrt{T_c^2(t) + T_s^2(t)} = r(t) \tag{2-124}$$

由于 $T_c(t)$ 和 $T_s(t)$ 均为高斯随机变量，由雅可比变换可以推出随机接收信号的包络 r 服从瑞利分布，则有

$$p(r) = \begin{cases} \dfrac{r}{\sigma^2}\exp\left(-\dfrac{r}{2\sigma^2}\right), & 0 \leqslant r \leqslant +\infty \\ 0, & r < 0 \end{cases} \tag{2-125}$$

式中，$\sigma^2 = E_0^2/2$。

2. 衰落信道仿真方法

所有信道模型的仿真都基于多个不相关的有色高斯过程。瑞利分布和莱斯分布需要两个有色高斯过程，产生有色高斯噪声的方法有两种，一是将高斯白噪声通过成形滤波器，即成形滤波；二是利用一组复正弦波进行模拟，即正弦波叠加法。正弦波叠加法又包括幅度分布模拟法和频率分布模拟法两种。3 种仿真方法如图 2-27 所示。

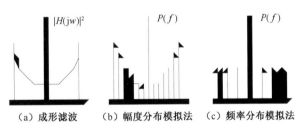

（a）成形滤波　　（b）幅度分布模拟法　　（c）频率分布模拟法

图 2-27　3 种仿真方法

本节主要讨论平坦衰落信道的仿真，对于频率选择性衰落信道，则以平坦衰落信道仿真方法为基础，建立模拟离散的广义平稳非相关散射（Wide Sense Stationary Uncorrelated Scattering，WSSUS）模型，在这里不做详细讨论，具体内容见参考文献[11]。下面主要介绍两种平坦衰落信道仿真模型。

1）Jakes 仿真器

Jakes 仿真器是一种应用非常广泛的模型，它使用的是正弦波叠加法。一般用于模拟均匀散射环境中平坦衰落信道的复低通网络，用有限个（大于等于 10 个）低频振荡器近似构建一种可分析的模型。

根据 Clarke 模型，接收端波形可以表示为一系列平面波的叠加

$$R_{\mathrm{D}}(t) = E_0 \sum_{n=1}^{N} C_n \cos(\omega_c t + \omega_n t + \phi_n) \tag{2-126}$$

$$\omega_n = \omega_{\mathrm{m}} \cos \alpha_n \tag{2-127}$$

式中，E_0 是余弦波的幅度；C_n 表示第 n 条路径的衰减；α_n 表示第 n 条路径的到达角；ϕ_n 表示经过第 n 条路径后的附加相移；$\omega_c = 2\pi f_c$ 是载频；$\omega_{\mathrm{m}} = 2\pi f_{\mathrm{m}}$ 是最大多普勒频移。不同路径的附加相移 ϕ_n 是相互独立的，且 ϕ_n 是在 $(0, 2\pi]$ 均匀分布的随机变量。

为了将 $R_{\mathrm{D}}(t)$ 标准化，先将其功率归一化，可得

$$\begin{aligned} \tilde{R}(t) &= \sqrt{2} \sum_{n=1}^{N} C_n \cos(\omega_c t + \omega_{\mathrm{m}} t \cos \alpha_n + \phi_n) \\ &= \tilde{X}_{\mathrm{c}}(t) \cos \omega_c t + \tilde{X}_{\mathrm{s}}(t) \sin \omega_c t \end{aligned} \tag{2-128}$$

式中

$$\tilde{X}_{\mathrm{c}}(t) = \sqrt{2} \sum_{n=1}^{N} C_n \cos(\omega_{\mathrm{m}} t \cos \alpha_n + \phi_n) \tag{2-129}$$

$$\tilde{X}_{\mathrm{s}}(t) = -\sqrt{2} \sum_{n=1}^{N} C_n \sin(\omega_{\mathrm{m}} t \cos \alpha_n + \phi_n) \tag{2-130}$$

假设平面波有 N 个入射角，且在 $(0, 2\pi]$ 均匀分布，则模型中的参数为

$$\Delta \alpha = \frac{2\pi}{N} \tag{2-131}$$

$$C_n^{\,2} = p(\alpha_n) \Delta \alpha = \frac{1}{2\pi} \Delta \alpha \tag{2-132}$$

$$C_n^{\,2} = p(\alpha_n) \Delta \alpha = \frac{1}{2\pi} \Delta \alpha \tag{2-133}$$

$$C_n^2 = \frac{1}{N}, \quad C_n = \sqrt{\frac{1}{N}} \tag{2-134}$$

式中，$p(\alpha_n)$ 为入射角的概率密度函数；$\Delta \alpha$ 为相邻两入射角的间隔角。

将这些参数代入式（2-128）可得

$$\tilde{R}(t) = \sqrt{\frac{2}{N}} \sum_{n=1}^{N} \cos\left(\omega_c t + \omega_{\mathrm{m}} t \cos \frac{2\pi n}{N} + \phi_n \right) \tag{2-135}$$

由此可以得出，$\tilde{R}(t)$ 可以用随机变量组 (C_n, α_n, ϕ_n) 表示，且它们是相互独立的，$\tilde{R}(t)$ 可以用 N 个振荡器生成。Jakes 仿真器如图 2-28 所示。

需要注意的是，Jakes 仿真器利用多普勒频移的对称性减少了振荡器数量，降低了复杂度；但同时引入了相位相关性，导致产生的信号不稳定。可以采用各种方法对这种情况进行改进，改进方法包括引入随机相位消除低频振荡器的相关性，生成广义平稳过程，使包络收敛到瑞利分布；在考虑多普勒频移对称性简化的同时，考虑所对应的随机相移，从而避免出现相位相关性问题，保证物理信道的真实特性；利用正交 Walsh 码为衰落包络去相关等。详细内容见参考文献[11]。

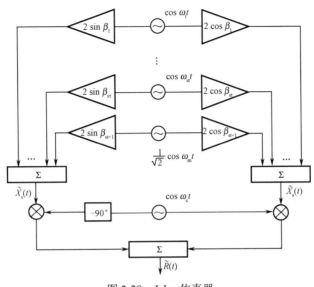

图 2-28 Jakes仿真器

2）成形滤波器

成形滤波器以 Clarke 模型为基础，其利用推导出的多普勒功率谱，从频域仿真衰落特性，再变换到时频。该模型的缺点是复杂度较高。

由 Clarke 模型可得

$$E_z(t) = T_c(t)\cos(2\pi f_c t) - T_s(t)\sin(2\pi f_c t) \qquad (2\text{-}136)$$

式中

$$T_c(t) = E_0 \sum_{n=1}^{N} c_n \cos(2\pi f_n t + \phi_n) \qquad (2\text{-}137)$$

$$T_s(t) = E_0 \sum_{n=1}^{N} c_n \sin(2\pi f_n t + \phi_n) \qquad (2\text{-}138)$$

该模型中 $E_z(t)$、$T_c(t)$、$T_s(t)$ 的多普勒功率谱密度分别为

$$S_{E_z}(f) = \frac{1.5}{\pi\sqrt{f_m^2 - (f - f_c)^2}}, \quad |f - f_c| < f_m \qquad (2\text{-}139)$$

$$S_{T_c}(f) = S_{T_s}(f) = \frac{1.5}{\pi\sqrt{f_m^2 - f^2}}, \quad |f| < f_m \qquad (2\text{-}140)$$

将高斯白噪声通过具有上述多普勒功率谱的成形滤波器，即可实现对 Clarke 模型的仿真。

一种常用的成形滤波器计算机仿真方法是用计算机产生 n 个相互独立的高斯噪声源，系统函数为

$$|H(f)| = \frac{A}{\sqrt{1 - (f - f_{nd})^2}}, \quad f \in [-f_{nd}, +f_{nd}], \ 1 - (f - f_{nd})^2 \neq 0 \qquad (2\text{-}141)$$

式中，A 为系统函数的幅值因子，f_{nd} 为各高斯噪声源的多普勒频移。

将 n 路相互独立的高斯噪声源分别与 $h(t)$ 卷积，即可得到具有式（2-139）和式（2-140）所示功率谱密度的高斯噪声源，若干独立的高斯噪声源经过成形滤波器后得到满足要求的高

斯噪声源，再经过相位调制器后延时相加，即可产生瑞利衰落信号。成形滤波器模拟瑞利衰落信号的方法如图 2-29 所示，CW 振荡器为连续波振荡器。

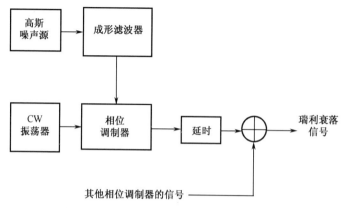

图 2-29　成形滤波器模拟瑞利衰落信号的方法

2.9　5G 场景下的 3D 信道覆盖

5G 场景下的 3D 信道覆盖示意图如图 2-30 所示。

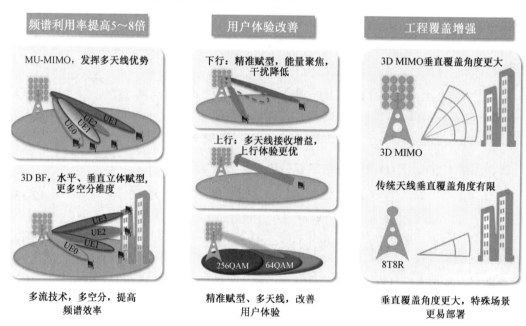

图 2-30　5G场景下的 3D信道覆盖示意图

在下行精准波束赋型方面，3D MIMO 利用空间信道的强相关性及波的干涉原理，通过调整天线阵元的输出，产生具有强方向性的辐射方向图并将其主瓣指向终端，从而提高接收信噪比、减小干扰，并增加系统的吞吐量和扩大覆盖范围。3D MIMO 采用更多天线进行波束赋型，空间赋型波束更窄、能量更集中，能够有效提高赋型增益并增加空间传输的流数。

3D MIMO 水平天线通道数比 8 通道宏基站增加 1 倍，垂直天线通道数比 8 通道宏基站增加 4 倍，在波长相同的条件下，3D MIMO 的主瓣宽度更窄；3D MIMO 下行支持 8 流空分复用，上行支持 4 流空分复用，与 8 通道天线相比，上行和下行的小区流量增加 4 倍；更窄波束可以实现更高的波束赋型增益，并减小干扰。

在上行增强接收分集方面，3D MIMO 使用多天线，可以提供更多上行接收信号样本，进行更精确的信道估计，从而增强接收机性能和抗干扰能力。还可以通过高阶空域滤波，精确估计上行空间信道，通过选择最优的合并权值，提高信噪比。

3D MIMO 可以实现波束三维可调，通过大规模应用天线振子，除在水平方向外，在垂直方向也分为多个通道进行赋型，从而同时具备水平和垂直方向的波束调节能力，通过多空分和多流技术，服务更多用户，提高频谱利用率。

思考题与习题

1．试说明移动通信系统电波传播的主要特点。

2．如果发射机的发送功率为 100W，请将其换算成 dBm 和 dBW。如果发射机采用单位增益天线，且载频为 900MHz，求自由空间中距天线 100m 处的接收功率。

3．对于自由空间的传播损耗模型，求使接收功率达到 1dBm 所需的发送功率。假设载频 $f=5$GHz，采用全向天线（$G=1$），距离分别为 $d=10$m 和 $d=100$m。

4．设双射线传播模型中 $h_1=10$m，$h_2=2$m，$d=100$m，求两路信号的相对时延。

5．室内传播环境与室外传播环境有哪些相同和不同之处？

6．工作频率为 800MHz、移动速度为 60km/h 的移动终端背离基站移动，请问其多普勒频移是多少？

7．多径衰落的原因是什么？多径时延和相关带宽有什么关系？

8．多径时延和相关带宽对传输信号带宽有什么影响？

9．什么是频率选择性衰落？什么是快衰落？它们出现的原因分别是什么？

10．阐述无线信道中路径损耗、阴影衰落和多径衰落的特点。说明常见的用于描述多径衰落的模型有哪些，它们的区别是什么？

11．设基站天线有效高度为 100m，移动台天线高度为 3m；工作频率为 400MHz，在市区工作，传播路径为准平滑地形，通信距离为 10km，求传播损耗中值。

12．归一化时延扩展谱如图 2-31 所示，试计算多径分布的平均附加时延和 rms 时延扩展。如果按照 $B_c=1/(2\pi\sigma_\tau)$ 计算相关带宽，则该系统在不使用均衡器的条件下对 AMPS（30kHz）和 GSM（200kHz）是否合适？

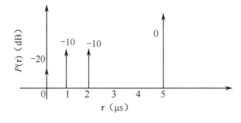

图 2-31　归一化时延扩展谱

13．3D 波束赋型的优势如何体现？3D MIMO 的特殊性是什么？

14．在超密集网络中，直射路径出现概率增大情况的原因是什么？

参 考 文 献

[1]　Rappaport T．Wireless Communications Principles and Practice[M]．北京：电子工业出版社，2013．

[2]　Andrea Goldsmith．无线通信[M]．杨鸿文，李卫东，郭文彬，译．北京：人民邮电出版社，2011．

[3]　J Proakis, M Salehi. Communication Systems Engineering[M]. New Jersey: Prentice Hall, 2002.

[4]　Gordon L Stuber．Principles of Mobile Communication(2nd Edition)[M]．Kluwer Academic Publishers, 2004.

[5]　啜钢，王文博，常永宇，等．移动通信原理与系统（第 2 版）[M]．北京：北京邮电大学出版社，2005．

[6]　Andreas F Molisch. 无线通信[M]. 田斌，帖翊，任光亮，译. 北京：电子工业出版社，2008.

[7]　庞宝茂．移动通信[M]．西安：西安电子科技大学出版社，2009.

[8]　王华奎，李艳萍，张立毅，等．移动通信原理与技术[M]．北京：清华大学出版社，2009.

[9]　曹达仲，侯春萍．移动通信原理、系统及技术[M]．北京：清华大学出版社，2004.

[10]　吴伟陵，牛凯．移动通信原理[M]．北京：电子工业出版社，2005.

[11]　杨大成．移动传播环境理论基础、分析方法和建模技术[M].北京：机械工业出版社，2003.

[12]　杨学志．通信之道——从微积分到 5G[M]．北京：电子工业出版社，2016.

[13]　周先军．5G 通信系统[M]．北京：科学出版社，2018.

[14]　刘光毅，方敏，关皓，等．5G 移动通信：面向全连接的世界[M]．北京：人民邮电出版社，2019.

第**3**章

信源和信道编解码技术

通信的目的是传输信息，衡量通信系统性能的主要指标有两个，分别是有效性和可靠性。有效性主要通过信源编解码技术实现，该技术又可分为语音编解码技术及图像和视频编解码技术，这些技术通过各种数据压缩方法尽可能去除信号中的冗余信息，最大限度地降低传输速率和减小所需的传输带宽；可靠性主要通过信道编解码技术实现，信道编码又称信道纠错编码或差错控制编码，旨在降低通信系统的误码率。

3.1 语音编解码技术

语音、音乐及自然界的各种声音都是由物体振动产生的。例如，我们讲话时，如果将手放在咽喉部，就会感觉到咽喉部在振动。一般来说，凡是有弹性的物质，如液体和固体等，都能传播声波。产生声波的振动体为声源，如人的声带、演奏的乐器等；声波传播的空间为声场，声场中存在介质。要听到声音，必须具备 3 个基本条件，一是存在声源；二是有传播过程中的弹性介质；三是能通过听觉系统产生声音的主观感受。那么声波传播到人耳后，人耳是如何听到声音的呢？

有关听觉产生的机制涉及物理学、生理学、心理学等学科。我们知道，人耳是由外耳、中耳、内耳组成的，外耳和中耳之间有一层薄膜，叫作耳膜（鼓膜）。平常我们看到的耳朵就是外耳，它具有收集声波的作用。当有声音时，声音通过外耳道传到鼓膜，使鼓膜产生相应的振动，带动耳膜后的耳骨运动，这是一个物理过程。耳骨的运动在耳蜗中产生响应，耳蜗周围有一些毛细胞，会刺激里面的皮层，然后产生电响应，到了这样的层次，就变成了生埋过程。最后，声信号变成了电信号，经耳蜗神经传入人的大脑，就会产生听觉响应，这属于心理学的研究范畴。因此，听觉的产生是从物理学到生理学，再到心理学的过程。

声学是研究声波的产生、传播、接收等问题的科学，随着技术的发展和人类需求的增长，已经可以对具有任意频率、波形和强度的声波进行研究。在这些研究方向中，语音作为人们日常交流的重要手段，也是最重要的信息载体之一，受到了广泛关注。自然界中的音频信号是模拟信号，经过数字化处理后的音频信号必须还原为模拟信号才能转换为声音。由于数字化处理可以避免信号受噪声和干扰的影响、扩大音频的动态范围、使用计算机进行处理、实现不失真的远距离传输，以及能与图像、视频等其他信息进行多路复用，因此音频信号的数字化是一种必然的发展趋势。20 世纪 50 年代以来，数字化语音在通信系统中所占的比例不断增大。研究者不断寻求新的编解码方法，以在较低码率的条件下提高语音质量。

3.1.1 语音压缩编码的特点

一般来说，语音信号的数据量非常大，为了减少其传输量和存储量，在进行传输和存储之前，往往需要对其进行压缩处理，即进行压缩编码。进行压缩编码的目的是在保持一定算法复杂度和通信时延的前提下，利用尽可能少的信道容量，传输高质量语音。优良的语音编解码方法是在算法复杂度和时延之间找平衡点，并在保证重建音频质量的前提下向更低码率方向移动该平衡点。语音编解码技术利用语音信号的冗余性和人类听觉特性对信息进行压缩。

语音信号可以进行压缩编码的基本依据有两个：一是语音信号本身存在很大的冗余度，这是外因；二是人耳的听觉感知机制，这是内因。

语音信号的冗余度可以表现在时域和频域。

在时域，语音信号的冗余度表现在以下 6 个方面。

（1）语音信号的幅度表现为非均匀分布。实验表明，不同幅度的样本出现的概率不同，语音中的小幅度样本比大幅度样本出现的概率大；同时，由于通话中必然有间隙，会导致大量低电平样本出现。此外，语音信号的功率电平也趋向于出现在编码范围的低电平端。

（2）语音信号样本的相关性。对语音信号波形的分析表明，数据的最大相关性出现在相邻样本间。当采样频率为 8kHz 时，相邻样本值的相关系数大于 0.85；甚至在距离 10 个样本时，还可能有 0.3 左右的相关系数。如果提高采样频率，样本的相关性将更强。根据这种较强的一维相关性，利用差分编码技术，可以有效进行数据压缩编码。

（3）语音信号周期的相关性。语音信号与电视信号最大的区别是语音信号的直流分量不是主要成分，这是因为光信号是非负的，而语音信号却可正可负。虽然语音信号需要 300～3400Hz 带宽，但在特定时间，往往只有少数频率成分在起作用。当声音中只存在少数频率成分时，就会像某些振荡波形一样，在周期与周期之间，存在一定的相关性。利用该特性的编码器比仅利用样本相关性的编码器效果好，但要复杂得多。

（4）基音的相关性。语音可以分为清音和浊音两种。浊音由声带振动产生，每次振动使一股空气从肺部流入声道，激励声道的各股空气之间的间隔为基音周期，浊音的波形对应基音周期的长期重复波形。因此，对浊音编码的有效方法是对基音周期波形进行编码，并以基音为模板。

（5）静止系数。两人在打电话时，平均每人的讲话时间为总通话时间的一半，另一半时间听对方讲。听的时候一般不讲话，即使在讲话时，也会出现字、词、句之间的停顿。分析表明，语音间隔使效率为通话时间的 35%～40%（或静止系数为 0.6～0.65）。显然，语音间隔本身就是一种冗余，如果能正确检测该静止片段，就可以"插空"传输更多信息。

（6）长时自相关函数。上述相关性都是在 20ms 内统计的。如果在较长的时间内进行统计，就可以得到长时自相关函数。样本自相关系数可以表示样本的相关程度，其值为-1～1，值越接近 1，表明样本的相关程度越高。因此，我们可以利用样本间的差分编码，使信息量得到压缩。

在频域，语音信号的冗余度表现在以下两个方面。

（1）非均匀的长时功率谱密度。在相当长的时间内进行统计平均，可以得到长时功率谱密度函数，其功率谱呈现明显的非平坦性。从统计的角度来看，这意味着没有充分利用给定的频段，或者说存在固有冗余度。特别地，功率谱的高频能量较低，恰好对应时域的相邻样本相关性。此外，可以发现，直流分量的能量并非最大。

（2）语音信号特有的短时功率谱密度。语音信号的短时功率谱在某些频率出现峰值，而在其他频率出现谷值。这些峰值频率，即能量较大的频率，通常被称为共振峰频率。该频率不止一个，最主要的是第一个和第二个，它们决定了不同的语音特征。另外，整个功率谱的细节以基音频率为基础，形成了高次谐波结构。

语音信号最终是给人听的，因此要充分利用人耳的听觉特性对语音信号进行压缩编码，了解人耳的听觉感知机制。

（1）人耳对不同频率声音的敏感程度不同。对中频（2～4kHz）最敏感，能听到幅度很低的信号；对低频和高频不太敏感，能被人耳听到的信号幅度比中频要高得多。

（2）人耳对语音信号的相位变化不敏感。因此，可以将人耳听不到或感知极不灵敏的声音分量视为是冗余的。这样，就几乎不用为相位因子分配码字。

语音压缩编码本质上就是设法去除语音信号中的冗余，从而达到压缩码率的目的。

3.1.2　语音编解码器的性能指标

语音编解码器的性能指标包括重建音频质量、码率、复杂度和编解码时延等。语音编解码技术研究的基本问题为在给定的码率下，如何得到尽可能好的重建音频质量，并保证尽可能短的编解码时延和适当的算法复杂度；或者在给定重建音频质量、编解码时延和复杂度的条件下讨论如何降低语音编码器的码率。这 4 个指标有密切关系，并且在不同的应用中对各方面的侧重要求不同。

1. 重建音频质量

随着中、低码率语音编码的发展，建立一整套音频质量评定标准变得越来越重要。但是限于人们的听觉认识，目前还没有比较理想的评价标准。寻求一种理想的音频质量评价标准是近年来研究者努力的方向。归纳起来可以分为两种方法，即客观评价方法和主观评价方法。

客观评价方法建立在原始音频和重建音频的数学对比的基础上，常用方法包括时域客观评价和频域客观评价两类。时域客观评价常用的有信噪比、加权信噪比和平均分段信噪比等；频域客观评价常用的有巴克谱失真测度（Bark Spectral Distortion Measure）和 MEL 谱失真测度（MEL Spectral Distortion Measure）等。这些评价方法的特点是计算简单、结果客观、不受个人主观因素的影响，但其缺点也很明显，即不能完全反映人类对音频的听觉效果。该问题对于中、低码率语音编码来说尤为突出，因此主要适用于码率较高的波形编码。

主观评价方法是在一组测试者对原始音频和重建音频进行对比试听的基础上，根据某种预先约定的尺度对重建音频划分质量等级，它比较全面地反映了人们听音时对重建音频质量的感觉。常用的主观评价方法有 4 种，分别是平均意见得分（Mean Opinion Score，MOS）、判断韵字测试（Diagnostic Rhyme Test，DRT）、MUSHRA（Multi-Stimulus Test with Hidden Reference and Anchors）和判断满意度测量（Diagnostic Acceptability Measure，DAM）方法，下面简单介绍平均意见得分方法。

平均意见得分方法通常采用 5 级评定标准，即优、良、中、差、劣，可用数字 1～5 表示这 5 个等级。参加测试的实验者，在听完所测语音后，从这 5 个等级中选择一级作为他的评分，全体测试者的平均分就是所测语音的 MOS。受主观和客观上的种种原因影响，每次试听所得的评分会有一定的波动。为了减小波动的误差，除了试听者人数要足够多，所测语音材料也要足够丰富，试听环境也应尽量保持相同。

这里要特别说明的是，试听者对音频质量的主观感觉往往与其注意力集中程度相关，因而对应于主观评定等级，还存在收听注意力等级。主观评定等级如表 3-1 所示。

表 3-1　主观评定等级

质　量　等　级	MOS	收听注意力等级	失　真　描　述
优	5	可完全放松，不需要注意力	无察觉
良	4	需要注意力，但不需要明显集中注意力	刚有察觉
中	3	中等程度的注意力	有察觉且稍觉可厌
差	2	需要集中注意力	有明显察觉且可厌但可忍受
劣	1	即使努力去听，也很难听懂	不可忍受

通常认为 MOS 在 4.0～4.5 分时为高质量数字语音，达到长途固话网的质量要求；MOS 在 3.5 分左右时听者能感觉到重建语音质量有所下降，但不影响正常通话，可以满足多数语音通信系统的使用要求；MOS 在 3.0 分以下时被称为合成语音质量，是指一些编码器合成的语音所能达到的质量，它一般具有足够高的可懂度，但是自然度较差，不容易识别讲话者；高质量语音应达到 7kHz 以上，这时 MOS 可以达到 5 分。

2. 码率

码率反映了编码器的压缩效率。码率越低，压缩效率越高。

3. 复杂度

一般来说，在音频质量相同的情况下，码率越低，算法复杂度越高。编解码算法的复杂度与硬件的实现有密切关系，它决定了硬件实现的复杂度、功耗和成本。算法的复杂度包括运算复杂度和内存容量要求两个方面。运算复杂度通常用处理每秒信号样本所需的数字信号处理器指令条数来衡量，可用的单位为"百万次操作/秒"（Million Operations Per Second，MOPS）或"百万条指令/秒"（Million Instructions Per Second，MIPS）。

4. 编解码时延

编解码时延一般用单次编解码所需的时间表示，在实时语音通信系统中，语音编解码时延与线路传输时延一样，对系统的通信质量有很大影响。过长的语音时延会使通信双方交谈困难，而且会产生明显的回声，干扰人的正常思维。因此，在实时语音通信系统中，必须对语音编解码算法的编解码时延提出一定的要求。对于公共电话网，编解码时延通常要求不超过

5～10ms；而蜂窝移动通信系统允许的时延不超过 100ms。时延影响通话质量的另一个原因是回声。当时延较小时，回声与语音及房间交混回响声混合，因而感觉不到，但当往返时延为 100ms 左右时，就能从设备中听到回声，导致通信质量下降。

5. 其他性能

语音编解码技术的其他性能还包括音频编码对多语种的通用性、抗随机错误和突发错误能力、抗丢包和丢帧能力、误码容限、级联或转码能力、对不同信号的编码能力、算法可扩展性等。总的来说，一个理想的语音编解码算法应该是具有低码率、高音频质量、低时延、低运算复杂度、良好的编码鲁棒性和可扩展性的编码算法。由于这些性能之间存在互相制约的关系，因此实际的算法都是这些性能的折中。事实上，正是这些相互矛盾的要求，推动了语音编解码技术的发展。

3.1.3　语音编码技术分类

一般来讲，按照具体编码方案，可以将语音编码技术分为 3 类，即波形编码、参量编码和混合编码。其中，波形编码和参量编码是两种基本类型，而混合编码是对波形编码和参量编码的综合应用。下面对这 3 类语音编码技术进行简单介绍。

1. 波形编码

波形编码是对模拟语音波形进行采样、量化、编码而形成的语音编解码技术。为了保证语音编解码技术解码后具有高保真度，波形编码需要较高的码率，一般为 16～64kbps。它可对各种各样的模拟语音波形进行编码，且均可达到很好的效果。它的优点是适用于宽范围的语音特性，同时在噪声环境下还能保持稳定；所需的技术复杂度很低，但其所占用的频带较宽，多用于有线通信。波形编码包括脉冲编码调制（Pulse Code Modulation，PCM）、差分脉冲编码调制（Differential Pulse Code Modulation，DPCM）、自适应差分脉冲编码调制（Adaptive Differential Pulse Code Modulation，ADPCM）、增量调制（Delta Modulation，DM）、连续可变斜率增量调制（Continuously Variable Slope Delta Modulation，CVSDM）、自适应变换编码（Adaptive Transform Coding，ATC）、子带编码（Sub-Band Coding，SBC）和自适应预测编码（Adaptive Predictive Coding，APC）等。

2. 参量编码

参量编码是基于人类的发声机制，找出表征语音的特征参量，并对特征参量进行编码的方法。在接收端，根据所收到的语音特征参量恢复语音。由于参量编码只需要传输语音特征参量，因此可以实现低速率的语音编码，一般为 1.2～4.8kbps。线性预测编码（Linear Predictive Coding，LPC）及其变形均属于参量编码。参量编码的缺点是语音质量只能达到中等水平，不能满足商用语音通信要求。为此，综合参量编码和波形编码的优点，即保持参量编码的低速率和波形编码的高质量，研究者提出了混合编码。

3. 混合编码

参量编码在降低码率方面有很大突破，但语音质量并不理想，其原因是语音生成模型中的激励信号的处理过于简单：①在语音生成模型中，激励信号不是清音就是浊音，而实际上有些是清音和浊音的混合；②在语音生成模型中，浊音的激励信号是周期性的，而实际上是准周期性的。

混合编码是基于参量编码和波形编码的编码技术。在混合编码的信号中，既含有若干语音特征参量，又含有部分波形编码信息。其速率一般为 4～16kbps。当速率为 8～16kbps 时，其语音质量可满足商用语音通信要求。因此，混合编码在数字移动通信中得到了广泛应用。混合编码包括规则脉冲激励长时预测（Regular Pulse Excited-Long Term Prediction，RPE-LTP）编码、码激励线性预测（Code Excited Linear Prediction，CELP）编码、矢量和激励线性预测（Vector Sum Excited Linear Prediction，VSELP）编码等。

目前，大多数语音编解码器都采用了混合编码。例如，在 Internet 中应用的 G.723.1 和 G.729 标准，以及在 3GPP 中应用的 AMR-NB/WB 标准等。

3.1.4 移动通信中的语音编解码技术

在移动通信中，由于频率资源有限且无线信道的传播条件恶劣，要求编码信号的速率较低，且具有较好的抗误码性能。另外，从用户的角度出发，还应有较高的语音质量和较短的时延。因此，移动通信对语音编解码技术的要求可以总结如下。

① 速率低于 16kbps。
② 语音质量应尽可能高。
③ 编码时延要短，控制在几十毫秒内。
④ 编码算法应具有较好的抗误码性能，计算量小，性能稳定。
⑤ 算法复杂度适中，编解码器应便于大规模集成。

下面对几种常见的语音编解码技术进行介绍。

1. 线性预测编码

语音的产生依赖发声器官，发声器官主要由喉、声道和嘴等组成，声道始于声带的开口（声门处）而终于嘴唇。完整的发声器官还应包括由肺、支气管、气管组成的次声门系统，次声门系统产生语音能量。当空气从肺中呼出时，呼出的气流由于声道某处的收缩而受到扰动，语音就是这一系统在此时发出的声波。当肺部的受压空气沿声道通过声门发出时就产生了语音。普通男人的声道从声门到嘴的平均长度约 17cm，这个事实反映在声音信号中就相当于在 1ms 数量级内的数据具有相关性，将其称为短时相关。声道也被认为是一个滤波器，许多语音编码器用一个短时滤波器来模拟声道。由于声道形状变化较慢，模拟滤波器传递函数的修改不需要特别频繁，典型值为 20ms。

压缩空气通过声门激励声道滤波器，根据激励方式不同，发出的语音主要包括清音、浊音和爆破音。发浊音时声带振动，发清音时声带不振动，因此浊音有振动的基本频率（称为基音），而清音则无基音，而是具有平坦频率（类似白噪声）。它们在发声时都通过人的声管（包括喉管、口腔、齿、唇等），由于声管形状的变化（口腔的大小、伸缩及舌、唇的位置或形状变化）和气流冲激而形成不同的声音。

线性预测编码（Linear Prediction Coding，LPC）是一种参数编码方法。它根据人类发声模型的有关参数编码,是一种中、低速率的编码方法,其原理可用语音产生的电模型表示,如图 3-1 所示。用具有一定周期(其倒数即基音频率)的脉冲源表示浊音的激励,用具有平坦频率的噪声源表示清音的激励,而声管的变化则用一个时变数字滤波器模拟。当不同的激励源加在具有不同参数(随发音而随时变化,是时变参数)的滤波器上时,输出即语音。

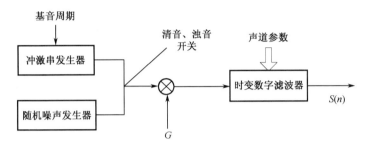

图 3-1　语音产生的电模型

虽然各种各样的语音都有可能产生,但声道的形状和激励方式的变化相对较慢,因此语音在短时间周期(20ms)内可以被认为是准静态的,即基本不变的。语音信号显示出高度周期性,这是由声门的准周期性振动和声道的振动引起的。

只要把讲话时的清浊音判定、浊音周期、滤波器的时间参数分析出来,再将其编成二进制数据信息,传给接收方,接收方把这些二进制数据信息译出就可以得到这些参数,然后按这些参数调整接收方的模型,输出的就是重建的语音。前面从原始语音求得参数的过程被称为 LPC 分析,后面由参数恢复得到原始语音的过程被称为 LPC 合成。

参数编码最重要的是求得这些参数。理论表明,语音能够用前面的若干样本值的线性组合来逼近,故称为线性预测。

LPC 声码器如图 3-2 所示。

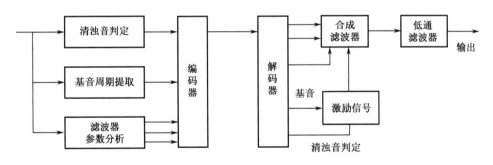

图 3-2　LPC声码器

在这种开环的 LPC 声码器中,激励信号在浊音段用周期脉冲,在清音段用白噪声。这种模型较为简单,但只是一种粗糙的近似,合成的语音波形和原语音波形有一定的差别,虽然能保持一定的可懂度,但讲话人的特征(自然度)往往会丢失,因此语音质量不高。为此,可以采用一种闭环模型来改进。如果将预测信号与实际信号的残差作为激励,对残差量化编码,并传给接收方,直接用残差激励,效果会更好。这时要传输的除滤波器参数外,还有残差编码,将其称为残差激励线性预测(Residual Excited Linear Prediction,RELP)编码器。RELP 编码器如图 3-3 所示,通过 LPC 分析,求出滤波器参数,并将用这些参数决定的预测滤波器 $F(z)$

得出的估计值 $\hat{S}(n)$ 与实际信号 $S(n)$ 相减，得到残差信号 $e(n)$，将其量化后与滤波器参数编码并传给接收方，经过解码得到这些参数，从而得到合成的语音。

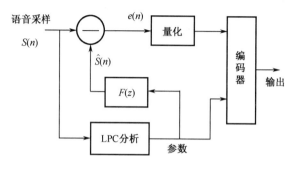

图 3-3　RELP编码器

2. RPE-LTP 编码

RPE-LTP 编码是 GSM 采用的语音编码技术，即规则脉冲激励长时预测编码。GSM 的要求包括：①包括信道编码在内的总速率不超过 16kbps；②符合 CCITT 规定的 G711 模数变换标准，以便与公共电话交换网（数字）相连；③能够传输非语音音频信号，即传输网络用的单音如拨号音、忙音、回铃音等；④时延不超过 65ms，以避免反射回声造成干扰。

规则脉冲激励指用一组位置和幅度都优化了的脉冲序列来代替残差信号。这种方法的计算量要小得多，但得到的语音质量相当好。在 GSM 中，对残差信号的样本点按 3:1 的比例抽取其序列（在 20ms 中，再划分为 4 个子帧，每个子帧 5ms，含 40 个样本点，在 40 个样本点中，按 3:1 等间隔抽取得到 13 个样本点，其他样本点均为零）。由于在抽取位置上可有 4 种不同的非零样本点序列，即网格位置（RPE-LTP 编码的 4 种可能网格位置如图 3-4 所示），因此要比较几种可能的样本点序列，选择对语音波形贡献最大的一种，再将其编码，就可以将残差信号的样本点数压缩至原来的 1/3，大大降低了码率。在 GSM 中，残差样本点按以下规则编码：首先找到最大的非零样本点，用 6 比特编码，再对 13 个非零样本点做归一化处理（最大样本值为 1，其他样本值均小于 1），用 APCM（Adaptive Pulse Code Modulation）编码，这些样本值各用 3 比特编码。这样编码后，每 20ms 有 4 个子帧，每个子帧中的最大样本值为 6比特，13 个样本值共 39 比特，共 4×(6+39)＝180 比特。

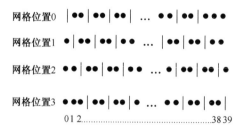

│抽取非零样值；•未抽取样值

图 3-4　RPE-LTP编码的 4 种可能网格位置

RPE-LTP 编码原理如图 3-5 所示，主要包括 5 部分，各部分作用如下。

1）预处理

先进行预处理，去除直流分量和进行预加重。

2）LPC 分析

按线性预测编码的原理求预测滤波器系数。按帧处理，每 20ms 为一帧（共 160 个样本点），每帧计算一次滤波器系数。在 GSM 中取滤波器阶数为 8。这是一组线性方程，用 Schur 迭代法求出前 8 阶的系数。不过在 GSM 中求的不是滤波器系数 a_i，而是相当于声管的反射系数 k_i，将反射系数转换成对数面积比 $LAR^{[j]}$，传输时只传输 $LAR^{[j]}$ 的编码。$LAR^{[j]}$ 编码时根据各阶的重要性，量化精度不同，第 1、2 阶各用 6 比特编码，第 3、4 阶各用 5 比特编码，第 5、6 阶各用 4 比特编码，第 7、8 阶各用 3 比特编码，共 36 比特。这里算法采用迭代法是因为其求解快，适合在微处理器中运算。

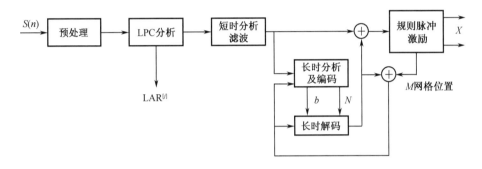

图 3-5　RPE-LTP编码原理

3）短时分析滤波

对信号做短时预测，产生短时残差信号，将信号加在预测滤波器上，求出预测值 $\hat{S}(n)$，并求出其残差信号 d（为了避免与激励 $e(n)$ 混淆，此处用 d 表示）。计算各采样周期的 d 值，故称短时分析。

预测时使用预测滤波器的参数，即 LPC 参数，为了与前一帧较好衔接，不仅使用这一帧的参数，还用前一帧的参数进行插值平滑，即在计算预测值 $\hat{S}(n)$ 时，使用下列关系

$$\begin{cases} 第0\sim12个样本点 & 参数为 & 0.75LAR^{[j-1]} + 0.25LAR^{[j]} \\ 第13\sim26个样本点 & 参数为 & 0.5LAR^{[j-1]} + 0.5LAR^{[j]} \\ 第27\sim39个样本点 & 参数为 & 0.25LAR^{[j-1]} + 0.75LAR^{[j]} \\ 第40\sim159个样本点 & 参数为 & LAR^{[j]} \end{cases} \tag{3-1}$$

式中，前 3 行为第 1 子帧，第 4 行为第 2～4 子帧，$LAR^{[j]}$ 表示本帧（第 j 帧）的 LAR 参数；$LAR^{[j-1]}$ 表示前一帧的参数。第一子帧使用的滤波参数是过渡值，到第二子帧后才完全使用本帧的滤波参数。

4）长时预测

本来经过短时预测求出残差信号 d 就可以了，但在 RPE 中是用规则脉冲代替残差信号的，因此直接用短时预测的残差信号 d 未必有最佳效果，因此再进行一次长时预测，以去掉冗余并优化。

5）规则脉冲激励

这部分的工作及编码已在前面介绍过，不再赘述。

解码与编码工作相反，其先得到激励 e'，再得到 d'，然后让 d' 通过滤波器恢复成语音信号，最后加重，就得到了最终输出的语音信号。

编码比特分配如表 3-2 所示。

由表 3-2 可知，在 20ms 传送 260 比特，即速率为 13kbps，MOS 为 3.6 分，在误码率为 10^{-3} 的信道中传输后，语音质量不下降；在误码率为 10^{-2} 时传输，则语音质量明显下降，因此在无线信道中使用时，必须应用纠错码，使误码率小于 10^{-3}。

RPE-LTP 编码特性如表 3-3 所示。

表 3-2　编码比特分配

参　数	比　特
8 个 LPC 参数	36
4 个网格位置码 M（每个 2 比特）	8
4 个 LTP（长时预测）系数	8
4 个 LTP 时延	28
4 个子帧最大非零样本值	24
52 个规则脉冲编码	156
总计	260

表 3-3　RPE-LTP 编码特性

比　特　率	13kbps
帧长	20ms
抽样窗	20ms 矩形窗
LPC 滤波器阶数	8
算法	Schur 迭代法
系数编码	36 比特
逆滤波器形式	格型
激励脉冲	规则脉冲
编码脉冲	3 比特/脉冲

3. CELP 编码

CELP 编码为码本激励线性预测编码，简称码本激励编码，由 M. R. Schroeder 和 B. S. Atal 提出。它是一种将码本（Codebook）作为激励的编码方法，一般可以将矢量量化方法用于码本编制，建立自适应码本和固定码本。自适应码本中的码字用于逼近语音的长时周期性（基音）信号，固定码本中的码字用于逼近语音经过短时、长时预测后的残差信号。从两个码本中搜索最佳码矢量，乘以各自的最佳增益后相加，其和为 CELP 激励信号源。CELP 编码一般将语音帧分成 2～5 个子帧，在每个子帧内搜索最佳的码矢量并将其作为激励信号。码本把两类信号可能出现的各种量化后的样本值事先存储在两个存储器中。这些样本值组合按一定规则排列，存在存储器中，像字典一样，每个样本值组合对应一地址码，将该存储器称为码本。通信双方各有两个相同的码本。在线性预测中传输残差信号时并不传输其本身，而是先在自己的码本中，查出与这个信号最接近的样本值组合的地址码，然后将地址码发给对方。对方收到这个地址码后，可以从码本中取出其残差信号并加在滤波器上，就可得到重建语音。由于这种方法传输的不是信号本身，而是码本上的地址码，因此大大减少了要传输的比特数，可以得到较低速率。只要码本编得好，即有足够的容量且与实际信号十分接近，在较低码率下也可以得到较好的语音质量。因此，这种编码的关键是如何编一个好的码本，对码本的要求包括：①码本中的信号应与实际信号相近，即相差最少；②在满足①的条件下，码本容量最小。这样地址数少、编码长度小；③搜索码本（检查码本，找出最接近的信号）的时间最短。这意味着处理时间短。

例如，每 20ms 为一帧，每帧又分为 4 个子帧，则每个子帧为 5ms，采样频率为 8kHz，每个子帧得到 40 个样本点。如果不考虑自适应码本，这 40 个样本点经过 LPC 分析后可以得到残差信号，假设也是 40 个样本点。将这 40 个样本点组合用 10 比特编码表示，共有 1024 种可编码输出序列。把这 1024 种编码序列存储起来就可以代表语音中的各种可能的残差信号，这就是码本，该码本的容量为 1024。显然，只用 1024 种编码来代表 40 个样本点的各种可能值是不够的。但是如果能够选择最有可能的 1024 种情况，使其在实际应用时合成语音的主观感觉误差更小，那么这个码本就是可以使用的，因此编好码本十分重要。

一般来说，码本容量小，能存储的序列少，与实际信号的差别必然大。因此，码本容量和语音质量矛盾。但是通过采用不同的编制方法（码本中样本点组合的选取）可以找到一种最佳的结果，则该码本为最佳码本。

CELP 编码原理如图 3-6 所示，有两个时变的线性滤波器，各带一个预测器，一个为短时预测滤波器，即常用的自适应共振峰合成滤波器，用于表征语音信号谱的包络信息，其预测阶数的取值范围一般为 8～16；另一个为长时预测滤波器，即基音合成滤波器，用于描述语音信号谱的精细结构，其相关参数通过自适应码本搜索得到。这些参数也要编码传输，但与码本激励的编码分开，前者称为边信息，后者称为主信息。

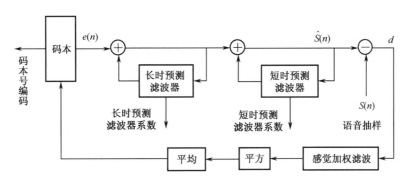

图 3-6　CELP 编码原理

从图 3-6 中可以看出，从码本取出的激励 $e(n)$ 经短时预测和长时预测后，可以得到预测信号 $\hat{S}(n)$。此时加入实际信号 $S(n)$，二者之差为残差信号 d，通过感觉加权（对音感起较大作用的具有较大系数）滤波，对其求平方后再求平均，就得到了均方误差。如果这个误差最小，则该码本的激励就是和实际最接近的激励，就把这个激励传送出去。在选择地址之前，要进行一系列的计算和比较，称为码本的搜索。

一般来说，传送的码矢量（激励）的长短与子帧的长短有关，码本的大小与占用存储空间及搜索时间有关。固定码本是机器固有的；自适应码本最初是空白的，在合成分析过程中，用感觉加权误差减去固定码矢量后，不断地填充或更新自适应码本。固定码本搜索和自适应码本搜索在本质上是一致的，区别在码本结构和目标矢量方面。为了减小计算量，一般采用两级码本顺序搜索方法，第一级自适应码本搜索的目标矢量是加权预测残差信号，第二级固定码本搜索的目标矢量是第一级搜索的目标矢量减去自适应码本搜索得到的最佳激励综合加权滤波器的结果。

4. VSELP 编码

VSELP 编码是矢量和激励线性预测（Vector Sum Excited Linear Prediction）编码，是矢量量化的一种具体编码方法，是北美数字移动通信系统所采用的一种编码方案。VSELP 编码与解码原理如图 3-7 所示。其有 3 种码本，第一种为长时预测自适应码本，来自长时预测滤波器状态，即求得最佳长时预测的时延 L 及增益 β。第二种与第三种均为矢量码本，分别用 I 和 H 命名，各由 128 个 40 维矢量构成。激励为这 3 个码本信号之和，被称为矢量和激励，即

$$e(n) = \beta c_0(n) + \gamma_1 c_1(n) + \gamma_2 c_2(n) \tag{3-2}$$

式中，$c_0(n)$ 为长时预测矢量，β 为其系数；$c_1(n)$、$c_2(n)$ 分别是从两个码本中选出的最佳矢量，γ_1、γ_2 分别为其增益系数。

这种编码也以 20ms 为一帧，每帧又分为 4 个 5ms 的子帧。

方案中的 LPC 分析也是每帧计算一次，采用 10 阶合成滤波器，用迭代法求出反射系数，量化时按阶次（重要性）分配的比特依次为 6、5、5、4、4、3、3、3、3、2 比特，共 38 比特作为边信息传输。

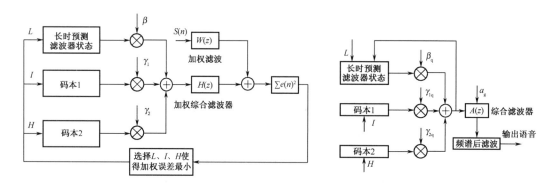

图 3-7　VSELP编码与解码原理

5. QCELP 编码

高通码激励线性预测（Qualcomn Code Excited Linear Prediction，QCELP）编码是高通公司的语音编码算法，为北美第二代数字移动电话（IS-95）的语音编码标准。

QCELP 编码的效率极高，可以通过门限来调整速率，门限随背景噪声的变化而变化。因此，自适应算法抑制了背景噪声，使得在噪声较大的环境中，也能得到良好的语音质量，其语音质量可以与有线电话媲美。

QCELP 编码的特点如下。

（1）基于线性预测编码。

（2）用矢量码表替代简单线性预测中产生的浊音准周期脉冲位置和幅度，即使用矢量码表量化差值信号。

（3）可变速率。采用语言活动检测（Voice Activity Detector，VAD）技术，在语音间隙，根据不同信噪比分别选择 9.6kbps、4.8kbps、2.4kbps、1.2kbps 4 个档次（1、1/2、1/4、1/8）的传输速率。

（4）参量编码的主要参量分为 3 类，且每帧不断更新。

QCELP 的编码过程如下。

（1）对模拟语音按 8kHz 进行采样。

（2）每 20ms 为一帧，每帧有 160 个样本点。

（3）160 个样本点生成 3 个参数子帧。

（4）滤波参数 $a_1, a_2, \cdots, a_{12}$ 对每 20ms 更新一次。

（5）音调参数，不同速率更新次数不同。

（6）码表参数，不同速率更新次数不同。

（7）3 类参数不断更新，更新后的参数按一定帧结构传输至接收端。

QCELP 编码原理如图 3-8 所示。L_D 表示基音延迟系数，b 为基音增益参数。QCELP 采用 3 类滤波器替代 LPC 中的人工语音合成 IIR 滤波器，目的是提高合成语音的质量，尤其是语音的自然度。这 3 类滤波器包括：动态音调合成滤波器、线性预测编码滤波器和自适应共振峰合成滤波器。主要参数包括滤波参数（$a_1, a_2, \cdots, a_{12}$）、音调参数 L_D 和 b、增益 G、码表参数 T。

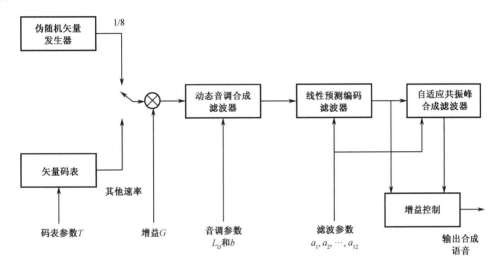

图 3-8　QCELP编码原理

6. AMR 编码

AMR（Adaptive Muti-Rate，自适应多码率）编码是 3GPP 为宽带码分多址（Wideband Code Division Multiple Access，WCDMA）系统制定的。其支持 8 种码率：12.2kbps、10.2kbps、7.95kbps、7.40kbps、6.70kbps、5.9kbps、5.15kbps 和 4.75kbps，各种码率之间能够快速切换。

AMR 编码采用的方案是代数码本激励线性预测（ACELP）技术。AMR 编码根据实现功能大致可以分为 LPC 分析、基音搜索、代数码本搜索 3 部分。其中，LPC 分析完成的主要功能是获得 10 阶 LPC 滤波器的 10 个系数，并将其转化为线谱对（Linear Spectrum Pair，LSP）参数，以及对 LSP 进行量化；基音搜索包括开环基音分析和闭环基音分析两部分，以获得基音延迟和基音增益参数；代数码本搜索可以获得代数码本索引和代数码本增益，还包括对码本增益的量化。AMR 编码原理如图 3-9 所示。

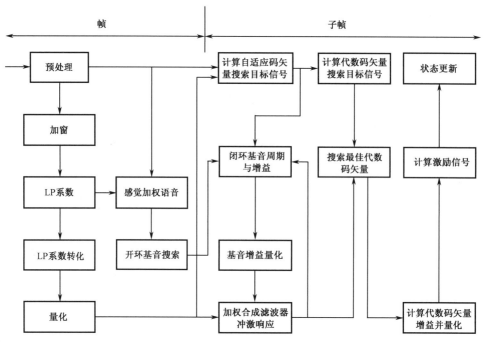

图 3-9　AMR编码原理

AMR 编码包括 9 部分，分别为预处理、线性预测分析和量化、开环基音分析、脉冲响应计算、目标信号计算、自适应码本搜索、代数码本搜索、增益量化、状态更新。

1）预处理

对输入的 16 比特 PCM 信号（只取 16 比特的高 13 比特，低 3 比特置 0），为避免处理中产生溢出和不必要的低频成分（主要是 50Hz 工频交流噪声），将输入样本值除以 2，并通过一个截止频率为 80Hz 的高通滤波器。高通滤波器用二阶极、零点滤波器（IIR）实现，其传递函数为

$$H_{hl}(z) = \frac{0.92727435 - 1.8544941z^{-1} + 0.92727435z^{-2}}{1 - 1.9059465z^{-1} + 0.9114024z^{-2}} \qquad (3-3)$$

2）线性预测分析和量化

线性预测分析指用 10 阶线性预测（LP）做短时分析。语音信号先经过加窗，计算自相关函数并加指数窗以实现 80Hz 带宽，从而避免语音频谱过于尖锐。再用 Levinson-Durbin 算法求出 LP 系数，将 LP 系数转化为线谱对 LSP 的 ω_i 系数，并对其进行量化。

3）开环基音分析

在 AMR 编码中，对基音的分析（搜索）分两步完成。第一步是开环基音分析，它是基于感觉加权语音进行的，目的是为闭环基音分析提供大概的范围；第二步是闭环基音分析，它基于线性预测的残差信号（也进行了感觉加权处理），闭环基音分析是在开环基音分析得到的基音延迟值的附近进行的。

4）脉冲响应计算

AMR 编码采用的 CELP 模型搜索激励信号的准则是感觉加权的均方误差最小，因此在进行闭环基音搜索（自适应码本搜索）和代数码本搜索时，每个可能的激励信号都要进行加权滤波。

5）目标信号计算

激励信号通过加权合成滤波器合成的是加权合成语音，而我们需要的是加权误差信号，因此需要对原始语音进行加权。基音周期可能小于分帧长度，即在激励缓冲区可能出现无效值。为了消除这种情况，原始语音的加权应按照一定步骤进行计算，得到所需的加权信号和激励替代信号。

6）自适应码本搜索

自适应码本搜索是在子帧上进行的，包括闭环基音搜索和自适应码本矢量计算（后者通过在基音分数时延处内插的激励得到）。自适应码本参数（或基音参数）就是基音时延和基音滤波器增益。自适应码本搜索的目的是得到一个最佳的自适应码本索引。在搜索阶段，LP 残差扩展激励使闭环搜索简化。在不同模式下，自适应码本搜索有所不同。

7）代数码本搜索

自适应码本搜索只能重现语音中周期重复的部分，而清音部分则要由代数码矢量产生，它的角色是替代随机噪声激励，与一般 CELP 模型中码本的作用是一样的，区别在于代数码本是结构码本，搜索算法高效简单，便于实现。

8）增益量化

从前面的计算中可以得到自适应码矢量增益 g_p 和代数码矢量增益 g_c，需要对其进行矢量或标量量化。自适应码矢量增益 g_p 直接作为量化参数进行量化；而代数码矢量增益 g_c 要转化为相对预测增益的系数 γ_{gc} 进行量化，以缩小待量化变量的变化范围，避免量化失真。

9）状态更新

完成一个分帧处理后要对激励信号及加权合成滤波器状态进行更新，主要包括以下 3 步：①用当前分帧的激励信号更新激励缓冲区；②用当前分帧的原始语音与合成语音的差更新误差信号缓冲区；③更新加权合成滤波器状态。

由分析过程可知，在开环基音搜索时要用到前一帧或前半帧的加权信号，因此必须将这些值保存在状态数组中，需要进行状态更新。

关于 AMR 编码的详细介绍请查阅参考文献[16]和[17]等。

3.2　图像和视频编解码技术

信息技术正在快速改变社会，研究表明，人们在日常生活中接收的信息中有 80%左右源于图像，从这一角度来看，"百闻不如一见"正是图像处理重要性的形象表达和经验总结。图像是人类获取信息、表达信息和传递信息的重要手段，也是人类感知和认识世界的基础。但是图像本身的数据量非常大，对其进行压缩也就成为必然选择。数字图像相对模拟图像有很多优点，不仅能最大限度地避免各种噪声和干扰，便于利用计算机处理并进行信息的传输与交换，还可以方便地对图像进行压缩、增强、恢复、特征提取和识别等一系列处理。图像信息存在的最大问题是数据量大，向计算机存储系统、处理系统、数据传输系统等提出了新的挑战。一幅分辨率为 1024×768 的 RGB 彩色图像，各单色像素需要采用 8 位表示，它的数据量为 1024×768×8×3 比特，超过 2.25MB。因此，如何快速有效地对图像进行编码及对图像数据进行存储和传输，成为信息技术的一个研究热点和重点。

图像编码又称图像压缩，指在保证一定质量（信噪比或主观评价）的条件下，按照一定的规则，以较少比特数表示原图像的方法。信息论的奠基人香农早已论证，无论是语音信号还是图像信号，信号中都包含很多冗余信息。实际上，因为数字图像中像素与像素在行和列方向上的数据都存在较强的相关性，并考虑到人类视觉特性对彩色的敏感程度存在一定的局限性，所以完全可以将数字图像中的这部分冗余信息去掉，即在允许存在一定程度失真的前提下，按照某种方法对图像数据进行压缩。

3.2.1　图像和视频中的冗余信息

数字图像的冗余信息主要包括视觉冗余、空间冗余、时间冗余、信息熵冗余、结构冗余和知识冗余等。

（1）视觉冗余。视觉冗余指人类视觉系统不敏感或不能感知的图像信息。人类视觉系统是世界上最好的图像处理系统，但它并不是对图像中的任何变化都能感知，人眼对图像细节和颜色的辨认能力是有限的。人眼对亮度信号比对色度信号敏感，对低频信号比对高频信号敏感（对边沿或突变附近的细节不敏感），对静止图像比对运动图像敏感，对图像水平线条和垂直线条比对斜线敏感。研究表明，人类的视觉能力最多可辨认上千种颜色，而彩色图像一般每个像素用 24 位表示，可表示 2^{24} 种颜色，由此可见，彩色图像对人类视觉特性而言，存在大量冗余信息，称为视觉冗余。压缩视觉冗余的核心思想是去掉那些人眼看不到或可有可无的数据，对视觉冗余的压缩通常反映在各种具体的压缩编码过程中。例如，对离散余弦变换系数的直流与低频部分采取细量化方式，而对高频部分采取粗量化方式。

（2）空间冗余。图像内部相邻像素之间存在较强相关性所产生的图像冗余信息称为空间冗余，又称空域冗余。图像中的大部分物体的表面颜色都是均匀的、连续的，图像内部相邻像素之间存在较强的相关性。因此，图像数字化为像素点的 $M×N$ 矩阵后，矩阵中的大量相邻数据是十分接近或完全一样的，这就是图像信息的空间冗余。如果先去除冗余数据再进行编码，则可以有效降低表示每个像素的平均比特数，这就是通常所说的图像的帧内编码，即减少空间冗余进行数据压缩。

（3）时间冗余。时间冗余又称时域冗余，是针对电视、电影等视频图像而言的。考虑到实际生活中的运动物体具有运动一致性，视频图像信号播放过程中图像序列的不同帧之间存在大量的相关性，由此产生的冗余信息称为时间冗余。通常采用运动估值和运动补偿预测技术去除时间冗余。

（4）信息熵冗余。信息熵冗余又称编码冗余或统计冗余。根据信息论的相关原理，为了表示图像数据的一个像素点，按照其信息熵大小分配相应的比特数即可，如果图像中平均每个像素使用的比特数大于该图像的信息熵，则图像中存在冗余信息，这类冗余称为信息熵冗余。因此，如果可以采用可变长编码技术，对出现概率大的符号用短码字表示，对出现概率小的符号用长码字表示，则可以去除信息熵冗余。

（5）结构冗余。图像全局或不同部分之间存在很强的纹理结构或自相似性，由此产生的冗余信息称为结构冗余。分形图像编码的基本思想就利用了结构冗余。

（6）知识冗余。在某些图像中还包含与某些先验知识有关的信息，由此产生的冗余信息称为知识冗余。可以利用这些先验知识为编码对象建模，通过提取模型参数并对参数进行编码而不是对图像像素直接编码，可以得到非常高的压缩比，这就是模型基编码（又称知识基编码、语音基编码）的基本思想。

图像中存在的冗余信息为图像编码提供了依据。图像编码的目的是尽可能去除图像中存在的各种冗余信息，特别是空间冗余、视觉冗余及时间冗余，以尽可能少的比特编码表示图像。例如，由于人眼对蓝光不敏感，因此在进行彩色图像编码时，可以用较低的精度对蓝色分量进行编码。利用各种冗余信息，压缩编码技术能够很好地解决将模拟信号转换为数字信号后所产生的带宽需求增加的问题，是使数字信号更加实用的关键技术之一。

3.2.2　图像编码算法的性能指标

图像编码算法的性能指标主要包括图像编码质量、图像编码效率、复杂度与适用范围等。

1）图像编码质量

图像质量评价可分为客观评价和主观评价。客观评价指标主要是均方误差（MSE）和峰值信噪比（PSNR），其定义如下

$$\text{MSE} = \frac{1}{MN} \sum_{i=0}^{M-1} \sum_{j=0}^{N-1} \left[f(i,j) - f(\hat{i},j) \right]^2 \tag{3-4}$$

$$\text{PSNR} = 10 \lg \left(\frac{255 \times 255}{\text{MSE}} \right) \tag{3-5}$$

客观评价的特点是指标具有客观性，可以快速有效地评价图像编码质量，但符合客观评价指标的图像不一定具有较好的主观质量。图像编码质量既与图像本身的客观质量有关，又与人类视觉系统的感受特性有关。有时客观保真度指标完全相同的两个图像可能会有完全不同的视觉效果。因此，对图像编码质量的评价还需要采用主观保真度准则。主观评价指由一批观察者对图像编码质量进行评价并计分，然后依据全部观察者的评价信息，给出图像编码质量评价。主观评价的特点是与人的视觉效果相匹配，但其评价过程缓慢费时。

2）图像编码效率

图像编码效率主要表现为信息熵 H、平均码长 R、编码效率 η、信息冗余度 v、每秒传输比特数 bps、压缩比 r，这些表现形式很容易相互转换。

（1）信息熵。设图像的灰度级为 K，图像中第 k 级灰度出现的概率为 p_k，像素为 $M \times N$，每个像素用 d 比特表示，每两帧图像间隔 Δt，则按信息论中的定义，信息熵为

$$H = -\sum_{k=1}^{K} p_k \log_2 p_k \tag{3-6}$$

根据上述定义可知，信息熵 H 表示各灰度级比特数的统计平均值。

（2）平均码长。图像的平均码长为

$$R = \sum_{k=1}^{K} B_k p_k \tag{3-7}$$

式中，B_k 表示某种图像编码算法的第 k 级灰度的码长。

（3）编码效率。图像的编码效率为

$$\eta = \frac{H}{R} \times 100\% \tag{3-8}$$

同一图像编码算法对不同图像的编码效率不一定相同。

（4）信息冗余度。信息冗余度为

$$\nu = 1 - \eta \qquad (3\text{-}9)$$

（5）每秒传输比特数。每秒传输比特数为

$$\text{bps} = \frac{MNR}{\Delta t} \qquad (3\text{-}10)$$

（6）压缩比。压缩比为

$$r = \frac{d}{R} \qquad (3\text{-}11)$$

3）复杂度与适用范围

图像编码算法的复杂度指完成图像压缩和解压所需的运算量及实现该算法的硬件复杂度。好的压缩算法一般应具有压缩比高、算法简单、压缩和解压缩过程快、易于实现、解压后图像质量好等特点。

几乎所有的图像编码算法都具有一定的适用范围，一般来说，大多数基于图像信息统计特性的图像编码算法具有较大的适用范围，而一些特定的图像编码算法的适用范围较小，如分形编码主要用于相似度高的图像等。

3.2.3 图像编码技术分类

图像编码指按照一定的格式存储图像数据的过程，而图像编码技术则是研究如何在满足一定的图像保真条件的情况下，压缩表示原始图像数据。图像编码技术主要利用图像信息的统计特性及视觉对图像的生理学和心理学特性对图像进行信源编码。目前有很多流行的图像格式，如 BMPPCX、TIFF、GIF、JPEG 等，它们采用了不同的图像编码方法。

图像编码属于信源编码的范畴，从不同的角度看有不同的分类方法，并没有统一的标准。按信号形式可以分为模拟图像编码和数字图像编码；按图像光谱特征可以分为单色图像编码、彩色图像编码和多光谱图像编码；按信号处理维数可以分为行内编码、帧内编码和帧间编码；按灰度概念可以分为二值图像编码和多灰度图像编码。此外，Kunt 将以去除冗余信息为基础的编码方法称为第一代编码方法，包括 PCM、DPCM、亚取样编码法，基于变换域的 DFT、DCT 等方法及混合编码法均属于经典的第一代编码方法。第二代编码方法主要指 Fractal 编码、金字塔编码法、小波变换编码法、基于神经网络的编码方法、模型基编码法等新编码方法。根据解码后的图像数据与原始图像数据的一致性，可以分为有损编码与无损编码。有损编码指对图像进行解压后重新构造的图像与原始图像存在一定的误差。有损编码利用了图像本身包含的许多冗余信息，如视觉冗余和空间冗余。由于有损编码一般可以获得较高的压缩比，因此在对图像质量要求不高的情况下一般应选择有损编码。无损编码指对图像数据进行解压后重新构造的图像与原始图像完全相同，行程长度编码就是无损编码的一个实例，其编码原理是在给定数据中寻找连续重复的数值，然后用两个数值（重复数值的个数，重复数值本身）代替这些连续数值，以达到数据压缩的目的。运用此方法处理拥有大面积一致色调的图像时，可以得到很好的数据压缩效果。需要指出的是，为了实现更高的编码效率，往往需要使用多种编码方法。

图像编码方法较多，分类也不是绝对的。根据压缩原理，可以将图像编码方法分为 4 类，图像编码方法分类如表 3-4 所示，这些方法既适用于图像编码，又适用于视频编码。

表 3-4　图像编码方法分类

分　　类	图像编码方法举例	主　要　特　点
熵编码	霍夫曼编码	熵编码又称统计编码，建立在图像统计特性的基础上
	算数编码	
	RLE	
预测编码	DPCM	依据模型，根据以往的样本值对新样本值进行预测编码
	运动补偿法	
变换编码	DCT 编码	将空域中的图像数据变换到变换域进行描述，达到改变能量分布的目的，实现对数据的有效压缩
	DFT 编码	
	小波变换编码	
混合编码	JPEG 编码	主要包括图像和视频的编码标准
	MPEG 编码	

3.2.4　视频编码标准分类

视频指使用摄像机等视觉传感器采集获取的动态影像。视频信号数字化后同样存在数据量大的问题，因此必须采用视频编码技术实现对视频信号的压缩。

为了保证不同音视频编解码产品之间的互操作性，国际电信联盟（ITU）、国际标准化组织（Irnternational Electrotechnic Committee，IEC）等制定了一系列音视频编解码标准。其中最具代表性的是 ITU-T 推出的 H.26x 系列标准，包括 H.261、H.262、H.263、H.264、H.265 和 H.266，主要应用于实时视频通信，如电视会议、可视电话等；ISO/IEC 推出的 MPEG-x 系列音视频压缩编码标准，包括 MPEG-1、MPEG-2 和 MPEG-4 等，主要应用于音视频存储（如 VCD、DVD）、数字音视频广播、流媒体等。

2002 年 6 月 21 日，我国成立了数字音视频编解码技术标准工作组（Audio Video Coding Standard Workgroup of China），简称 AVS 工作组。该工作组的任务是面向我国的信息产业需求，联合国内企业和科研机构，制（修）订数字音视频的压缩、解压、处理和表示等共性技术标准，为数字音视频设备与系统提供高效经济的编解码技术，服务于高分辨率数字广播、高密度激光数字存储媒体、无线宽带多媒体通信、互联网宽带流媒体等重大信息产业应用。2006 年 2 月，国家标准化管理委员会正式颁布《信息技术　先进音视频编码　第 2 部分：视频》（GB/T 20090.2—2006）。2006 年 3 月 1 日，AVS 标准正式实施。作为解决音视频编码压缩的信源标准，AVS 标准的基础性和自主性使其成为推动我国数字音视频产业"由大变强"的重要里程碑；2012 年 9 月，AVS 工作组的工作全面转向第二代标准，《信息技术　高效多媒体编码　第 1 部分：系统》（GB/T 33475.1—2019）于 2020 年 3 月 1 日开始实施；2020 年 6 月，AVS3 视频基准档次标准文档的中英文版本在 AVS 工作组官网开放下载，方便广大开发者下载使用；2022 年，AVS3 工作组将以 2022 年北京冬奥会和杭州亚运会为契机，完成我国的 AVS3+5G+8K 产业发展领先全球的部署，引领未来 5～10 年 8K 超高清和 VR 视频产业的发展，进而领跑国际市场。

3.3 信道编码的基本原理及性能参数

数字信号经干扰信道传输至接收端解调器进行解调时，由于信道干扰的影响，解调后的信息序列可能有错码。对于采用了信道编码的通信系统来说，可以对错码进行纠正，恢复出正确信息。

信道编码的基本思想是通过对发射端信息序列做某种变换，使原来彼此独立、相关性极小的信息码元产生某种相关性，在接收端利用这种相关性来检查信息码元并纠正误码。

在数字移动通信系统中，广义的信道编码一般包括加扰、纠错和交织 3 种，这 3 种编码分别采用混乱、加冗和置换的数学处理。本书主要介绍纠错和交织的相关内容。

纠错指在信息码元序列中加入监督码元。不同的编码方法有不同的检错或纠错能力，有的编码只能检错、不能纠错。一般来说，监督码元所占比例越大，检错和纠错能力越强。监督码元的多少，通常用冗余度衡量。例如，如果在码元序列中，平均每 2 个信息码元有 1 个监督码元，则这种编码的冗余度为 1/3，也可以说这种编码的编码效率为 2/3。可见，纠错是以降低信息传输速率和效率为代价来提高传输可靠性的。

纠错不仅用于通信，在计算机、自动控制、遥控、遥测等领域也有广泛的应用。

3.3.1 基本原理

用一个例子说明纠错编码的基本原理。由 3 位二进制数字构成的码组（码字集合）共有 $2^3 = 8$ 种不同的可能组合，如果将其全部用来表示天气，则可以表示 8 种不同的天气情况，如 000（晴）、001（云）、010（阴）、011（雨）、100（雪）、101（霜）、110（雾）、111（雹）。如果其中任意码字在传输中发生一个或多个错码，则将变成另一个信息码字。这时，接收端将无法发现错误。

如果在上述 8 种码字中只允许使用 4 种，如

$$\begin{cases} 000 = 晴 \\ 011 = 云 \\ 101 = 阴 \\ 110 = 雨 \end{cases} \tag{3-12}$$

虽然仅包括 4 种天气，但是接收端却有可能发现码字中的一个错码。例如，000（晴）中错了一位，将变成 100、010 或 001。这 3 种码字都是不准使用的，称为禁用码字。接收端在收到禁用码字时，就知道是错码了。当发生 3 个错码时，000 变成 111，也是禁用码字，故这种编码也能检测 3 个错码。但是，不能检测 2 个错码，因为发生 2 个错码后产生的也是许用码字。

上面这种码只能检测错码，不能纠正错码。例如，当收到的为禁用码字 100 时，在接收端无法判断是哪一位码发生了错误，因为晴、阴、雨三者错了一位都可以变成 100。

要想纠正错误，还要增加冗余度。例如，如果规定许用码字只有 000（晴）和 111（雨），其他都是禁用码字，则能检测 2 个以下错码，或能纠正一个错码。例如，在收到禁用码字 100 时，如果当作仅有一个错码，则可判断此错码发生在"1"位，从而纠正为 000（晴）。因为另

一许用码字 111（雨）发生任何一位错码时都不会变成这种形式。但是，如果假设错码不超过 2 个，则存在两种可能，如 000 错 1 位和 111 错 2 位都可能变成 100，因此只能检测错码而无法纠正。

从上面的例子可以得到关于分组码的一般概念。如果不要求检错和纠错，为了传输 4 种不同的信息，用 2 位二进制信息构成的码组就够了，它们是 00、01、10 和 11。这些码代表所传输的信息，称为信息码元。使用 3 位码表示 4 种信息，增加的那 1 位称为监督码元。分组码示例如表 3-5 所示。通常，把这种将信息码元分组并为每组码元附加若干监督码元的编码称为分组码。在分组码中，监督码元仅监督本码组中的信息码元。

表 3-5　分组码示例

信息内容	信息码元	监督码元
晴	00	0
云	01	1
阴	10	1
雨	11	0

一般分组码用符号 (n,k) 表示。其中，k 是每组二进制信息码元数；n 是编码组码字的总位数，又称码字的长度（码长），$n-k=r$ 为每码字中的监督码元数，又称监督位数。分组码结构如图 3-10 所示。前 k 位为信息位，后面附加 r 位监督位。

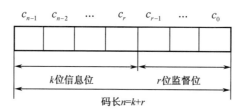

图 3-10　分组码结构

3.3.2　性能参数

在信道编码中，常用以下性能参数来衡量编码的优劣。

1. 码重

在二元编码的码字集合中，码字中"1"码元的数量为这个码字的重量，简称码重，记为 $W(\alpha)$。

2. 码距

在一个码组（码字集合）中，任意两个等长码字之间，如果有 d 个相对应的码元不同，则称 d 为这两个码字的汉明距离，简称码距。我们可以用一个三维立方体来说明三位码组码距的几何意义，码距的几何意义如图 3-11 所示。图 3-11 中的 8 个顶

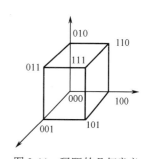

图 3-11　码距的几何意义

点分别表示 8 个码字，每个顶点的坐标为该码字 3 个码元的值，而码距则对应从一个顶点移动到另一个顶点所经过的最少边数。例如，码字 000 与码字 111 之间的码距为 3。

3. 编码效率

信道编码是以降低有效性为代价提高数字移动通信系统可靠性的，对于(n, k)分组码，编码效率为

$$\eta = \frac{k}{n} \tag{3-13}$$

在信息码元数一定的情况下，所加入的冗余位越多，编码效率越低。

4. 编码增益

因为编码系统具有一定的纠错能力，所以在与非编码系统具有相同输入信噪比的条件下，会使误码率降低。编码增益是描述编码系统相对非编码系统性能改善程度的参数，定义为在一定误码率下，非编码系统与编码系统所需信噪比之差，记为

$$G_{dB} = (E_b / n_0)_u - (E_b / n_0)_c \tag{3-14}$$

式中，E_b 为每比特能量；n_0 为白噪声的功率谱密度；$(E_b / n_0)_u$ 是为满足误码率要求，非编码系统所需信噪比的最小值；$(E_b / n_0)_c$ 是为满足误码率要求，编码系统所需信噪比的最小值。

例如，在没有采用纠错编码的情况下，接收信噪比至少为 22dB 才能满足误码率要求。当采用纠错编码后，假如编码增益为 6dB，则接收信噪比大于 16dB 即可满足系统要求。编码增益示意图如图 3-12 所示。

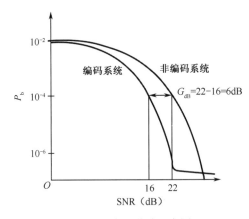

图 3-12　编码增益示意图

5. 纠错、检错能力与最小码距的关系

一种编码的最小码距 d_0 等于一个码组内编码形成的所有码字之间码距的最小值。最小码距的大小与这种编码的检错和纠错能力直接相关。例如，上述例子表明，当 $d_0 = 1$ 时，没有检错、纠错能力；当 $d_0 = 2$ 时，具有检测 1 个错码的能力；当 $d_0 = 3$ 时，具有检测 2 个错码的能力和纠正 1 个错码的能力。

在一般情况下，检错、纠错能力与最小码距的关系如图 3-13 所示。

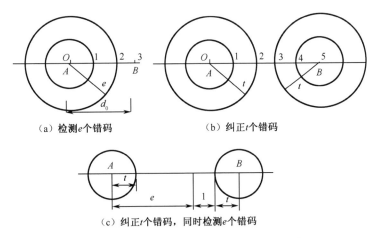

（a）检测 e 个错码　　　　　　　（b）纠正 t 个错码

（c）纠正 t 个错码，同时检测 e 个错码

图 3-13　检错、纠错能力与最小码距的关系

（1）为检测 e 个错码，要求最小码距满足

$$d_0 \geqslant e+1 \tag{3-15}$$

可以用图 3-13（a）说明，如果码字 A 中有 1 个错码，则可以认为 A 的位置将移动至以点 O 为圆心、以 1 为半径的圆上某点。如果码字 A 中有 2 个错码，则其位置不会超出以点 O 为圆心、以 2 为半径的圆。因此，只要最小码距不小于 3，在此半径为 2 的圆上及圆内就不会存在其他许用码字，因而能检测 2 个错码。同理，如果一种编码的最小码距为 d_0，则能检测 d_0-1 个错码。也就是说，如果要检测 e 个错码，则最小码距 d_0 应不小于 $e+1$。

（2）为纠正 t 个错码，要求最小码距满足

$$d_0 \geqslant 2t+1 \tag{3-16}$$

可以用图 3-14（b）说明。假设码字 A 和 B 的距离为 5。如果码字 A 或 B 的错码不多于 2 个，则其位置不会超出半径为 2、以原位置为圆心的圆，这两个圆是不相交的。因此，我们可以这样判断：如果接收码字落在以 A 为圆心的圆上或圆内，就认为收到的是码字 A；如果落在以 B 为圆心的圆上或圆内，就认为收到的是码字 B。因此，当最小码距 $d_0=5$ 时，最多能纠正 2 个错码。为纠正 t 个错码，最小码距应不小于 $2t+1$。

（3）为纠正 t 个错码，同时检测 e 个错码，要求最小码距满足

$$d_0 \geqslant e+t+1 \tag{3-17}$$

在解释式（3-17）之前，先说明什么是"纠正 t 个错码，同时检测 e 个错码"（简称纠检结合）。在某些情况下，要求对于出现较频繁但错码数很少的码字，差错控制设备按纠错方式工作，不需要对方重发此码字，以节省反馈重发时间；同时又希望一些错码数较多的码字，在超过该码的纠错能力后，能自动按检错方式工作，要求对方重发该码字，以降低系统的误码率。这种工作方式为"纠检结合"。

这时，差错控制设备按照接收码字与许用码字的距离自动改变工作方式。如图 3-13（c）所示，如果接收码字与某许用码字的距离在纠错能力 t 范围内，则按纠错方式工作；如果与所有许用码字的距离都超过 t，则按检错方式工作。因此，设码字 A 的检错能力为 e 个错码，则该码字与任意许用码字的距离应有 $t+1$，否则将落入许用码字 B 的纠错范围内，而被错纠为码字 B。这样就要求最小码距满足式（3-17）。

3.4 线性分组码

分组码是一种常用的编码形式，它的一个码字包括独立的信息码元和监督码元，其监督码元与信息码元之间具有代数关系，如果这种代数关系是线性的，则称其为线性分组码。分组码编码器模型如图 3-14 所示。

图 3-14 分组码编码器模型

M 为编码器的输入，称为信息码元（信息位），由 k 位码元组成；C 为编码器的输出，称为码字矢量，由 n 位码元组成，其中有 k 位信息码元，$r = n - k$ 位监督码元。对于二元编码来说，k 位信息码元共有 2^k 种组合，根据编码器的一一对应关系，输出的码字矢量也应有 2^k 种组合。对于长度为 n 的二元序列来说，共有 2^n 个可能的码字矢量，编码器只是在这 2^n 个可能的码字矢量中选择 2^k 个码字，被选中的 2^k 个码字为许用码字，其余的 $2^n - 2^k$ 个码字为禁用码字，称这 2^k 个码字矢量的集合为 (n, k) 分组码。

如果 (n, k) 分组码输出的 k 位没有变化，与信息码元排列相同，且与监督码元分开，则称为系统码，否则称为非系统码。本节均以系统码为例进行介绍。

线性分组码的监督码元与信息码元之间的关系，可以用线性方程组描述，记为

$$
\begin{cases}
c_{n-k-1} = h_{1,n-1}c_{n-1} + h_{1,n-2}c_{n-2} + \cdots + h_{1,n-k}c_{n-k} \\
c_{n-k-2} = h_{2,n-1}c_{n-1} + h_{2,n-2}c_{n-2} + \cdots + h_{2,n-k}c_{n-k} \\
\quad\quad\vdots \\
c_0 = h_{r,n-1}c_{n-1} + h_{r,n-2}c_{n-2} + \cdots + h_{r,n-k}c_{n-k}
\end{cases}
\tag{3-18}
$$

整理得到

$$
\begin{bmatrix}
h_{1,n-1} & h_{1,n-2} & \cdots & h_{1,n-k} & -1 & 0 & \cdots & 0 \\
h_{2,n-1} & h_{2,n-2} & \cdots & h_{2,n-k} & 0 & -1 & \cdots & 0 \\
\vdots & \vdots & & \vdots & \vdots & \vdots & & \vdots \\
h_{r,n-1} & h_{r,n-2} & \cdots & h_{r,n-k} & 0 & 0 & \cdots & -1
\end{bmatrix}
\begin{bmatrix} c_{n-1} & c_{n-2} & \cdots & c_0 \end{bmatrix}^{\mathrm{T}}
=
\begin{bmatrix} 0 \\ 0 \\ \vdots \\ 0 \end{bmatrix}
\tag{3-19}
$$

记为

$$
HC^{\mathrm{T}} = 0
\tag{3-20}
$$

C^{T} 为 C 的转置，矩阵 H 为分组码的监督矩阵。将具有 $\begin{bmatrix} P & I_r \end{bmatrix}$ 形式的 H 称为基本监督矩阵。其中，P 是 $r \times k$ 矩阵，I_r 是 $r \times r$ 单位阵。由代数理论可知，H 的各行是线性无关的。因此，只要监督矩阵给定，信息码元与监督码元的关系就能完全确定。

可以得到

$$[c_{n-1} \quad c_{n-2} \quad \cdots \quad c_0] = [c_{n-1} \quad c_{n-2} \quad \cdots \quad c_{n-k}] \begin{bmatrix} 1 & 0 & \cdots & 0 & h_{1,n-1} & h_{2,n-1} & \cdots & h_{r,n-1} \\ 0 & 1 & \cdots & 0 & h_{1,n-2} & h_{2,n-2} & \cdots & h_{r,n-2} \\ \vdots & \vdots & & \vdots & \vdots & \vdots & & \vdots \\ 0 & 0 & \cdots & 1 & h_{1,n-k} & h_{2,n-k} & \cdots & h_{r,n-k} \end{bmatrix} \tag{3-21}$$

记为

$$C = MG \tag{3-22}$$

称矩阵 G 为分组码的生成矩阵。将具有 $[I_k \quad Q]$ 形式的 G 称为典型生成矩阵。其中，I_k 是 $k \times k$ 单位阵，Q 是 $k \times r$ 矩阵。可以发现，Q 是 P 的转置，即 $Q = P^T$。因此，只要找到生成矩阵，编码方法就能完全确定。

与矩阵 H 相似，矩阵 G 的各行也是线性无关的。基本监督矩阵 H 和典型生成矩阵 G 之间的关系为

$$H = [P \quad I_r] = [Q^T \quad I_r] \tag{3-23}$$

$$G = [I_k \quad Q] = [I_k \quad P^T] \tag{3-24}$$

设发送码组为 $C = [c_{n-1} \quad c_{n-2} \quad \cdots \quad c_0]$，接收码组为 $R = [r_{n-1} \quad r_{n-2} \quad \cdots \quad r_0]$，由于发送码组在传输过程中可能出现错码，则收发码组之差定义为错误图样

$$E = R - C \tag{3-25}$$

式中，$E = [e_{n-1} \quad e_{n-2} \quad \cdots \quad e_0]$。如果 $e_i = 0$，则表示该位接收码元正确；如果 $e_i = 1$，则表示该位接收码元错误。

设 $S = RH^T$，称 S 为伴随式。由 $HC^T = 0$ 可得

$$S = RH^T = (C + E)H^T = CH^T + EH^T = EH^T \tag{3-26}$$

伴随式 S 与错误图样 E 具有确定的线性变换关系。接收端解码器的任务是根据伴随式 S 确定错误图样 E，并在接收到的 R 中加入错误图样 E。

下面对几种常见的线性分组码进行介绍。

3.4.1　循环码

对于 (n,k) 线性分组码 C，如果码组中的一个码字的循环移位也是这个码组中的一个码字，则称 C 为循环码。

在代数理论中，为便于计算，把循环码中的各码元当作一个多项式的系数，则码长为 n 的码组表示为

$$C(x) = c_{n-1}x^{n-1} + c_{n-2}x^{n-2} + \cdots + c_1 x + c_0 \tag{3-27}$$

式（3-27）称为码字多项式。

例如，0011101 的码字多项式为 $x^4 + x^3 + x^2 + 1$；1110100 的码字多项式为 $x^6 + x^5 + x^4 + x^2$，很明显，它可以循环移位。左移 1 位，多项式乘以 x；左移 2 位，多项式乘以 x^2。

例如，0011101 左移 2 位得到 1110100，则

$$x^6 + x^5 + x^4 + x^2 = x^2(x^4 + x^3 + x^2 + 1) \tag{3-28}$$

如果再左移 1 位，需要乘以 x。这时最高位变为 x^7，因为码字最高有 7 位，所以多项式最高幂次只能是 x^6，这时只要使 $x^7 \equiv 1$ 就可以了，即多项式运算时应以模 $x^7 - 1$ 为计算标准。

例如，将 $x^6 + x^5 + x^4 + x^2$ 左移一位，得到 $x^7 + x^6 + x^5 + x^3 \equiv x^6 + x^5 + x^3 + 1$。

最基本的多项式（最高幂次最小的多项式）为 $x^4 + x^3 + x^2 + 1$，各码字（除全 0 外），均可通过它移位得到（乘以 x^c，c 表示移位次数），因此用 $g(x)$ 表示 $x^4 + x^3 + x^2 + 1$，称其为 (7, 3) 循环码的生成多项式。有了生成多项式，所有码字就都可以编成了。

可以证明，在循环码的条件下，$g(x)$ 必然是 $x^n - 1$ 的一个因式。因此，7 位码的生成多项式 $g(x)$ 必然是 $x^7 - 1$ 的一个因式。因式分解可得

$$x^7 - 1 \equiv (x+1)(x^3 + x^2 + 1)(x^3 + x + 1) \tag{3-29}$$

7 位码的生成多项式可以是式（3-29）中的任意因式或其组合。但需要注意，监督码元的位数就是 $g(x)$ 的最高幂次，不同的 $g(x)$ 的 k 是不同的。因此，可以用不同因式得到不同的 $(7, k)$ 码，$(7, k)$ 循环码生成多项式如表 3-6 所示，表 3-4 中的码距等于生成多项式 $g(x)$ 中系数为 1 的项的个数。

表 3-6 $(7, k)$ 循环码生成多项式

(n, k)	码　距	$g(x)$
(7, 6)	2	$x+1$
(7, 4)	3	$x^3 + x + 1$
(7, 3)	4	$(x^3 + x + 1)(x+1) \equiv x^4 + x^3 + x^2 + 1$ $(x^3 + x^2 + 1)(x+1) \equiv x^4 + x^2 + x + 1$
(7, 1)	7	$(x^3 + x + 1)(x^3 + x^2 + 1) \equiv x^6 + x^5 + x^4 + x^3 + x^2 + x + 1$

3.4.2　BCH 码

BCH 码是一种能纠正多个随机错误的特殊循环码，由 Bose、Chaudhuri、Hocquendem 提出，其特殊条件为码长 $n = 2^m - 1$（m 为正整数）。

因为循环码的 $g(x)$ 必然是 $x^n - 1$ 的一个因式，所以必须先对 $x^n - 1$ 进行因式分解。符合 BCH 码条件的只有 $n = 7, 15, 31, 63, \cdots$（虽然 $n = 3$ 也符合条件，但码字太短，一般不使用）。码长大于 7 的，如 $n = 15, 31, 63$，必须求得 $x^{15} - 1$、$x^{31} - 1$、$x^{63} - 1$ 的因式。例如，AMPS 和 TACS 采用 (63, 51)BCH 码，其 $g(x) = (x^6 + x + 1)(x^6 + x^4 + x^2 + x + 1)$，监督码元为 12 位，码距为 5，可以纠正 2 个错码。

在 AMPS 中还使用截短的 (40, 8)BCH 码和 (48, 36)BCH 码。截短码指令前若干位为 0 的 BCH 码。因为已确定前若干位为 0，所以这些码元不必发送出去，从而缩短了码长，但在编解码时仍然计入，监督位数不变，纠错能力也保持原水平，但是信息码元减少，码率降低。(40, 28)BCH 码是 (63, 51)BCH 码截短 23 位形成的，而 (48, 36)BCH 码则是截短 15 位形成的，它们保留了原 BCH 码的纠错能力。

3.4.3　RS 码

RS 码由 Reed 和 Solomon 提出，是一种多进制的 BCH 码。多进制即 2^M 进制，如 $M = 2$ 为四进制，有 4 个码元，即 0、1、2、3；如果用二进制表示，即 00、01、10、11，称为 4 个

二进制二重元表示。如果 $M=3$，则为八进制，要用 8 个二进制三重元表示，即 000、001、010、011、100、101、110、111。把这些多重元当作一个码元，编成 BCH 码，则为 RS 码。我们在进行多进制调制时是用 M 重元调制的，因此用多进制码进行信道编码是合适的。其码长 $n=2^m-1$，有 $d-1$ 个监督码元（均以多进制符号元长度计），可写为 $k=n-(d-1)=2^m-1-d+1=2^m-d$。因此，这个编码如果以二进制符号写出，则为 $[(2^m-1)M,(2^m-d)M]$，可以纠正 $t\leqslant(d-1)/2$ 个多进制符号错误。

3.5　卷积码

卷积码（Convolutional Code）是 P. Elias 提出的一种纠错编码方法。在 (n,k) 分组码中，本组的 $r=n-k$ 个监督码元仅与本组的 k 个信息码元有关，即分组码自身无记忆功能。卷积码则不同，每个 (n,k) 码段（称为子码）的监督码元不仅与本组的 k 个信息码元有关，还与前面 m 段（寄存器中存储的）信息码元有关。因此，卷积码常用 (n,k,m) 或 (n,k,N) 表示。其中，m 为编码器的存储器个数，又称编码码字约束长度，反映了输入信息码元在编码器中需要存储的时间长短（也称 $N=m+1$ 为编码码字约束长度）；$n(m+1)$ 为编码码元约束长度，表示相互约束的二进制码元数。

(n,k,m) 卷积码的编码效率为 $\eta=k/n$。如果卷积码的各子码是系统码，则称该卷积码为系统卷积码。如果 $m=0$（$N=1$），则卷积码为 (n,k) 分组码。

由于卷积码充分利用了各码字的相关性，n、k 选得很小，在编码器复杂度相同的情况下，性能优于分组码，因此在移动通信中得到了广泛应用。

3.5.1　卷积码编码器

卷积码编码器结构如图 3-15 所示。

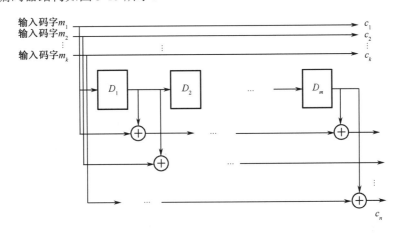

图 3-15　卷积码编码器结构

可以看出，卷积码输出的 n 比特码字不仅与当前的输入码字有关，还与其余输入码字有关，因此称卷积码是有记忆的编码。需要注意的是，卷积码中每级寄存器存储的比特数可能是不同的。

下面通过(3,1,2)卷积码编码器说明卷积码编码过程，如图 3-16 所示，每个时刻都有 1 比特输入码字移入第一级寄存器。编码器利用两个寄存器产生 3 比特输出码字 $c_1c_2c_3$。记 t 时刻第 i 个寄存器中有 S_i 比特，可以看出，$c_1 = m_1$，$c_2 = m_1 + S_1 + S_2$，$c_3 = m_1 + S_2$。注意到与 c_1 对应的是原始输入码字。当卷积码编码符号中有一个是原始输入码字时，称该卷积码为系统卷积码。

定义寄存器的内容 $S = S_1S_2$（记 t 时刻第 i 个寄存器中的比特为 S_i）为编码器的状态 S，总共有 $2^2=4$ 个状态值。描述这个编码器就是要描述在不同的输入比特和状态下，编码器对应的输出和下一时刻的状态变化。

(3,1,2)卷积码状态转换图如图 3-17 所示。状态转移线上的数字表示某时刻编码器输入某信息位后，其输出的码元序列。例如，1/100 表示编码器输入为 1 时，输出为 100。

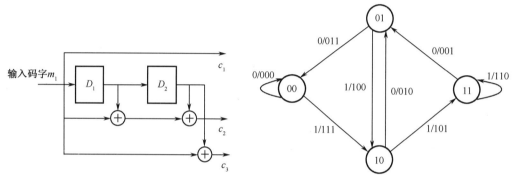

图 3-16　(3,1,2)卷积码编码器　　　　图 3-17　(3,1,2)卷积码状态转换图

(3,1,2)卷积码网格图如图 3-18 所示。输入比特为 0 时的状态转移用实线表示，输入比特为 1 时的状态转移用虚线表示。例如，对于 $S = 00$，如果输入比特为 1，则 $c_1c_2c_3$ 为 111，且编码器状态跳至 $S =10$。又如，输入比特序列为 11011，当输入第一个比特 1 时，编码器状态从 00 跳至 10，编码器输出为 111；当输入第二个比特 1 时，编码器状态从 10 跳至 11，编码器输出

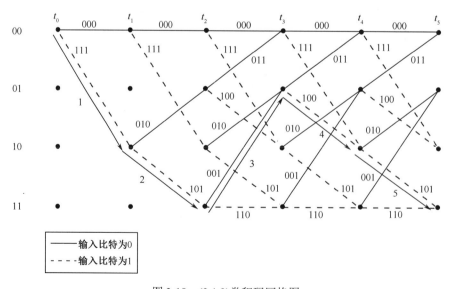

图 3-18　(3,1,2)卷积码网格图

为 101；当输入第三个比特 0 时，编码器状态从 11 跳至 01，编码器输出为 001，以此类推。最终，编码器输出为 111101001100101，按标示的路径进行状态转移。

3.5.2 维特比译码

卷积码的最大似然译码过程，就是根据给定的接收序列 R，找出最大可能的编码序列 C。每个可能的序列 C 都对应网格图中的一条路径，最大似然译码即寻找网格图中最大可能的路径。对于码率为 $1/n$ 的卷积码，网格图中长度为 L_M 的路径的似然函数可以表示为

$$p(R/C) = \prod_{i=0}^{L_M-1} p\left(\frac{r_i}{c_i}\right) \tag{3-30}$$

式中，c_i 和 r_i 分别是序列 C 和序列 R 的一部分，对应网格图的第 i 个分支。c_{ij} 是 c_i 中的第 j 个编码比特，r_{ij} 是 r_i 中的第 j 个接收比特。$p(R/C)$ 的对数为对数似然函数

$$\log p(R/C) = \sum_{i=0}^{L_M-1} \log p\left(\frac{r_i}{c_i}\right) \tag{3-31}$$

对应 i 分支的部分为分支度量

$$B_i = \sum_{j=1}^{n} \log p\left(\frac{r_{ij}}{c_{ij}}\right) \tag{3-32}$$

网格图中的一条路径对应的对数似然函数为路径度量。可以发现，路径度量等于该路径上所有分支度量的和。

在最大似然译码过程中，对数似然函数的计算必须遍历网格图中的所有路径，其计算复杂度随编码的存储量的增加而迅速提高。1967 年，维特比提出的维特比算法充分利用了路径度量的结构特点，降低了最大似然译码的复杂度。

维特比算法能够系统地把那些不可能具有最大度量的路径排除，从而降低了最大似然译码的复杂度。对于网格图中的节点 N，每条到达它的路径在离开后所走的可能路径都是一样的，如果网格图中的某条路径经过了节点 N，且具有最大路径度量，那么这条路径在到达节点 N 之前的局部路径中也必然有最大路径度量。即如果一条路径在到达节点 N 时具有最大局部路径度量，那么在所有经过节点 N 的路径中，它也具有最大路径度量。

维特比算法巧妙利用了路径度量的结构特点。在每个节点处，留下到达该节点时局部路径度量最大的路径，丢弃其余局部路径，这条留下的路径为幸存路径。如果所有幸存路径在某支路处是重合的，就可以输出该支路数据的译码结果。所有幸存路径的公共树干如图 3-21 所示，在 t_{k+3} 时刻的所有幸存路径中，在 t_k 和 t_{k+1} 之间有一个公共树干，因此在 t_{k+3} 时刻，译码器就可以输出对应 t_k 到 t_{k+1} 的数据 c_i。值得注意的是，对于某时刻，退多少时间能出现公共树干是不固定的，与 k 和 m 的值有关。为了避免随机的译码时延，经常对维特比算法做一些修改，如在当前的局部路径中，找到局部累积度量最大的，沿该路径退 n 步会有一个分支，输出这个分支上的数据。这样修改后的算法不再是最大似然译码，但如果 n 足够大（一般要求 $n \geqslant 5m$），性能也非常接近最大似然译码。

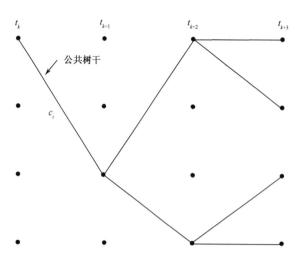

图 3-19　所有幸存路径的公共树干

下面以(3,1,2)卷积码为例，对维特比译码进行说明。

假设待传输的码字矢量为 $[111\quad 101\quad 001\quad 100\quad 101]$，并假设接收到的码字矢量出现了一个错码，即 $[111\quad 101\quad 101\quad 100\quad 101]$，下面讨论能否通过维特比译码纠错。

在图 3-18 中，可以发现，在 t_0 到 t_1 时刻，当输入 0 时，状态由 00 转移到 00，输出码字为 000，与此期间接收到的码字 111 的汉明距离为 3；当输入 1 时，状态由 00 转移到 10，输出码字为 111，与此期间接收到的码字 111 的汉明距离为 0。在 t_1 时刻，仅存在 2 个可能的状态，即 00 和 10，前一时刻的译码输出码字分别为 000 和 111，对应的汉明距离分别是 3 和 0；在 t_2 时刻，存在 4 种可能的状态，即 00、01、10、11，译码输出码字分别为 000000、111010、000111、111101，对应的汉明距离分别为 5、3、4、0。此时是第一次可以到达全部的 4 个状态，那么从此时刻开始计算到下一时刻全部状态的局部路径度量，并选择幸存路径。在本例中，第一次选择幸存路径发生在 t_2 到 t_3 时刻。

t_3 时刻的幸存路径如图 3-20 所示，选择两条可能路径中汉明距离较小的那条，如状态转移 00-00-00-10 和 00-10-01-10 的路径度量分别是 3+2+1=6 和 0+3+1=4，因此在 t_3 时刻保留路径 00-10-01-10 作为该节点的幸存路径。

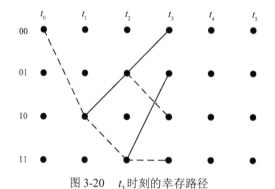

图 3-20　t_3 时刻的幸存路径

t_4 时刻的幸存路径如图 3-21 所示，该时刻在 t_3 时刻的基础上，根据输入的不同继续向其他状态转移。

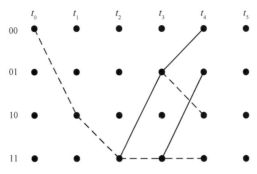

图 3-21　t_4 时刻的幸存路径

同理，可以得到 t_5 时刻的幸存路径，如图 3-22 所示。

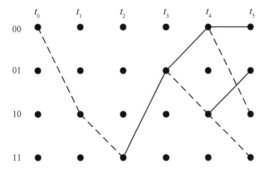

图 3-22　t_5 时刻的幸存路径

在译码过程中，为了使译码器回到零状态，要在 t_5 时刻的状态中加入尾比特（00），则经过两步状态转移，在 t_7 时刻回到状态 00，可以得到 t_7 时刻的幸存路径，如图 3-23 所示。显然，根据维特比译码原理，选择路径度量为 1 的路径（如图 3-23 中箭头所示的路径），译码序列为 1101100。可以看出，输出刚好是编码前序列加上尾比特（00），从而纠正了出现的错误。

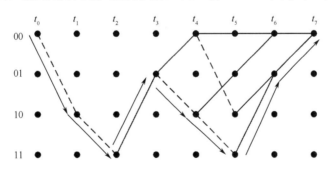

图 3-23　t_7 时刻的幸存路径

总结维特比译码过程如下。

（1）由初始时刻 t_0 之后的 km 个时间点（在本例中，即 t_2 时刻）开始计算进入各状态（状态 00、01、10、11）的每条路径的局部路径度量，并对其进行比较，将其中度量最大（汉明距离最小）的路径及其度量保存，这条路径被称为进入该状态的幸存路径（状态 00、01、10、11 分别对应一条幸存路径）。

（2）进入下一时间节点，计算进入某状态的分支度量，并与上一时间节点的局部路径度量相加，得到新的局部路径度量，并选出其中的幸存路径。

（3）当进入t_5时刻时，应使所有的幸存路径经过km个时间节点（在t_7时刻），使得译码器状态归零。计算此时的最大路径度量，该路径即最佳译码序列路径（选择t_5时刻后使译码器归零的原因是本例中待译码序列长度为5）。

维特比译码必须存储$2^{k(m-1)}$条幸存路径及其度量。每个节点需要计算2^k个度量，以从2^k条路径中选出幸存路径。因此，维特比译码的计算量及存储量随k和m的增加而呈指数级增长。在实际应用中，k和m的值不能过大。

3.5.3　软判决维特比译码

前面介绍了以最小距离为度量的译码器，称为硬判决维特比译码器，即解调器的判决电路输出及译码器输入的只能是二进制符号（0或1）。例如，在典型的数字移动通信系统中，将判决门限设为0，那么对于电压大于0的信号，解调器输出1，送至译码电路；对于电压小于0的信号，解调器输出0，送至译码电路。

这种判决方法实际上损失了接收信号中的一些有用信息。为了充分利用接收信号中的信息，使误码率更低，可以对调制解调器输出端的模拟电压信号进行采样量化，使输出端提供给译码器的信号不是2个状态（0或1），而是Q个（$Q=2^m$）。

我们将这个进行了Q电平量化的信号输入维特比译码器进行译码，这就是软判决维特比译码。能够适应这种Q进制输入的维特比译码器为软判决维特比译码器。

软判决维特比译码器旨在寻找与接收序列有最小软判决距离的路径，因此，如果用最小软判决距离代替汉明距离作为选择幸存路径和译码器输出的准则，则软判决维特比译码器的结构与译码过程与硬判决完全相同，只需要在R和C中用Q进制的值代替二进制的值。

在信道条件较差时，硬判决维特比译码不但不能正确译码，而且可能引起更多错误，软判决维特比译码则没有该缺点。

可以证明，在一定的信道条件下，与硬判决维特比译码相比，使用软判决维特比译码可以获得更低的误码率，或者在误码率相同的条件下，获得更高的编码增益。通常，利用软判决维特比译码比硬判决维特比译码的增益高2～3dB，该增益被称为软判决增益。

关于软判决维特比译码的详细过程，可以查阅参考文献[1]。

3.6　级联编码

随着n的增加，误码率按指数规律接近0。因此，为了使编码的纠错能力更强，应使用长码。但是，随着n的增加，在一个码字中要纠正的错误相应增加，使得译码器的复杂度和计算量急剧增加以至于难以实现。为了解决性能与复杂度的矛盾，1966年，Foney提出了级联编码。

级联编码如图3-24所示。一般利用内码纠正大部分错误，剩余错误靠纠错能力稍弱一些的外码来克服。级联编码能有效对抗衰落信道中经常出现的突发错误。在信噪比较低的情况下，卷积码经过维特比译码后经常出现突发错误。由于RS码纠正突发错误的能力强，为了补偿这些突发错误，常常以较短的二进制线性分组码（如 BCH 码）或卷积码为内码，再级联一个 RS 码作为外码。在设计级联编码时，常常在外码编码器和内码编码器之间设置一个交织器，以打散突发错误。

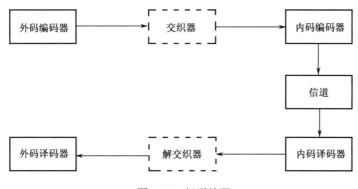

图 3-24　级联编码

在一些卫星移动通信系统中，采用外码为(204,188)RS 码、内码为(2,1,6)卷积码的级联编码。实践证明，这一编码方案可以有效提高编码增益，且复杂度不高，对随机错误和突发错误都有较强的纠正能力。

一般来说，级联编码的复杂度较低。级联编码的译码分为两步，先译内码，再译外码。这是次优的方法，最优方法应该是内码和外码一起进行最大似然译码，不过这样译码的复杂度太高。20 世纪 90 年代中期，出现了一种迭代译码方法，能够使级联编码的译码性能接近最优，这就是后面会讲到的 Turbo 码。

3.7　交织编码

在无线衰落信道中，错误往往是突发的或突发与随机共存的，一个突发错误可能引起一连串错误。在这种情况下，如果采用纠正随机错误的方法进行纠错，效果显然不好。因此，需要研究一种既能纠正随机错误、又能纠正多个突发错误的纠错方法。

前面介绍的信道编码的基本思路是适应信道，即与信道类型和信道特性相匹配。AWGN 信道可以采用汉明码、BCH 码和卷积码等适合纠正随机错误的编码方法；纯衰落信道可以采用 RS 码和可纠正多个突发错误的卷积码等；无线信道可以采用既能纠正随机错误、又能纠正突发错误的级联编码。

交织编码则基于另一种思路，它不是按照适应信道的思路来处理的，而是按照改造信道的思路来分析和处理的。它利用发射端和接收端的交织器和解交织器的信息处理手段对信道进行改造。

严格来说，交织编码不是信道编码，而是一种信息处理手段。它本身不具有信道编码最基本的检错和纠错功能，只是通过改造信道将突发错误变为随机错误，从而能够使用更适于纠正随机错误的编码进行纠错。

交织就是把码字的 l_b 比特分散到 t_n 帧中，以改变比特间的邻近关系。因此 t_n 越大，传输性能越好（t_n 为交织深度，指交织前相邻的符号在交织后的最小距离）。但是，交织带来了时延，在收发双方均有先存储后读取数据的过程，因此 t_n 越大，传输时延越大，在实际使用中必须折中考虑。

下面以一个简单的例子来说明交织编码的基本原理，如图 3-25 所示。假设有 4 个 4 比特的消息分组，将 4 个连续分组中的第 1 比特取出，并使这 4 个第 1 比特组成一个新的 4 比特分组，称为第 1 帧。对 4 个消息分组中的第 2～4 比特做同样的处理，然后依次传输第 1 帧、第 2 帧等。如果在传输期间第 2 帧丢失，在没有交织的情况下，就丢失了第 2 个消息分组；采用交织编码后，即使每个消息分组的第 2 比特丢失，全部消息分组中的消息恢复。

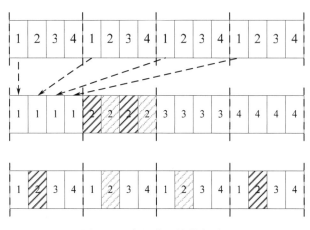

图 3-25　交织编码的基本原理

从上面的分析可以看出，交织的目的是把一个较长的突发错误离散成随机错误，再纠正随机错误。以分组码为例，先将 k 位信息编成具有 t 位纠错能力的 n 位码长的 (n, k) 分组码，再形成交织编码矩阵，分组码交织编码矩阵如表 3-7 所示。

表 3-7　分组码交织编码矩阵

a_{11}	a_{12}	a_{13}	a_{14}	a_{15}	a_{16}	a_{17}
b_{21}	b_{22}	b_{23}	b_{24}	b_{25}	b_{26}	b_{27}
c_{31}	c_{32}	c_{33}	c_{34}	c_{35}	c_{36}	c_{37}
$\vdots$	$\vdots$	$\vdots$	$\vdots$	$\vdots$	$\vdots$	$\vdots$
$m_{l_n 1}$	$m_{l_n 2}$	$m_{l_n 3}$	$m_{l_n 4}$	$m_{l_n 5}$	$m_{l_n 6}$	$m_{l_n 7}$

交织编码矩阵的行是输入交织器的编码码字，由 k 位信息位和 $n-k$ 位校验位组成。矩阵行数 l_n 为交织深度。交织编码过程是将编码码字序列"按行写入，按列读出"，交织编码输出序列为 $a_{11}b_{21}c_{31}\cdots m_{l_n 1}a_{12}b_{22}c_{32}\cdots m_{l_n 2}a_{13}b_{23}c_{33}\cdots$。如果交织编码输出序列中从 a_{11} 到 $m_{l_n 2}$ 为错码，解交织后，每一码字中只有 2 个错码，当纠错能力≥2 时即可纠正错码。

交织深度 t_n 越大，离散度越高，抗突发错误的能力也越强。当信道编码纠错能力为 t 时，交织编码可以纠正 1 次突发错误的最大长度为 tt_n，或者说可以纠正 t 次长度为 t_n 的错误。

这里以分组为例进行介绍，当采用卷积码时，不能直接使用上述交织编码，详细内容可以查阅专业书籍。

3.8 Turbo 码

1993 年，在 C. Berrou 等发表的一篇名为《接近香农极限的纠错编码和译码》的论文中提出了 Turbo 码。其基本思想是利用短码的并联构造长码，译码时再转化为短码，并利用了循环迭代的思路。C. Berrou 的仿真结果表明，在加性高斯白噪声无记忆信道上，特定参数条件下 Turbo 码的性能可以达到与香农极限相差 0.7dB，十分接近香农极限。Turbo 码已经被确定为第三代移动通信系统 IMT-2000（International Mobile Telecommunication 2000）和第四代移动通信系统 LTE-A（Long Term Evolution Advanced）高质量、高速率传输业务的首选编码方案。

Turbo 编码器如图 3-26 所示。它由两个编码器经一个交织器并联而成，每个编码器为分量编码器。编码器通常采用卷积编码，输入的数据比特 u 直接输入编码器 1，同时把这一数据流经过交织器重新排列次序后输入编码器 2。这两个编码器产生的校验比特 x^{1p}、x^{2p} 与输入的信息比特 x^{1s} 组成 Turbo 编码器的输出。由于输入信息直接输出，故编码为系统码，其码率为 1/3。通常卷积码可以对连续的数据流编码，但这里我们认为数据是有限长的分组，对应于交织器的大小。由于交织器通常有上千比特，因此 Turbo 码可以看作一个很长的分组码。在输入端完成一帧数据的编码后，两个编码器回到零状态，并循环该过程。

一般编码器 1 和编码器 2 采用递归系统卷积（RSC）编码器，它们有相同的生成多项式，RSC 编码器结构如图 3-27 所示。与前面介绍的卷积码编码器不同，由于有反馈的存在，RSC 编码器的冲激响应是一个无限序列。与一般的卷积码编码器相比，RSC 编码器的自由距离更大，因此具有更强的抗干扰能力，误码率更低。

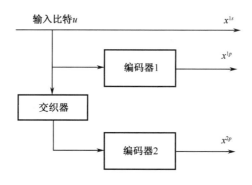

图 3-26　Turbo 编码器

RSC 码是在非系统卷积码的基础上，将某些输出反馈到输入端得到的。如果非系统卷积码的生成多项式为 $g(D) = (g_1, g_2)$，相应地，RSC 码的生成多项式为 $g(D) = (1, g_2/g_1)$，由 g_1 产生的输出将反馈到输入端，1 代表系统输出。其中，D 称为延迟算子，是一个运算符号。一个二进制数字每通过一级具有一个时间单元时延的寄存器，在数字表示上就相当于乘以一个延迟算子 D，一个数字乘以 D^i 就相当于该数字通过 i 级寄存器。在图 3-27 中，与输入序列 u 相连的模 2 加运算器可以表示为 $U(D) = 1 + D + D^3$，与输出校验比特 x^{1p} 相连的模 2 加运算器可以表示为 $Y(D) = 1 + D + D^2 + D^3$，那么它的传递函数可以表示为

$$\frac{Y(D)}{U(D)} = \frac{1 + D + D^2 + D^3}{1 + D + D^3} \tag{3-33}$$

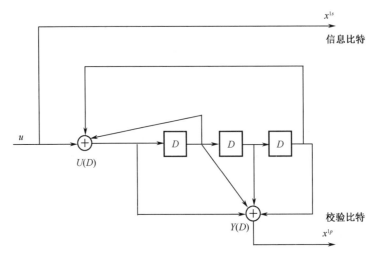

图 3-27　RSC编码器结构

传递函数表示信息序列和校验序列的约束关系

$$(1 + D + D^2 + D^3)U(D) = (1 + D + D^3)Y(D) \tag{3-34}$$

生成多项式可以表示为

$$g(D) = \left(1, \frac{1 + D + D^2 + D^3}{1 + D + D^3}\right) \tag{3-35}$$

在 Turbo 编码器中，交织器的作用和 3.7 节介绍的交织器作用不完全相同，其除了对抗突发错误，主要改变码的重量分布，使重量窄带化，并尽量消除低码重码字，从而改善 Turbo 码的性能。与一般的按行写入、按列读出不同，Turbo 码中采用的交织器是伪随机交织器，通过信息比特的重新排列使码字拉开距离，改善码距分布。C. Berrou 提出，信息比特的重新排列在编码中引入了某些随机特性。也就是说，交织器在要发送的信息中加入随机特性，作用与香农的随机码类似。它使得两个编码器的输入不相关，编码近似独立。因为译码需要交织后信息比特的位置信息，所以交织是伪随机的。另一个影响 Turbo 码性能的重要因素是交织器长度 N_{Turbo}，随着 N_{Turbo} 的增大，Turbo 码的性能逐渐增强，这一点是服从香农信道编码定理的。

下面介绍在第四代移动通信系统 LTE-Advanced 中常用的 Turbo 码的交织方法。在 Turbo 码中，使用的码内交织器是二次置换多项式（Quadratic Permutation Polynomial, QPP），设 Turbo 编码器内交织器的输入表示为 $c_0, c_1, \cdots, c_{I_K - 1}$，Turbo 编码器内交织器的输出表示为 $c'_0, c'_1, \cdots, c'_{I_K - 1}$，则输入与输出的关系为

$$c'_{\Pi(i)} = c_i, \quad i = 0, 1, \cdots, I_K - 1 \tag{3-36}$$

输出比特的序号 i 和输入比特的序号 $\Pi(i)$ 满足

$$\Pi(i) = \left(f_1 i + f_2 i^2\right) \bmod I_K \tag{3-37}$$

式中，f_1 和 f_2 是交织器系数，取决于输入编码器的码块大小 I_K，不同的码块对应不同的交织

器系数。

　　例如，当 $I_K=40$ 时，交织器系数为 $f_1=3$ 和 $f_2=10$，那么序号为 0 的比特（c_0）经过交织后的序号为 $3\times0+10\times0\times0=0$，即 $c_0'=c_0$；序号为 10 的比特（c_{10}）经过交织后的序号为 $3\times10+10\times10\times10=1030$，对 40 进行取模运算，得到序号为 30，即 $c_{30}'=c_{10}$。

　　不同交织长度下 Turbo 码的性能比较如图 3-38 所示，从图 3-28 中可以看出，交织长度越长，Turbo 码的性能越趋近香农极限。

　　Turbo 译码器结构如图 3-29 所示。在图 3-29 中，x^{1s} 是带噪声的信息比特，x^{1p} 和 x^{2p} 是带噪声的校验比特。Turbo 译码器由两个分量译码器构成。这两个分量译码器对应于 Turbo 编码器中的两个编码器。如果两个编码器是相同的，那么这里的分量译码器也是相同的。每个分量译码器都使用基于最大后验概率（MAP）算法的 BCJR 算法（该算法由 Bahl、Cocke、Jelinek 和 Raviv 提出）。

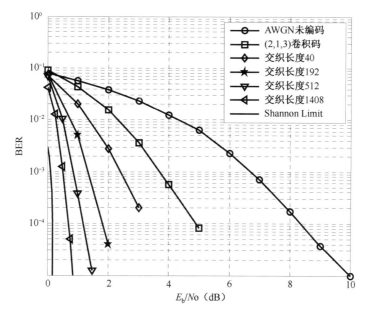

图 3-28　不同交织长度下 Turbo 码的性能比较

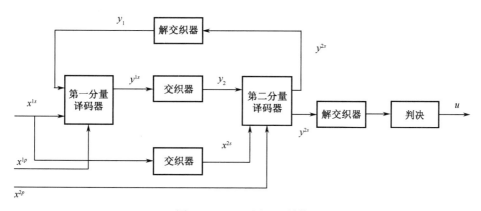

图 3-29　Turbo 译码器结构

　　译码过程如下：输入信息位 x^{1s}、信息位校验位 x^{1p}、信息位交织后的校验位 x^{2p}。在编码过程中，因为最后需要使编码器的状态归零，所以会产生尾比特，分别为信息位 x^{1s} 尾比特、信息位校验位 x^{1p} 尾比特、信息位交织后的校验位 x^{2p} 尾比特。虽然信息位的交织未传输至接收端，但是信息位的交织尾比特传输至接收端，因此需要对尾比特进行调整。将信息位 x^{1s} 尾比特放在信息位后，与信息位校验位 x^{1p} 尾比特和信息位交织后的校验位 x^{2p} 尾比特处理方式一致。信息位 x^{1s} 进行交织得到信息位的交织 x^{2s}，然后将信息位的交织尾比特放在信息位的交织 x^{2s} 后面。

在第一次迭代时，因为第二分量译码器无输出，所以第一分量译码器输入长度满足条件且全 0 输入。将其与信息位 x^{1s}、信息位校验位 x^{1p} 输入第一分量译码器进行译码，在第一分量译码器中采用相应的算法，输出信息位的译码结果 y^{1s}。将信息位的译码结果 y^{1s} 进行交织，得到信息位译码结果的交织 y_2。将信息位译码结果的交织 y_2、信息位的交织 x^{2s} 和信息位交织后的校验位 x^{2p} 输入第二分量译码器进行译码，得到信息位交织的译码结果 y^{2s}。将信息位交织的译码结果 y^{2s} 进行解交织和判决，得到译码结果。一般接下来会对译码结果进行校验，如果没有错误，则确认输出的译码结果是正确的，完成译码过程。否则，将得到的信息位交织的译码结果 y^{2s} 进行解交织，得到 y_1 并传输至第一分量译码器的输入端。

重复以上过程，直到译码正确或迭代次数达到设定的最大译码次数，完成译码。

从上面的分析可以看出，Turbo 译码器具有串行级联、迭代译码，以及在迭代译码过程中交换的是外部信息和概率译码等特点。

Turbo 码通过迭代绕过了长码计算复杂的问题，其代价是时延，因为迭代译码必然产生时延，所以在对实时性要求很高的场合，Turbo 码的应用会受到限制。

3.9 LDPC 和极化码

3.9.1 移动通信中的信道编码技术演进概述

随着无线通信技术的发展，信道编码方法也在演进，第二代移动通信系统的数据和控制信道广泛使用了卷积码；以 WCDMA 为代表的第三代移动通信系统的语音信道和控制信道虽然也采用卷积码，但数据信道采用 Turbo 码；以 LTE-Advanced 为代表的第四代移动通信系统虽然保留了同时使用卷积码和 Turbo 码的方案，但是对其进行了一定的优化；第五代移动通信系统的 3 个典型应用场景对通信指标和信道编码方案提出了更高要求，因此采用了两种新的信道编码方案，分别是 LDPC 和极化码。

5G 系统针对 eMBB、uRLLC、mMTC 3 个典型应用场景分别进行了相应的优化。eMBB 场景的数据信道用于承载高速率的用户数据业务，其对峰值速率、灵活性、编译码复杂度、时延和 HARQ 功能等有较高要求，数据信道要求上行和下行峰值速率的典型值为 10～20Gbps，比 4G 系统的 1Gbps 提高了 10 倍以上；uRLLC 场景要求低时延、高可靠的通信，误块率（Block Error Ratio, BLER）要达到 10^{-6}～10^{-5}；mMTC 场景对传输功耗提出了较严格的要求，需要 UE 终端的电池能够支持 15 年。这些技术指标都是 LTE 系统没有的。

虽然在 LTE 系统中，Turbo 码通过采用无冲突的 QPP 交织器能够提高并行处理能力，但 Turbo 译码器的处理能力与前面提到的 20Gbps 的峰值速率存在一定的差距。此外，LTE 系统为了匹配不同的信道条件，对 Turbo 码进行了打孔设计，但是过度打孔的 Turbo 码性能损失较大，无法满足 5G 系统的相关指标要求。同时，由于误码平层的存在，Turbo 码也很难支持 $10^{-6} \sim 10^{-5}$ 的 BLER。这些实际需求是推动 5G 使用新的信道编码方案的重要原因。

目前，学术界与工业界影响力最大的 3 类纠错编码方案分别是 Turbo 码、LDPC 和极化码，因此，在 5G 标准化进程中，Turbo 码、LDPC 和极化码被 3GPP 确定为数据信道候选纠错编码方案。但是，正如前面提到的，Turbo 码在传输速率与误码平层方面存在短板；极化码的 BLER 性能虽然很好，但在大码块传输时 SCL（Successive Cancellation List）译码算法复杂度过高，目前技术发展难以支持 20Gbps 的峰值速率，而能够支持高数据传输速率的低复杂度译码算法却存在较大性能损失。LDPC 具有较低的译码复杂度，非常适于并行译码，支持高数据传输速率，同时，合理设计的 LDPC 具有很低的误码平层，完全可以满足 5G 的高吞吐率与可靠性需求。经过合理设计的 LDPC 性能优异，在 AWGN 信道中的性能明显优于 Turbo 码。此外，仿真结果表明，与其他候选方案相比，LDPC 复杂度最低、性能最好。这些技术原因在促使 LDPC 成为 eMBB 场景的编码方案方面发挥了重要作用。同时，LDPC 在 uRLLC 场景下的性能也得到了证明。

控制信道编码非常重要，性能好的纠错编码能够显著增强系统的整体性能，扩大覆盖范围。由于控制信令比特数较少，LDPC、Turbo 码在码长较短时性能相对较差，因此 LTE 系统采用了咬尾卷积码（Tail Biting Convolutional Coding，TBCC）。由于极化码在控制信道分组传输时的复杂度可以接受，性能优于 TBCC 及其他候选方案，因此 5G NR 将极化码作为控制信道纠错编码方案。

3.9.2　LDPC 概述

20 世纪 60 年代，Gallager 提出了 CDPC，但其在很长一段时间内被忽视了。1996 年，MacKay 等发现 LDPC 同样具有逼近香农极限的性能，LDPC 才引起了人们的研究兴趣。Mackay 的研究表明，尽管规则 LDPC 性能优异，但与 Turbo 码相比还有一定的差距。T. J. Richardson 等提出了著名的密度演化（Density Evolution，DE）算法，以优化非规则 LDPC 的参数，所设计的 1/2 码率的非规则 LDPC 在 AWGN 信道中的性能与香农极限相差不到 0.0045dB。仿真结果表明，在 BER=10^{-6} 时，长度为 10^7 的非规则 LDPC 与香农极限只差 0.04dB，这一结果超过已知最好的 Turbo 码。

LDPC 属于线性分组码，由一个包含少量非零元素的 $m \times n$ 校验矩阵 $\boldsymbol{H}$ 的零空间定义。如果矩阵 $\boldsymbol{H}$ 中的非零元素仅为 1，则将矩阵 $\boldsymbol{H}$ 的零空间定义的 LDPC 称为二元 LDPC；如果矩阵 $\boldsymbol{H}$ 中的非零元素为有限域 GF(q) 上的非零元素（$q>2$），则称矩阵 $\boldsymbol{H}$ 的零空间所定义的 LDPC 为 q 元 LDPC 或多元 LDPC。如果矩阵 $\boldsymbol{H}$ 具有固定的列重 γ 和固定的行重 ρ（其中 $\rho=\gamma n/m$ 且 $\gamma \ll m$），则称矩阵 $\boldsymbol{H}$ 的零空间所定义的 LDPC 为规则的；否则，称其为非规则的。非规则 LDPC 的性能与矩阵 $\boldsymbol{H}$ 的行重和列重的分布密切相关。为了获得较好的性能，LDPC 在构造过程中需要对矩阵 $\boldsymbol{H}$ 做出限制，即任意两行（或两列）同时为非零元素的位置不超过一个，该性质被称为行列约束（Row-Column Constraint）。矩阵 $\boldsymbol{H}$ 的典型特征是密度（非零元素比例）较小。对一般的线性分组码来说，最优译码算法（如最大似然译码）的译码复杂度过高，难以在实际系统中应用，无法获得最优译码性能。而 LDPC 的低密度特性使其适用于迭代译码，在许多应用场景下，LDPC 在采用迭代译码时能够在许多感兴趣的误码率区域取得接近最大似然译码的性能。

最初的 LDPC 校验矩阵是随机的，其编码设计和译码过程相当复杂，难以在实际系统中应用。Tanner 与 Shu Lin 最早研究了结构化 LDPC。

结构最简单的是循环 LDPC。(n, k) 循环码的编码器包含一个长为 $n-k$ 的移位寄存器、若干二进制加法器和一个门电路。循环码的校验矩阵 $\boldsymbol{H}$ 是 $n \times n$ 的循环阵，即矩阵 $\boldsymbol{H}$ 的每一行都是其上一行的循环移位，第一行是最后一行的循环移位。具有循环特性的稀疏矩阵对 LDPC 迭代译码的复杂度有较大影响，因为每个校验方程的处理与其前后处理器密切相关，与随机稀疏矩阵采用的随机布线相比，能够极大地简化硬件实现过程。然而，除了规则性，循环 LDPC 的一个缺点是其校验矩阵 $\boldsymbol{H}$ 的大小为 $n \times n$，与码率没有关系，这意味着译码复杂度更高；另一个缺点是，已知的循环 LDPC 一般具有较大行重，使得译码器的实现更复杂。但是，通常循环 LDPC 具有较大的最小距离和非常低的迭代译码错误平层。

准循环 LDPC（Quasi Cyclic LDPC，QC-LDPC）是应用更广泛的一类结构化 LDPC。与循环 LDPC 相比，QC-LDPC 的存储量小，可以利用简单的移位寄存器实现线性复杂度编码，同时可以支持全并行、部分并行快速译码。优化设计的 QC-LDPC 具有优异性能，因此在 5G NR 中采用了准循环 LDPC。

3.9.3　极化码概述

2008 年，土耳其毕尔肯大学的 Erdal Arikan 教授提出了信道极化理论，并基于该理论提出了极化码（Polar 码），极化码是首个理论上可严格证明在二进制输入对称离散无记忆信道下可达香农极限的信道编码方案。极化码具有确定的构造方法，生成矩阵不需要额外设计，且有较低的编码和译码复杂度，速率匹配简单，可得到几乎任何码率的码字。理论证明，极化码没有误码平层，因此在 5G 系统中受到了广泛关注。

极化码构造的核心是信道极化（Channel Polarization）的处理。随着码长无限延长，由编码和译码产生的极化效应可以使得多个相同信道产生差异，从而出现较好的信道与较差的信道，即一部分信道趋于容量接近 1 的无噪声信道，另一部分信道趋于容量接近 0 的纯噪声信道。选择无噪声信道传输有用信息以逼近信道容量，纯噪声信道传输约定的信息或不传输信息。

极化码的极化效应是通过信道合并和分裂产生的，其中，信道合并对应编码，而信道分裂是基于逐次抵消译码思想实现的。

在极化码的码长充分长时，低复杂度的串行抵消（Successive Cancellation，SC）译码算法可以获得很好的译码性能，并被证明能够达到信道容量。但在实际应用中，码长总是有限的，仿真结果表明，对于中短码长的极化码，SC 译码的性能不是很理想，为了改善译码性能，SCL（Successive Cancellation List）译码被提出。SCL 译码相对 SC 译码的一个直接改进是在每层路径搜索后从允许保留最好的一条路径增加到允许保留 L 条候选路径（用于下一步扩展）。随着 L 的增加，SCL 译码可以获得接近最大似然译码的性能，其缺点是当 L 较大时，SCL 译码的复杂度较高，因此在 5G NR 设计控制信道时对性能与复杂度进行了折中。

由于本书篇幅有限，关于 LDPC 和极化码的详细介绍，可以查阅参考文献[23]和[24]。

3.10　喷泉编码

最初，提出喷泉编码是为了解决日趋严重的大规模数据分发和可靠广播的问题，其核心思想是由 M. Luby 和 John Byers 等于 1998 年提出的，而 LT（Luby Transform）码作为第一种可实现的喷泉编码是由 M. Luby 于 2020 年提出的，随后 MacKay 提出了基于 LT 码的 Raptor 码。随着实用的喷泉编码的出现，数字喷泉方案也获得了更多的实际应用，在学术界和产业界都得到了一定程度的发展。

传统的差错重传机制（ARQ）是在检错的基础上，通过反馈信道将错误反馈至发射端，而数据在传输过程中采取分割处理，重复该过程直到全部数据块发送成功，因此传输者需要一个反馈信道，以了解哪个数据块需要重传。与其相反的是，喷泉编码通过相应的算法产生数据报，传输者向接收者发送数据报且不知道哪个被接收，像喷泉一样。如果接收者成功接收了 N_{LT} 个数据报，且接收到的数据报仅比原文件的 K_{LT} 个数据报多一点，那么接收者就能恢复整个文件。在数字喷泉系统中，编码信息被分散在各编码信息单元内，不需要重传，可通过后续信息单元的接收恢复信息。代价是需要的编码信息单元数比原始信息单元数略有增加，可通过设计使成本和性能得到较好的折中。接收端可以从信息符号中获得任意数量的编码符号，而接收者只要能够获得足够多（通常稍大于编码总数）的编码符号，就可以成功还原信息符号。喷泉编码目前主要有两种，即 LT 码和 Raptor 码。

3.10.1　LT 码

M. Luby 提出的 LT 码是第一个具有实用性的喷泉编码，它是基于不规则稀疏二分图构造的一种非系统码。LT 编码过程如图 3-30 所示。

① 根据一定的概率分布 f 随机产生度值 p。

② 从待发送数据报 $s_1, s_2, \cdots, s_k$ 中随机选取 p 个数据报，并记录校验关系，假设已选择的数据报为 $s_1', s_2', \cdots, s_p'$。

③ 对步骤②中得到的数据报进行异或运算，得到编码报 t_n。

从上述编码过程可以看出，LT 编码实现了原始数据报和校验报之间的连接，并可以产生大量数据报。

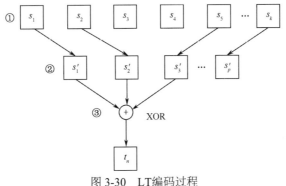

图 3-30　LT 编码过程

LT 译码算法有两种。

第一种是 MP（Message Passing）算法，译码示意图如图 3-31 所示，译码步骤如下。

① 在输出数据报中找到度值为 1 的数据报，即连接数为 1 的 t_n；如果没有这样的数据报，则继续接收，找到为止。

② 通过 t_n 可以得到与其相连的发送数据报 s_k，即 $s_k = t_n$。

③ 对应与 s_k 连接的其他数据报与其异或，将 s_k 和输出数据报之间的连接线删除，相当于对数据报进行了更新，对应度值减 1，即 $t_i = s_k \oplus t_i$，$i \neq n$。

④ 重复步骤①～步骤③，直到全部 s_i 得以恢复。

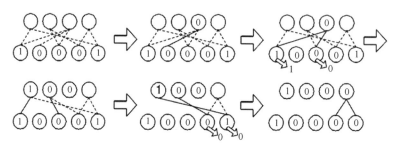

图 3-31　译码示意图

第二种为高斯消去法，译码步骤如下。

① 对生成矩阵进行列变换，对应列的接收数据报进行相同的变换，将生成矩阵 $\boldsymbol{G}$ 变换为 $\begin{bmatrix} \boldsymbol{I}_k & \boldsymbol{Q} \end{bmatrix}$ 形式，对应的 $t_1, t_2, \cdots, t_n$ 转换为 $t'_1, t'_2, \cdots, t'_n$。

② $s_1, s_2, \cdots, s_k = t'_1, t'_2, \cdots, t'_k$。

可以看出，译码算法的本质是一种低复杂度的矩阵求逆法，只要能计算得到生成矩阵的逆矩阵，就可以计算得到原始数据报。考虑到矩阵求逆需要较大的计算量，因此高斯消去法不常用。

3.10.2　Raptor 码

在删除信道下，当应用 LT 码时，某些节点被删除（删除指该数据未正确接收而导致该节点缺失），尤其是当存在较多连接关系的关键节点被删除时，会导致译码失败。如果要在设计中避免此类问题出现，则需要更多的冗余以完成译码。针对这种情况，2003 年，Shokrollahi 通过将"以高概率恢复所有的输入节点"的要求改为"只需要恢复部分输入符号"，将一个经过预编码的码与一个适当选取的 LT 码级联，对 LT 码进行扩展。他巧妙应用了 LT 码的特点和 LDPC 译码算法特点，将两者有机结合，设计了一种级联编码，即 Raptor 码，极大地降低了译码复杂度。即使丢失部分信息，也可以通过级联的外码对其进行恢复。可以认为 Raptor 码是在 LT 码的基础上改进的，而 LT 码也可以视为一种简化的 Raptor 码算法。与 LT 码相比，Raptor 码增加了 LDPC 这种冗余编码，因此编译码效率得到了一定的提高。

Raptor 主要包括两个编码过程，即预编码过程和 LT 编码过程。预编码过程指先采用某种编码对其进行置换，再将预编码单元作为 LT 码的输入单元进行编码；对于译码也是先进行 LT 译码，再对预编码进行相应的译码。预编码的纠错特性可以放开对 LT 码恢复码字比例的限制，从而降低了复杂度。

Raptor 编码过程如图 3-32 所示，由预编码过程和 LT 编码过程组成。预编码过程通过 LDPC 等传统纠删码将 K_{Ra} 个输入符号转换为 K'_{Ra} 个中间符号，然后将 K'_{Ra} 个中间符号作为 LT 码的输入符号进行二次编码，从而得到 Raptor 码的编码符号。

Raptor 主要包括两个译码过程，即译出中间符号和译出输入符号。

由于中间符号是作为 LT 码的输入符号而生成编码符号的，因此根据 LT 码的性质，如果想译出 K'_{Ra} 个中间符号，接收端接收到的符号数要略大于 K'_{Ra}，然后通过 LT 码的译码方法即可译出 K'_{Ra} 个中间符号。接下来，利用传统纠删码的译码性质，将 K'_{Ra} 个中间符号恢复成 K_{Ra} 个输入符号。至此，译码过程结束。

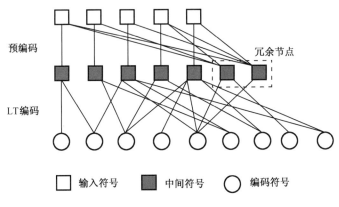

图 3-32　Raptor 编码过程

喷泉编码的技术优势使其在分布式数据存储、可靠多播传输、无线协作传输和深空通信、数据多源下载、视频分布式联合信源信道编码等方面得到广泛应用。

思考题与习题

1．信道编码和信源编码分别解决什么问题？

2．语音信号可以进行压缩编码的基本依据有哪些？在实际的语音编码算法中，又是如何利用这些特性进行语音压缩的？

3．语音压缩编码有哪 3 种主要类型？移动通信主要采用哪种类型的语音压缩编码？

4．移动通信对数字语音编码的要求包括哪些？

5．简述 RPE-LTP 编码器的工作原理。

6．简述 CELP 的基本原理。

7．语音编解码器的性能指标有哪些？在实际系统设计时应如何考虑这些性能指标的关系？

8．图像和视频中的冗余信息主要包括哪些方面？在进行图像和视频压缩时又是如何利用这些冗余信息的？

9．图像编解码器的性能指标有哪些？哪些是主观指标，哪些是客观指标？客观指标和主观指标是否具有一致性？

10．图像和视频编解码的标准有哪些，最新标准是什么？

11．什么是码字的汉明距离？码字 1101001 和 0111011 的汉明距离等于多少？一个分组码的汉明距离为 3 时能纠正多少个错码？

12．某线性二进制码的生成矩阵为

$$\boldsymbol{G}=\begin{bmatrix} 0 & 0 & 1 & 1 & 1 & 0 & 1 \\ 0 & 1 & 0 & 0 & 1 & 1 & 1 \\ 1 & 0 & 0 & 1 & 1 & 1 & 0 \end{bmatrix}$$

（1）计算该码的基本监督矩阵 $\boldsymbol{H}$。

（2）计算该码的最小距离。

（3）证明与信息序列 101 对应的码字满足 $\boldsymbol{CH}^{\mathrm{T}}=0$。

13．已知某线性分组码的监督矩阵为

$$\boldsymbol{H}=\begin{bmatrix} 1 & 1 & 0 & 1 & 1 & 0 & 0 \\ 0 & 1 & 0 & 0 & 1 & 0 & 1 \\ 0 & 0 & 0 & 1 & 1 & 1 & 0 \end{bmatrix}$$

试求其生成矩阵，写出所有可能的码组。

14．(3, 1, 2)卷积码编码器如图 3-33 所示。

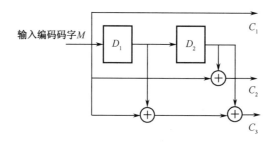

图 3-33　(3, 1, 2)卷积码编码器

（1）设输入信息序列为 101110010，画出编码网格图。

（2）求编码输出并找出一条与编码输出对应的路径。

（3）设接收到的编码序列为[111 011 110 101 001]，用维特比译码算法搜索最有可能发送的信息序列。

15．请简述交织能够改善信道编码性能的原因。

16．Turbo 码与一般的分组码和卷积码相比，哪些特点使其具有更好的抗噪声性能？哪些缺点使其在实际应用中受到什么限制？

17．请画出 Turbo 码的编码器、译码器结构图。

18．Turbo 码的码率为 1/2，其生成多项式为 $g(D)=\left(1, \dfrac{1+D+D^2}{1+D^2}\right)$，请画出编码器的原理图。

19．5G 系统采用的信道编码方案有哪些？与 4G 系统采用的信道编码方案相比，其具有的哪些特点使其可以取代 4G 系统采用的信道编码方案？

参 考 文 献

[1]　王琳，徐位凯. 高效信道编译码技术及其应用[M]. 北京：人民邮电出版社, 2007.

[2]　啜钢, 王文博, 常永宇, 等. 移动通信原理与系统（第 2 版）[M]. 北京：北京邮电大学出版社, 2005.

[3]　C Berrou, A Glavieux, P Thitimajshima. Near Shannon Limit Error-Correcting Coding and Decoding: Turbo-codes[J]. ICC'93, 1993:1064-1070.

[4]　周玉佳. 深空通信下喷泉码及其级联编译码技术研究[D]. 哈尔滨：哈尔滨工业大学, 2010.

[5]　全子一. 图像信源压缩编码及信道传输理论与新技术[D]. 北京：北京工业大学出版社, 2006.

[6]　Andrea Goldsmith. 无线通信[M]. 杨鸿文, 李卫东, 郭文彬, 译. 北京：人民邮电出版社, 2011.

[7]　宋鹏, 范锦宏, 等. 信息论与编码原理[M]. 北京：电子工业出版社, 2011.

[8]　王华奎, 李艳萍, 张立毅, 等. 移动通信原理与技术[M]. 北京：清华大学出版社, 2009.

[9]　张乃通, 徐玉滨, 谭学治, 等. 移动通信系统[M]. 哈尔滨：哈尔滨工业大学出版社, 2001.

[10]　周辉, 郑海昕, 徐定根. 空间通信技术[M]. 北京：国防工业出版社, 2010.

[11]　庞宝茂. 移动通信[M]. 西安：西安电子科技大学出版社, 2009.

[12]　李白萍, 吴冬梅. 通信原理与技术[M]. 北京：人民邮电出版社, 2003.

[13]　曹达仲, 侯春萍. 移动通信原理、系统及技术[M]. 北京：清华大学出版社, 2004.

[14]　肖扬. Turbo 与 LDPC 编解码及其应用[M]. 北京：人民邮电出版社, 2010.

[15]　张永光, 楼才义. 信道编码及其识别分析[M]. 北京：电子工业出版社, 2010.

[16]　袁东风, 张海霞. 宽带移动通信中的先进信道编码技术[M]. 北京：北京邮电大学出版社, 2004.

[17]　杜晓林. AMR-WB 算法的研究及 DSP 实现[D]. 太原：太原理工大学, 2011.

[18]　孙猛. 串行级联编码系统的研究[D]. 西安：西安电子科技大学, 2004.

[19]　李晖, 姚文顶, 张乃通. 深空通信中的喷泉编译码技术[J]. 电讯技术, 2008, 48(4):8-12.

[20]　卢官明, 宗昉. 数字音频原理及应用[M]. 北京：机械工业出版社, 2017.

[21]　陈天华. 数字图像处理及应用[M]. 北京：清华大学出版社, 2019.

[22]　卢官明, 秦雷. 数字视频技术[M]. 北京：机械工业出版社, 2017.

[23]　王映民, 孙韶辉. 5G 移动通信系统设计与标准详解[M]. 北京：人民邮电出版社, 2020.

[24]　Arikan, Erdal. Channel Polarization: A Method for Constructing Capacity-Achieving Codes[C]. IEEE International Symposium on Information Theory, 2008:1173-1177.

第**4**章

调制技术

4.1 概述

调制指对信息进行处理，使其适合在无线信道中传输。调制的目的是使所传输的信息能更好地适应信道特性，以实现有效和可靠的传输。从信号空间来看，调制实质上是从信道编码后的汉明空间到调制后的欧氏空间的映射和变换。移动通信系统的调制技术包括用于第一代移动通信系统的模拟调制技术和用于当前及未来系统的数字调制技术。在过去的几十年中，数字信号处理技术和硬件技术的发展使数字收发器比模拟收发器更廉价、速度更快、效率更高。更重要的是，数字调制相对模拟调制有许多其他优点，包括较高的频谱利用率、强纠错能力和抗信道失真能力、高效的多址接入、更强的保密性等。例如，MQAM 的频谱利用率比模拟调制高得多；均衡和多载波技术可以减小符号间干扰（ISI）的影响；扩频技术能消除多径或对多径进行合并，以抑制干扰，检测多用户传输；数字调制易于加密，从而使数字移动通信有更强的安全性和保密性。正是因为具有上述优点，目前在建的或将要建设的通信系统都是数字系统。

无线信道的基本特征主要表现在以下方面：①带宽有限，带宽取决于使用的频率资源和信道的传播特性；②干扰和噪声影响大，主要由移动通信的电磁环境决定；③存在多径衰落与符号间干扰。

针对无线信道的特点，调制方式的选择应综合频谱利用率、功率效率，以及抗干扰和抗衰落能力、恒包络特性等因素。

提高频谱利用率是为了容纳更多用户，要求已调信号所占带宽小。这意味着已调信号频谱的主瓣要窄，同时旁瓣的幅度要小。对于数字调制来说，频谱利用率为 $\eta_b = R_b / B$，其中，R_b 为码率，B 为已调信号的带宽。

功率效率指在保持信息精度的情况下所需的最小信号功率（或最小信噪比）。对于数字调制信号，功率效率表现为误码率，它是信噪比的函数，在噪声功率一定的条件下，为了达到同样的误码率，要求已调信号功率越低越好。功率越低，效率越高。

抗干扰和抗衰落能力要求在恶劣的信道环境下，经过调制解调后的输出信干噪比（SINR）较大或误码率（BER）较低，它是调制的主要特征，不同调制方式的抗干扰能力不同。

具有恒包络特性的信号对放大器的非线性不敏感，如果采用恒包络调制，则可以使用限幅器、低成本的非线性功率放大器；如果采用非恒包络调制，则需要使用成本相对较高的线性功率放大器。此外，还需要考虑调制器和解调器本身的复杂性。

数字调制主要包括频率调制及幅度和相位调制两类。频率调制用非线性方法产生，其信号包络一般是恒定的，因此称为恒包络调制（Constant Envelope Modulation）或非线性调制（Nonlinear Modulation）；幅度和相位调制又称线性调制（Linear Modulation），与非线性调制相比，线性调制一般有更好的频谱特性，这是因为非线性处理会导致频谱扩展。但幅度和相位调制使信息包含在发送信号的幅度或相位中，使其易受衰落和干扰的影响。幅度和相位调制一般需要使用价格昂贵、功率效率相对较低的线性功率放大器。选择线性调制或非线性调制是在前者的频谱利用率和后者的功率效率及抗干扰能力之间进行选择。选定调制方式后，还必须确定星座的大小。对于相同的带宽，大星座对应高传输速率，但大星座的调制易受噪声、衰落、硬件缺陷等的影响。另外，一些解调器需要建立与发射端一致的相干载波，传统的硬件平台做到这一点有一定难度，通常会大大提高接收机的复杂度。因此，不要求接收端有相干载波的调制技术在前几代移动通信系统中更受欢迎。

本章从信号空间开始讨论，将无限维信号映射到有限维向量空间能大大简化调制解调技术的分析与设计。接下来用信号空间的方法分析幅度和相位调制，包括幅移键控（Amplitude Shift Keying，ASK）、相移键控（Phase Shift Keying，PSK）及正交振幅调制（Quadrature Amplitude Modulation，QAM）。本章还会讨论这些调制方式的星座成形技术、正交偏移技术及无须相干载波的差分技术；然后讨论频率调制，包括频移键控（Frequence Shift Keying，FSK）、连续相位频移键控（Continuous Phase FSK，CPFSK）和最小频移键控（Minimum Shift Keying，MSK），并简单介绍网格编码调制和正交频分复用技术的基本原理，以及扩展维度的协同物理层波形与恒包络波形的基本原理。

4.2 信号空间分析

数字调制将若干比特映射为几种可能的发送信号。通俗来说，接收机将收到的信号与可能的发送信号进行比较，找到"最接近"的信号作为检测结果，这样可以使差错率最低，因此需要反映信号"距离"。通过将信号投影到一组基函数上，使信号波形和向量表示一一对应，问题就从无限维的函数空间转移到有限维的向量空间，从而可以利用向量空间中距离的概念。本节将证明信号具有类似向量的特征，并导出信号的向量表示法。

4.2.1 信号与系统模型

通信系统模型如图 4-1 所示，系统每隔 T 秒发送 $K = \log_2 M$ 比特，数据传输速率为 $R = K/T$。K 比特能组成 2^K 种比特序列，每种比特序列为一个消息 $m_i = \{b_1, \cdots, b_K\} \in \mathcal{M}$，其中 $\mathcal{M} = \{m_1, \cdots, m_M\}$ 是所有消息组成的集合。发送第 i 个消息的概率是 p_i，$\sum_{i=1}^{M} p_i = 1$。

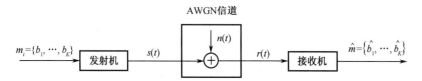

图 4-1　通信系统模型

假设在 $[0,T]$ 内传输的消息是 m_i。由于信道是模拟的，消息必须加载到适于传输的模拟信号中，因此，每个消息 $m_i \in \mathcal{M}$ 都被映射到一个特定的模拟信号 $s_i(t) \in \mathcal{S} = \{s_1(t),\cdots,s_M(t)\}$ 上。其中，$s_i(t)$ 定义在 $[0,T]$，其能量为

$$E_{s_i} = \int_0^T s_i^2(t)\mathrm{d}t \,, \quad i = 1,\cdots,M \tag{4-1}$$

每个消息代表一个比特序列，因此每个信号 $s_i(t) \in \mathcal{S}$ 也代表一个比特序列，接收端检测发送的 $s_i(t)$ 等价于检测发送前的比特序列。对于发送的消息序列，区间 $[kT, kT+T)$ 内发送的消息 m_i 对应模拟信号 $s_i(t-kT)$，发送的总信号是各时间区间内相应的模拟信号构成的序列。消息序列对应的发送信号如图 4-2 所示，图 4-2 中发送的消息序列是 m_1, m_2, m_1, m_1。发送的总信号为 $s(t) = s_1(t) + s_2(t-T) + s_1(t-2T) + s_1(t-3T)$。

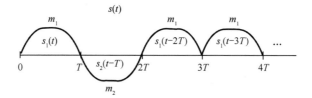

图 4-2　消息序列对应的发送信号

在图 4-1 中，信号在通过 AWGN 信道时叠加了双边功率谱密度为 $N_0/2$ 的高斯白噪声，得到的接收信号为 $r(t) = s(t) + n(t)$。接收机将根据 $r(t)$ 确定区间 $[kT, kT+T)$ 内最有可能发送的信号 $s_i(t)$（$s_i(t) \in \mathcal{S}$）。对 $s_i(t)$ 的最佳估计可直接映射为对消息的最佳估计，$\hat{m} = \{\hat{b}_1,\cdots,\hat{b}_K\} \in \mathcal{M}$。

接收机在消息估计方面的设计目标是使 $[kT, kT+T)$ 内估计的误码率 P_e 最小

$$P_e = \sum_{i=1}^{M} p(\hat{m}_i \neq m_i \mid m_{i\mathrm{sent}}) p(m_{i\mathrm{sent}}) \tag{4-2}$$

用几何方式表示 $s_i(t)$，可以利用最小距离准则得到 AWGN 信道下的最佳接收机设计。

4.2.2　向量空间

在 n 维空间中，向量 V 可用其 n 个分量 $[v_1, v_2, \cdots, v_n]$ 表征，也可以表示为单位向量或基向量 e_i（$1 \leqslant i \leqslant n$）的线性组合，即

$$V = \sum_{i=1}^{n} v_i e_i \tag{4-3}$$

式中，根据定义，单位向量的长度为 1。v_i 是向量 V 在单位向量 e_i 上的投影。

n 维向量 $V_1 = [v_{11}, v_{12}, \cdots, v_{1n}]$ 和 $V_2 = [v_{21}, v_{22}, \cdots, v_{2n}]$ 的内积定义为

$$V_1 \cdot V_2 = \sum_{i=1}^{n} v_{1i} v_{2i} \tag{4-4}$$

如果 $V_1 \cdot V_2 = 0$，则向量 V_1 与 V_2 正交。对于 m 个向量 $V_k (1 \leqslant k \leqslant m)$，如果对所有 $1 \leqslant i, j \leqslant m$ 且 $i \neq j$，有

$$V_i \cdot V_j = 0 \tag{4-5}$$

则称这组向量是相互正交的。

向量 V 的范数记为 $\|V\|$，定义为

$$\|V\| = (V \cdot V)^{\frac{1}{2}} = \sqrt{\sum_{i=1}^{n} v_i^2} \tag{4-6}$$

如果 m 个向量相互正交且每个向量具有单位范数，则称这组向量是标准（归一化）正交的；如果 m 个向量中没有一个向量能表示成其余向量的线性组合，则称这组向量是线性独立的。

n 维向量 V_1 和 V_2 满足三角不等式

$$\|V_1 + V_2\| \leqslant \|V_1\| + \|V_2\| \tag{4-7}$$

如果 V_1 和 V_2 方向相同，即 $V_1 = \alpha V_2$，其中 α 为正的实标量，则式（4-7）为等式。

由三角不等式可以导出柯西—施瓦茨不等式

$$\|V_1 \cdot V_2\| \leqslant \|V_1\| \|V_2\| \tag{4-8}$$

如果 $V_1 = \alpha V_2$，则式（4-8）为等式。

4.2.3　信号空间

与向量相似，也可以用类似方法处理定义在区间 $[a, b]$ 的一组信号。信号 $x_1(t)$ 和 $x_2(t)$ 的内积定义为

$$\langle x_1(t), x_2(t) \rangle = \int_a^b x_1(t) x_2^*(t) \mathrm{d}t \tag{4-9}$$

如果内积为零，则两个信号是正交的。

信号的范数定义为

$$\|x(t)\| = \left| \int_a^b |x(t)|^2 \, \mathrm{d}t \right|^{\frac{1}{2}} \tag{4-10}$$

对于信号集中的 M 个信号，如果它们是相互正交的且范数均为 1，则该信号集是标准正交的；如果没有一个信号能表示成其余信号的线性组合，则该信号集是线性独立的。

两个信号的三角不等式为

$$\|x_1(t) + x_2(t)\| \leqslant \|x_1(t)\| + \|x_2(t)\| \tag{4-11}$$

柯西—施瓦茨不等式为

$$\left| \int_a^b x_1(t) x_2(t) \mathrm{d}t \right| \leqslant \left| \int_a^b |x_1(t)|^2 \, \mathrm{d}t \right|^{\frac{1}{2}} \left| \int_a^b |x_2(t)|^2 \, \mathrm{d}t \right|^{\frac{1}{2}} \tag{4-12}$$

当 $x_2(t) = \alpha x_1(t)$ 时，式（4-11）和式（4-12）为等式。

4.2.4 信号的正交展开

假设 $s(t)$ 是一个确定的实信号，且具有有限能量

$$\xi_s = \int_{-\infty}^{+\infty} s^2(t)\mathrm{d}t \tag{4-13}$$

假设存在一个标准正交函数集 $f_n(t)$，$n=1,2,\cdots,K$，有

$$\int_{-\infty}^{+\infty} f_n(t)f_m(t)\mathrm{d}t = \begin{cases} 0, & m \neq n \\ 1, & m = n \end{cases} \tag{4-14}$$

可以用这些函数的加权线性组合近似表示信号 $s(t)$，即

$$\hat{s}(t) = \sum_{k=1}^{K} s_k f_k(t) \tag{4-15}$$

式中，s_k（$1 \leqslant k \leqslant K$）是 $s(t)$ 近似式中的加权系数，引起的近似误差为

$$e(t) = s(t) - \hat{s}(t) \tag{4-16}$$

选择系数 s_k，使其最小化，近似误差能量 ξ_e 为

$$\xi_e = \int_{-\infty}^{+\infty} [s(t) - \hat{s}(t)]^2 \mathrm{d}t = \int_{-\infty}^{+\infty} \left[s(t) - \sum_{k=1}^{K} s_k f_k(t) \right]^2 \mathrm{d}t \tag{4-17}$$

$s(t)$ 的级数展开式中的最佳系数可以通过式（4-17）对每个系数 s_k 求微分并置一阶导数为零求得，也可以利用估计理论中基于均方误差准则的结论求得。简单来说，当误差正交于级数展开式的每个函数时，可以获得 ξ_e 相对 s_k 的最小值 0，即

$$\int_{-\infty}^{+\infty} \left[s(t) - \sum_{k=1}^{K} s_k f_k(t) \right] f_n(t)\mathrm{d}t = 0, \quad n = 1,2,\cdots,K \tag{4-18}$$

由于 $f_n(t)$ 是标准正交的，式（4-18）可以简化为

$$s_k = \int_{-\infty}^{+\infty} s(t)f_n(t)\mathrm{d}t, \quad n = 1,2,\cdots,K \tag{4-19}$$

因此，采用将信号 $s(t)$ 投影到 $f_n(t)$ 的每个函数上的方法可以得到系数。系数 s_k 是信号 $s(t)$ 在每个函数上的投影。结果 $\hat{s}(t)$ 是 $s(t)$ 在函数架构的 K 维信号空间上的投影。最小均方近似误差为

$$\xi_{\min} = \int_{-\infty}^{+\infty} e(t)s(t)\mathrm{d}t = \int_{-\infty}^{+\infty} s^2(t)\mathrm{d}t - \int_{-\infty}^{+\infty} \sum_{k=1}^{K} s_k f_k(t)s(t)\mathrm{d}t = \xi_s - \sum_{k=1}^{K} s_k^2 \tag{4-20}$$

由定义可知它是非负的。

当最小均方近似误差 $\xi_{\min}=0$ 时，有

$$\xi_s = \sum_{k=1}^{K} s_k^2 = \int_{-\infty}^{+\infty} s^2(t)\mathrm{d}t \tag{4-21}$$

当 $\xi_{\min}=0$ 时，$s(t)$ 可以表示为

$$s(t) = \sum_{k=1}^{K} s_k f_k(t) \tag{4-22}$$

这里，$s(t)$ 与其级数展开式的相等性，在近似误差具有零能量的意义上才成立。

当每个有限能量信号用式（4-22）的级数展开式表示且 $\xi_{\min}=0$ 时，称标准正交函数集 $\{f_n(t)\}$ 是完备的。

4.3　数字相位调制技术

4.3.1　BPSK 调制和 DPSK 调制

二进制相移键控（BPSK）调制，又称绝对相移键控调制；差分相移键控（DPSK）调制，又称相对相移键控调制。BPSK 与 DPSK 都是二进制，原理比较简单，即用二进制基带信号控制载波相位。

1. BPSK 调制

BPSK 调制用载波的不同相位直接表示相应的数字信号，即载波相位随二进制基带信号的变化而变化。例如，当信号为 1 时，载波相位不变；当信号为 0 时，载波相位反转，即移相 180°。BPSK 调制波形如图 4-3 所示。

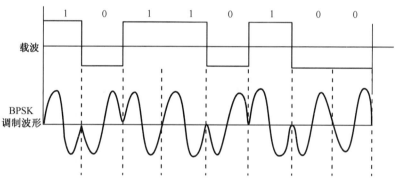

图 4-3　BPSK调制波形

从图 4-3 中可以看出，当信号变化时，移相 180°，相位是不连续的，这种波形的功率谱为

$$G(f) = \frac{fT_b \sin^2 \pi}{\pi^2 f^2 T_b^2} \tag{4-23}$$

式中，T_b 为信号码元宽度。

BPSK 调制的功率谱如图 4-4 所示。从图 4-4 中可以看出，主瓣为 $2/T_b$，且有较大和较多的旁瓣，这是不连续相位调制波形的特点。由于在信号变化处出现相位跳变，因此旁瓣大，存在更多高频分量。

可以计算 BPSK 调制的频谱利用率。信号码元宽度为 T_b，$R_b=1/T_b$，以频谱的主瓣宽度为传输带宽，忽略旁瓣的影响（可以滤除旁瓣），射频带宽为 $2/T_b$，则频谱利用率为 $2R_b/T_b = 0.5\text{bps}/\text{Hz}$。

注意这里是以射频带宽计算的。有的文献以基带带宽计算，此时的频谱利用率则为 1bps/Hz。因此，将 BPSK 调制用于某些移动通信系统时，频谱利用率就有些低了。

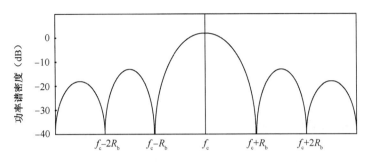

图 4-4 BPSK调制的功率谱

BPSK 调制的发射端是以载波相位为基准的，因此在接收端也必须有相同的载波相位作为参考。如果接收端的参考相位发生变化，则恢复的数字信号会由 1 变为 0 或由 0 变为 1，从而造成错误恢复，将这种现象称为 BPSK 的倒 π 现象或反向工作现象。在实际系统中，接收端的载波存在相位模糊问题，即相位会随机跳变，有时与发送载波相同，有时与发送载波相反，这是在实际应用中需要注意的问题，该问题可以通过 DPSK 调制解决。

2. DPSK 调制

DPSK 调制用载波的相对相位表示数字信号，即利用前后相邻码元的相对载波相位变化表示。实现 DPSK 调制的常用方法是对二进制基带信号进行差分编码，将绝对码变换为相对码，再进行绝对调相，从而产生相位差分信号，因此在 BPSK 调制前加一个差分编码器就可以实现。差分编码器应符合

$$d_k = b_k \oplus d_{k-1} \tag{4-24}$$

式中，d_k 为差分编码器输出；d_{k-1} 为差分编码器前一比特的输出；b_k 为调制信号输入。

DPSK 调制器结构如图 4-5（a）所示，差分编码器由延时电路和模 2 加运算器构成。DPSK 解调主要有两种方法，一种是正交相干解调法，即极性比较法；另一种是差分相干解调法，即相位比较法。DPSK 解调器结构如图 4-5（b）所示，图 4-5（b）使用了差分相干解调法，其将前一比特的信号延时一比特并作为参考信号，与当前信号相乘，输出经积分、抽样比较后得到解调后的数字信号。

在仅考虑高斯白噪声的条件下，BPSK 调制和 DPSK 调制经相干解调后，其误码率 P_e 与信噪比 E_b/n_0 有关，推导可得

$$\text{BPSK：} \quad P_e = \frac{1}{2}\,\text{erfc}\left(\sqrt{\frac{E_b}{n_0}}\right) \tag{4-25}$$

$$\text{DPSK：} \quad P_e \approx \text{erfc}\left(\sqrt{\frac{E_b}{n_0}}\right) \tag{4-26}$$

式中，E_b 为信号每比特的能量；n_0 为高斯白噪声的单边功率谱密度；$\text{erfc}(\cdot)$ 为互补误差函数。

DPSK 调制的抗误码性能比 BPSK 调制弱，但其电路简单且无相位模糊问题，因此适于对硬件复杂度、成本等有较高要求的应用。

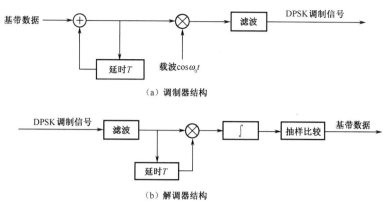

（a）调制器结构

（b）解调器结构

图 4-5　DPSK调制器和解调器结构

4.3.2　QPSK 调制

BPSK 调制和 DPSK 调制具有较强的抗干扰能力，但频谱利用率较低，使其在实际应用中受到一些限制。在信道频带受限时，为了提高频谱利用率，通常采用多进制相位调制，QPSK 调制是目前数字移动通信中最常用的一种调制方式，它具有较高的频谱利用率、较强的抗干扰能力，且在电路中易于实现。

QPSK 是正交相移键控，又称四相相移键控，QPSK 调制器结构如图 4-6（a）所示。其有 4 种相位状态，对应 4 种数据，即 00、01、10、11。其有两种实现方式，即 $\pi/4$ 调制方式和 $\pi/2$ 调制方式，分别如图 4-6（b）和图 4-6（c）所示。

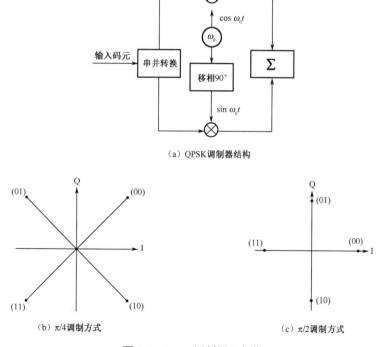

（a）QPSK调制器结构

（b）$\pi/4$调制方式

（c）$\pi/2$调制方式

图 4-6　QPSK调制器及相位

QPSK 由两个正交的 BPSK 组成，其输入经串并转换后分为两路，一路为奇数码元，另一路为偶数码元，两路的码元宽度为原码元宽度 T_b 的两倍。每路再进行 BPSK 调制。但两路的载波相位不同，它们互为正交，即相差 90°。一路称为同相支路，即 In-Phase 支路（I 路）；另一路称为正交支路，即 Quadrature 支路（Q 路）。这两路分别调制后，将调制后的信号合并相加，得到四相相移键控。QPSK 的四相各差 90°，它们仍是不连续相位调制，其功率谱与二进制相同，仍是 $(\sin x / x)^2$ 形式，只是在四相调制中信号经串并转换后，码元宽度变为 $2T_b$，因此频谱的第一零点在 $0.5R_b$ 处，与 BPSK 在 R_b 处不同，QPSK 的频谱宽度仅为 BPSK 的一半（在 R_b 相同的条件下），其频谱利用率提高一倍，当以射频带宽计算时为 1bps/Hz，以基带带宽计算则为 2bps/Hz。

四相调制也有绝对调相和相对调相两种方式。绝对调相的载波起始相位与双比特码之间有一种固定的对应关系；相对调相的载波起始相位与双比特码之间没有固定的对应关系，其以前一时刻双比特码对应的相对调相的载波相位为参考，关系式为

$$\varphi_c = \varphi_{c-1} + \varphi_n \tag{4-27}$$

式中，φ_c 和 φ_{c-1} 分别为本时刻和前一时刻相对调相已调波起始相位；φ_n 为本时刻载波绝对调相的相位。$\pi/4$ 调制波形如图 4-7 所示。

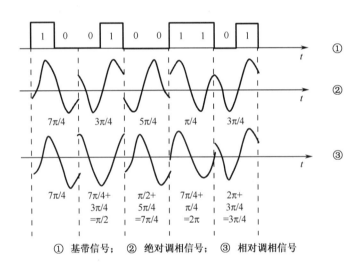

① 基带信号；　② 绝对调相信号；　③ 相对调相信号

图 4-7 　$\pi/4$ 调制波形

需要指出的是，QPSK 调制也存在相位模糊问题，可以采用 DQPSK 调制解决。

在实际应用中，QPSK 在其码元交替处的载波相位往往是跳变的，当相邻的两个码元同时转换时，如当 00→11 或 01→10 时会产生 180° 相位跳变。这种相位跳变会使调相波的包络上出现零（交）点，引起较大的包络起伏，将产生很强的旁瓣分量。这种信号经过一个频带受限的信道时，由于旁瓣分量的滤除会产生包络上的起伏，在经过硬限幅或非线性功率放大时，这种包络起伏虽然可以减弱，但却使信号频谱旁瓣再生，导致频谱扩展，其旁瓣会干扰相邻信号。另外，相位跳变所引起的相位对时间的变化率（角频率）很大，会使信号功率谱扩展、旁瓣增大。为了使信号功率谱尽可能集中于主瓣内且主瓣外的功率谱衰减速度快，则信号的相位不能跳变，相位与时间的关系曲线应该是平滑的。目前已经提出了许多新的调制方式，其核心是使

码元转换时刻已调波相位连续平滑变化，不产生大的跳变，从而使已调波的功率谱衰减快、旁瓣小。下面介绍几种新的调制方式。

4.3.3　OQPSK 调制

OQPSK（Offset QPSK）为交错正交相移键控，其 I、Q 两路在时间上错开一比特的持续时间 T_b，因此两路码元不可能同时转换，最多有 ±90° 的相位跳变。相位跳变变小，因此频谱特性比 QPSK 好，旁瓣幅度小。其他特性均与 QPSK 相似。OQPSK 和 QPSK 在时间关系上的不同如图 4-8 所示。

OQPSK 调制器结构如图 4-9 所示。延时 $T_s/2$ 是为了保证 I、Q 两路码元偏移半周期。低通滤波器的作用是保持包络恒定。

OQPSK 可以采用正交相干解调法，OQPSK 正交相干解调原理如图 4-10 所示。Q 路的判决时间比 I 路延时 $T_s/2$，以保证两路信号交错抽样。

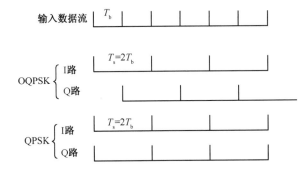

图 4-8　OQPSK和QPSK在时间关系上的不同

图 4-9　OQPSK调制器结构

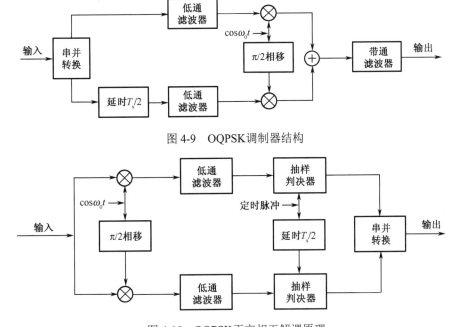

图 4-10　OQPSK正交相干解调原理

I、Q 两路码元在时间上相差半周期，使得相邻码元间的相位变化只能是 0° 或 90°，而不是 180°，克服了 QPSK 信号 180° 相位跳变的缺点。OQPSK 的包络变化幅度比 QPSK 小很多，且没有包络零点。由于两路码元的偏移不影响功率谱，OQPSK 的功率谱与 QPSK 相同，因此有相同的频谱利用率。

4.3.4　π/4–QPSK 调制

π/4-QPSK 是在 QPSK 调制和 OQPSK 调制的基础上发展起来的一种恒包络调制方式，也是限制码元转换时刻相位跳变量的调制方式。π/4-QPSK 是一种相位跳变介于 QPSK 和 OQPSK 之间的 QPSK 改进方案，其最大相位跳变是 135°，对非线性放大器的适应程度也介于两者之间。因此，带限π/4-QPSK 信号比带限 QPSK 信号有更好的恒包络特性，但不如 OQPSK 信号。π/4-QPSK 具有非相干解调的优点，在多径衰落信道中比 OQPSK 的性能好，因此也是适用于数字移动通信系统的调制方式之一，IS-54 和 PDC（Personal Digital Cellular）均采用了该调制方式。

π/4-QPSK 常常采用差分编码，以在出现相位模糊时采用差分译码或相干解调。将采用差分编码的π/4-QPSK 称为π/4-DQPSK。下面以π/4-DQPSK 为例，介绍其调制和解调过程。

1. 信号产生

π/4-DQPSK 调制器结构如图 4-11 所示。

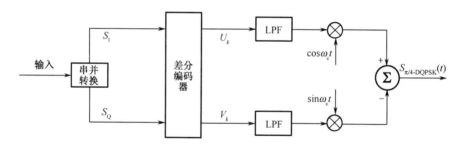

图 4-11　π/4-DQPSK调制器结构

输入数据经串并转换后分成 S_I 和 S_Q 两路，其符号率等于输入串行比特率的一半。这两路数据经差分编码器在 $kT_s \leqslant t \leqslant (k+1)T_s$ 内输出信号 U_k 和 V_k，为了抑制已调信号的旁瓣，在与载波相乘之前，通常还要经过具有升余弦特性的低通滤波器（Low Pass Filter，LPF），然后分别与一对正交载波相乘后合并，即得到π/4-DQPSK 信号。由于该信号的相位跳变取决于相位差分编码，为了突出相位差分编码对信号相位跳变的影响，下面的讨论先不考虑滤波器，认为调制载波的基带信号是脉冲方波（NRZ）信号，于是信号可以表示为

$$S_{\pi/4\text{-DQPSK}}(t) = U_k \cos \omega_c t - V_k \sin \omega_c t = \cos(\omega_c t - \theta_k) , \quad kT_s \leqslant t \leqslant (k+1)T_s \tag{4-28}$$

式中，θ_k 是当前码元的相位，即

$$\theta_k = \theta_{k-1} + \Delta \theta_k = \arctan\left(\frac{V_k}{U_k}\right) \tag{4-29}$$

$$\begin{cases} U_k = \cos\theta_k \\ V_k = \sin\theta_k \end{cases} \tag{4-30}$$

式中，θ_{k-1} 是前一码元结束时的相位；$\Delta\theta_k$ 是当前码元的相位增量。相位差分编码即用 $\Delta\theta_k$ 表示 S_I 和 S_Q 的 4 个状态。相位逻辑如表 4-1 所示。

表 4-1 相位逻辑

S_I	S_Q	$\Delta\theta_k$
+1	+1	$\pi/4$
-1	+1	$3\pi/4$
-1	-1	$-3\pi/4$
+1	-1	$-\pi/4$

式（4-30）表明，当前码元的相位 θ_k 可以通过累加的方法求得。已知 S_I 和 S_Q，设初相位 $\theta_0 = 0$，可以计算得到 $\Delta\theta_k$，并通过累加的方法确定 θ_k，从而求得 U_k 和 V_k。相位差分编码表如表 4-2 所示。

表 4-2 相位差分编码表

k		0	1	2	3	4	5
S_I 和 S_Q			+1、+1	-1、+1	+1、-1	-1、+1	-1、-1
串并	S_Q		+1	+1	-1	+1	-1
转换	S_I		+1	-1	+1	-1	-1
$\Delta\theta_k$			$\pi/4$	$3\pi/4$	$-\pi/4$	$3\pi/4$	$-3\pi/4$
$\theta_k = \theta_{k-1} + \Delta\theta_k$		0	$\pi/4$	π	$3\pi/4$	$3\pi/2$	$3\pi/4$
$U_k = \cos\theta_k$		1	$1/\sqrt{2}$	-1	$-1/\sqrt{2}$	0	$-1/\sqrt{2}$
$V_k = \sin\theta_k$		0	$1/\sqrt{2}$	0	$1/\sqrt{2}$	-1	$1/\sqrt{2}$

设 $k=0$ 时 $\theta_0 = 0$，则有

$$\begin{cases} k=1: & \theta_1 = \theta_0 + \Delta\theta_1 = \pi/4, \quad U_1 = \cos\theta_1 = 1/\sqrt{2}, \quad V_1 = \sin\theta_1 = 1/\sqrt{2} \\ k=2: & \theta_2 = \theta_1 + \Delta\theta_2 = \pi, \quad U_2 = \cos\theta_2 = -1, \quad V_2 = \sin\theta_2 = 0 \\ k=3: & \theta_3 = \theta_2 + \Delta\theta_3 = 3\pi/4, \quad U_3 = \cos\theta_3 = -1/\sqrt{2}, \quad V_3 = \sin\theta_3 = 1/\sqrt{2} \\ & \quad\quad\quad\quad \vdots \end{cases} \tag{4-31}$$

上述结果也可以由递推关系求得

$$\begin{cases} U_k = \cos\theta_k = \cos(\theta_{k-1} + \Delta\theta_k) = \cos\theta_{k-1}\cos\Delta\theta_k - \sin\theta_{k-1}\sin\Delta\theta_k \\ V_k = \sin\theta_k = \sin(\theta_{k-1} + \Delta\theta_k) = \sin\theta_{k-1}\cos\Delta\theta_k + \cos\theta_{k-1}\sin\Delta\theta_k \end{cases} \tag{4-32}$$

即

$$\begin{cases} U_k = U_{k-1}\cos\Delta\theta_k - V_{k-1}\sin\Delta\theta_k \\ V_k = V_{k-1}\cos\Delta\theta_k + U_{k-1}\sin\Delta\theta_k \end{cases} \tag{4-33}$$

由上述例子可以看出，U_k、V_k 有 5 种可能的值，即 0、± 1、$\pm 1/\sqrt{2}$，且总是满足

$$\sqrt{U_k^2 + V_k^2} = \sqrt{\cos^2\theta_k + \sin^2\theta_k} = 1, \quad kT_s \leqslant t \leqslant (k+1)T_s \tag{4-34}$$

因此，如果不加低通滤波器，π/4-DQPSK 信号仍然是一个具有恒包络特性的等幅波。为了抑制旁瓣的带外辐射，在进行载波调制之前，用升余弦特性低通滤波器进行限带。由于码元宽度 $T_s = 2T_b$，已调信号仍然是两个 BPSK 信号的叠加，其功率谱与 QPSK 相同，因此有相同的带宽。

2. 相位跳变

由于 $\Delta\theta_k$ 可能的值有 4 个，即 $\pm\pi/4$、$\pm 3\pi/4$，因此相位有 8 种可能的取值，其星座图实际是由两个彼此偏移 $\pi/4$ 的 QPSK 星座图构成的，相位跳变总是在这两个星座图之间交替进行，π/4-DQPSK 相位跳变如图 4-12 所示。其所有的相位路径都不经过原点（圆心）。这种特性使得信号的包络波动比 QPSK 信号小，即降低了最大功率与平均功率的比。

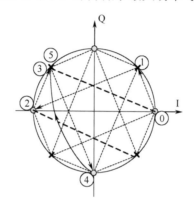

图 4-12　π/4-DQPSK 相位跳变

3. π/4-DQPSK 的解调

从调制过程可以看出，所传输的信息包含在两个相邻码元的载波相位差中，因此可以采用易于用硬件实现的非相干差分解调。π/4-DQPSK 中频差分解调原理如图 4-13 所示。设接收的中频信号为

$$s(t) = \cos(\omega_0 t + \theta_k), \quad kT_b \leq t \leq (k+1)T_b \tag{4-35}$$

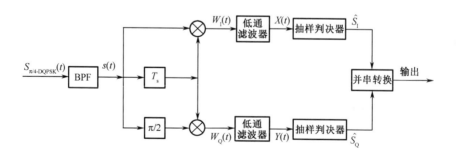

图 4-13　π/4-DQPSK中频差分解调原理

输入的中频（频率为 f_0）π/4-DQPSK 信号 $s(t)$ 被分成两路，一路是 $s(t)$ 与延时信号 $s(t-T_s)$ 相乘得到的，记为 $W_I(t)$；另一路是 $s(t-T_s)$ 与 $s(t)$ 移相 π/2 后相乘得到的，记为 $W_Q(t)$，即

$$W_I(t) = \cos(\omega_0 t + \theta_k)\cos\left[\omega_0(t - T_s) + \theta_{k-1}\right] \qquad (4\text{-}36)$$

$$W_Q(t) = \cos(\omega_0 t + \theta_k - \pi/2)\cos\left[\omega_0(t - T_s) + \theta_{k-1}\right] \qquad (4\text{-}37)$$

设 $\omega_0 T_s = 2n\pi$（n 为整数），经过低通滤波器后，得到低频分量 $X(t)$ 和 $Y(t)$，抽样得到

$$X_k = \frac{1}{2}\cos(\theta_k - \theta_{k-1}) = \frac{1}{2}\cos(\Delta\theta_k) \qquad (4\text{-}38)$$

$$Y_k = \frac{1}{2}\sin(\theta_k - \theta_{k-1}) = \frac{1}{2}\sin(\Delta\theta_k) \qquad (4\text{-}39)$$

根据相位差分编码表，可做如下判决：当 $X_k > 0$ 时，$\hat{S}_I = +1$；当 $X_k < 0$ 时，$\hat{S}_I = -1$；当 $Y_k > 0$ 时，$\hat{S}_Q = +1$；当 $Y_k < 0$ 时，$\hat{S}_Q = -1$。

4.4 正交振幅调制

前面介绍的各种数字调制技术均以正弦信号为载波，以二进制或多进制基带信号调制载波的相位。而正交振幅调制（Quadrature Amplitude Modulation，QAM）则不同，它是载波的幅度和相位同时受调制的联合键控体制。单独使用幅度或相位携带信息时，不能充分利用信号平面。多进制幅度调制时，矢量端点在一条轴上分布；多进制相位调制时，矢量端点在一个圆上分布。随着进制数 M 的增加，相邻相位的距离逐渐减小，使噪声容限减小，误码率难以保证。为了改善在 M 较大时的噪声容限，发展出了 QAM。在 QAM 中，信号的幅度和相位同时受调制，这种调制方式具有很高的频谱利用率，并且在进制数相同的条件下比单一参量调制方式的抗干扰能力更强。

4.4.1 QAM 信号的基本原理

1. QAM 信号的时域表示

QAM 调制指载波的幅度和相位同时受基带信号控制的调制方式，QAM 信号一般表示为
$$s_{QAM}(t) = \sum_n a_n g(t - nT_s)\cos(\omega_0 t + \varphi_n) \qquad (4\text{-}40)$$
式中，a_n 是基带信号第 n 个码元的幅度；φ_n 是第 n 个码元的初相位；$g(t)$ 是幅度为 1、带宽为 $1/T_s$ 的单个矩形脉冲。

利用三角公式将式（4-40）展开，得到
$$s_{QAM}(t) = \sum_n a_n g(t - nT_s)\cos\omega_0 t\cos\varphi_n - \sum_n a_n g(t - nT_s)\sin\omega_0 t\sin\varphi_n \qquad (4\text{-}41)$$

令
$$\begin{cases} X_n = a_n\cos\varphi_n = c_n A \\ Y_n = -a_n\sin\varphi_n = d_n A \end{cases} \qquad (4\text{-}42)$$
式中，A 是固定的幅度；(c_n, d_n) 由输入数据确定，(c_n, d_n) 决定了 QAM 信号在信号空间中的坐标。将式（4-42）代入式（4-41）得到
$$s_{QAM}(t) = \sum_n X_n g(t - nT_b)\cos\omega_0 t + \sum_n Y_n g(t - nT_b)\sin\omega_0 t \qquad (4\text{-}43)$$
$$= m_I(t)\cos\omega_0 t + m_Q(t)\sin\omega_0 t$$

QAM 信号由两路正交的载波叠加而成，两路载波分别被 $m_I(t)$ 和 $m_Q(t)$ 调制。通常将 $m_I(t)$ 称为同相分量，将 $m_Q(t)$ 称为正交分量。当进行 M 进制的正交振幅调制时，可记为 MQAM。

2. 星座图

QAM 信号矢量图如图 4-14 所示。在式（4-40）中，如果 φ_n 只能取 $\pi/4$ 和 $-\pi/4$，a_n 只能取 $+a$ 和 $-a$，则此 QAM 信号就成为 4QAM 信号，其矢量图如图 4-14（a）所示，因此 QPSK 信号是一种最简单的 QAM 信号。具有代表性的 QAM 信号是十六进制 QAM 信号，记为 16QAM，16QAM 信号矢量图如图 4-14（b）所示，用黑点表示每个码元的位置，并显示它是由两个正交矢量合成的。类似地，还有 64QAM 和 256QAM 等信号，其矢量图分别如图 4-14（c）和图 4-14（d）所示，将其统称为 MQAM 信号。

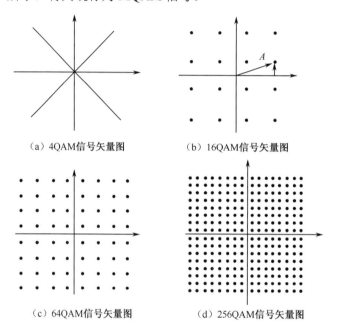

（a）4QAM信号矢量图   （b）16QAM信号矢量图

（c）64QAM信号矢量图   （d）256QAM信号矢量图

图 4-14　QAM信号矢量图

在图 4-14 中，16QAM 信号点的分布呈方形，称为方形 16QAM 信号；16QAM 信号点的分布也可以呈星形，称为星形 16QAM 信号，星形 16QAM 星座图如图 4-15 所示。

如果信号点之间的最小距离为 $2A$，且所有信号点等概率出现，则信号的平均功率为

$$P = \frac{A^2}{M} \sum_{n=1}^{M} (c_n^2 + d_n^2) \tag{4-44}$$

方形 16QAM 信号的平均功率为

$$P = \frac{A^2}{M} \sum_{n=1}^{M} (c_n^2 + d_n^2) = \frac{A^2}{16}(4 \times 2 + 8 \times 10 + 4 \times 18) = 10A^2 \tag{4-45}$$

星形 16QAM 信号的平均功率为

$$P = \frac{A^2}{M} \sum_{n=1}^{M} (c_n^2 + d_n^2) = \frac{A^2}{16}(8 \times 2.61^2 + 8 \times 4.61^2) = 14.03A^2 \tag{4-46}$$

由此可见，方形 16QAM 信号和星形 16QAM 信号的平均功率相差 1.47dB。

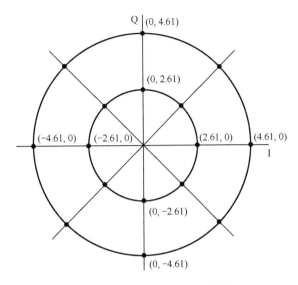

图 4-15　星形 16QAM 星座图

另外，星形 16QAM 信号有 2 种幅度，而方形 16QAM 信号有 3 种幅度；星形 16QAM 信号有 8 种相位，方形 16QAM 信号有 12 种相位。因此，在衰落信道中，星形 16QAM 信号比方形 16QAM 信号更具有吸引力。但是，由于方形 QAM 信号所需的平均功率比星形 QAM 信号所需的平均功率低，即功率效率更高，且方形 MQAM 信号的产生及解调比较容易实现，因此方形 MQAM 信号在实际通信系统中得到了广泛应用，下面以方形 MQAM 信号为例进行介绍。

4.4.2　MQAM 信号的产生和解调

MQAM 调制原理如图 4-16 所示，图 4-16 中输入的二进制序列经过串并转换得到两路速率减半的并行序列，分别经过 2 到 L（$L=\sqrt{M}$）电平转换，形成 L 电平的基带信号 $m_I(t)$ 和 $m_Q(t)$。为了抑制已调信号的带外辐射，$m_I(t)$ 和 $m_Q(t)$ 需要经过预调制低通滤波器（LPF），再分别与同相载波和正交载波相乘，最后将两路信号相加得到输出信号。

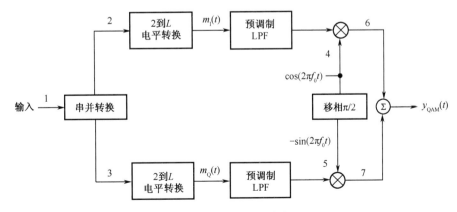

图 4-16　MQAM 调制原理

MQAM 可以采用正交相干解调，MQAM 解调原理如图 4-17 所示。输入信号与本地恢复的两个正交载波相乘后，经过低通滤波输出两路多电平基带信号 $m_I(t)$ 和 $m_Q(t)$ ，进行多电平转换，再经 L 到 2 电平转换和并串转换，最终输出二进制数据。

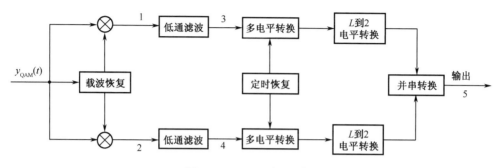

图 4-17　MQAM解调原理

4.4.3　MQAM 信号的性能

1. MQAM 信号的抗噪性能

在矢量图中，相邻点的最小距离直接代表噪声容限的大小。因此，随着进制数 M 的增加，在功率相同的条件下，信号空间中各信号点间的最小欧氏距离减小，相应的信号判决区域变小，当信号受到噪声和干扰的影响时，接收信号错误概率将增大。16QAM 星座图和 16PSK 星座图如图 4-18 所示，两者的最大幅度相等，假设为 A_M ，则 16PSK 相邻信号点间的欧氏距离为

$$d_{16PSK} \approx A_M \frac{\pi}{8} = 0.393 A_M \qquad (4\text{-}47)$$

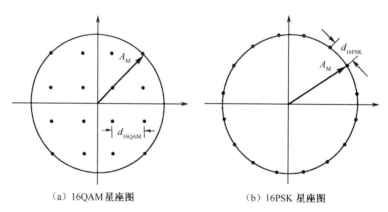

（a）16QAM 星座图　　　　　　（b）16PSK 星座图

图 4-18　16QAM星座图和16PSK星座图

16QAM 相邻信号点间的欧氏距离为

$$d_{16QAM} \approx \frac{\sqrt{2}A_M}{3} = 0.471 A_M \qquad (4\text{-}48)$$

d_{16PSK} 和 d_{16QAM} 的比代表其噪声容限之比。按式（4-47）和式（4-48）计算得到 d_{16QAM} 比 d_{16PSK} 大 1.57dB。但是，这是在最大功率相等的条件下比较的结果，没有考虑平均功率。16PSK 信号的平均功率等于其最大功率；而对于 16QAM 信号，在等概率条件下，可以计算得到其最大功率与平均功率之比为 1.8。因此，在平均功率相等的条件下，16QAM 信号比 16PSK 信号

的噪声容限大 4.12dB。这说明在其他条件相同的情况下，采用 QAM 可以增大各信号点间的距离，增强抗干扰能力。

2. MQAM 信号的频谱利用率

每个电平包含的比特数越多，频谱利用率就越高。MQAM 信号由 I、Q 两路的 L 进制 ASK 信号叠加而成，因此 MQAM 信号以射频带宽计算时的频谱利用率为

$$\eta = \frac{\log_2 M}{2} = \log_2 L \tag{4-49}$$

需要指出的是，QAM 的高频谱利用率是以牺牲其抗干扰能力为代价的，进制数越大，信号点越多，其抗干扰能力越弱。因为随着进制数的增大，信号点间的距离变小，噪声容限变小，相同噪声条件下的误码率提高。

4.5　频率调制

4.5.1　频移键控

1. 2FSK 信号特征

设要传输的数据为 $a_k = \pm 1$。在一个码元周期内，用两个频率分别为 f_1 和 f_2（$f_1 \neq f_2$）的正弦信号表示所要发送的信号，即

$$s_{\text{FSK}}(t) = \begin{cases} s_1(t) = \cos(\omega_1 t + \varphi_1), & a_k = +1 \\ s_2(t) = \cos(\omega_2 t + \varphi_2), & a_k = -1 \end{cases} \tag{4-50}$$

式中，$kT_b \leqslant t \leqslant (k+1)T_b$，$\omega_1 = 2\pi f_1$，$\omega_2 = 2\pi f_2$，$\varphi_1$、$\varphi_2$ 分别为信号 $s_1(t)$ 和 $s_2(t)$ 的相位。

载波角频率为

$$\omega_0 = 2\pi f_0 = \frac{(\omega_1 + \omega_2)}{2} \tag{4-51}$$

ω_1 和 ω_2 对 ω_0 的角频率偏移为

$$\omega_d = 2\pi f_d = \frac{|\omega_1 - \omega_2|}{2} \tag{4-52}$$

调制指数 h 为

$$h = |f_1 - f_2| T_b = 2f_d T_b = \frac{2f_d}{R_b} \tag{4-53}$$

根据 a_k、h、T_b 可以重写 2FSK 信号，即

$$s_{\text{FSK}}(t) = \cos(\omega_0 t + a_k \omega_d t + \varphi_k) = \cos\left(\omega_0 t + a_k \frac{\pi h}{T_b} t + \varphi_k\right)$$
$$= \cos[\omega_0 t + \theta_k(t)] \tag{4-54}$$

式中

$$\theta_k(t) = a_k \frac{\pi h}{T_b} t + \varphi_k, \quad kT_b \leqslant t \leqslant (k+1)T_b \tag{4-55}$$

式中，$\theta_k(t)$ 为附加相位。

FSK 信号的功率谱密度如图 4-19 所示，从图 4-19 中可以看出，功率谱密度曲线 $w(f)$ 有以下特征：当调制指数 h 较小时，$w(f)$ 呈单峰，峰值出现在 f_0 处，两边平滑下降，这时 FSK 信号与 PSK 信号带宽相近，约为 $2R_b$；随着调制指数 h 的增大，曲线呈双峰，这时 FSK 信号带宽比 PSK 信号带宽大 $2R_b$。从效率的角度考虑，调制指数 h 不宜过大，但过小又会因两个信号的频率过于接近而不利于信号检测。

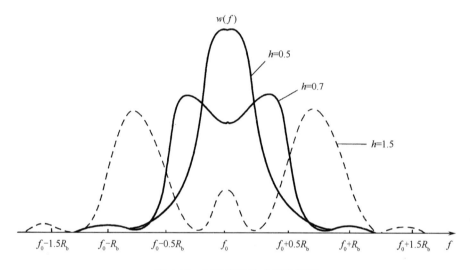

图 4-19　FSK信号的功率谱密度

2. 连续相位频移键控调制

FSK 信号的产生方法包括开关切换方法和调频方法。通过开关切换方法得到的 FSK 信号一般是相位不连续的信号；通过调频方法得到的是相位连续的信号。相位不连续的信号会使功率谱产生较大的旁瓣分量，带限后会引起包络起伏。因此，需要控制相位的连续性，将这种形式的调制称为连续相位频移键控（Continuous Phase FSK，CPFSK）调制。

在一个码元周期内，CPFSK 信号可以表示为

$$s_{\text{CPFSK}}(t) = \cos[\omega_0 t + \theta_k(t)], \quad (k-1)T_b < t \leqslant kT_b \tag{4-56}$$

当 $\theta_k(t)$ 为时间连续函数时，已调信号的相位是连续的。相位连续指不仅在一个码元持续期间相位连续，而且在从码元 a_{k-1} 向 a_k 转换的时刻 kT_b，两个码元的相位相等。根据式（4-56）可得

$$\theta_k(kT_b) = \theta_{k-1}(kT_b) \tag{4-57}$$

即

$$a_k \frac{\pi h}{T_b} kT_b + \varphi_k = a_{k-1} \frac{\pi h}{T_b} kT_b + \varphi_{k-1} \tag{4-58}$$

要求满足

$$\varphi_k = (a_{k-1} - a_k)\pi h k + \varphi_{k-1} \tag{4-59}$$

即当前码元的初相位由前一码元的初相位、当前码元 a_k 和前一码元 a_{k-1} 决定。这就是

CPFSK 信号的相位约束条件，满足该条件的 FSK 就是 CPFSK。

3. 2FSK 信号的正交条件

在通信中，常常希望式（4-50）中的信号 $s_1(t)$ 和 $s_2(t)$ 正交，便于检测。

设初相位 $\varphi_1 = \varphi_2 = 0$，信号 $s_1(t)$ 和 $s_2(t)$ 的相关系数为

$$\rho_{12} = \frac{1}{E_s} \int_0^{T_b} s_1(t) s_2(t) \mathrm{d}t = \frac{\sin(2\omega_d T_b)}{2\omega_d T_b} + \frac{\sin(2\omega_0 T_b)}{2\omega_0 T_b} \tag{4-60}$$

式中，$E_s = \int_0^{T_b} s_1^2(t) \mathrm{d}t = \int_0^{T_b} s_2^2(t) \mathrm{d}t$ 为信号能量。

当 $\rho_{12} = 0$ 时，$s_1(t)$ 与 $s_2(t)$ 正交，要求式（4-60）中的两项均为零，第一项为零的条件为

$$2\omega_d T_b = n\pi，\quad n \text{ 为整数且 } n \neq 0 \tag{4-61}$$

或

$$h = \frac{n}{2}，\quad n \text{ 为整数且 } n \neq 0 \tag{4-62}$$

即当调制指数 $h = 0.5, 1, 1.5, \cdots$ 时，2FSK 信号正交。

式（4-60）中的第二项为零的条件是

$$2\omega_0 T_b = n\pi，\quad n \text{ 为整数且 } n \neq 0 \tag{4-63}$$

或

$$f_0 = n\frac{1}{4T_b} = \frac{n}{4} R_b，\quad n \text{ 为整数且 } n \neq 0 \tag{4-64}$$

即在每个码元周期内，包含 1/4 载波周期（$1/f_0$）的整数倍时，2FSK 信号正交。

4.5.2 最小频移键控

1. 基本特征

最小频移键控（Minimum Shift Keying，MSK）信号是 2FSK 信号与 CPFSK 信号的改进。由式（4-61）可得

$$2\pi |f_2 - f_1| T_b = n\pi \tag{4-65}$$

式（4-65）表明，当 $n=1$ 时，即 $h = 0.5$ 时，$\Delta f = |f_2 - f_1|$ 有最小值。$h = 0.5$ 是信号 $s_1(t)$ 和 $s_2(t)$ 满足正交条件时频移的最小值，因此称为最小频移。

MSK 是 CPFSK 的一个特例，是调制指数 $h = 0.5$ 的 CPFSK。可以导出此时 MSK 的表达式为

$$s_{\mathrm{MSK}}(t) = \cos\left[\omega_0 t + \theta_k(t)\right] \tag{4-66}$$

式中

$$\theta_k(t) = a_k \frac{\pi}{2T_b} t + \varphi_k \tag{4-67}$$

因此，MSK 信号可以表示为

$$s_{\mathrm{MSK}}(t) = \cos\left(\omega_0 t + a_k \frac{\pi}{2T_b} t + \varphi_k\right) \tag{4-68}$$

由式（4-67）可知，一个码元从开始到该结束，其相位变化量（增量）为

$$\Delta\theta_k = \theta_k[(k+1)T_b] - \theta_k(kT_b) = \frac{\pi}{2}a_k \tag{4-69}$$

由于 $a_k = \pm 1$，因此每经过 T_b，相位变化 $\pi/2$。随时间的推移，附加相位的曲线是一条折线。

按照这一规律，可以画出 MSK 信号的附加相位 $\theta_k(t)$ 的路径，附加相位的路径如图 4-20 所示。图 4-20 中的粗线所对应的输入序列 a_k 为 $[+1,+1,+1,-1,-1,+1,+1,+1,-1,-1,-1,-1,-1]$，$T$ 为 a_k 的码元宽度 T_b。从图 4-20 中可以看出，附加相位在码元间具有连续性。

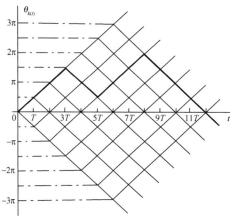

图 4-20　附加相位的路径

由以上讨论可以得出 MSK 信号的基本特征如下。

（1）MSK 信号包络恒定，为等幅波。

（2）MSK 信号的调制指数为 0.5。

（3）MSK 信号的相位 $\theta(t)$ 在一个码元内线性变化 $\pm\pi/2$。

（4）在每个码元周期内，包含 1/4 载波周期的整数倍。

（5）码元转换时，信号相位连续，即信号波形无跳变。

2. MSK 信号的正交表示

利用三角函数将式（4-68）展开，可以得到

$$s_{\text{MSK}}(t) = \cos\left(\frac{\pi a_k}{2T_b}t + \varphi_k\right)\cos\omega_0 t - \sin\left(\frac{\pi a_k}{2T_b}t + \varphi_k\right)\sin\omega_0 t \tag{4-70}$$

由于

$$\cos\left(\frac{\pi a_k}{2T_b}t + \varphi_k\right) = \cos\frac{\pi a_k}{2T_b}t\cos\varphi_k - \sin\frac{\pi a_k}{2T_b}t\sin\varphi_k$$

$$= \cos\varphi_k\cos\frac{\pi t}{2T_b} \tag{4-71}$$

$$\sin\left(\frac{\pi a_k}{2T_b}t + \varphi_k\right) = \sin\frac{\pi a_k}{2T_b}t\cos\varphi_k + \cos\frac{\pi a_k}{2T_b}t\sin\varphi_k$$

$$= a_k\cos\varphi_k\sin\frac{\pi t}{2T_b} \tag{4-72}$$

考虑到 $\varphi_k = k\pi$，$a_k = \pm 1$，有 $\sin\varphi_k = 0$，$\cos\varphi_k = \pm 1$。

将式（4-71）和式（4-72）代入式（4-70），可得

$$s_{\text{MSK}}(t) = \cos\varphi_k \cos\frac{\pi t}{2T_{\text{b}}} \cos\omega_0 t - a_k \cos\varphi_k \sin\frac{\pi t}{2T_{\text{b}}} \sin\omega_0 t$$

$$= I_k \cos\frac{\pi t}{2T_{\text{b}}} \cos\omega_0 t + Q_k \sin\frac{\pi t}{2T_{\text{b}}} \sin\omega_0 t \tag{4-73}$$

式中，$I_k = \cos\varphi_k$ 和 $Q_k = -a_k \cos\varphi_k$ 分别为同相分量和正交分量的等效数据。

式（4-73）表示，MSK 信号可以分解为同相分量和正交分量两部分。

3. MSK 信号的产生和解调

1）MSK 信号的产生

根据式（4-73）可以构成 MSK 调制器，如图 4-21 所示。

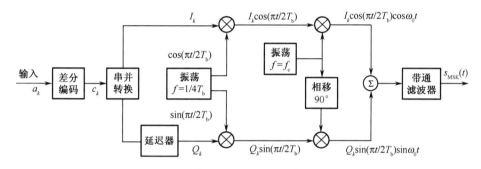

图 4-21　MSK调制器

MSK 信号的产生过程如下。

（1）对 a_k 进行差分编码，得到差分序列 c_k。

（2）$I_k = \cos\varphi_k$，$Q_k = -a_k \cos\varphi_k$，且在 MSK 中 $h = 0.5$，因而式（4-59）变为 $\varphi_k = (a_{k-1} - a_k)\pi k/2 + \varphi_{k-1}$。$I_k$ 和 Q_k 可以通过如下方法得到：通过串并转换将差分序列 c_k 分成两路，并通过延迟器使两路序列交错 T_{b}，得到同相序列 I_k 和正交序列 Q_k，即

$$c_1, c_2, c_3, c_4, c_5, c_6, \cdots = I_1, Q_2, I_3, Q_4, I_5, Q_6, \cdots \tag{4-74}$$

串并转换输出的支路码元宽度为输入码元宽度的两倍，即 $2T_{\text{b}}$，如果仍采用序号 k，支路第 k 个码元宽度仍为 T_{b}，则可以写为

$$\begin{cases} c_1 = I_1 = I_2 \\ c_2 = Q_2 = Q_3 \\ c_3 = I_3 = I_4 \\ c_4 = Q_4 = Q_5 \\ \quad\vdots \end{cases} \tag{4-75}$$

即 I_k 和 Q_k 的码元分别为

$$\begin{cases} I_1, I_2, I_3, I_4, I_5, I_6, I_7, I_8, \cdots = c_1, c_1, c_3, c_3, c_5, c_5, c_7, c_7, \cdots \\ Q_1, Q_2, Q_3, Q_4, Q_5, Q_6, Q_7, Q_8, \cdots = c_0, c_2, c_2, c_4, c_4, c_6, c_6, c_8, \cdots \end{cases} \tag{4-76}$$

这里的 I_k 和 Q_k 的宽度仍为 T_b。换句话说，因为 $I_1 = I_2 = c_1$，所以由 I_1 和 I_2 构成一个长度为 $2T_b$ 的取值为 c_1 的码元。

（3）用加权函数 $\cos(\pi t / 2T_b)$ 和 $\sin(\pi t / 2T_b)$ 加权。

（4）用加权后的序列对 $\cos \omega_0 t$ 和 $\sin \omega_0 t$ 进行调制。

（5）将两路输出信号叠加。

2）MSK 信号的功率谱密度

MSK 信号和 QPSK 信号的功率谱分别为

$$W_{MSK}(f) = \frac{16A^2 T_b}{\pi^2} \left\{ \frac{\cos 2\pi(f - f_0)T_b}{1 - \left[4(f - f_0)T_b\right]^2} \right\}^2 \tag{4-77}$$

$$W_{QPSK}(f) = 2A^2 T_b \left[\frac{\cos 2\pi(f - f_0)T_b}{2\pi(f - f_0)T_b} \right]^2 \tag{4-78}$$

式中，A 为信号的幅度。

MSK 信号和 QPSK（4PSK）信号的功率谱密度比较如图 4-22 所示，从图 4-22 中可以看出，MSK 的主瓣比 4PSK 宽，但它的旁瓣比 4PSK 小很多。因此，在需要恒包络且不滤波（或很少滤波）的场合，采用 MSK 是很合适的。

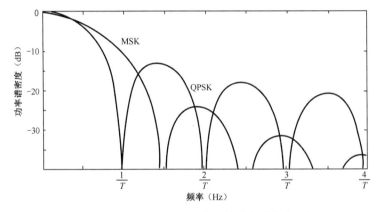

图 4-22　MSK信号和QPSK信号的功率谱密度比较

3）MSK 信号的解调

由于 MSK 信号是一种 FSK 信号，因此可以采用相干或非相干解调。MSK 信号的相干解调原理如图 4-23 所示。

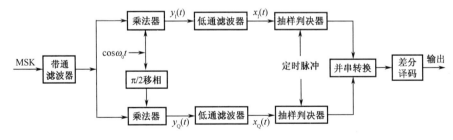

图 4-23　MSK信号的相干解调原理

4.5.3　高斯最小频移键控

虽然 MSK 具有包络恒定、带宽相对较窄和能进行相干解调等优点，但在移动通信中要求干扰小于-60dB，因此必须对 MSK 做进一步改进。高斯最小频移键控（Gaussian Filtered Minimum Shift Keying，GMSK）就是在进行 MSK 调制前，用高斯低通滤波器对输入数据进行处理。如果恰当地选择此滤波器的带宽，可使信号的带外辐射功率小到可以满足移动通信要求。GMSK 调制器如图 4-24 所示。

图 4-24　GMSK调制器

高斯低通滤波器的频谱特性表示为

$$H(f) = \exp\left[-\frac{\ln 2}{2}\left(\frac{f}{B}\right)^2 \right] \qquad (4\text{-}79)$$

式中，B 为滤波器的 3dB 带宽。

此滤波器的冲激响应 $h(t)$ 为

$$h(t) = \frac{\sqrt{\pi}}{\alpha}\exp\left[-\left(\frac{\pi}{\alpha}t\right)^2 \right] \qquad (4\text{-}80)$$

式中，$\alpha = \sqrt{\dfrac{\ln 2}{2}}\dfrac{1}{B}$。

在此将 B 与码率 R_b 的比作为低通滤波器的参数，$B/R_b = B/(1/T_b) = BT_b$，其值可以大于 1，也可以小于 1。当 $BT_b \geqslant 1$ 时，表示滤波器的带宽大于数据信号的基带带宽，BT_b 越大，表示滤波作用越弱；当 $BT_b = \infty$ 时，相当于未加滤波器，因此其性能与 MSK 相同；当 $BT_b < 1$ 时，滤波作用越强，被滤除的旁瓣越多，但此时的带内信号也会受影响，主瓣的频谱会受到一些损害。GMSK 信号的归一化功率谱密度如图 4-25 所示，从图 4-25 中可看出，当 BT_b 小于 0.3 时，旁瓣迅速减小。当 $BT_b = 0.25$ 时，干扰小于-60dB，通常可以使用 BT_b 为 0.20～0.25 的滤波器，此时 GMSK 的旁瓣很小，且干扰小于-60dB，但其抗误码性能比 MSK 弱，这是为削弱旁瓣而付出的代价。

滤波器的输出脉冲经 MSK 调制得到 GMSK 信号，其相位路径由脉冲形状决定。由于滤波后的脉冲无陡峭沿和拐点，因此相位路径平滑，GMSK 与 MSK 相位路径的比较如图 4-26 所示。

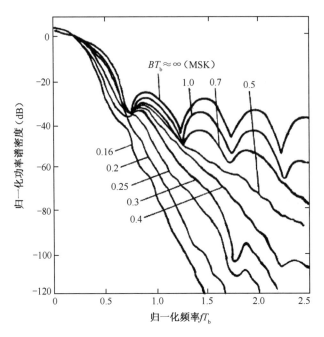

图 4-25　GMSK信号的归一化功率谱密度

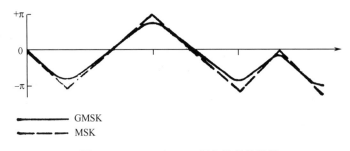

图 4-26　GMSK与MSK相位路径的比较

4.6　网格编码调制

4.6.1　网格编码调制的基本概念

　　采用纠错编码可以在不增加功率的条件下降低误码率，但代价是增大了带宽，使带宽利用率降低。如何能同时节省功率和带宽成为通信领域的研究重点之一。将纠错编码和调制结合的网格编码调制（Trellis Coded Modulation，TCM）是解决该问题的方法之一。TCM 是由昂格尔博克提出的。这种调制在保持信息传输速率和带宽不变的条件下能够获得 3～6dB 的功率增益。可以证明，在 AWGN 环境下，采用 TCM 技术的 Modem 在 2400Hz 通带内，其信息传输速率可达 19.2kbps，其频谱利用率可达 8bps/Hz。目前，网格编码调制逐渐应用于无线通信、微波通信、卫星通信等领域，具有广阔的应用前景。

　　网格编码调制是一种"信号集空间编码"，其将编码与调制结合，利用信号集冗余获得纠错能力，下面通过一个实例介绍 TCM 的基本概念。4PSK 的每个符号传输 2 比特信息，如果在接收端判决时因干扰将信号相位错判至相邻相位，会出现错码；8PSK 的每个符号可以传输 3 比特信息。但是仍令其每个符号传输 2 比特信息，第 3 比特用于纠错（如采用码率为 2/3 的卷积码），此时接收端的解调和解码是作为一个步骤完成的（传统方法是先解调得到基带信号，再为纠错进行解码）。将冗余比特用于纠错，显然冗余比特的产生和利用属于编码范畴，而信号点数的增加属于调制范畴，两者的结合就是编码调制。利用具有携带 3 比特信息能力的调制方式传输 2 比特信息，称为信号集冗余。

带限 AWGN 信道采用 MPSK 时信道容量与信噪比的关系如图 4-27 所示。在图 4-27 中，左上角的曲线是根据香农极限公式得出的理论曲线，该曲线可视为理论极限。下面的几条曲线分别是采用 16PSK、8PSK、4PSK、2PSK 调制时的关系曲线。

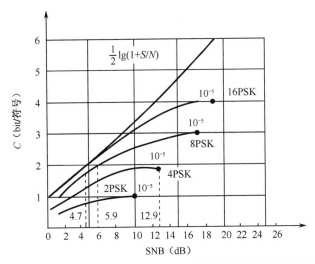

图 4-27 带限 AWGN 信道采用 MPSK 时信道容量与信噪比的关系

由图 4-27 可知，在误码率为 10^{-5} 的情况下，如果采用 4PSK，每个符号传输 2 比特信息，所需要的信噪比为 12.9dB；如果采用 8PSK，每个符号仍传输 2 比特信息，所需要的信噪比仅为 5.9dB，可以获得 12.9-5.9=7dB 的增益。这就是 TCM 的基本思想和理论基础。当然，采用 16PSK、32PSK 等传输 2 比特信息，可以进一步降低对信噪比的要求，但不可能超过香农极限 4.7dB，且会使设备变得很复杂，代价大而收益小。因此，TCM 通常仅增加 1 冗余比特，如用 8PSK 传输 2 比特信息，有 1 冗余比特。

4.6.2　网格编码调制信号的产生

TCM 建立在集划分方法的基础上。这种划分方法的基本原则是将星座图划分为若干子集，使子集中信号点间的距离比原来的大。每划分一次，新的子集中信号点间的距离就增大一次。8PSK 星座图的划分如图 4-28 所示，设信号幅度，即圆的半径 $r=1$，其中任意两个信号点间的距离为 $d_0 = 2r\sin(\pi/8) = 0.765$。该星座图被划分为 B_0 和 B_1 两个子集，在子集中相邻信号点间的距离为 $d_1 = \sqrt{2} = 1.414$。将这两个子集再划分一次，得到 4 个子集 C_i（$i = 0,1,2,3$），$d_2 = 2$。将这 4 个子集再划分一次，得到 8 个子集，每个子集各有一个信号点。

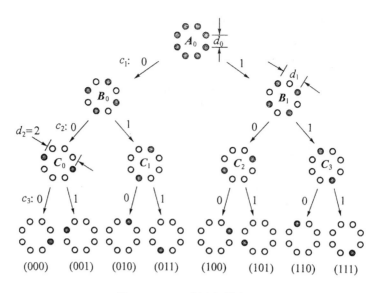

图 4-28　8PSK星座图的划分

在上述例子中，需要根据已编码的 3 比特信息来选择信号点，即选择波形的相位。TCM 编码原理如图 4-29 所示，其约束长度为 2。编码器输出的前两个比特 c_1 和 c_2 用于选择星座图划分的路径，c_3 用于选择星座图第 3 级（最低级）中的信号点。在图 4-28 中，c_1、c_2 和 c_3 表示已编码的 3 个码元，最后一行注明了 $(c_1 c_2 c_3)$。如果 $c_1 = 0$，则从 A_0 向左分支走向 B_0；如果 $c_1 = 1$，则从 A_0 向右分支走向 B_1。c_2 和 c_3 也按照这一原则选择下一级的信号点。

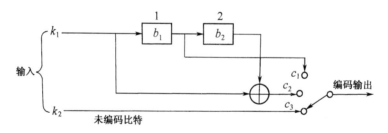

图 4-29　TCM编码原理

TCM 编码器如图 4-30 所示，将 k 比特输入信息分为 k_1、k_2 两段，$k = k_1 + k_2$。前面的 k_1 比特通过 (n_1, k_1, m) 卷积码编码器，产生 n_1 比特输出，用于选择星座图中的子集；后面的 k_2 个未编码比特直接用于选择子集中的信号点，即星座图被划分为 2^{n_1} 个子集，每个子集中包含 2^{k_2} 个信号点。

4 状态 8PSK TCM 编码器如图 4-31 所示，$k_1 = k_2 = 1$，$n_1 = 2$（4 电平状态）。$n_1 = 2$ 表示 8PSK 星座图被划分为 $2^{n_1} = 4$ 个子集，每个子集包含 $2^{k_2} = 2$ 个信号点。该卷积码的寄存器数量 $m = 2$，即 $(2,1,2)$ 卷积码。在图 4-28 中，卷积码编码器输出的前两个比特 c_1 和 c_2 用于选择星座图划分的路径，c_3 用于选择 4 个子集 C_0、C_1、C_2、C_3 中的信号点。

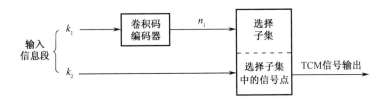

图 4-30 TCM编码器

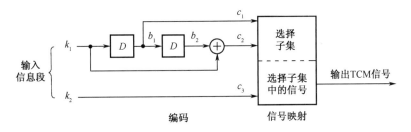

图 4-31 4 状态 8PSK TCM编码器

设初始状态 b_2b_1 =00，$k_1 = k_2 = 0$，卷积码编码器的输出为

$$\begin{cases} c_3 = k_2 \\ c_2 = k_1 \oplus b_2 \\ c_1 = b_1 \end{cases} \qquad (4\text{-}81)$$

当输入 $k_1 = (01101000)$时，TCM 编码器的工作过程如表 4-3 所示。

表 4-3 TCM 编码器的工作过程

k_1	0	1	1	0	1	0	0	0
b_2b_1	00	00	01	11	10	01	10	00
$c_1c_2c_3$	$00k_2$	$01k_2$	$11k_2$	$11k_2$	$00k_2$	$10k_2$	$01k_2$	$00k_2$
状态	a	a	b	d	c	b	c	a

TCM 编码器网格图如图 4-32 所示，实线表示 k_1 =0，虚线表示 k_1 =1。由网格图可知，从一个状态转移到另一个状态有并行的两条路径，这是因为 k_2 没有参与编码。每个子集的对应原则如下。

（1）从某状态发出的子集源于同一个上级子集，如 C_0 和 C_1 源于同一个上级子集 B_0。

（2）到达某状态的子集源于同一个上级子集。

（3）各子集在编码矩阵中出现的次数相等，并呈现一定的对称性。

TCM 译码通常采用维特比算法。与卷积码不同的是，卷积码译码使用汉明距离，而 TCM 译码使用欧氏距离，以选择幸存路径。

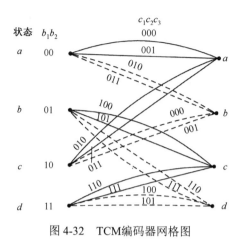

图 4-32　TCM编码器网格图

4.7　正交频分复用技术

4.7.1　概述

在多径传播环境下，当信号的带宽大于信道的相关带宽时，会使所传输的信号产生频率选择性衰落，在时域上表现为脉冲波形的重叠，产生符号间干扰。面对恶劣的移动环境和频率资源的稀缺，需要设计抗衰落能力较强和频谱利用率较高的调制方式。在一般的串行系统中，每个数据符号都完全占用信道的可用带宽，由于瑞利衰落的突发性，一连几比特往往在信号衰落期间被完全破坏而丢失，这是十分严重的问题。

采用并行系统可以解决上述问题。这种系统把可用信道带宽 B 划分为 N 个带宽为 Δf 的子信道，把 N 个串行码元变换为 N 个并行码元，分别调制这 N 个子信道载波并同步传输，这就是频分复用。这种并行系统可以把频率选择性衰落分散到多个符号上，从而大大降低了误码率。通常 Δf 很小，可以近似看作传输特性理想的信道。如果 $1/T_s \ll B_c$，则各子信道可以看作平坦衰落信道，从而避免出现严重的符号间干扰。另外，如果允许频谱重叠，还可以节省带宽。

OFDM 是一种无线环境下的高速传输技术，可以很好地对抗频率选择性衰落。其主要思想是使高速数据流通过串并转换，分配到多个并行的正交子载波上，同时进行数据传输。

4.7.2　OFDM 技术的基本原理

研究表明，目前对抗频率选择性衰落的方法主要分为两大类，即时域方法和频域方法。系统接收端使用的均衡器就是一种时域方法，这种方法可以用在第二代和第三代移动通信系统中，但不适用于信息传输速率较高的第四代移动通信系统。而在频域，OFDM 技术正好可以克服这种由多径信道导致的频率选择性衰落。

高速数据流经串并转换，分配到多个并行的正交子载波上，同时进行数据传输。假设可用信道带宽为 B，被划分为 N 个子信道，则每个子信道的带宽为 B/N，每路数据传输速率为系统的 $1/N$，即符号周期变为原来的 N 倍，远大于信道的最大延迟扩展。因此，OFDM 系统在将信道划分为许多并行的正交子信道的同时，将频率选择性信道转化为一系列平坦衰落信道，从而减小了符号间干扰的影响。OFDM 系统的子载波频谱重叠，提高了频谱利用率，同时可以通过在 OFDM 系统中引入循环前缀（Cyclic Prefix，CP）来消除时间弥散信道的影响，即通过调整 CP 的长度，可以有效消除符号间干扰（ISI）和载波间干扰（ICI）。

1. OFDM 系统模型

OFDM 系统的基带框图如图 4-33 所示。在发射端，为了提高数据传输速率，需要对输入数据进行调制；调制后的数据经过串并转换并插入导频，再经过快速傅里叶反变换（Inverse Fast Fourier Transform，IFFT）从频域变换到时域；加入循环前缀，进行并串转换及 D/A 转换，并在发射天线处发送到衰落信道中进行传输。接收端的处理与发射端相反。

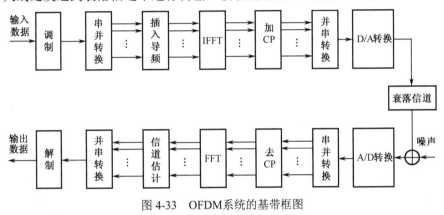

图 4-33　OFDM系统的基带框图

2. OFDM 系统子载波调制

OFDM 系统的调制解调如图 4-34 所示。

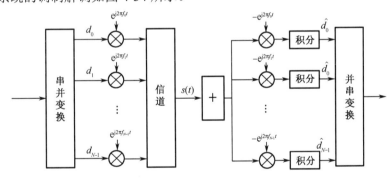

图 4-34　OFDM系统的调制解调

设 N 表示子载波数量，T_{OFDM} 表示每个 OFDM 符号的持续时间，d_i（$i = 0,1,2,\cdots,N-1$）表示分配给每个子信道的数据符号，f_i 表示第 i 路子载波的频率。OFDM 符号是各子载波的叠加。从 $t = t_s$ 开始，OFDM 符号可以表示为

$$s(t) = \begin{cases} Re\left\{ \sum_{i=0}^{N-1} d_i \text{rect}\left(t - t_s - \dfrac{T_{\text{OFDM}}}{2} \right) \exp\left[\text{j}2\pi f_i(t - t_s) \right] \right\}, & t_s \leqslant t \leqslant t_s + T_{\text{OFDM}} \\ 0, & \text{其他} \end{cases} \tag{4-82}$$

式中，$\text{rect}(t)=1$，$|t|\leqslant T_{\text{OFDM}}/2$ 为矩形函数。一般采用等效基带信号描述 OFDM 的输出信号

$$s(t)=\begin{cases}\displaystyle\sum_{i=0}^{N-1}d_i\text{rect}\left(t-t_s-\frac{T_{\text{OFDM}}}{2}\right)\exp\left[\text{j}2\pi\frac{i}{T}(t-t_s)\right], & t_s\leqslant t\leqslant t_s+T_{\text{OFDM}}\\0，\text{其他}\end{cases}\tag{4-83}$$

$s(t)$ 的实部与 OFDM 符号的同相分量对应，其虚部与正交分量对应。

以 T_{OFDM}/N 速率对 $s(t)$ 信号进行抽样，并假设 $t_s=0$，得到

$$s_k=s\left(\frac{kT_{\text{OFDM}}}{N}\right)=\sum_{i=0}^{N-1}d_i\exp\left(\text{j}\frac{2\pi ik}{N}\right)，\quad 0\leqslant k\leqslant N-1\tag{4-84}$$

信号的离散傅里叶变换（DFT）和逆离散傅里叶变换（IDFT）定义为

$$\begin{cases}\displaystyle X(k)=\sum_{n=0}^{N-1}x(n)W_N^{nk}，\quad k=0,1,\cdots,N-1\\\displaystyle x(n)=\frac{1}{N}\sum_{k=0}^{N-1}X(k)W_N^{-nk}，\quad n=0,1,\cdots,N-1\end{cases}\tag{4-85}$$

式中，$W_N=\text{e}^{-\text{j}\frac{2\pi}{N}}$。

通过对公式进行比较可以发现，对 OFDM 信号进行抽样等价于对 d_i 进行 IDFT，而解调相当于进行 DFT。

OFDM 调制一般有两种方式，一种通过使用大量振荡源和带通滤波器实现，另一种通过 DFT 实现。前者由于需要过多器件且结构复杂而难以实现；而后者随着快速傅里叶变换（FFT）的应用而在实际系统中得到了广泛应用。与 DFT 相比，FFT 可以显著降低运算的复杂度，对于子载波数量较多的 OFDM 系统来说，其性能优势十分明显。

3. 保护间隔与循环前缀

保护间隔（Guard Interval，GI）的加入可以消除 OFDM 符号间干扰。设 T_{FFT} 为原 OFDM 符号长度，即 FFT 变换后产生的无保护间隔的 OFDM 符号长度，T_R 为抽样的保护间隔长度，OFDM 符号总长度为 $T_S=T_R+T_{\text{FFT}}$。加入保护间隔的 OFDM 符号如图 4-35 所示。为了使一个符号的多径分量不会对另一个符号产生干扰，一般保护间隔长度 T_R 应大于无线信道中的最大时延扩展，且保护间隔内可以不插入任何信号。

然而，保护间隔的插入，会导致不同载波在同一采样间隔内的周期数之差不再为整数，子载波之间的正交性被破坏，不同子载波之间会产生载波间干扰（ICI）。这一问题可以通过在每个 OFDM 符号起始位置用循环前缀（Cyclic Prefix，CP）替换保护间隔 GI 来解决，即将每个 OFDM 符号的一段尾部样本点复制到 OFDM 符号的前面。

图 4-35　加入保护间隔的OFDM符号

令循环前缀(CP)长度大于信道最大时延扩展长度,可以保证无论从何时开始,一个OFDM符号周期内均包含完整的子载波信息,保障子载波的正交性,同时消除了载波间干扰（ICI）。插入循环前缀的 OFDM 符号如图 4-36 所示。

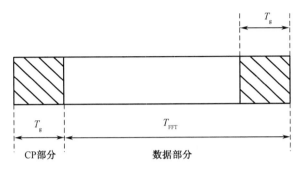

图 4-36　插入循环前缀的OFDM符号

CP 主要用于使不同载波在同一采样间隔内的周期数之差为整数,以消除载波间干扰和符号间干扰。因此,CP 的长度主要取决于两个因素,一是信道的最大时延扩展长度;二是 OFDM 符号的持续时间。

对于 CP,要从以下两个层面来看。

（1）CP 在时域上占用一段时长,这段时长肯定大于最大时延扩展,因此可以起到抑制符号间干扰的作用，从这一点上可以将 CP 理解为一个 GI（保护间隔）。

（2）对于 GI,我们知道是空白的,即这段时间内发射机是静默的;而 CP 不是,CP 的内容使循环卷积可以实现,从而可以有效抑制载波间干扰,也就是说 CP 的内容在某种程度上有效削弱了频偏带来的正交性损失。

4. OFDM 的频谱利用率

下面具体分析 OFDM 的频谱利用率。假设 OFDM 系统中有 N 路子载波,子信道码元持续时间为 T_s,每路子载波采用 M 进制调制，则其占用的带宽为

$$B_{OFDM} = \frac{N+1}{T_s} \tag{4-86}$$

频谱利用率为

$$\eta_{B/OFDM} = \frac{N\log_2 M}{T_s}\frac{1}{B_{OFDM}} = \frac{N}{N+1}\log_2 M \tag{4-87}$$

当 N 很大时，有

$$\eta_{B/OFDM} \approx \log_2 M \tag{4-88}$$

如果用单载波的 M 进制码元传输,为得到相同的传输速率,码元持续时间应缩短为 T_s/N,而占用带宽等于 $2N/T_s$，因此频谱利用率为

$$\eta_{B/M} = \frac{N\log_2 M}{T_s}\frac{T_s}{2N} = \frac{1}{2}\log_2 M \tag{4-89}$$

比较式（4-88）和式（4-89）可以发现，与串行的单载波相比，并行的 OFDM 的频谱利用率约提高一倍。

4.8 扩展维度的协同物理层波形

4.8.1 时频协同的物理层波形设计

在前面的方法中，使用的信息加载参数集中在幅度、相位、频率等具体参数上，通过这些参数的变化，加载原始信息。由于信道具有复杂性，这样的单一映射方式对复杂信道的适应性不足，使得在非 AWGN 信道下，要保证传输质量，需要更多的补偿和修正方法，如更复杂的均衡、纠错、分集等。

如果能将不同的物理层波形的特点结合，取得信号协同优势，即不同波形联合传输，不同的信号针对不同的信道特点进行匹配，经过合理的信号设计，可以取得更好的性能。

本节介绍一种具有清晰物理含义和简单数学构成的时频协同信号分量的波形——4 项加权分数傅里叶混合载波。基于傅里叶变换的基本原理，时频协同混合载波信号构成为

$$F^{\alpha}[g](t) = w_0(\alpha)g(t) + w_1(\alpha)G(t) + w_2(\alpha)g(-t) + w_3(\alpha)G(-t) \tag{4-90}$$

式中，$w_l(\alpha) = \cos\left[\dfrac{(\alpha-l)\pi}{4}\right]\cos\left[\dfrac{2(\alpha-l)\pi}{4}\right]\exp\left[\dfrac{3(\alpha-l)\pi i}{4}\right]$，$\alpha$ 是变换阶数，F^{α} 是值为 0～4 的分数阶变换运算符，$g(t)$ 和 $G(t)$ 是傅里叶变换对。

新的信号构成可以由 FFT 得到，时频协同混合载波信号构成如图 4-37 所示。

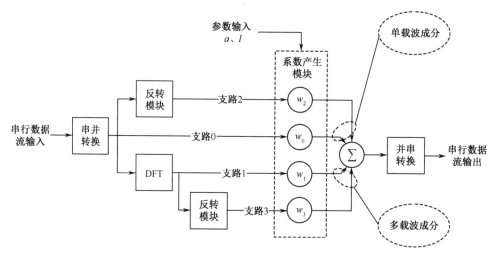

图 4-37　时频协同混合载波信号构成

从图 4-37 和式（4-90）中可以看出，在形成的最终信号中，含有传统的单载波时域分量的两个成分，即 $g(t)$ 和 $g(-t)$，对应支路信号分量 w_0 和 w_2；同时含有原始信号的频域分量的两个成分，即 $G(t)$ 和 $G(-t)$，对应支路信号分量 w_1 和 w_3。

在信道上传输的信息不发生变化，但信号层是一种混合单载波和多载波的最多 4 个成分的混合载波信号。这样的信号设计使信道具备了更灵活的适配能力，并使信号在衰落信道下的能量损失更少，从而提高信噪比。

混合载波信号与单载波和多载波信号的符号能量分布对比如图 4-38 所示。从图 4-38 中

可以看出：①在图 4-28（a）和图 4-28（b）中，时间上聚集的信号在频率上是展宽的，反之，在频率上聚集的信号在时间上是展宽的；②图 4-28（c）在时间和频率上均进行了展宽，其优势在于，当遇到相同的衰落信道时，能量过于聚集容易损失全部能量，而展宽的信号则仅有一部分会受影响，因此具有一定的优势。

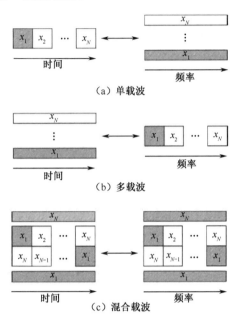

图 4-38　混合载波信号与单载波和多载波信号的符号能量分布对比

　　从传统信号分析的角度，也可以分析混合载波信号的变换域"频谱"（由于混合载波信号本身由时频分量组成，其所谓的频域是混合信号的一次常规傅里叶变换，因此是一种变形的频谱），混合载波信号的频谱如图 4-39 所示。

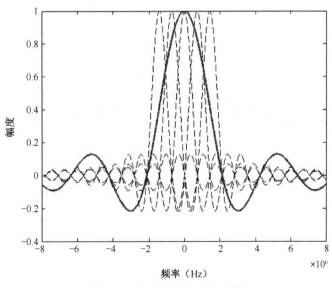

图 4-39　混合载波信号的频谱

从图 4-39 中可以看到，新信号是一种单载波和多载波的混合信号，如果设计适当，就可以取得单载波和多载波的协同传输优势。

从信号的构成上，这样的混合载波信号与传统的单载波和多载波信号的频域对比可以通过常规的傅里叶分析得到，QPSK 的单载波信号和混合载波信号的时频特征对比如图 4-40 所示。

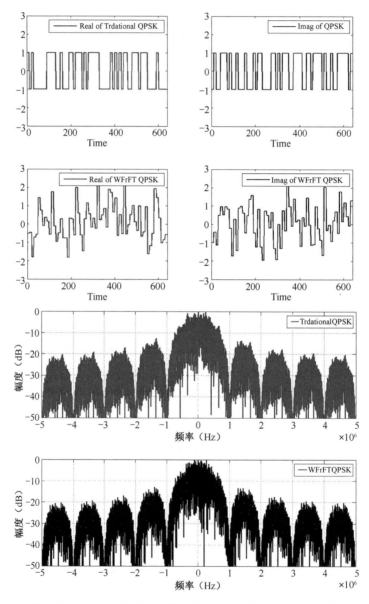

图 4-40　QPSK的单载波信号和混合载波信号的时频特征对比

从图 4-40 中可以看出，混合载波信号时域分量的实部和虚部将由二进制变为多进制；频谱的带宽、第一过零点和能量分布不发生变化。因此可以得到，混合载波在体制上兼容原信号，不需要进行新的硬件更改，具有良好的兼容性和平滑过渡特征。

4.8.2　IQ 分量协同的恒包络波形设计

1. IJF-OQPSK 调制

在 OQPSK 等恒包络调制中，通过 I、Q 分量时间调整和相位变化，减少包络的变化，从多维度协同的角度，如果可以通过 I、Q 分量进行融合和协同设计，可以增强恒包络特性。

无符号间干扰和抖动的交错正交相移键控（IJF-OQPSK）是在 OQPSK 的基础上发展而来的，与 OQPSK 的区别在于，其在 I、Q 两路增加了 IJF 编码器，用时限双码元间隔升余弦脉冲对错开半周期的两路基带码流进行波形成形，然后调制到载波上。因为时限双码元间隔升余弦脉冲具有主瓣窄、旁瓣衰减快的特点，因此调制信号的频谱特性非常好。IJF-OQPSK 调制解调原理如图 4-41 所示。

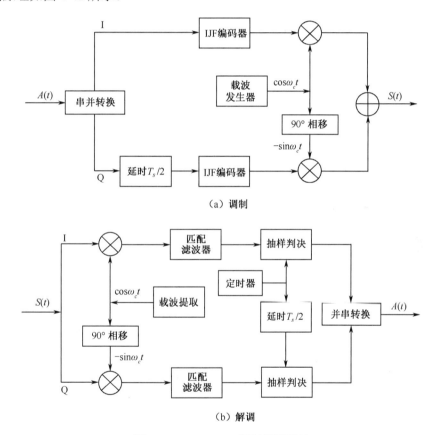

（a）调制

（b）解调

图 4-41　IJF-OQPSK调制解调原理

时限双码元间隔升余弦脉冲表示为

$$s(t) = \begin{cases} \dfrac{1}{2}\left(1 + \cos\dfrac{\pi t}{T_s}\right), & |t| \leqslant T_s \\ 0, & \text{其他} \end{cases} \tag{4-91}$$

时限双码元间隔升余弦脉冲波形如图 4-42 所示。

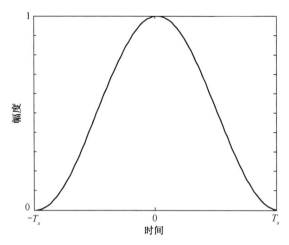

图 4-42　时限双码元间隔升余弦脉冲波形

从图 4-42 中可以看出，当 $t = \pm T_s$ 时，其值为 0；当 $t = 0$ 时，其值为峰值；当 $t = \pm T_s / 2$ 时，其值为峰值的一半。在调制过程中，利用上述正负值分别表示基带信号码流的双极性码元，且同一支路中下一码元的起始时刻是当前码元的中间时刻。分析上述波形可知，$s(t)$ 是偶函数，表达式为

$$\begin{cases} s(t) + s(t - T_s) = 1, & \text{其他} \\ s(t) - s(t - T_s) = \cos\left(\dfrac{\pi t}{T_s}\right), & 0 \leqslant t \leqslant T_s \end{cases} \tag{4-92}$$

从式（4-92）中可以看出，$s(t)$ 和 $s(t - T_s)$ 叠加形成的波形是连续的，即 $s(t)$ 与 $s(t - T_s)$ 的和在一个码元周期内恒为 1；$s(t)$ 与 $s(t - T_s)$ 的差在一个码元周期内为 $\cos(\pi t / T_s)$。

因此，脉冲叠加是 IJF-OQRSK 的一种常用方法。多个脉冲叠加的波形如图 4-43 所示，从图 4-43 中可以看出，叠加的波形连续且无跳变。

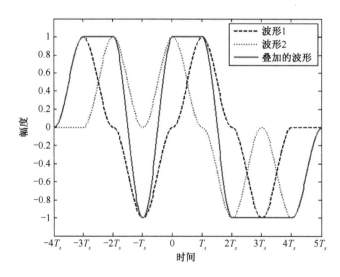

图 4-43　多个脉冲叠加的波形

上述直接计算脉冲进而叠加的实现方法较为复杂，可以采用波表结合法，先将构造的单间隔波形存储在 RAM 中，再按照基带码流以一定的规律从存储器中选取相应的波形。

构造波形如图 4-44 所示，其表达式为

$$S_e(t_n) = \begin{cases} 1, & |t| \le T_s/2 \\ 0, & |t| > T_s/2 \end{cases}$$

$$S_o(t_n) = \begin{cases} \cos\dfrac{\pi t}{T_s}, & |t| \le T_s/2 \\ 0, & |t| > T_s/2 \end{cases} \tag{4-93}$$

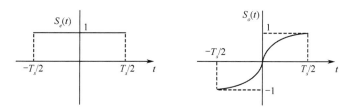

图 4-44 构造波形

采用上述构造波形，可以得到波形函数，即

$$Y_n(t) = \begin{cases} S_1(t-nT_s) = S_e(t-nT_s), & x_n = x_{n-1} = 1 \\ S_2(t-nT_s) = -S_e(t-nT_s), & x_n = x_{n-1} = 0 \\ S_3(t-nT_s) = S_o(t-nT_s), & x_n = 1, \ x_{n-1} = 0 \\ S_4(t-nT_s) = -S_o(t-nT_s), & x_n = 0, \ x_{n-1} = 1 \end{cases} \tag{4-94}$$

式中，x_n 是当前码元，x_{n-1} 是前一码元。

因此，叠加波形是根据输入基带码元确定的，由 4 种基本波形组成，即

$$\begin{cases} S_1(t) = 1 \\ S_2(t) = -1 \\ S_3(t) = \cos\dfrac{\pi t}{T_s} \\ S_4(t) = -\cos\dfrac{\pi t}{T_s} \end{cases} \tag{4-95}$$

波表结合法原理如图 4-45 所示。

I、Q 两路按图 4-45 选择输出 $Y_I(t)$ 和 $Y_Q(t)$，然后按式（4-93）调制，得到 IJF-OQPSK 信号。

$$S(t) = Y_I(t)\cos\omega_c t + Y_Q(t)\sin\omega_c t \tag{4-96}$$

因为在 IJF-OQPSK 中，I、Q 两路只在时间上错开 $T_s/2$，如果 I 路信号是 $Y_I(t) = Y(t)$，那么 Q 路信号就是 $Y_Q(t-T_s/2) = Y(t-T_s/2)$，所以 IJF-OQPSK 信号的表达式为

$$Z_{\text{IJF-OQPSK}}(t) = Y_I(t)\cos(\omega_c t) + Y_Q\frac{t-T_s}{2}\sin(\omega_c t) \tag{4-97}$$

设包络为 Z_m，则满足

$$Z_m = \sqrt{Y_I^2(t) + Y_Q^2 \frac{t - T_s}{2}} \tag{4-98}$$

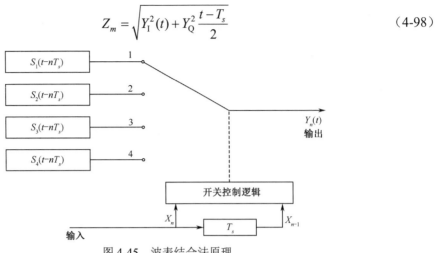

图 4-45　波表结合法原理

因为 $Y_I(t)$ 与 $Y_Q(t - T_s/2)$ 都经过编码，所以它们的波形由 $\pm S_e$ 和 $\pm S_o$ 组成，但是 $Y_Q(t - T_s/2)$ 相对于 $Y_I(t)$ 在时间上延迟 $T_s/2$，因此如果以 $T_s/2$ 为单位时间，式（4-98）可以简化为

$$Z_m = \sqrt{S_i^2 + S_j^2}, \quad i, j = 1, 2, 3, 4 \tag{4-99}$$

当 $S_i, S_j = \pm S_e$ 时，$Z_m = \sqrt{2}$；

当 S_i（或 S_j）$= \pm S_e$，S_j（或 S_i）$= \pm S_o$ 时，$Z_m = \sqrt{1 + \sin^2\left(\dfrac{\pi t}{T_s}\right)}$，$Z_m$ 的值为 $1 \sim \sqrt{2}$；

当 $S_i, S_j = \pm S_o$ 时，因为 I、Q 两路波形相差 $T_s/2$，相应的相位相差 $\pi/2$，所以 $Z_m = \sqrt{\cos^2\left(\dfrac{\pi t}{T_s}\right) + \sin^2\left(\dfrac{\pi t}{T_s}\right)} = 1$。

能够发现，Z_m 最大变化 $20\lg(\sqrt{2})$，即 3dB。

IJF-OQPSK 信号波形如图 4-46 所示。

2. FQPSK

FQPSK 由加利福尼亚大学戴维斯分校的 K. Feher 提出，其在 IJF-OQPSK 的基础上添加了互相关操作，以抑制 IJF-OQPSK 固有的包络起伏。FQPSK 调制原理如图 4-47 所示。交叉互相关运算的具体实现是使同相分量和正交分量在每半个码元周期内进行以下的相关计算。

（1）当同相信号过零点时，正交信号取当前编码的最大值。

（2）当同相信号不过零点时，正交信号的最大值衰减为 A（$1/\sqrt{2} \leq A \leq 1$）。

（3）当正交信号过零点时，同相信号取当前编码的最大值。

（4）当正交信号不过零点时，同相信号的最大值衰减为 A。

当 $A = 1$ 时，FQPSK 相当于 IJF-OQPSK 调制，当 $A = 1/\sqrt{2}$ 时，FQPSK 包络起伏接近 0dB，因此 FQPSK 的包络起伏变化范围为 0～3dB。包络起伏的减小能够缓和信号通过非线性信道的频谱扩展，减小对相邻信道的干扰，提高频谱利用率和功率效率。

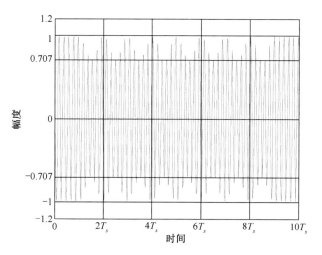

图 4-46　IJF-OQPSK信号波形

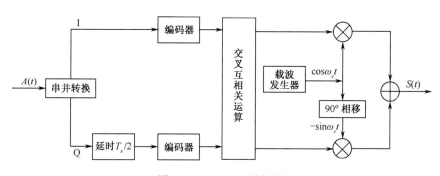

图 4-47　FQPSK调制原理

　　FQPSK 是在 IJF-OQPSK 的基础上实现的,方法较为复杂,而基于网格编码调制的 FQPSK 将上述相关计算过程转化为在每个码元周期内直接对两路输入信号做基带波形映射的过程,以降低复杂度。基于网格编码的 FQPSK 调制原理如图 4-48 所示。

　　在图 4-48 中,$D_{\mathrm{I},n}$ 和 $D_{\mathrm{Q},n}$ 分别是串并转换后的两路信号,它们的值为 0 或 1。i 和 j 为

$$\begin{cases} i = I_3 \times 2^3 + I_2 \times 2^2 + I_1 \times 2^1 + I_0 \times 2^0 \\ j = Q_3 \times 2^3 + Q_2 \times 2^2 + Q_1 \times 2^1 + Q_0 \times 2^0 \end{cases} \tag{4-100}$$

式中

$$\begin{cases} I_0 = D_{\mathrm{Q},n} \oplus D_{\mathrm{Q},n-1} \\ I_1 = D_{\mathrm{Q},n-1} \oplus D_{\mathrm{Q},n-2} \\ I_2 = D_{\mathrm{I},n} \oplus D_{\mathrm{I},n-1} \\ I_3 = D_{\mathrm{I},n} \end{cases} \tag{4-101}$$

$$\begin{cases} Q_0 = D_{\mathrm{I},n+1} \oplus D_{\mathrm{I},n} \\ Q_1 = D_{\mathrm{I},n} \oplus D_{\mathrm{I},n-1} = I_2 \\ Q_2 = D_{\mathrm{Q},n} \oplus D_{\mathrm{Q},n-1} = I_0 \\ Q_3 = D_{\mathrm{Q},n} \end{cases} \tag{4-102}$$

　　根据式（4-97），由输入 $D_{\mathrm{I},n}$ 与 $D_{\mathrm{Q},n}$ 分别进行相应的延时和模 2 加运算，得到两个值为 0~15 的整数 i 和 j，将其分别作为相对地址，再加上基地址来选择存储单元的预存数据，就得到了基带波形，实现了基于网格编码的 FQPSK。网格编码基带波形的设计，对 FQPSK 信号包络起伏大小与旁瓣衰减速度有重要影响，设计合适的基带波形，可以抑制信号的包络起伏，甚至使包络严格恒定，K. Feher 提出的 FQPSK 基带波形 $s_i(t)$ 和 $s_j(t)$ 可以从式（4-103）中选取。

$$
\begin{cases}
s_0(t) = A, \quad -\dfrac{T_s}{2} \leqslant t \leqslant \dfrac{T_s}{2} \\[2mm]
s_1(t) = \begin{cases} A, \quad -\dfrac{T_s}{2} \leqslant t \leqslant 0 \\[2mm] 1-(1-A)\cos^2\dfrac{\pi t}{T_s}, \quad 0 \leqslant t \leqslant \dfrac{T_s}{2} \end{cases} \\[6mm]
s_2(t) = \begin{cases} 1-(1-A)\cos^2\dfrac{\pi t}{T_s}, \quad -\dfrac{T_s}{2} \leqslant t \leqslant 0 \\[2mm] A, \quad 0 \leqslant t \leqslant \dfrac{T_s}{2} \end{cases} \\[6mm]
s_3(t) = 1-(1-A)\cos^2\dfrac{\pi t}{T_s}, \quad -\dfrac{T_s}{2} \leqslant t \leqslant \dfrac{T_s}{2} \\[2mm]
s_4(t) = A\sin\dfrac{\pi t}{T_s}, \quad -\dfrac{T_s}{2} \leqslant t \leqslant \dfrac{T_s}{2} \\[2mm]
s_5(t) = \begin{cases} A\sin\dfrac{\pi t}{T_s}, \quad -\dfrac{T_s}{2} \leqslant t \leqslant 0 \\[2mm] \sin\dfrac{\pi t}{T_s}, \quad 0 \leqslant t \leqslant \dfrac{T_s}{2} \end{cases} \\[6mm]
s_6(t) = \begin{cases} \sin\dfrac{\pi t}{T_s}, \quad -\dfrac{T_s}{2} \leqslant t \leqslant 0 \\[2mm] A\sin\dfrac{\pi t}{T_s}, \quad 0 \leqslant t \leqslant \dfrac{T_s}{2} \end{cases} \\[6mm]
s_7(t) = \sin\dfrac{\pi t}{T_s}, \quad -\dfrac{T_s}{2} \leqslant t \leqslant \dfrac{T_s}{2} \\[2mm]
s_8(t) = -s_0(t) \\
s_9(t) = -s_1(t) \\
s_{10}(t) = -s_2(t) \\
s_{11}(t) = -s_3(t) \\
s_{12}(t) = -s_4(t) \\
s_{13}(t) = -s_5(t) \\
s_{14}(t) = -s_6(t) \\
s_{15}(t) = -s_7(t)
\end{cases}
\tag{4-103}
$$

式中，$A = 1/\sqrt{2}$。

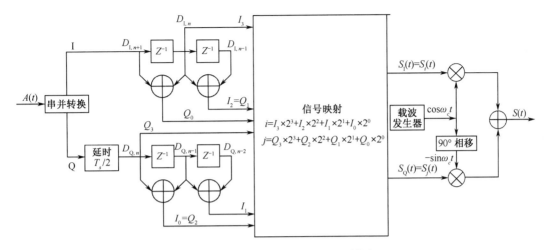

图 4-48　基于网格编码的 FQPSK 调制原理

$s_8(t) \sim s_{15}(t)$ 分别是 $s_0(t) \sim s_7(t)$ 的负值，$s_0(t) \sim s_7(t)$ 如图 4-49 所示。从图 4-49 中可以看出，任意两个映射连接处的波形都是连续的，但 $s_5(t)$ 和 $s_6(t)$ 在中点两侧的斜率不等，即 $s_5(t)$ 和 $s_6(t)$ 波形不平滑，将导致 FQPSK 信号波形不平滑。

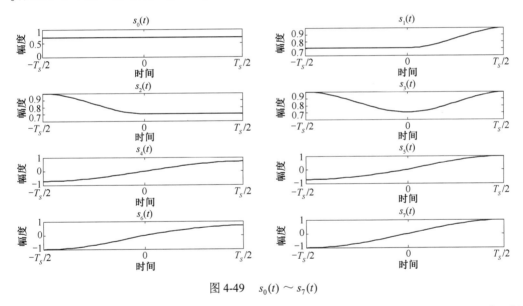

图 4-49　$s_0(t) \sim s_7(t)$

下面介绍一个基带波形映射的典型例子，当输入码元是[1, 0, 1, 1, 0, 1, 0, 0, 1, 1]时，经过串并转换获得同相 I 路的输入序列是[1, 1, 0, 0, 1]，正交 Q 路的输入序列是[0, 1, 1, 0, 1]，通过交叉相关运算获得的整数 i 和 j 分别是[0, 1, 2, 12, 8, 9, 10, 4, 0, 13, 11]和[0, 12, 9, 10, 8, 4, 1, 2, 1, 14, 5]。按照这两组数选择映射的波形，得到 I 路和 Q 路信号，两路信号映射后的基带波形如图 4-50 所示。

各调制方式的星座图如图 4-51 所示，在图 4-51 中，虚线代表切换路径，圆圈密度代表随时间变化的速率。

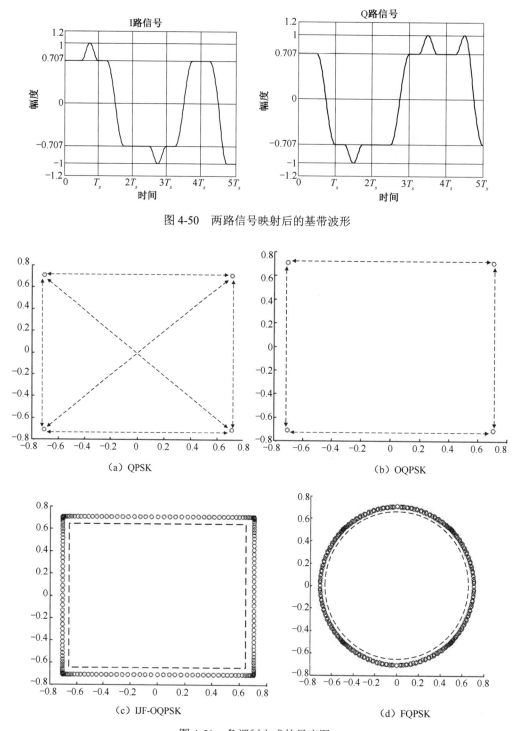

图 4-50　两路信号映射后的基带波形

（a）QPSK　　　　　　　　　（b）OQPSK

（c）IJF-OQPSK　　　　　　　（d）FQPSK

图 4-51　各调制方式的星座图

　　从图 4-51 中可以看出，QPSK 有 180° 的最大相位跳变；OQPSK 只有 90° 的最大相位跳变；而 IJF-OQPSK 是连续的，即相位是连续的，无跳变；FQPSK 也是连续的，无跳变，且变化轨迹近似为圆，证明了 FQPSK 是一种包络准恒定的调制方式。

思考题与习题

1. 设传输的二进制信息为 1011001，试分别画出 OOK、2FSK、2PSK 及 2DPSK 信号的波形示意图，并注意观察其波形各有什么特点。

2. 什么是相位不连续的 FSK？相位连续的 FSK（CPFSK）应满足什么条件？为什么在移动通信中，使用频移键控时总是考虑使用 CPFSK？

3. QPSK 调制、OQPSK 调制与 π/4-QPSK 调制各有哪些优缺点？在衰落信道中一般选择哪种调制方式？为什么？

4. QPSK、π/4-QPSK、OQPSK 信号相位跳变在星座图上的路径有什么不同？

5. 设发送数字序列为[+1, -1, -1, -1, -1, -1, +1]，试画出用其调制后的 MSK 信号相位变化图。如果码元速率为 1000B，载频为 3000Hz，试画出此 MSK 信号及其同相分量和正交分量的波形。

6. 设有一个 MSK 信号，其码元速率为 1000B，分别用频率 f_1 和 f_0 表示码元 "1" 和 "0" 的频率。如果 f_1=1250Hz，试求 f_0，并画出 "101" 的波形。

7. 设有一个 TCM 通信系统，其编码器如图 4-52 所示，且初始状态 b_1b_2 为 "00"。如果发送序列是等概率的，接收序列为 111001101011（前后其他码元皆为 0），试用网格图寻找最大似然路径并确定译码得到的前 6 比特。

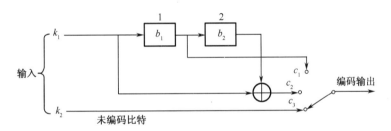

图 4-52　编码器

8. 什么是 OFDM 信号？为什么它可以有效对抗频率选择性衰落？

9. OFDM 系统中 CP 的作用是什么？

10. 设 N=64，如果输入数据传输速率为 10Mbps，每载波采用 16PSK 调制，试确定该 OFDM 信号的带宽。

11. 如果 4ASK 的误码率为 P_4，试推导方形 16QAM 调制的误码率。

12. 试证明在等概率出现条件下，16QAM 信号的最大功率和平均功率之比为 1.8，即 2.55dB。

13. 设有 $d_{min} = \sqrt{2}$ 的 4ASK，求多增加 1 比特输出（8ASK）且保持 d_{min} 不变所需要的能量增量。

14. 如果方形星座图每维有 l 比特，证明其平均能量 S_l 与 $4^l/3$ 成正比。如果每维增加 1 比特，并保持信号点间的最小距离不变，证明所需要的能量满足关系 $S_{l+1} \approx 4S_l$。求 $l = 2$ 的 S_l 并计算具有相同比特及相同最小距离的 MPSK 及 MPAM 的平均能量。

15．对于差分的 MPSK，令 $\Delta\phi$ 表示一个码元间隔内信道的相位偏移。在不考虑噪声的情况下，$\Delta\phi$ 需要达到多少才会使接收端的检测发生错误？

16．对于差分的 8PSK，列出格雷编码时比特序列和相位变化的对应关系，然后给出比特序列 101110100101110 对应的调制输出的符号序列，设信息从第 k 个码元时间开始发送，且第 $k-1$ 个码元时间发送的符号为 $s(k-1)=Ae^{j\pi/4}$。

17．$\pi/4$-QPSK 调制可以看作两个 QPSK 调制，它们的星座图相对旋转了 $\pi/4$。

（1）画出 $\pi/4$-QPSK 的星座图。

（2）按格雷编码规则标出每个信号点对应的比特序列。

（3）求比特序列 0100100111100101 通过 $\pi/4$-QPSK 基带调制发送的符号序列。

18．考虑如图 4-53 所示的八进制星座图。

（1）如果 8QAM 中各信号点间的最小距离为 A，求内圆与外圆半径 a、b。

（2）如果 8PSK 中相邻信号点间的距离为 A，求半径 r。

（3）求这两种星座图的平均发送功率，并进行比较。这两个星座图相对的功率增益是多少？

（4）对于这两个星座图，是否能使相邻信号点表示的 3 比特中只相差 1 比特？

（5）如果码率为 90Mbps，求符号率。

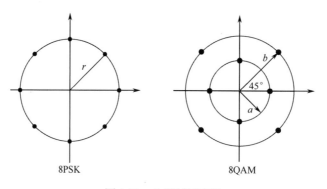

图 4-53　八进制星座图

19．在时频协同的混合载波信号中，多个分量如何提高信号传输的可靠性？混合载波信号是否需要改变原信号的传输带宽和接收机与发射机的硬件配置？请说明原因。

20．简要叙述多维度信号协同改善恒包络特性的机制。

参 考 文 献

[1] 樊昌信, 曹丽娜, 等. 通信原理（第 6 版）[M]. 北京：国防工业出版社, 2004.

[2] 张力军, 张宗橙, 等. 数字通信[M]. 北京：电子工业出版社, 2006.

[3] 张乃通, 徐玉滨, 谭学治, 等. 移动通信系统[M]. 哈尔滨：哈尔滨工业大学出版社, 2001.

[4] 王华奎, 李艳萍, 张立毅, 等. 移动通信原理与技术[M]. 北京：清华大学出版社, 2009.

[5] 啜钢, 王文博, 常永宇, 等. 移动通信原理与系统（第 2 版）[M]. 北京：北京邮电大学出版社, 2005.

[6] 王秉钧, 冯玉珉, 等. 通信原理[M]. 北京：清华大学出版社, 2006.

[7]　蔡跃明, 吴启晖, 等. 现代移动通信[M]. 北京：机械工业出版社, 2007.

[8]　Andrea Goldsmith. 无线通信[M]. 杨鸿文, 李卫东, 郭文彬, 译. 北京：人民邮电出版社, 2011.

[9]　沙学军, 梅林, 张钦宇. 加权分数域傅里叶变换及其在通信系统的应用[M]. 北京：人民邮电出版社, 2016.

[10]　Zhidong Xie, Gengxin Zhang, Dongming Bian. Constant Envelope Enhanced FQPSK and Its Performance Analysis [J]. Journal of Communications and Networks, 2011, 13(5):442-448.

[11]　K Feher. FQPSK: A Superior Modulation Technique for Mobile and Personal Communications [J]. IEEE Trans. Broadcast, 1993, 39(2):288-294.

[12]　K Feher, Kamilo. F-Modulation Amplification[P]. United States Patent: 5491457, February 13, 1996.

[13]　K Feher, Kamilo. FMOD Transceivers Including Continuous and Burst Operated TDMA, FDMA, Spread Spectrum CDMA, WCDMA and CSMA[P]. United States Patent: 5784402, July 21, 1998.

第 **5** 章

链路性能增强技术

5.1 扩频通信

5.1.1 扩频基本原理

通信理论和通信技术的研究，是围绕通信系统的有效性和可靠性这两个基本问题展开的，因此信息传输的有效性和可靠性是设计和评价通信系统性能的重要指标。

扩展频谱通信是围绕提高信息传输的可靠性提出的一种有别于常规通信的理论，简称扩频通信。频谱是电信号的频域描述，而承载各种信息（如语音、图像、数据等）的信号一般都是在时域表示的，可以表示为时间的函数 $f(t)$。

在扩频通信系统中，信号经某特定的扩频函数（与传输信号无关）扩展频谱后成为宽带信号，然后送入信道中传输；在接收端再利用相应的技术或手段对扩展频谱进行压缩，恢复为传输信号的带宽，从而达到传输信息的目的。也就是说，在传输相同信号时所需要的传输带宽，远大于常规通信系统中各种调制方式所要求的带宽。扩展频谱后信号的带宽至少是传输信号带宽的几百倍、几千倍甚至几万倍。信息不再是决定传输信号带宽的关键因素，传输信号的带宽主要由扩频函数决定。

由此可见，扩频通信系统有两个特点：①传输信号的带宽远大于被传输信号所需带宽；②传输信号的带宽主要由扩频函数决定，此扩频函数通常是伪噪声码。这两个特点也是判断扩频通信系统的准则。

扩频通信系统具有很强的抗人为干扰、抗窄带干扰、抗多径干扰能力。扩频通信系统具有抗干扰能力的理论依据是信息理论中的香农极限公式

$$C = B\log_2\left(1 + \frac{S}{N}\right) \tag{5-1}$$

式中，C 为信道容量，单位为 bps；B 为信道带宽，单位为 Hz；S 为有用信号功率，单位为 W；N 为干扰信号功率，单位为 W。

香农极限公式表明了一个信道无差错传输信息的能力与信噪比和信道带宽的关系。

令 C 为希望具有的信道容量，由式（5-1）得到

$$\frac{C}{B} = 1.44\ln\left(1 + \frac{S}{N}\right) \tag{5-2}$$

对于干扰环境中的典型情况，当 $S/N \ll 1$ 时，用幂级数展开式（5-2），并略去高次项得到

$$\frac{C}{B} = 1.44\frac{S}{N} \tag{5-3}$$

或

$$B = 0.7C\frac{N}{S} \tag{5-4}$$

由式（5-3）和式（5-4）可知，对于任意给定的 N/S，只要增大用于传输信息的信道带宽 B，就可以增大 C。或者说，当 S/N 下降时，可以通过增大信道带宽 B 来保持信道容量 C 不变，以获得较低的信息差错率。

这说明在增大信道带宽后，在信噪比较低情况下，信道仍可在相同的容量下传输信息。甚至在信号被噪声淹没的情况下，只要相应地增大信道带宽，也能保持可靠通信。

扩频通信系统正是利用这一原理，用高码率的扩频码来扩展传输信号带宽，达到增强系统抗干扰能力的目的。扩频通信系统的传输带宽是常规通信系统传输带宽的几百倍、几千倍甚至几万倍，因此在传输速率和功率相同的条件下，具有较强的抗干扰能力。

香农在其文章中指出，在存在高斯白噪声干扰的情况下，在平均功率受限的信道中，实现有效和可靠通信的最佳信号是具有白噪声统计特性的信号。这是因为白噪声信号具有理想的自相关性，其功率谱密度函数为

$$S(f) = \frac{N_0}{2} \tag{5-5}$$

对应的自相关函数为

$$R(\tau) = \int_{-\infty}^{+\infty} S(f)\mathrm{e}^{\mathrm{j}2\pi f\tau}\mathrm{d}\tau = \frac{N_0}{2}\delta(\tau) \tag{5-6}$$

式中，τ 为时延，$\delta(\tau)$ 定义为

$$\delta(\tau) = \begin{cases} +\infty, & \tau = 0 \\ 0, & \tau \neq 0 \end{cases} \tag{5-7}$$

白噪声信号的自相关函数具有 $\delta(\tau)$ 函数的特点，说明其具有尖锐的自相关性。但是对于白噪声信号的产生、加工和复制，仍存在许多技术问题和困难。人们找到了一些易于产生且便于加工和控制的伪噪声序列，它们的统计特性与白噪声的统计特性相似。

通常伪噪声序列是周期序列。假设某伪噪声序列的周期（又称序列的长度）为 N，且码元 c_i 都是集合 $\{1,-1\}$ 中的元素。一个周期为 N、码元为 c_i 的伪噪声二元序列的归一化自相关函数是周期为 N 的周期函数，可以表示为

$$R_N(\tau) = R(\tau)\sum_{k=-\infty}^{+\infty}\delta(\tau - kN) \tag{5-8}$$

式中，$R(\tau)$ 为伪噪声二元序列在一周期内的表达式，即

$$R(\tau) = \frac{1}{N}\sum_{i=1}^{N}c_i c_{i+\tau} = \begin{cases} 1, & \tau = 0 \\ -\dfrac{1}{N}, & \tau \neq 0 \end{cases} \tag{5-9}$$

当周期 N 足够大（$N\to\infty$）时，$R_N(\tau)\to R(\tau)$，式（5-9）可以简化为

$$R(\tau) = \begin{cases} 1, & \tau = 0 \\ -\dfrac{1}{N} \approx 0, & \tau \neq 0 \end{cases} \tag{5-10}$$

比较式（5-6）和式（5-10），可以看出两者比较接近，当序列足够长时，式（5-10）逼近式（5-6）。可见具有与白噪声类似的统计特性的伪噪声序列十分接近最佳信号形式，因此用伪噪声码扩展传输信号带宽的扩频通信系统具有较强的抗干扰能力。

下面以直接序列扩频系统为例，研究扩频通信系统的基本原理。直接序列扩频系统原理如图 5-1 所示。

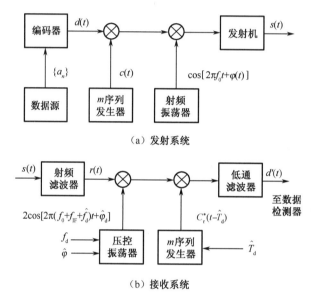

（a）发射系统

（b）接收系统

图 5-1　直接序列扩频系统原理

扩频通信系统波形如图 5-2 所示。

将数据源产生的 $\{a_n\}$ 经编码器得到二进制数字信号 $d(t)$。二进制数字信号中包含的两个符号的先验概率相同，均为 1/2，且两个符号相互独立，其波形如图 5-2（a）所示；二进制数字信号 $d(t)$ 与一个高码率的二进制伪噪声码 $c(t)$（如图 5-2（b）所示，将伪噪声码作为系统的扩频码）相乘，得到如图 5-2（c）所示的复合信号 $d(t)c(t)$，这就扩展了传输信号带宽。一般伪噪声码的码率 $R_c = 1/T_c$ 的量级是 Mbps，有的甚至达到几百 Mbps。而信息流 $\{a_n\}$ 经编码器编码后的二进制数字信号的码率 $R_b = 1/T_b$ 较低，如数字语音信号一般为 16～32kbps。

扩频后的复合信号 $d(t)c(t)$ 对载波 $\cos[2\pi f_0 t + \varphi(t)]$（$f_0$ 为载频，$\varphi(t)$ 为初相位）进行调制（直接序列扩频一般采用 PSK），然后通过发射机和天线送入信道中传输。发射机输出的射频信号用 $s(t)$ 表示，其波形如图 5-2（d）所示。射频信号 $s(t)$ 的带宽取决于伪噪声码 $c(t)$ 的码率 R_c。在采用 BPSK 调制的情况下，$s(t)$ 的带宽等于伪噪声码的码率的 2 倍，即 $B_{RF} = 2R_c$，而几乎与数字信号 $d(t)$ 的码率无关。以上对 $d(t)$ 的处理过程就是对其频谱进行扩展的过程。

在接收端用一个与发射端同步的参考伪噪声码 $c_r^*(t - \hat{T}_d)$ 所调制的本地参考振荡信号 $2\cos\left[2\pi(f_0 + f_{IF} + \hat{f}_d)t + \hat{\varphi}_d\right]$ 对接收到的 $s(t)$ 进行相关处理。其中，f_{IF} 为中频频率；$\hat{f}_d$ 和 $\hat{\varphi}_d$ 为锁相环同步跟踪量，分别对应多普勒频移 f_d 和随机相移 φ_d 的估计值。相关处理是将两个信号相乘，然后求其数学期望（均值）或两个信号瞬时值乘积的积分。

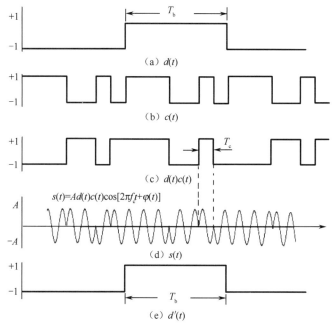

图 5-2　扩频通信系统波形

经数据检测器恢复得到信号 $d'(t)$，如图 5-2（e）所示。如果信道中存在干扰，包括窄带干扰、人为瞄准式干扰、单频干扰、多径干扰和码分多址干扰等，这些干扰将与有用信号 $s(t)$ 同时进入接收机，各信号的频谱如图 5-3 所示。接收机输入如图 5-3（a）所示。

窄带干扰和多径干扰与参考伪噪声码在进行相关处理时被削弱，窄带干扰和参考伪噪声码的能量被扩展到整个传输频带内，降低了干扰信号的功率谱密度，如图 5-3（b）所示。由于有用信号和参考伪噪声码具有良好的相关性，在通过相关处理后被压缩到中心频率为 f_{IF}、带宽为 B_b 的频带内，因为中频滤波器的通带很窄，通常 $B_b = 2R_b$，所以中频滤波器只输出被基带信号 $d'(t)$ 调制的中频信号及落在滤波器通带内的干扰信号和噪声，大部分干扰信号被滤除如图 5-3（c）所示。

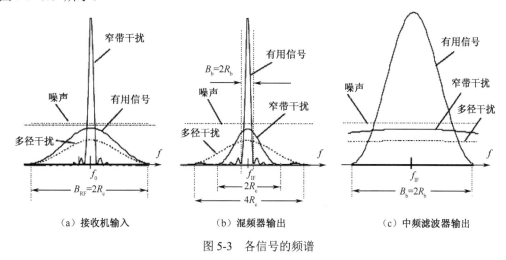

（a）接收机输入　　　　　　（b）混频器输出　　　　　　（c）中频滤波器输出

图 5-3　各信号的频谱

5.1.2 直接序列扩频

直接序列扩频（Direct Sequence Spread Spectrum，DSSS）通信系统，简称直接序列扩频系统，其通过使信号与高码率的伪噪声码相乘，直接控制载波信号的某个参量，达到扩展传输信号带宽的目的。将用于扩频的伪噪声码序列称为扩频码序列。直接序列扩频系统如图 5-4 所示。

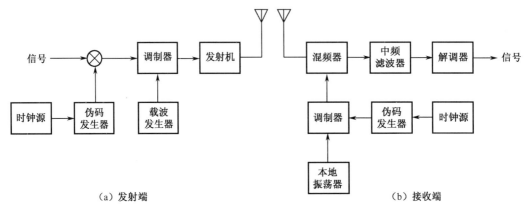

图 5-4　直接序列扩频系统

在直接序列扩频系统中，通常对载波进行相移键控（PSK）调制。由于 PSK 信号可以等效为抑制载波的双边带调幅信号，因此直接序列扩频系统常采用平衡调制方式，不仅能节约发送功率和提高发射机的工作效率，还能提高扩频信号的抗侦破能力。

在发射端，信号与扩频码相乘，用形成的复合码对载波进行调制，然后送入发射机；在接收端，会产生一个与扩频码同步的参考伪噪声码，对接收信号进行相关处理，通常将这一相关处理过程称为解扩。解扩后的信号送到解调器解调，恢复信号。

5.1.3 跳频扩频

跳频扩频（Frequency Hopping Spread Spectrum，FHSS）通信系统，简称跳频扩频系统，其用二进制伪噪声码控制载波发生器输出信号的频率，使发送信号的载频随伪噪声码的变化而跳变。跳频扩频系统可随机选取的载频通常是几千个至几万个离散频率，在如此多的离散频率中，输出的频率由伪噪声码决定。跳频扩频系统如图 5-5 所示。

跳频扩频系统与常规通信系统的最大区别在于发射端的载波发生器和接收端的本地振荡器。在常规通信系统中，它们的输出信号频率是固定的，在跳频扩频系统中，它们的输出信号频率是跳变的。在跳频扩频系统中，发射端的载波发生器和接收端的本地振荡器主要由伪码发生器与频率合成器等构成，快速响应的频率合成器是跳频扩频系统的关键组成部分。

在跳频扩频系统中，发射端的载频在一个预定的频率集内由伪噪声码控制频率随机地从一个跳到另一个。接收端的频率也按照相同的顺序跳变，产生一个与接收信号频率相差 f_{IF} 的参考信号，经混频后得到频率固定的中频信号，将该过程称为解跳。解跳后的中频信号经放大后送到解调器解调，恢复信号。

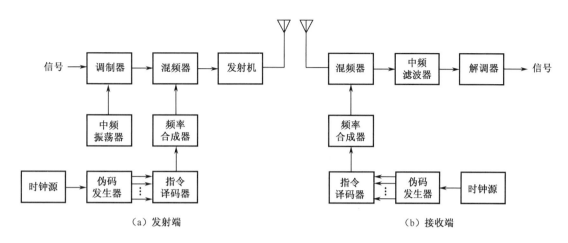

（a）发射端　　　　　　　　　　　　　　（b）接收端

图 5-5　跳频扩频系统

在跳频扩频系统中，控制频率跳变的指令码（伪噪声码）的码率没有直接序列扩频系统中扩频码的码率高。因为跳频扩频系统中输出信号频率的变化速率就是伪噪声码的码率，所以伪噪声码的码率又称跳频速率。根据跳频速率的不同，可以将跳频扩频系统分为慢跳频系统和快跳频系统两种。

假设数据采用二进制频移键控（BFSK）调制，T_b 是 1 比特信息的宽度，每隔 T_b 秒调制器输出两个频率中的一个；T_c 是跳频码的宽度，每隔 T_c 秒系统输出信号的射频频率跳变到一个新的频率上。如果 $T_c > T_b$，则为慢跳频系统，慢跳频系统的跳频过程如图 5-6 所示。

在图 5-6 中，$B_b = 2/T_b$，$T_c = 3T_b$，$B_{RF} = 8B_b$。调制器根据二进制数据信号选择两个频率中的一个，即每隔 T_b 秒调制器从两个频率中选择一个。频率合成器有 8 个频率可供跳变，载波在每传输 3 比特信息后跳变到一个新的频率上。在图 5-6 中，频率的跳变顺序为 f_1、f_6、f_7、f_3、f_8、f_2、f_4、f_5、…。该频率跳变信号在接收端与本地参考振荡信号混频，跳变顺序为 f_1+f_{IF}、f_6+f_{IF}、f_7+f_{IF}、f_3+f_{IF}、f_8+f_{IF}、f_2+f_{IF}、f_4+f_{IF}、f_5+f_{IF}、…。在发射机和接收机获得同步后，接收机中混频后的信号是中心频率为 f_{IF}、带宽为 B_b 的中频带通信号。

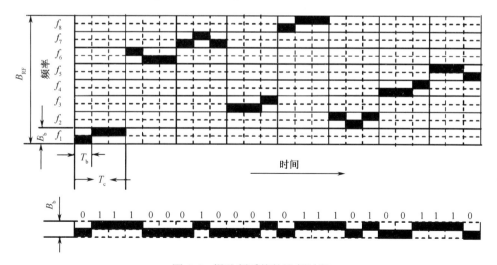

图 5-6　慢跳频系统的跳频过程

在慢跳频系统中，跳频速率比调制器输出符号的变化速率低。如果在每个数据符号中，射频输出信号的载频跳变多次，则为快跳频系统。快跳频系统的跳频过程如图 5-7 所示。

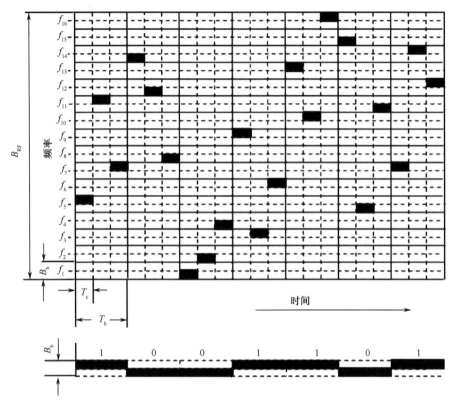

图 5-7　快跳频系统的跳频过程

在图 5-7 中，$B_b = 2/T_b$，$T_c = T_b/3$，$B_{RF} = 16B_b$。频率合成器有 16 个频率，跳变顺序为 f_5、f_{11}、f_7、f_{14}、f_{12}、f_8、f_1、f_2、f_4、f_9、f_3、f_6、f_{13}、f_{10}、f_{16}、f_{15}、f_5、f_{11}、…。混频后的跳变顺序为 $f_5 + f_{IF}$、$f_{11} + f_{IF}$、$f_7 + f_{IF}$、$f_{14} + f_{IF}$、$f_{12} + f_{IF}$、$f_8 + f_{IF}$、$f_1 + f_{IF}$、$f_2 + f_{IF}$、$f_4 + f_{IF}$、$f_9 + f_{IF}$、$f_3 + f_{IF}$、$f_6 + f_{IF}$、$f_{13} + f_{IF}$、$f_{10} + f_{IF}$、$f_{16} + f_{IF}$、$f_{15} + f_{IF}$、$f_5 + f_{IF}$、$f_{11} + f_{IF}$、…。

5.1.4　扩频通信系统的处理增益

在衡量扩频通信系统的抗干扰能力时，通常引入处理增益（Process Gain）G_p。处理增益定义为接收机解扩（或解跳）的输出信号噪声功率比 $(S/N)_{out}$ 与接收机的输入信号噪声功率比 $(S/N)_{in}$ 的比，即

$$G_p = \frac{\text{输出信号噪声功率比}}{\text{输入信号噪声功率比}} = \frac{\left(\dfrac{S}{N}\right)_{out}}{\left(\dfrac{S}{N}\right)_{in}} \tag{5-11}$$

处理增益表示经过扩频接收机处理后，使信号增强的同时抑制输入接收机干扰信号能力的大小。需要指出的是，这里的信号噪声功率比（信噪比）考虑了干扰的影响。处理增益 G_p 越大，系统的抗干扰能力越强。因此，在讨论扩频通信系统的抗干扰能力时，需要分析其处理

增益。

事实上，如果进入接收机的干扰信号的功率谱密度是均匀分布的，谱密度为 N_0，则其功率为

$$N_{in} = N_0 B_{ss} \tag{5-12}$$

式中，B_{ss} 为接收机的带宽。设接收机输入信号的功率为 P，则

$$\left(\frac{S}{N}\right)_{in} = \frac{P}{N_0 B_{ss}} \tag{5-13}$$

经过相关处理后，因为信号能无失真地通过带宽为 B_b 的滤波器，信号的能量没有损失，所以接收机输出信号的功率仍为 P。在干扰信号中，只有少部分能量能通过带宽为 B_b 的滤波器，大部分能量被滤除，接收机输出的干扰信号功率为

$$N_{out} = N_0 B_b \tag{5-14}$$

接收机输出信噪比为

$$\left(\frac{S}{N}\right)_{out} = \frac{P}{N_0 B_b} \tag{5-15}$$

处理增益 G_p 为

$$G_p = \frac{\left(\dfrac{S}{N}\right)_{out}}{\left(\dfrac{S}{N}\right)_{in}} = \frac{\dfrac{P}{N_0 B_b}}{\dfrac{P}{N_0 B_{ss}}} = \frac{B_{ss}}{B_b} \tag{5-16}$$

因此，处理增益与 B_{ss} 成正比，与 B_b 成反比。

在直接序列扩频系统中，如果信息码的码率为 R_b，扩频码的码率为 R_c，则处理增益 G_p 为

$$G_p = \frac{B_{ss}}{B_b} = \frac{R_c}{R_b} \tag{5-17}$$

为与信息码的码率相区别，通常将扩频码的码率称为码片速率或切普（Chip）速率，将扩频码的码元称为码片。在直接序列扩频系统中，码片速率是信息码的码率的整数倍，通常取

$$R_c = NR_b \tag{5-18}$$

或

$$T_b = NT_c \tag{5-19}$$

式中，R_c 为扩频码的码率；R_b 为信息码的码率；T_c 为扩频码的码元宽度；T_b 为信息码的码元宽度；N 为扩频码的长度或周期。

在这种情况下，直接序列扩频系统的处理增益 G_p 为

$$G_p = N \tag{5-20}$$

在跳频扩频系统中，如果跳频间隔不小于信息码所占用的带宽，也就是说在频率跳变时不存在各频点间的频谱重叠，即 $B_{ss} \geqslant NB_b$，且 $f_\Delta \geqslant B_b$，N 为跳频扩频系统可用的载频数，则处理增益 G_p 为

$$G_p = \frac{B_{ss}}{B_b} \approx N \tag{5-21}$$

5.1.5　扩频通信系统的干扰容限

扩频通信系统的处理增益决定了系统的抗干扰能力。当扩频码的码率 R_c 不断提高时，干扰电平不断下降。当干扰电平降至与接收机热噪声的电平相当时，影响接收机输出信噪比的主要因素不再是干扰信号，此时若进一步提高扩频码的码率，不能提高输出信噪比。通常将解扩后干扰电平等于热噪声电平时的码片速率称为系统的最佳码率。目前国际上直接序列扩频系统在工程应用中实现的最大处理增益约 70dB。如果系统的基带滤波器（或中频滤波器）输出信噪比为 10dB，则该系统的输入信噪比为-60dB。也就是说，有用信号功率可以在不低于干扰信号功率-60dB 的恶劣条件下正常工作。跳频扩频系统中的 G_p 目前在工程应用中控制在 40～50dB（相当于系统能提供 10000～100000 个可使用的跳频频率）。

上面仅讨论了处理增益给系统带来的好处，但并不是干扰信号功率与有用信号功率之比等于系统的处理增益时，解扩后一定能实现通信功能。例如，设系统处理增益为 50dB，输入接收机的干扰信号功率为有用信号功率的 10^5 倍，即信噪比为-50dB 时，系统的输出信噪比为 0dB。在如此低的信噪比下，解调器显然不能正常工作。因此，需要引入干扰容限（Jamming Margin）的概念，以表示扩频通信系统在干扰环境下的工作能力。

干扰容限不仅考虑了可用系统对输出信噪比的要求，还考虑了系统内部信噪比损耗（包括射频滤波器的损耗、相关处理器的损耗、放大器的信噪比损耗等）。因此，干扰容限定义为

$$M_j = \frac{G_p}{L_{sys}\left(\dfrac{S}{N}\right)_{out}} \tag{5-22}$$

式中，M_j 为扩频通信系统的干扰容限；G_p 为扩频通信系统的处理增益；L_{sys} 为扩频通信系统的执行损耗或实现损耗；$(S/N)_{out}$ 为相关解扩器的输出信噪比，即系统要求基带滤波器或中频滤波器的输出信噪比。

式（5-22）的实际应用很不方便，工程上常用 dB 数表示，将式（5-22）变为对数形式

$$\left[M_j\right]_{dB} = \left[G_p\right]_{dB} - \left\{\left[L_{sys}\right]_{dB} + \left[\left(\frac{S}{N}\right)_{out}\right]_{dB}\right\} \tag{5-23}$$

式中，$\left[M_j\right]_{dB}=10\lg M_j$；$\left[G_p\right]_{dB}=10\lg G_p$；$\left[L_{sys}\right]_{dB}=10\lg L_{sys}$；$\left[(S/N)_{out}\right]_{dB}=10\lg(S/N)_{out}$。

例如，一个扩频通信系统的处理增益为 17dB，解调器要求的输入信噪比为 8dB，即要求解扩器输出的最低信噪比 $(S/N)_{out}=8$dB。如果系统的实现损耗 $\left[L_{sys}\right]_{dB}=3$dB，则系统的干扰容限为

$$\left[M_j\right]_{dB} = \left[G_p\right]_{dB} - \left\{\left[L_{sys}\right]_{dB} + \left[\left(\frac{S}{N}\right)_{out}\right]_{dB}\right\} = 17-(3+8) = 6\text{dB} \tag{5-24}$$

式（5-24）表明，扩频通信系统的输入干扰信号功率，最多只能比有用信号功率高 6dB。在这一条件下，当干扰信号功率不超过有用信号功率的 4 倍时，系统才能正常工作。当然这不是说干扰信号功率超过有用信号功率的 4 倍时，系统就不能工作了，而是说此时系统的输出信噪比不能满足要求。例如，当干扰信号功率是有用信号功率的 10 倍时，系统的输出信噪

比下降为 4dB，明显不能满足解调器对信噪比的要求。

　　由于在实际工程中很少使用倍数，用得更多的是 dB 数，而式（5-23）写起来比较麻烦，通常将其变量外的方括号 $\left[\ \right]_{dB}$ 省略，如扩频处理增益 $\left[G_p\right]_{dB}=20\text{dB}$ 直接写为 $G_p=20\text{dB}$。

　　在实际工程应用中，扩频接收机的相关解扩器和解调器都达不到理想的线性要求，其非线性及码元跟踪误差导致信噪比损失，且在输入信噪比很低（$S \ll N$）时存在门限效应。因此，扩频接收机实际上允许输入的信噪比低于干扰容限。将实际允许的输入干扰电平称为干扰门限。设输入的干扰信号功率为 J，用 $(J/S)_{in}$ 表示式（5-23）中的 M_j，则有

$$\left(\frac{J}{S}\right)_{in} = G_p - \left[L_{sys} + \left(\frac{S}{N}\right)_{out}\right] \tag{5-25}$$

或

$$\left(\frac{S}{N}\right)_{out} = (G_p - L_{sys}) - \left(\frac{J}{S}\right)_{in} \tag{5-26}$$

　　在扩频接收机中，要精心设计相关解扩器及码元同步跟踪系统，使干扰门限满足

$$\left[(G_p - L_{sys}) - \left(\frac{J}{S}\right)_{in}\right]_{设计值} - \left[\left(\frac{S}{N}\right)_{out}\right]_{实际测量值} = 1\text{dB} \tag{5-27}$$

　　式（5-27）中左边第二项可用频谱分析仪在接收机基带滤波器（或中频滤波器）输出端测得。随着半导体集成电路的迅速发展，国内外厂商已研制出各种削弱门限效应的鉴频器和鉴相器。

5.1.6　扩频通信系统的主要特点

　　扩频通信技术是一种具有较强抗干扰能力的技术，扩频通信系统的主要特点如下。

　　（1）抗干扰能力强。扩频通信系统具有极强的抗人为干扰、抗窄带干扰、抗中继转发式干扰能力，有利于实现电子反对抗，特别适合在军事通信系统中应用。与常规通信系统相比，直接序列扩频系统、跳频扩频系统、直接序列—频率跳变混合扩频系统、直接序列—时间跳变混合扩频系统等对多径干扰不敏感，如果采用自适应干扰对消、智能天线、自适应滤波等技术或措施，可以进一步削弱多径干扰，为移动通信提供更好的环境。

　　（2）选择性寻址能力强，可以用码分多址的方式组成多址通信网。多址通信网内的所有接收机和发射机可以同时使用相同的频率工作。对于给定的接收机，当指定扩频码后，该接收机就只能与使用相同扩频码的发射机联系。当多址通信网内的所有接收机都指定不同的扩频码后，发射机可通过选择不同的扩频码来与使用相应扩频码的接收机联系。使用扩频通信技术组成多址通信网时，网络的同步更易于实现，且便于实现机动灵活的随机接入，便于采用计算机进行信息的控制和交换。

　　（3）保密性强，信息隐蔽以防窃取。扩频信号的频谱结构基本与待传输信息无关，主要由扩频码决定，信息的隐蔽程度或安全程度取决于所使用的扩频码。由于扩频通信系统可以使用周期很长的伪噪声码，伪噪声码具有随机性，经过它调制的数字信号与随机噪声类似，因此可以应用于保密通信系统中，敌方采用普通侦察手段和破译方法不易发现和辨识信号。此外，扩频信号的功率比较均匀地分布在很宽的频带内，传输信号的功率谱密度很低，侦察接收机难以检测，使系统具有低截获概率，从而增强了系统的保密性。

　　（4）可以重复利用频率资源，对其他通信系统的干扰小。在输出信号功率相同的情况下，

扩频信号扩展了频带，降低了输出信号单位频带内的功率，从而降低了系统在单位频带内电波的通量密度。针对当前无线电通信中频率资源匮乏的问题，利用扩频通信技术，可以重复利用频率资源。

（5）高分辨率测距。测距是扩频通信技术最突出的应用之一。无线电测距在测量距离增大的情况下，反射信号变弱，导致接收困难，为克服这一困难，必须增大发送功率。信号的峰值功率受设备和器件的限制；加大信号的脉冲宽度，又会降低测距的分辨率。因此，在利用连续波雷达测距时，会出现距离模糊问题。在利用扩频通信技术测距时，扩频码的长度（或周期）决定了测距系统的最大不模糊距离，扩频码的码率决定了测距系统的分辨率。而产生长周期、高码率的伪噪声码，在今天已不是问题。

由于扩频通信技术具有较强的抗干扰能力，其先在军事通信系统中得到了应用。近年来，扩频通信技术的理论和应用发展非常迅速，在公共移动通信系统中也得到了广泛应用。

与常规通信系统相比，扩频通信系统的最大缺点是设备复杂、实现困难；但随着微电子和集成电路技术的发展，可以有效降低设备复杂度，从而拓大了扩频通信的发展空间。

5.2 分集

第 2 章介绍了电波传播及信道模型，研究表明，信道中存在路径损耗、阴影衰落、多径衰落等。因此，在移动通信中必须解决信道中的衰落问题。

分集（Diversity）指在独立衰落路径上发送相同的数据，由于独立衰落路径在同一时刻经历深衰落的概率很小，因此经过适当的合并后，接收信号的衰落程度会减小。简单来说，如果一条路径中经历了深衰落，另一条相对独立的路径中可能仍存在较强的信号，在多个信号中选择两个或多个信号进行合并，可以同时提高接收端的瞬时信噪比和平均信噪比，一般可以提高 10～20dB。

分集有两重含义：一是分散传输，使接收端能获得多个统计独立的、携带同一信息的衰落信号；二是集中处理，即接收机将收到的多个统计独立的衰落信号合并（包括选择与组合），以降低衰落的影响。

用于对抗楼房等物体的阴影衰落的分集为宏分集（Macro-Diversity）。宏分集一般将几个基站或接入点的接收信号合并，这样做需要不同的基站或接入点进行协调，对于有基础设施的架构式无线网，这样的协调是网络协议的一部分。用于对抗多径衰落的分集为微分集（Micro-Diversity）。多径衰落主要通过微分集解决，主要研究如何充分利用传输中的多径信号能量，以提高传输的可靠性。抗多径衰落还常用均衡技术，后面将进行介绍。

5.2.1 独立衰落路径的实现方法

在移动通信系统中有很多方法可以实现独立衰落路径，如空间分集、极化分集、角度分集、频率分集、时间分集等，下面分别进行介绍。

1. 空间分集

空间分集（Space Diversity）使用多个发射天线或接收天线，即天线阵列，其阵元之间有一定的空间距离。在接收空间分集中，实现独立衰落路径不需要增大发送功率或带宽，通过分集信号进行相干合并还能提高接收信噪比，其相对于单天线的信噪比增益为阵列增益，确切定义是合并输出的平均信噪比 $\overline{\xi}_\Sigma$ 相对于支路的平均信噪比 $\overline{\xi}$ 的增益，即

$$D_g = \frac{\overline{\xi}_\Sigma}{\overline{\xi}} \tag{5-28}$$

所有的分集方法都有阵列增益，由于阵列增益的存在，在相同的平均信噪比下，采用了多个发射或接收天线的分集系统在衰落信道下的性能比其他系统在 AWGN 信道下的性能好。另外，通过对天线进行适当的加权，发射空间分集也能获得阵列增益。除阵列增益外，空间分集还能带来分集增益。分集增益指通过多径合并改善信噪比的分布，从而降低误码率，带来性能增益。

无论是发送空间分集还是接收空间分集，为了获得最大的分集增益，一般要求有足够的天线间距以使各天线上的衰落独立。对于均匀散射环境及全向的发射和接收天线来说，实现独立衰落路径需要的最小间距近似为波长的一半（精确值是波长的 0.38 倍）。如果发送和接收天线是定向的（在扇区化基站中较为常见），多径成分将主要集中在直射线周围的一定角度内，因此需要更大的天线间距才能实现独立衰落路径。

空间分集原理如图 5-8 所示。

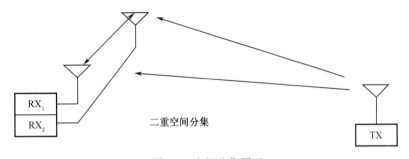

图 5-8　空间分集原理

空间分集的优点是分集增益高，缺点是需要另外的接收天线。

2. 极化分集

极化分集中使用具有不同极化方向（如水平极化和垂直极化）的两根发送或接收天线，具有不同极化方向的两路信号经相同的路径传播，传播环境中的许多随机反射将信号功率大致均匀地分配在两个极化方向上，于是其接收功率近似相等。由于散射角相对每个极化方向是任意的，因此不同极化方向的接收功率同时经历深衰落的可能性很小。

极化分集原理如图 5-9 所示。

极化分集的优点是天线可以装在同一地点，使结构比较紧凑、节省空间。极化分集有两个缺点：①对应于两种极化方向，最多只能有两条分集支路；②因为发送或接收功率要分配到两个极化天线上，所以极化分集有 3dB 的功率损失。

3. 角度分集

如果将接收天线的波束宽度限制在一定角度内，则用定向天线可以实现角度分集（又称

方向性分集）。在极端情况下，如果天线张角非常小，至多只有一条路径落在接收天线的波束宽度内，则不存在多径衰落。角度分集可以利用足够多的定向天线，以覆盖信号所有可能的到达方向。但采用多天线会使系统变得较为复杂，因此通常使一根定向天线对准最佳接收方向（一般指最强路径），以达到角度分集的目的。在应用中，可以采用智能天线实现角度分集。由于使用定向天线，很多多径成分的到达角可能落在接收波束之外。因此，除非天线增益足以弥补这种损失，否则定向天线会降低信噪比。角度分集原理如图 5-10 所示。

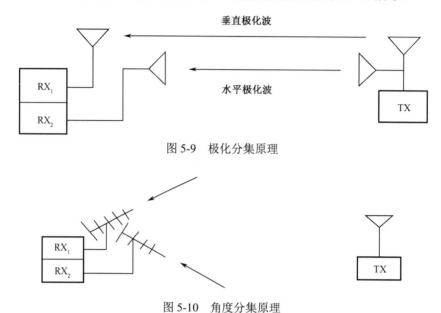

图 5-9　极化分集原理

图 5-10　角度分集原理

角度分集实际上是空间分集的一个特例，因此它的很多特性与空间分集相似。智能天线（Smart Antenna）是一种天线阵列，通过调整每个阵元的位置，能把方向对准到最强路径。

4. 频率分集

频率分集是通过用不同的载波发送相同的窄带信号实现的，载波的间隔要大于信道的相关带宽。因为要在多个频带上发送信号，所以频率分集需要增大发送功率。有时也把直接序列扩频作为频率分集，因为信道增益在发送信号带宽内是变化的。扩频本身不直接在独立衰落路径上发送相同的信息，只是在采用 RAKE 接收机后，等价于相同信息通过独立衰落路径传输，这时它才算是频率分集。

5. 时间分集

在不同的时间发送相同的信息可以构成时间分集。在时间分集中，同一信息重复发送的时间间隔必须大于信道的相关时间。虽然时间分集不需要增大发送功率，但它降低了数据传输速率，因为重复发送的时间本来是可以用于发送新数据的。通过编码和交织也可以实现时间分集。需要注意的是，时间分集不适用于静止信道，因为静止信道的相关时间无限大，而衰落信道才具有较强的时间相关性。

5.2.2　接收分集的合并方式及其性能分析

分集主要研究如何将多径信号分离出来；而合并主要研究在接收端如何利用收到的 M（$M \geqslant 2$）个分集信号减小衰落的影响。在接收端获得 M 个相互独立的支路信号后，可以通过合并得到分集增益，使信噪比提高。

根据在接收端使用位置的不同，可以将合并分为检测前（Pre-detection）合并和检测后（Post-detection）合并，合并方式如图 5-11 所示。在射频电路中进行的合并为检测前合并，如图 5-11（a）所示；在基带中进行的合并为检测后合并，如图 5-11（b）所示。在多数情况下，它们的效果没有什么不同，至少在理想情况下是这样的。后续分析均基于检测后合并。

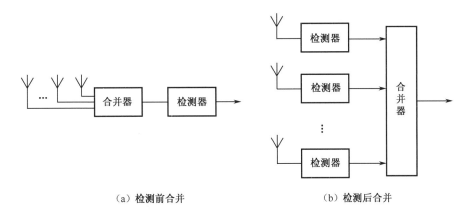

（a）检测前合并　　　　　　　　　（b）检测后合并

图 5-11　合并方式

分集在获得多个独立衰落信号后，需要对其进行合并。合并器的作用是把经过相位调整和延时的各分集支路信号合并。对于大多数通信系统来说，M 重分集对这些信号的处理可以概括为 M 个信号的线性叠加

$$f(t) = a_1(t)f_1(t) + a_2(t)f_2(t) + \cdots + a_M(t)f_M(t) = \sum_{k=1}^{M} a_k(t)f_k(t) \tag{5-29}$$

式中，$f_k(t)$ 为第 k 条支路的信号；$a_k(t)$ 为第 k 个信号的加权因子。信号合并的目的是提高信噪比，因此对合并器的性能分析是围绕其输出信噪比进行的。分集的效果常用分集改善因子或分集增益描述，也可以用中断概率描述。可以预见，合并器的输出信噪比的均值将大于任意支路输出信噪比的均值。信噪比的提高与加权因子有关，依据不同的加权因子，可以形成 3 种基本的合并方式：选择式合并、最大比值合并和等增益合并。下面针对这 3 种方式进行抽象建模，有以下假设。

① 各支路的噪声与信号无关，为零均值、功率恒定的加性噪声。

② 信号幅度的变化由信号衰落导致，其衰落速率比信号的最低调制频率低很多。

③ 各支路信号相互独立，服从瑞利分布，具有相同的平均功率。

1. 选择式合并（Selective Combining）

选择式合并是最简单的合并方式，选择式合并原理如图 5-12 所示。其会在接收信号中选

择信噪比最高的信号并输出，这种选择的本质是在所有加权因子 $a_k(t)$ 中，只有一个加权因子被选为 1，其余加权因子均为 0。选择可以在解调前进行，也可以在解调后进行，两者得到的选择式合并结果一致，因为最后只会选出一个解调信号作为最终的数据流。选择式合并器实际上是一个开关，在各支路干扰信号相同时，系统把开关位置打到信号功率最大的支路，这样输出信号就有最高的信噪比。

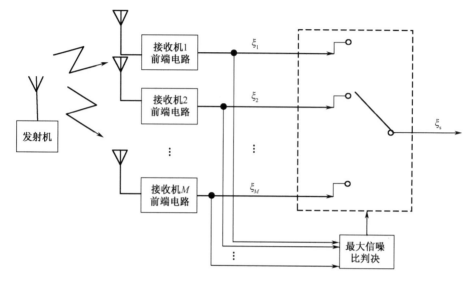

图 5-12　选择式合并原理

设第 k 条支路信号包络为 $r_k = r_k(t)$，其分布的概率密度函数（瑞利分布）为

$$p(r_k) = \frac{r_k}{b^2} \mathrm{e}^{-\frac{r_k^2}{2b^2}} \tag{5-30}$$

其瞬时功率为 $r_k^2/2$。设支路的干扰信号平均功率为 N_k，则第 k 条支路的信噪比为

$$\xi_k = \frac{r_k^2}{2N_k} \tag{5-31}$$

选择式合并器的输出信噪比为

$$\xi_\mathrm{s} = \max\{\xi_k\}, \ k = 1, 2, \cdots, M \tag{5-32}$$

由于 r_k 是一个随机变量，与其成正比的信噪比 ξ_k 也是一个随机变量，可以求得其分布的概率密度函数为

$$p(\xi_k) = \frac{1}{\overline{\xi_k}} \mathrm{e}^{-\frac{\xi_k}{\overline{\xi_k}}} \tag{5-33}$$

式中，$\overline{\xi_k} = E\,|\,\xi_k\,| = b_k^2/N_k$ 为第 k 条支路的平均信噪比。

ξ_k 小于某给定的信噪比 x 的概率为

$$P(\xi_k < x) = \int_0^x \frac{1}{\overline{\xi_k}} \mathrm{e}^{-\frac{\xi_k}{\overline{\xi_k}}} \mathrm{d}\xi_k = 1 - \mathrm{e}^{-\frac{x}{\overline{\xi}}} \tag{5-34}$$

设各支路有相同的干扰信号功率，即 $N_1 = N_2 = \cdots = N$；信号平均功率也相同，即 $b_1^2 = b_2^2 = \cdots = b^2$，则各支路有相同的平均信噪比 $\overline{\xi} = b^2/N$。由于 M 条支路的衰落是互不相关

的，所有支路的 ξ_k 同时小于某给定的信噪比 x 的概率为

$$F(x) = \left(1 - e^{-\frac{x}{\bar{\xi}}}\right)^M \tag{5-35}$$

如果 x 为接收机正常工作的门限，则 $F(x)$ 为通信中断的概率，可以算出系统正常通信的概率为 $1-F(x)$。将 $F(x)$ 称为关于 $x/\bar{\xi}$ 的累积分布函数，选择式合并的累积分布函数如图 5-13 所示。由图 5-13 可知，在给定门限信噪比的情况下，随着支路数的增加，所需支路信号的平均信噪比降低。也就是说，采用分集可以在保证系统所需的通信概率的前提下，降低对接收功率的要求。

由于 $F(x)$ 是 ξ_k 中最大值小于 x 的概率，因此选择式合并器的输出信噪比 ξ_s 的概率密度函数可以表示为

$$p(\xi_s) = \frac{\mathrm{d}F(x)}{\mathrm{d}x}\bigg|_{x=\xi_s} = \frac{M}{\bar{\xi}}\left(1 - e^{-\frac{\xi_s}{\bar{\xi}}}\right)^{M-1} e^{-\frac{\xi_s}{\bar{\xi}}} \tag{5-36}$$

进而求得 ξ_s 的均值为

$$\bar{\xi}_s = \int_0^\infty \xi_s p(\xi_s)\mathrm{d}\xi_s = \bar{\xi}\sum_{k=1}^M \frac{1}{k} \tag{5-37}$$

可见平均信噪比是随 M 的增大而提高的。但这种提高不是线性的，随着 M 的增大，选择式合并增益的增加值趋于零。在应用中需要注意，如果采用的是检测前合并，应选择在天线输出端进行。

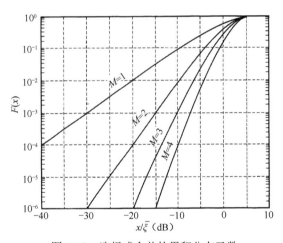

图 5-13　选择式合并的累积分布函数

2. 最大比值合并（Maximum Ratio Combining）

在选择式合并中，只选择了一个信号，其他信号均未利用，这些信号都具有能量且携带信息，如果能得到有效利用，则合并器输出的结果将有明显改善。基于这样的考虑，最大比值合并将各支路信号加权后合并。最大比值合并原理如图 5-14 所示。

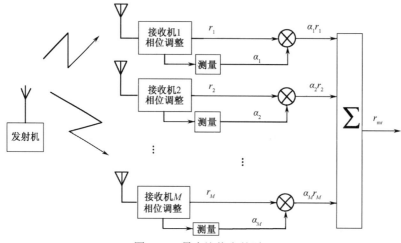

图 5-14　最大比值合并原理

M 条支路需要先经过相位调整，相位调整的目的是使信号在叠加时是同相位的（不同于选择式合并）；然后按照一定的增益系数同向相加（检测合并前），最后送入检测器。M 个信号加权时，每个信号的权重是由其对应的信号包络与干扰信号功率的比值决定的。合并后的信号包络为

$$r_{\mathrm{mr}} = \sum_{k=1}^{M} \alpha_k r_k \tag{5-38}$$

式中，r_k 为第 k 条支路的信号包络；α_k 为第 k 条支路的增益系数。此时，输出的干扰信号功率等于各支路输出的干扰信号功率之和，即

$$N_{\mathrm{mr}} = \sum_{k=1}^{M} \alpha_k^2 N_k \tag{5-39}$$

合并器的输出信噪比为

$$\xi_{\mathrm{mr}} = \frac{r_{\mathrm{mr}}^2}{2N_{\mathrm{mr}}} = \frac{\left(\sum\limits_{k=1}^{M} \alpha_k r_k\right)^2}{2\sum\limits_{k=1}^{M} \alpha_k^2 N_k} = \frac{\left(\sum\limits_{k=1}^{M} \alpha_k \sqrt{N_k}\, \frac{r_k}{\sqrt{N_k}}\right)^2}{2\sum\limits_{k=1}^{M} \alpha_k^2 N_k} \tag{5-40}$$

我们希望输出信噪比有最大值。根据柯西—施瓦茨不等式，有

$$\left(\sum_{k=1}^{M} x_k y_k\right)^2 \leqslant \left(\sum_{k=1}^{M} x_k^2\right)\left(\sum_{k=1}^{M} y_k^2\right) \tag{5-41}$$

当满足以下条件时，式（5-41）取等号

$$\frac{x_1}{y_1} = \frac{x_2}{y_2} = \cdots = \frac{x_M}{y_M} = C \tag{5-42}$$

式中，C 为常数。

令

$$\begin{cases} x_k = \alpha_k \sqrt{N_k} \\ y_k = \dfrac{r_k}{\sqrt{N_k}} \end{cases} \tag{5-43}$$

使加权系数满足

$$\frac{\alpha_k \sqrt{N_k}}{\dfrac{r_k}{\sqrt{N_k}}} = \frac{\alpha_k N_k}{r_k} = C \tag{5-44}$$

即

$$\alpha_k = C\frac{r_k}{N_k} \propto \frac{r_k}{N_k} \tag{5-45}$$

则有

$$\xi_{\mathrm{mr}} = \frac{\left(\displaystyle\sum_{k=1}^{M}\alpha_k\sqrt{N_k}\,\frac{r_k}{\sqrt{N_k}}\right)^2}{2\displaystyle\sum_{k=1}^{M}\alpha_k^2 N_k} = \frac{\left(\displaystyle\sum_{k=1}^{M}\alpha_k^2 N_k\right)\left(\displaystyle\sum_{k=1}^{M}\frac{r_k^2}{\sqrt{N_k}}\right)}{2\displaystyle\sum_{k=1}^{M}\alpha_k^2 N_k} = \sum_{k=1}^{M}\frac{r_k^2}{2N_k} = \sum_{k=1}^{M}\xi_k \tag{5-46}$$

上述结果表明，如果第 k 条支路的加权系数 α_k 与 r_k 成正比、与 N_k 成反比，则合并器的输出信噪比有最大值，且等于各支路信噪比之和，即

$$\xi_{\mathrm{mr}} = \sum_{k=1}^{M}\xi_k \tag{5-47}$$

由于 r_k 是服从瑞利分布的随机变量，各支路有相同的平均信噪比，可以证明其分布的概率密度函数为

$$p(\xi_{\mathrm{mr}}) = \frac{1}{(M-1)!(\bar{\xi})^M}(\xi_{\mathrm{mr}})^{M-1}\mathrm{e}^{-\frac{\xi_{\mathrm{mr}}}{\bar{\xi}}} \tag{5-48}$$

ξ_{mr} 小于等于给定值 x 的概率为

$$F(x) = P(\xi_{\mathrm{mr}} \leqslant x) = \int_0^x \frac{(\xi_{\mathrm{mr}})^{M-1}\mathrm{e}^{-\frac{\xi_{\mathrm{mr}}}{\bar{\xi}}}}{(\bar{\xi})^M(M-1)!}\mathrm{d}\xi_{\mathrm{mr}} = 1 - \mathrm{e}^{-\frac{x}{\bar{\xi}}} \tag{5-49}$$

最大比值合并的累积分布函数如图 5-15 所示。从图 5-15 中可以看出，与选择式合并相似，对给定的中断概率 10^{-3}，随着分集支路数的增加，所需支路信号的平均信噪比降低。

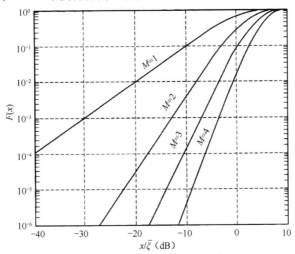

图 5-15　最大比值合并的累积分布函数

合并后的信号幅度与各支路的信噪比相关，信噪比越高的支路对合并后信号的贡献越大。在具体实现时，需要测量各支路的信噪比，以对增益系数进行调整。

最大比值合并的平均输出信噪比为

$$\overline{\xi}_{\mathrm{mr}} = \sum_{k=1}^{M} \overline{\xi}_k = M\overline{\xi} \tag{5-50}$$

最大比值合并的平均输出信噪比等于各支路平均信噪比之和。因此，即使每路信号都比较差，也有可能合成一个满足信噪比要求的可解调信号。在所有已知的合并方式中，最大比值合并的抗衰落能力最强。

3. 等增益合并（Equal Gain Combining）

虽然最大比值合并的性能最优，但是在一些情况下，最大比值合并适当改变 α_k 是比较困难的。通常希望 α_k 为常量，即 $\alpha_k = 1$，这就是等增益合并，等增益合并原理如图 5-16 所示。

等增益合并不需要对信号进行加权，各支路信号是等增益相加的，等增益合并的实现比最大比值合并简单，同时等增益合并的性能也比较接近最大比值合并。因为等增益合并可以看成最大比值合并的特例，所以根据式（5-38）可以得到合并后的信号包络为

$$r_{\mathrm{eq}} = \sum_{k=1}^{M} r_k \tag{5-51}$$

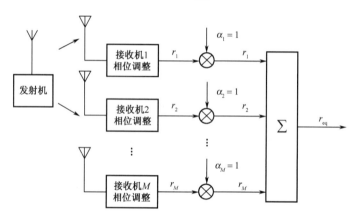

图 5-16　等增益合并原理

设各支路干扰信号的平均功率相同，则输出信噪比为

$$\xi_{\mathrm{eq}} = \frac{\frac{1}{2}\left(\sum_{k=1}^{M} r_k\right)^2}{\sum_{k=1}^{M} N_k} = \frac{1}{2NM}\left(\sum_{k=1}^{M} r_k\right)^2 \tag{5-52}$$

当 $M > 2$ 时，ξ_{eq} 的累积分布函数和概率密度函数的求解比较困难，通常用数值方法对其进行求解，等增益合并的累积分布函数如图 5-17 所示。等增益合并的平均输出信噪比为

$$\overline{\xi}_{\mathrm{eq}} = \frac{1}{2NM}\overline{\left(\sum_{k=1}^{M} r_k\right)^2} = \frac{1}{2NM}\left(\sum_{k=1}^{M} \overline{r_k^2} + \sum_{\substack{j,k=1\\j\neq k}}^{M} \overline{r_k r_j}\right) \tag{5-53}$$

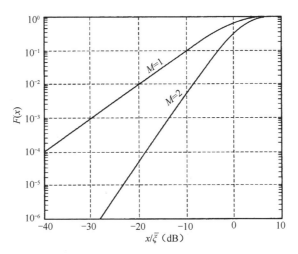

图 5-17　等增益合并的累积分布函数

因为各支路的衰落互不相关，所以 $\overline{r_k r_j} = \overline{r_k}\,\overline{r_j}$，$j \neq k$。对于瑞利分布，有 $\overline{r_k^2} = 2b^2$ 和 $\overline{r_k} = b\sqrt{\pi/2}$，代入式（5-53）得到

$$\overline{\xi}_{eq} = \frac{1}{2MN}\left[2Mb^2 + M(M-1)\frac{\pi b^2}{2}\right] = \overline{\xi}\left[1 + (M-1)\frac{\pi}{4}\right] \qquad (5\text{-}54)$$

对比式（5-50）和式（5-54）可以发现，当 M 较大时，等增益合并与最大比值合并相差不大，两者均保留了各支路信号。因此，接收机从大量不能解调的信号中得到一个可以解调的信号的概率是比较大的，等增益合并的性能虽然比最大比值合并差一些，但是比选择式合并好得多。

除了上述 3 种合并方式，还有其他合并方式，但并不常用。例如，开关式合并（Switching Combining）与选择式合并相似，但其不是总采用 M 条支路中信噪比最大的，而是以固定的顺序扫描 M 条支路，直到发现某支路的信号超过了预置的阈值，然后将该信号选中并传输。如果该信号降低到阈值以下，则重新开始扫描。

4. 性能比较

为了比较不同合并方式的性能，可以比较它们输出的平均信噪比与没有分集时的平均信噪比。将该比值称为改善因子，用 D 表示。

对于选择式合并，由式（5-37）得到改善因子为

$$D_s = \frac{\overline{\xi}_s}{\overline{\xi}} = \sum_{k=1}^{M} \frac{1}{k} \qquad (5\text{-}55)$$

对于最大比值合并，由式（5-50）得到改善因子为

$$D_{mr} = \frac{\overline{\xi}_{mr}}{\overline{\xi}} = M \qquad (5\text{-}56)$$

对于等增益合并，由式（5-54）得到改善因子为

$$D_{eq} = \frac{\overline{\xi}_{eq}}{\overline{\xi}} = 1 + (M-1)\frac{\pi}{4} \qquad (5\text{-}57)$$

　　3 种合并方式的改善因子如图 5-18 所示。由图 5-18 可知，改善因子随 M 的增大而增大，在 M 较小时增速较快，当 M 较大时增速较慢，其中选择式合并最为明显。由于随着 M 的增大，电路复杂度提高，因此实际的 M 一般为 3～4。在 3 种合并方式中，最大比值合并的效果最好，选择式合并的效果最差，等增益合并的效果居中。在采用 DPSK 调制的瑞利衰落信道中，$M=2$ 时 3 种合并方式的平均误码率如图 5-19 所示。从图 5-19 中可以看出，二重分集对无分集抗误码性能有很大改善，而 3 种合并方式的效果相差不大。

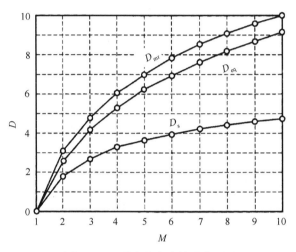

图 5-18　3 种合并方式的改善因子

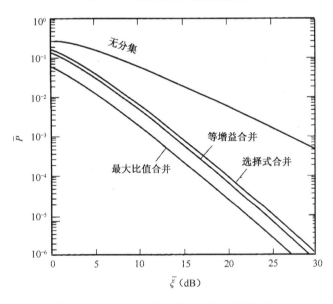

图 5-19　$M=2$ 时 3 种合并方式的平均误码率

5.2.3　RAKE 接收机

　　利用扩频码的自相关性，可以很好地抑制多径干扰，特别是在多径时延大于扩频码的长度时。但是这些先后到达接收机的信号都携带信息且具有能量，如果能够利用这些能量，则可以变害为利，提高接收信号的质量。基于这一思想，Price 和 Green 于 1958 年提出了 RAKE 接收机的概念。

1. RAKE 接收机原理

RAKE 接收机主要由一组相关器构成，RAKE 接收机原理如图 5-20 所示。每个相关器与多径信号中的一个具有不同时延的分量同步，多径信号的分离如图 5-21 所示，输出是携带相同信息但时延不同的信号。把这些输出信号以适当的时延对齐，然后按某种方法合并，就可以增大信号的能量，提高信噪比。RAKE 接收机具有收集多径信号能量的能力，像花园中的耙子（Rake）一样，因此称为 RAKE 接收机。

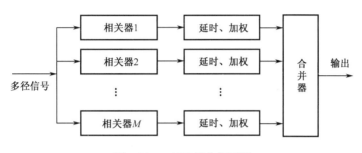

图 5-20　RAKE接收机原理

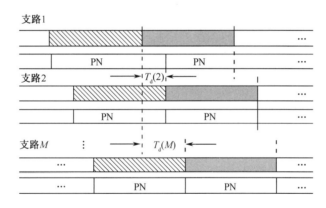

图 5-21　多径信号的分离

一般来说，扩频信号的带宽远大于信道的相关带宽，信号频谱的衰落仅对扩频信号的一小部分起作用，因此也可以说频谱扩展使信号获得了频率分集。另外，多径信号的分离，就是对先后到达接收机的、携带统一信息的、独立衰落的多个信号的能量加以利用。

2. RAKE 接收机类型

1）A-RAKE 接收机

A-RAKE 接收机将所有可能分离的多径信号合并，这要求 A-RAKE 接收机中必须有大量相关器，这在实际中难以实现。A-RAKE 接收机的多径接收示意图如图 5-22 所示。

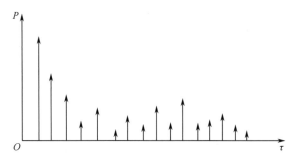

图 5-22　A-RAKE接收机的多径接收示意图

通过采用合适的合并策略，A-RAKE 接收机的性能可以接近 AWGN 环境下的性能。但其面临的最大问题是需要大量相关器，而且对于脉冲本身，其多径信号是不可能完全分离的。因此，A-RAKE 接收机难以有效地进行多径信号的收集，一些多径信号将叠加起来。尽管如此，实际的系统性能上限也可以用 A-RAKE 接收机的系统性能表示，一般采用部分多径信号的分集接收策略，怎样设计接收机才能不断接近这个上限是一项重要的研究内容。

2）S-RAKE 接收机

S-RAKE 接收机在所有可分离的 L_r 个多径信号中选择 L_b 个信号最强的进行合并。由于 S-RAKE 接收机需要存储所有多径信号的瞬时值，以选择最强信号，因此其结构复杂。

S-RAKE 接收机在所有到达接收端的多径信号中选择能量最大的 L_b 个信号，S-RAKE 接收机的多径接收示意图如图 5-23 所示。在相关器数量为 L_b 时，采用这种接收机所收集的多径能量是最多的。虽然 S-RAKE 接收机比 A-RAKE 接收机对器件数量的要求低，但是为了能够选取其中能量最大的 L_b 个信号，需要跟踪全部路径，因此其复杂度仍然很高。

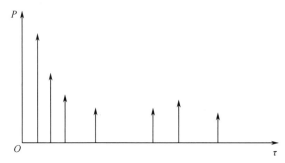

图 5-23　S-RAKE接收机的多径接收示意图

3）P-RAKE 接收机

P-RAKE 接收机对先到达的 L_p 个可分离的信号进行合并，不需要对可以分辨的多径信号进行排序和搜索，对实时性和信道估计准确性的要求大大降低。P-RAKE 接收机的多径接收示意图如图 5-24 所示。

P-RAKE 接收机可以收集部分多径能量，直接对前 L_p 个到达接收端的信号进行合并，不需要选择。

4）3 种 RAKE 接收机性能比较

3 种 RAKE 接收机的误码率如图 5-25 所示。从图 5-25 中可以看出，在支路数（相关器数）和 SNR 相同的条件下，A-RAKE 接收机的性能最好，S-RAKE 接收机次之，P-RAKE 接收机的性能最差。如果不采用 RAKE 接收机，系统的误码率将非常高。因此，在多径条件下，采用 RAKE 接收机是改善系统性能的重要手段。

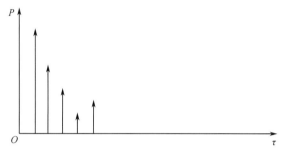

图 5-24　P-RAKE接收机的多径接收示意图

A-RAKE 接收机的性能最好，但需要完整的信道信息，且合并所有多径信号的复杂度最高，在实际应用中难以接受；S-RAKE 接收机的复杂度比 A-RAKE 接收机低，能获得性能和复杂度的折中，但多径信号的选择需要已知信道信息；P-RAKE 接收机不依赖信道信息，因此其实现最简单，但性能最差。

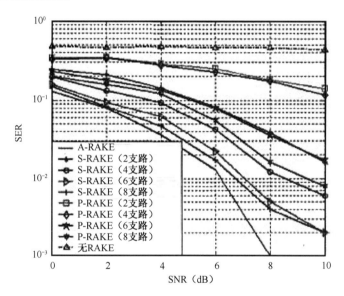

图 5-25　3 种RAKE接收机的误码率

5.2.4　计算分集的设想

目前来看，分集需要一个独立的维度进行信号接收、处理、合并，这个维度主要包括时间、频率、空间、极化、角度等，但是从多维空间的角度来看，是存在其他可能的，本节从计算的维度，介绍信号接收合并的新方法。

现有的分集都要求信号独占维度，如果能从共用信道的角度出发，实现既有分集又有复用的传输，就可以在保证分集增益的前提下，进一步提高传输效率。

参考文献[16]的理论分析表明，扩展加权分数阶傅里叶变换的模型，可以从 4 个分量转化为 2～4 个分量的灵活配置，即仅保持两个时域分量或两个频域分量，此时如果其正反变换仍然成立，则可以在信道上共用资源，在接收端得到信号的独立副本，通过计算合并，获得分集增益，这就是计算分集。下面通过时间计算分集的例子进行分析。

信号构成模型如图 5-26 所示。

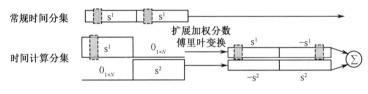

图 5-26　信号构成模型

在图 5-26 中，常规时间分集将信号 s^1 分为两个时间副本，而时间计算分集将 s^1 和 s^2 信号分量分别补零后，做扩展加权分数阶傅里叶变换，将时域信号扩展为 s^1 和 s^1 的时间取反，s^2 处理方法相同，这样在信道传输中，两个信号分量共用两个时隙，两个时隙具有统计独立性。虚框部分是信道遇到的可能的独立衰落点。

扩展加权分数阶傅里叶变换可以在数学模型上将信号恢复成原始的两个独立分量，具体推导过程见参考文献[16]和[17]。从信道传输的角度来看，一个独立的信号分量在两个独立信道中传输了两个副本，获得了统计独立性。同时，s^1 和 s^2 是独立信息或用户，没有额外的物理信道资源消耗。基于这样的设计，同样可以在频域进行计算分集。

在图 5-26 中，可以直接通过补零取反获得发送信号，但是为了实现分集增益和复用传输，必须采用扩展加权分数阶傅里叶变换的反变换实现。典型的加权分数阶傅里叶变换在式（4-90）中给出。加权参数（$w_0 \sim w_3$）与 α 的关系如图 5-27 所示。对应 α 的不同值，加权系数是唯一确定的，但是在扩展加权中，变换的对应关系几乎可以取任意值，扩展加权参数与 α 的关系如图 5-28 所示。

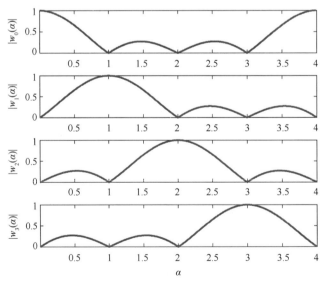

图 5-27　加权参数与 α 的关系

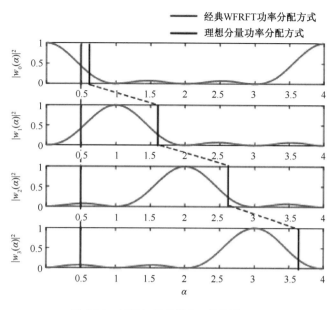

图 5-28　扩展加权参数与 α 的关系

5.3　发射分集和 MIMO 技术

5.3.1　发射分集

传统的分集在接收端进行，即接收分集，合并方式包括选择式合并、最大比值合并、等增益合并等，其缺点是会使设备的成本提高。在这样的背景下，提出了发射分集。

发射分集在多个天线上发送信号，并将发送信号设计在不同的信道中，保持独立衰落，在接收端对信号进行合并，从而削弱多径衰落的影响。需要注意的是，发射分集能够通过同一发送信号使多个移动台获得发射增益（支持一点对多点传输方式），而传统的接收分集的增益仅针对一个移动台。另外，阶数相同的发射分集和接收分集具有相同的增益。

发射分集使用多个天线为接收机提供同一信号的多个不相关副本。其最明显的优点是将使用多个天线的复杂问题置于发射端，由多个接收机共同使用。例如，在许多无线系统的前向链路中，便携式接收机虽然只有一个天线，但仍然可以获得分集增益。

发射分集可采用多种形式，可以根据发射天线的使用规则进行区分。在时分双工（TDD）系统中，利用信道冲激响应的互逆性，同一载波的不同时隙分别作为前向链路和反向链路，在基站中接收反向链路的信号时，能够得到所有天线的接收信噪比，在后续的前向链路中就可以选择具有最高信噪比的天线，这是发射分集的一种形式，即选择发射分集。

在频分双工（FDD）系统中，发射分集的实现较复杂，因为前向链路和反向链路不是互逆的。在 FDD 中，可以使用时分发射系统，其通过在两个或多个发射天线间切换发送信号实现。如果变化的脉冲通过两个或多个独立天线发送，则为时间切换发射分集；如果同一码元的副本在不同时间通过多个天线发送，则为延时发射分集，可以使用均衡器恢复信号并获得分集增益。

根据是否存在反馈，可以将发射分集分为开环发射分集和闭环发射分集。开环发射分集指在不了解信道状态的情况下进行的发射分集；闭环发射分集指根据接收端反馈回来的信道信息配置发射端参数的发射分集。

5.3.2 MIMO 技术

1. MIMO 技术的概念

MIMO（Multiple Input Multiple Output）技术指在发射端和接收端同时采用多个天线，从而在共用信道中建立多条并行的信息传输通道的技术。

20 世纪 70 年代就有人提出将 MIMO 技术用于通信系统，但对移动通信系统中 MIMO 技术的应用产生巨大推动作用的奠基工作则是由贝尔实验室的学者于 20 世纪 90 年代完成的。1995 年，Teladar 得出了在衰落情况下的 MIMO 容量；1996 年，Foshini 提出了 D-BLAST（Diagonall-Bell Laboratories Layered Space-Time）算法；1998 年，Siavash Alamouti 等讨论了用于 MIMO 的空时分组码；同年，Wolinansky 等采用 V-BLAST（Vertical-Bell Laboratories Layered Space-Time）算法建立了一个 MIMO 实验系统，在室内实验中实现了 20bps/Hz 以上的频谱利用率；2006 年，NTT DoCoMo 公司通过结合 MIMO 技术与 OFDM 技术的优点，在室外实验中实现了 5Gbps（天线配置 12×12）的峰值速率。随着 MIMO 技术的发展，使用的天线越来越多，Massive MIMO 技术成为目前的研究热点，关于 Massive MIMO 技术的相关内容见第 10 章。

关于 MIMO 技术的研究成果引起了人们对 MIMO 技术的极大关注，使其成为近年来学术界的研究热点，许多标准化委员会将其作为关键技术并应用于实际的移动通信系统，如在蜂窝移动通信系统中，从 3G 开始就引入了 MIMO 技术。

2. MIMO 的种类

1）空间复用

空间复用指将高速数据流分成多路低速数据流，经过编码后调制到多个天线上，空间复用如图 5-29 所示。由于不同空间信道具有独立衰落特性，因此接收端利用最小均方误差或串行干扰消除技术，能够区分这些并行的数据流。在这种方式下，使用相同的频率资源可以获得更高的数据传输速率，频谱利用率和峰值速率都得到提高。

图 5-29　空间复用

2）空间分集

空间分集指将相同信息进行正交编码后由多个天线发送。接收端将信号区分出来并进行合并，从而获得分集增益，空间分集如图 5-30 所示。编码相当于在发射端提高了信号的冗余度，以降低信道衰落和噪声导致的误码率，使传输可靠性提高、覆盖面扩大。

3）波束赋形

波束赋形指通过对信道的准确估计，采用多个天线产生一个或多个具有指向性的波束，将信号能量集中在欲传输的方向，从而提高信号质量,降低用户间干扰,波束赋形如图 5-31 所示。

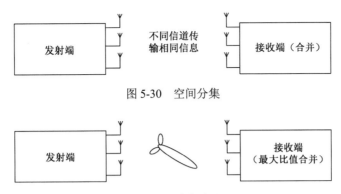

图 5-30　空间分集

图 5-31　波束赋形

波束赋形充分利用了阵列增益、分集增益及干扰抑制增益，以改善系统性能，提高频谱利用率。波束赋形可以通过智能天线实现。智能天线是由多个阵元组成的天线阵列，通过调整各阵元信号的加权幅度和相位来改变天线阵列的方向图，从而抑制干扰、提高信噪比，实现天线和传播环境与用户和基站的最佳匹配。

波束赋形利用信号的空间方向特性实现空间滤波和空分复用。智能天线波束赋形利用最小间距天线的相关性工作。智能天线可以支持单流波束赋形和多流波束赋形，单流波束赋形主要用于增强链路性能，减小用户间干扰，从而扩大覆盖范围；多流波束赋形在减小用户间干扰的同时，还可以提高峰值速率，进而提高小区的吞吐率。因此，智能天线波束赋形技术是未来移动通信系统的关键技术之一。

此外，根据是否能够接收到反馈信息，可以将 MIMO 分为开环 MIMO 和闭环 MIMO。开环 MIMO 的接收端不向发射端反馈任何信息，发射端无法了解信道状态，因此功率在发射端各天线间平均分配；闭环 MIMO 的接收端向发射端反馈信息，发射端可以了解全部或部分信道状态，发射端需要从接收端得到下行信道状态的反馈信息，构成反馈信道，并据此在各数据流间调整发送功率。

开环 MIMO 和闭环 MIMO 如图 5-32 所示。

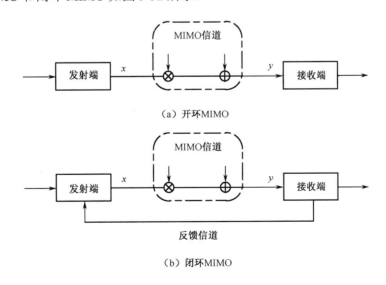

（a）开环MIMO

（b）闭环MIMO

图 5-32　开环MIMO和闭环MIMO

3. MIMO 系统模型

MIMO 系统模型如图 5-33 所示。在发射端和接收端均使用多个天线，每个收发天线对之间形成一个 MIMO 子信道，假设发射端有 N_T 个发射天线，接收端有 N_R 个接收天线，在收发天线之间形成 $N_T \times N_R$ 信道矩阵 $\boldsymbol{H}$。在时刻 t，信道矩阵为

$$\boldsymbol{H} = \begin{bmatrix} h_{11} & h_{12} & \cdots & h_{1N_T} \\ h_{21} & h_{22} & \cdots & h_{2N_T} \\ \vdots & \vdots & & \vdots \\ h_{N_R1} & h_{N_R2} & \cdots & h_{N_RN_T} \end{bmatrix} \tag{5-58}$$

$\boldsymbol{H}$ 中的元素是收发天线之间的信道增益。

对于信道矩阵参数确定的 MIMO 信道，假设发射端不了解信道状态，总的发送功率为 P，其值与发射天线的数量 N_T 无关；接收端的噪声用 $N_R \times 1$ 矩阵表示，它的元素是独立零均值高斯复变量，各接收天线的干扰信号功率均为 σ^2；发送功率平均分配到每个发射天线上，在 N_R 一定时，可以得到容量的近似表达式为

$$C = N_R \log_2 (1 + \rho) \tag{5-59}$$

式中，ρ 是接收信噪比，$\rho = P / N_R \sigma^2$。

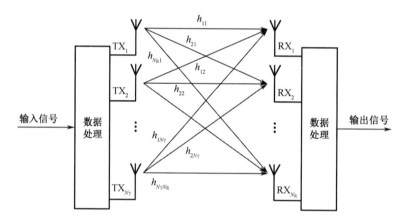

图 5-33　MIMO系统模型

从式（5-59）中可以看出，此时的信道容量随天线数量的增加而线性增大。也就是说，可以利用 MIMO 技术成倍提高信道容量，在不改变带宽和天线发送功率的情况下，可以成倍提高频谱利用率。

利用 MIMO 技术可以提高信道容量，同时可以提高信道的可靠性、降低误码率。前者是利用 MIMO 信道提供的空间复用增益，后者是利用 MIMO 信道提供的空间分集增益。

4. MIMO 的核心技术

MIMO 技术的核心是空时信号处理，即利用在空间分布的多个天线将时域和空域结合进行信号处理，其有效利用了随机衰落和可能存在的多径传播，以成倍提高传输速率。MIMO 的核心技术包括 BLAST 技术、空时格形码（Space-Time Trellis Codes，STTC）技术和空时分组码（Space-Time Block Codes，STBC）技术，下面分别进行介绍。

1）BLAST 技术

贝尔分层空时（BLAST）结构是由贝尔实验室的 Foschini 提出的空时编码模型，目前应用于 3.9G 的 LTE（Long Term Evaluation）中。其突出特点是可以在同一空间范围内通过一维处理方法处理多维信号。其依赖接收机的高效信号处理技术及一维卷积信道编码。其基本思想是在发射端，将高速数据业务分解为若干低速数据业务，通过普通的并行信道编码器编码后，进行分层的空时编码，经调制后用多个天线发送，实现发射分集；在接收端，用多个天线分集接收，信道参数通过信道估计获得，由译码器完成空时译码。BLAST 系统结构如图 5-34 所示。

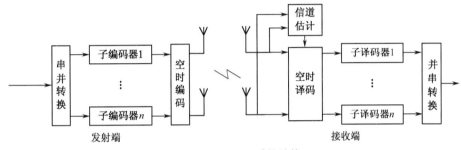

图 5-34　BLAST系统结构

BLAST 技术的本质是将高速数据流转化为多路低速子数据流进行传输，然后通过接收端的信号处理恢复数据。

依据分层后的数据流与天线映射方式的不同，BLAST 可分为 D-BLAST 和 V-BLAST。前者将每层数据流在每个发射天线上依序循环发送，即每层数据流都在发射矩阵的对角线上；而后者的映射关系是固定的，即每层数据流都在同一天线上传输，即每层数据流对应发射矩阵的某行。由于 D-BLAST 的数据流是在各发射天线上遍历的，因此子信道深衰落对它的影响较小，D-BLAST 的性能优于 V-BLAST，但 D-BLAST 在每个发射矩阵的开始和结束处都有一段天线空闲期，影响了频谱利用率，D-BLAST 的检测也比 V-BLAST 复杂，因此 V-BLAST 受到更多关注。

接收算法也是 MIMO 技术中的关键，对其进行了很多研究。较早提出的有最大似然（Maximum Likelihood，ML）算法，其抗误码性能较强，但复杂度非常高，尤其在所用调制阶数较大、天线较多时，在实际应用中难以实现。因此，Hassibi 等提出一种球形检测算法，能够大大降低复杂度。此外，还有学者提出了分层空时码的线性和非线性检测算法，线性检测算法包括迫零（Zero Forcing，ZF）算法、最小均方误差（Minimum Mean Square Error，MMSE）算法及与其对应的定序连续干扰消除（Ordered Successive Interference Cancellation，OSIC）等；非线性检测算法包括串行干扰消除（Successive Interference Cancellation，SIC）算法和 QR 分解算法等。各种算法的误码性能与计算复杂度各不相同，最大似然算法和球形检测算法都因复杂度过高而在实际应用中受到限制。各种算法的性能比较如图 5-35 所示。

2）STTC 技术

STTC 技术是由朗讯实验室的 Tarokh 等提出的空时编码技术，在不牺牲带宽的情况下，其不仅可以提供尽可能高的分集增益，还可以提供较高的编码增益，适用于多种信道环境。STTC 技术将编码与调制结合，能够实现编译码复杂度、性能和频谱利用率的折中。STTC 技术原理如图 5-36 所示。STTC 技术可以将待发送的信息转化为可以同步发射的矢量码元。

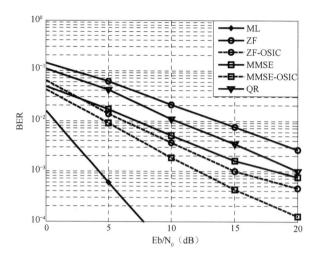

图 5-35　各种算法的性能比较

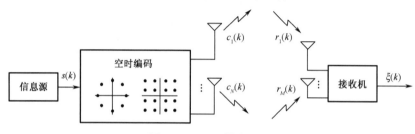

图 5-36　STTC技术原理

使用 STTC 技术能同时获得编码增益和分集增益，虽然能提供比现有系统高 3～4 倍的频谱利用率，但是其译码复杂度随着状态数的增加呈指数级增长。此外，其频谱利用率不随天线数量的增加而提高，这是限制其发展的重要因素。

3）STBC 技术

STBC 技术是在 Alamouti 的研究的基础上提出的。Alamouti 提出了采用两个发射天线和一个接收天线的系统，可以得到与采用一个发射天线和两个接收天线的系统相同的分集增益。STBC 技术与 STTC 技术都属于空时编码技术，因此其原理与 STTC 技术相同。

空时分组码是利用正交设计的原理分配各发射天线上的发送信号格式，实际上是一种空域和时域结合的正交分组编码方式。空时分组码可以使接收机译码后获得分集增益，并保证译码运算只是简单的线性合并，使译码复杂度大大降低。

MIMO 技术是现代通信的一个重要突破，将多径传播转化为有利条件，突破了无线通信的容量瓶颈，因此近年来对其进行了大量研究，并取得了一系列研究进展，详细内容见参考文献[18]和[19]。

5.4　均衡技术

5.4.1　均衡原理

在衰落信道中，如果一个码元的多径信号时延超过了码元的持续时间，就会出现频率选择性衰落，这种时延导致符号间干扰出现，从而引起信号失真。符号间干扰是影响移动通信系统数据传输性能的主要因素之一，因此提出均衡技术，以削弱符号间干扰的影响。

在数字移动通信中，无符号间干扰的冲激响应如图 5-37 所示，其除了指定时刻的接收码元样本值不为零，在其余时刻的样本值均为零。由于实际信道（这里指包括收发设备的广义信道）的传输特性不是理想的，冲激响应的波形失真不可避免，有符号间干扰的冲激响应如图 5-38 所示，其在多个时刻的样本值不为零。

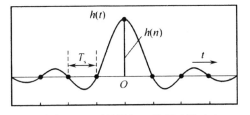

图 5-37　无符号间干扰的冲激响应

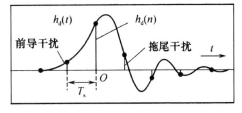

图 5-38　有符号间干扰的冲激响应

在数字移动通信中，我们感兴趣的是离散时间的发送序列 $\{a_n\}$ 与接收机输出序列 $\{\hat{a}_n\}$ 的关系。均衡原理如图 5-39 所示。为了突出均衡器的作用，这里不考虑信道噪声的影响。

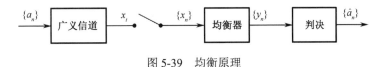

图 5-39　均衡原理

均衡器的作用是将有符号间干扰的序列 $\{x_n\}$ 变换为无符号间干扰的序列 $\{y_n\}$。设信道的输入为

$$a_n = \delta(n) = \begin{cases} 1, & n = 0 \\ 0, & n \neq 0 \end{cases} \qquad (5-60)$$

信道的冲激响应为

$$x(n) = \sum_k h_k \delta(n-k) \qquad (5-61)$$

式中，h_k 是信道引入的失真。考虑到实际的失真响应 $h_d(t)$ 随时间衰减，h_k 不会有无穷多个。而理想均衡器输出的序列应具有如图 5-37 所示的形式，即 $y(n) = \delta(n)$，因此考虑用线性滤波器实现均衡器。采用 z 变换分析线性离散系统。设均衡器输入序列的 z 变换为 $X(z)$，它是一个有限长的多项式，且等于信道冲激响应的 z 变换，即 $H(z) = X(z)$；而理想均衡器输出序列的 z 变换为 $Y(z) = 1$。设均衡器传递函数为 $E(z)$，则有

$$Y(z) = X(z)E(z) = H(z)E(z) \qquad (5-62)$$

因此在信道特性给定的情况下，对均衡器传递函数的要求为

$$E(z) = \frac{1}{H(z)} \qquad (5-63)$$

由此可见，均衡器是信道的逆滤波，根据 $E(z)$ 可以设计所需要的均衡器。

5.4.2　均衡器的类型

均衡包括时域均衡和频域均衡。时域均衡的目的是使总的冲激响应满足无符号间干扰条

件；频域均衡的目的是使总的传递函数（信道传递函数和均衡器传递函数）满足无失真传输条件，即校正幅频特性和群时延特性。

1. 时域均衡器

时域均衡器包括线性均衡器与非线性均衡器两类，每类可以分为几种结构，每种结构可以根据特定的性能准则采用若干自适应调整滤波器参数的算法实现。时域均衡器分类如图 5-40 所示。

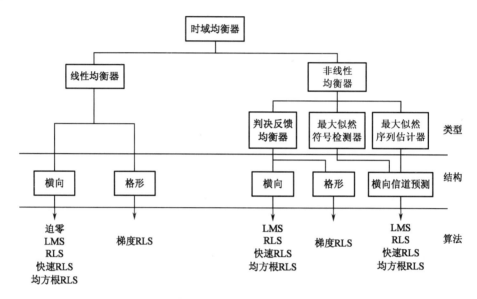

图 5-40　时域均衡器分类

线性均衡器和非线性均衡器的区别主要在于均衡器输出被用于反馈控制的方法。在一般情况下，模拟信号要先经过接收机的判决器，然后由判决器进行限幅或阈值操作，最后决定信号的数字逻辑值 $d(t)$ 。如果 $d(t)$ 没有被应用到均衡器的反馈逻辑中，则为线性均衡器；如果 $d(t)$ 被应用到反馈逻辑中并帮助改变了均衡器的后续输出，则为非线性均衡器。

常用的非线性均衡器有判决反馈均衡器（Decision Feedback Equalizer，DFE）、最大似然符号检测器（Maximum Likelihood Symbol Detector，MLSD）和最大似然序列估计器（Maximum Likelihood Sequence Estimator，MLSE）。非线性均衡器的性能一般比线性均衡器的性能好，特别是在信道中存在深衰落并导致严重失真时。

2. 频域均衡器

目前采用的频域均衡技术有单载波和多载波两种。正交频分复用（OFDM）系统是多载波系统，其与单载波频域均衡（SC-FDE）系统都将频域均衡作为主要技术。

频域均衡的概念在早期的模拟移动通信阶段就已经被提出了，但是因为当时的硬件条件不成熟，DFT 和 IDFT 实现起来还有很大困难，所以一直没有被重视。随着 FFT 的发展和 DSP、FPGA 等硬件的成熟，频域均衡逐渐被重视。常用的频域均衡算法是迫零（ZF）算法和最小均方误差（MMSE）算法。此外，判决反馈均衡、Turbo 均衡等均衡技术也得到了一定的应用。

基于 OFDM 和 SC-FDE 系统优越的性能，频域均衡作为其关键技术越来越被重视。一些将 OFDM 和单载波技术与多址接入技术结合的系统也采用了频域均衡技术，如 OFDM 与 TDMA 结合产生 OFDM-TDMA，与 CDMA 结合产生 MC-CDMA、VSF-OFCDM 等。

5.4.3　线性均衡器与非线性均衡器

均衡器的目的是消除 ISI 的影响。但在消除 ISI 时，必须顾及噪声功率增强问题。为说明该问题，给出模拟均衡器如图 5-41 所示。假设信号 $s(t)$ 经过了一个频率响应为 $H(f)$ 的信道，叠加了高斯白噪声 $n(t)$，则输入信号为 $Y(f) = S(f)H(f) + N(f)$，其中 $N(f)$ 是功率谱密度为 $N_0/2$ 的白噪声。如果信号带宽为 B，则信号带宽内的噪声功率为 N_0B。为了完全消除信道中引入的 ISI，需要在接收端引入均衡器

$$H_{eq}(f) = \frac{1}{H(f)} \tag{5-64}$$

均衡后的接收信号为

$$[S(f)H(f) + N(f)]H_{eq}(f) = S(f) + N'(f) \tag{5-65}$$

式中，$N'(f)$ 是有色高斯噪声，其功率谱密度为 $0.5N_0/|H(f)|^2$。式（5-65）表明，ISI 完全被消除了。

但是，如果在 $s(t)$ 的带宽范围内 $H(f)$ 有零点，则噪声 $N'(f)$ 的功率为无限大。即使没有零点，如果某些频率处有很大衰减，则均衡器 $H_{eq}(f) = 1/H(f)$ 也会使这些频率处的噪声显著增大。在这种情况下，虽然 ISI 被消除了，但因为信噪比大大降低，所以性能很差。因此，均衡器设计应当在减小 ISI 的同时使均衡器输出的信噪比最高。一般来说，线性均衡器的原理是近似将信道的频率响应反转，其噪声功率增强问题较大；而非线性均衡器的噪声功率增强问题较小。

图 5-41　模拟均衡器

例 5.1　设信道的频率响应为 $H(f) = 1/\sqrt{|f|}$，$|f| < B$，B 为信道带宽。给定噪声的功率谱密度为 $N_0/2$，B=30kHz。在不采用和采用信道反转式均衡器时，噪声功率分别为多少？

解：

不采用均衡器时的噪声功率为 $N_0B = 3N_0 \times 10^4$。

采用均衡器后，噪声的功率谱密度为 $0.5N_0|H_{eq}(f)|^2 = 0.5N_0/|H(f)|^2 = 0.5N_0|f|$。因此噪声功率为 $0.5N_0\int_{-B}^{B}|f|\,\mathrm{d}f = 0.5N_0B^2 = 4.5N_0 \times 10^8$。

1. 线性均衡器

线性均衡器利用线性滤波器引起的符号间干扰进行补偿，包括横向均衡器和格形均衡器。

1）横向均衡器

横向均衡器是时域均衡器的主要实现方式。其由多级抽头延迟线、可变增益加权系数乘

法器和加法器等组成。横向均衡器结构如图 5-42 所示。抽头数为 $2N+1$ 个，它是可变、可调且能取正负值的。输入信号经过 $2N$ 级延迟线，每级的群时延为 $T_s = 1/2f_{max}$，f_{max} 为系统的奈奎斯特取样频率。在每级延迟线的输出端都引出信号，并分别与可变增益加权系数 ω_n^* 相乘后，送入求和电路，得到 $\hat{d}_k$，即

$$\hat{d}_k = \sum_{n=-N}^{N} \left(\omega_n^* \right) y_{k-n} \tag{5-66}$$

式（5-52）中的 y_{k-n} 表示以 k 为中心的前后 $2N$ 个符号在取样时对第 k 个符号的 ISI。因此，横向均衡器的作用是调节可变增益加权系数，使以 k 为中心的前后符号在 $t = kT_s$ 时的值趋于零，即消除对第 k 个符号的干扰。将横向均衡器达到这一状态的特性称为收敛特性。显然，抽头越多，即 N 越大，控制范围越大，均衡效果越好，但是 N 越大，抽头越多，调整难度越大，应该在性能与实现上进行折中。

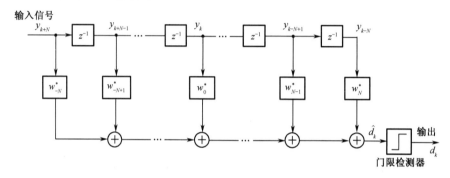

图 5-42　横向均衡器结构

2）格形均衡器

格形均衡器结构如图 5-43 所示。输入信号 $y(k)$ 被转换为一组作为中间信号的前向和后向误差信号，即 $f_n(k)$ 和 $b_n(k)$。将这组中间信号作为各级乘法器的输入，用于计算并更正系数，可以表示为

$$f_1(k) = b_1(k) = y(k) \tag{5-67}$$

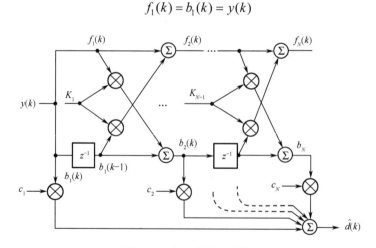

图 5-43　格形均衡器结构

$$f_n(k) = y(k) - \sum_{i=1}^{n} K_i y(k-i) = f_{n-1}(k) + K_{n-1}(k)b_{n-1}(k-1) \tag{5-68}$$

$$b_n(k) = y(k-n) - \sum_{i=1}^{n} K_i y(k-n-i) = b_{n-1}(k-1) + K_{n-1}(k)f_{n-1}(k) \tag{5-69}$$

后向误差信号 $b_n(k)$ 又作为对抽头增益的输入，得到输出为

$$\hat{d}(k) = \sum_{i=1}^{N} c_i(k)b_i(k) \tag{5-70}$$

$f_n(k)$ 为 n 阶前向误差信号，$b_n(k)$ 为 n 阶后向误差信号，$c_n(k)$ 为 n 阶抽头系数。格形均衡器是递推阶次的，因此其所含的阶数可以很容易地增大或减小，且不影响其余各阶的参数。

格形均衡器有两大优点，即数值稳定性好和收敛速度快。格形均衡器的特殊结构允许进行有效长度的动态调整。当信道的时间扩散特性不明显时，可以用级数较少的格形均衡器实现；当信道的时间扩散特性明显时，均衡器的级数可以由算法自动增加，且不用暂停均衡器操作。缺点是格形均衡器结构比横向均衡器结构复杂。

2. 非线性均衡器

当信道失真较严重以至于线性均衡器不易处理时，可以采用非线性均衡器。当信道中出现深衰落时，用线性均衡器不能取得满意的效果，原因在于线性均衡器为了补偿频谱失真会产生很高的增益。

当前有很多非常有效的非线性均衡器，它们改进了线性均衡技术。下面对判决反馈均衡器（DEF）和最大似然序列估计器（MLSE）进行介绍。

1）判决反馈均衡器

判决反馈均衡器的基本思路是，一旦一个符号被检测并被判定后，就可以在检测后续符号前预测并消除由这个符号带来的符号间干扰。

判决反馈均衡器由前馈滤波器和反馈滤波器等组成。前馈滤波器的作用与线性均衡器类似；反馈滤波器的作用是用已检测的符号估计当前符号的符号间干扰，然后使其与前馈滤波器输出相减，从而削弱当前符号的符号间干扰。判决反馈均衡器结构如图 5-44 所示。

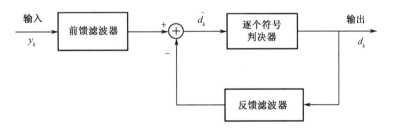

图 5-44　判决反馈均衡器结构

判决反馈均衡器既可以用横向均衡器实现，也可以用格形均衡器实现。用横向均衡器实现的判决反馈均衡器结构如图 5-45 所示。其由前馈滤波器（Feed Forward Filter，FFF）、反馈滤波器（Feed Back Filter，FBF）和判决器构成，FBF 由输出驱动，通过调整其系数来消除当前符号中由已检测的符号引起的 ISI。判决器的输入为

$$\hat{d}_k = \sum_{n=-N}^{N} \omega_n^* y_{k-n} + \sum_{i=1}^{M} b_i^* d_{k-i} \qquad (5\text{-}71)$$

式中，ω_n^* 是前馈滤波器的 $2N+1$ 条支路的加权系数；b_i^* 是反馈滤波器的 M 条支路的加权系数。

与横向均衡器相比，判决反馈均衡器的优点是在具有相同抽头数的条件下，残留的符号间干扰较小、误码率较低，特别是在失真严重的无线信道中。

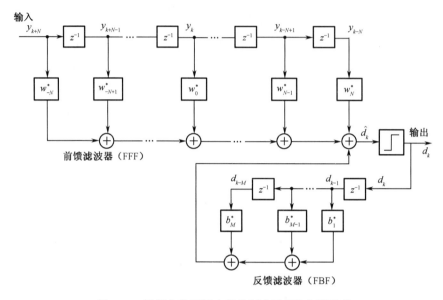

图 5-45　用横向均衡器实现的判决反馈均衡器结构

2）最大似然序列估计器

当信道中不存在幅度失真时，基于均方误差的线性均衡器是以使符号差错率最低为最优化准则的，但实际上幅度失真的情况必然存在，因此基于均方误差的线性均衡器在使用上会受到一定的限制。在这种情况下，最优和次优的非线性均衡器开始进入人们的研究范围。

这些非线性均衡器采用了大量具有不同形式的经典最大似然接收结构，并在算法中使用冲激响应模拟器，利用最大似然序列估计所有可能的数据序列（不仅对接收到的符号进行译码），从而选择与信号相似性最大的序列并作为输出。

在均衡器中使用最大似然序列估计是由 Forney 提出的，他建立了一个基本的最大似然序列估计结构，并且采用 Viterbi 算法实现。这种算法被认为是在无记忆噪声环境中的有限状态马尔可夫（Markov）过程状态序列的最大似然序列估计。

如果等概率发送各序列，接收端计算条件概率 $P(y_1, y_2, \cdots, y_N \mid a_1, a_2, \cdots, a_N)$，将概率最大的序列作为发送的序列估计。因为条件概率 $P(y_1, y_2, \cdots, y_N \mid a_1, a_2, \cdots, a_N)$ 表示 y_n 序列和 a_n 序列间的相似性，所以将该方法称为最大似然序列估计。

就降低一个数据序列的差错率而言，最大似然序列估计是最优的。最大似然序列估计不但需要知道信道的特性，以做出一定的判决，而且需要知道干扰信号和噪声的统计分布。因此，噪声的概率密度函数将决定信号的最佳解调形式。

最大似然序列估计器结构如图 5-46 所示。最大似然序列估计器是在数据序列差错率最低意义上的最佳均衡器，其需要准确了解信道特性，以计算判决的度量值。

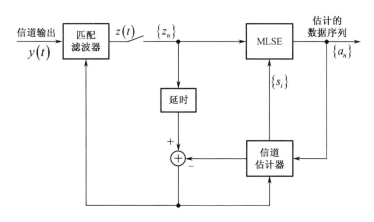

图 5-46　最大似然序列估计器结构

综上所述，均衡器主要包括线性均衡器和非线性均衡器两类。线性均衡器实现简单、易于理解，但多数移动通信系统没有采用线性均衡器，因为它的噪声功率增强比非线性均衡器大。最常用的非线性均衡器是实现简单、性能较好的判决反馈均衡器。但在信噪比较低时，判决反馈均衡器存在误码传播的问题，会导致性能变差。最大似然序列估计器的复杂度随时延扩展迅速提高，对于多数信道来说难以实现，因此人们经常将最大似然序列估计器作为比较各种均衡技术的性能上界。

5.4.4　自适应均衡器

从原理上来看，在信道特性已知的情况下，均衡器的设计就是要确定一组系数，这组系数可以使基带信号在抽样时消除符号间干扰。如果信道的传输特性不随时间变化，这种设计通过求解线性方程组或用最优化求极值方法求得均衡器的系数就可以了。但是，实际中的信道特性往往是不确定的或随时间变化的。例如，每次呼叫所建立的信道在整个呼叫期间的传输特性一般可以认为是不变的，但每次呼叫建立的信道传输特性不完全相同。因此，实际的传输系统要求均衡器能基于对信道特性的测量随时调整系数，以适应信道特性的变化。自适应均衡器就具有这样的能力。

为了获得信道参数，接收端必须对信道特性进行测量。因此，自适应均衡器存在两种模式，即训练模式和跟踪模式，自适应均衡器如图 5-47 所示。在发送数据前，发射端先发送一个已知序列（称为训练序列），接收端的开关置 1，也产生一个训练序列。因为传输过程中必然存在一定的失真，所以接收到的训练序列和产生的训练序列必然存在误差 $e(n) = a(n) - y(n)$。将 $e(n)$ 和 $x(n)$ 作为某种算法的参数就可以将均衡器的系数 c_k 调整到最佳，这时均衡器要满足峰值畸变准则或均方畸变准则。此阶段均衡器的工作模式为训练模式。在训练模式结束后，发射端才开始发送数据，同时均衡器转入跟踪模式，开关置 2。由于此时均衡器达到最佳状态（均衡器收敛），判决器以很低的差错率进行判决。均衡器系数一般按均方畸变最小准则调整，与按峰值畸变最小准则调整的迫零算法相比，其收敛速度快，在初始畸变比较大的情况下仍然能够收敛。

由于采用 TDD 方式的移动通信系统通常以固定时隙定时发送数据，因此特别适合使用自适应均衡技术。其每个时隙包含一个训练序列，该训练序列可以在时隙的开始位置，如图 5-48

所示，这样的均衡器可以按顺序进行正向均衡，也可以利用下一时隙的训练序列进行反向均衡，或者先采用正向均衡，再采用反向均衡比较误差信号大小，最后输出误差小的正向或反向均衡结果。同时，训练序列也可以在时隙的中间位置，如图 5-49 所示，此时训练序列对数据进行正向和反向均衡。

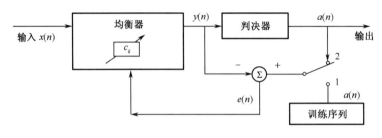

图 5-47　自适应均衡器

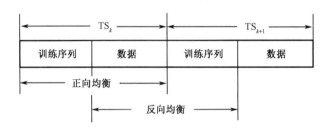

图 5-48　训练序列在时隙的开始位置

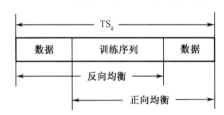

图 5-49　训练序列在时隙的中间位置

例如，GSM 使用了不同的训练序列，分别用于不同的逻辑信道时隙。其中用于业务信道、专用控制信道时隙的训练序列长度为 26 比持，共有 8 个，GSM 使用的训练序列如表 5-1 所示，这些序列都在时隙的中间位置，这样接收机可以正确确定接收时隙内数据的位置。

表 5-1　GSM 使用的训练序列

序　号	二　进　制	十　六　进　制
1	00 1001 0111 0000 1000 1001 0111	0970897
2	00 1011 0111 0111 1000 1011 0111	0B778B7
3	01 0000 1110 1110 1001 0000 1110	10EE90E
4	01 0001 1110 1101 0001 0001 1110	11ED11E
5	00 0110 1011 1001 0000 0110 1011	06B906B
6	01 0011 1010 1100 0001 0011 1010	13AC13A
7	10 1001 1111 0110 0010 1001 1111	29F629F
8	11 1011 1100 0100 1011 1011 1100	3BC4BBC

应当指出，如果取一个训练序列中间的 16 比特和整个 26 比特序列进行自相关运算，则 8 个序列都有良好的自相关性，相关峰值的两边是连续的 5 个零相关值，训练序列的自相关性如图 5-50 所示。另外，8 个训练序列都有较小的互相关系数，这样在可能产生干扰的同频信道上可以使用不同的训练序列，易于区分同频信道。

GSM 用于同步信道的训练序列长度为 64 比特，即 1011 1001 0110 0010 0000 0100 0000 1111 0010 1101 0100 0101 0111 0110 0001 1011。由于同步信道是移动台第一个需要解调的信道，因此它的长度大于其他训练序列，且有良好的自相关性。此外，GSM 的接入信道也有一个唯一的、长度为 41 比特的训练序列，即 0100 1011 0111 1111 1001 1001 1010 1010 0011 1100 0，在时隙的开始位置，也有良好的自相关性。

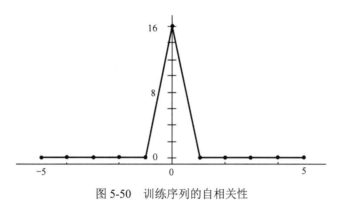

图 5-50 训练序列的自相关性

5.4.5 频域均衡器

频域均衡技术是近几年发展起来的一种均衡技术，主要包括单载波频域均衡（SC-FDE）技术和多载波频域均衡技术（以 OFDM 系统中的频域均衡技术为主）两种，下面以 OFDM 系统中的频域均衡技术为例进行介绍。

OFDM 系统是正交系统，本身具有抗多径衰落的优点，一般不需要进行很复杂的均衡。但在移动通信系统中，还存在由高速移动引入的多普勒频移和载频不同步引入的频偏，OFDM 系统要求子载波之间严格正交，对频偏非常敏感；子载波之间正交性的破坏，还会引起载波间干扰（ICI），导致系统性能变差。因此，有必要研究 OFDM 系统中的频域均衡技术。

频域均衡处理方法是通过 FFT 将信号从时域变换到频域，在完成均衡后再通过 IFFT 从频域变换到时域，因此频域均衡的大量运算集中在 FFT 和 IFFT 过程中，而随着 DSP、FPGA 的发展，硬件上的变换已经相当方便。下面分析频域均衡器的基本原理。

设信道的单位冲激响应为 $h(k)$，长度为 L，均衡器抽头系数为 $\omega(k)$，希望均衡后的信道响应为

$$q(k) = \omega(k)h(k) = \delta(k) \tag{5-72}$$

进行 FFT 可得

$$W(l)H(l) = 1 \tag{5-73}$$

式中，$W(l)$ 为均衡器频域响应；$H(l)$ 为信道频域响应。可以得到，均衡器是传输信道的逆滤波器，在信道频域响应完全可知的情况下，可以设计合适的 $W(l)$，完全消除由信道频率选择

性衰落引起的干扰。

频域均衡器系数的设计可以采用迫零算法、最小均方误差算法等。

1. 迫零算法

迫零算法通过调整抽头系数，使信道和均衡器综合输出响应完全消除符号间干扰，即除中点外，其他样本点的值全为 0。迫零算法的复杂度较低，均衡效果较好。但该算法没有考虑噪声的影响，在深衰落处会出现很大的噪声增益。因此，迫零算法不太适用于无线信道。

2. 最小均方误差（MMSE）算法

MMSE 算法的目标是最小化 d_k 与 $\hat{d}_k$ 的均方误差，即通过选择 $\{w_i\}$ 使 $E\left[(d_k - \hat{d}_k)^2\right]$ 最小，其输出 $\hat{d}_k$ 是 $y(k)$ 的线性组合

$$\hat{d}_k = \sum_{i=-L}^{L} w_i y(k-i) \tag{5-74}$$

因此，求最优系数 $\{w_i\}$ 的问题成为标准的线性估计问题。

与迫零算法相比，MMSE 算法考虑了噪声的影响，因此 MMSE 算法能避免噪声放大，从而增强了算法的抗干扰能力；MMSE 算法计算简单、稳定性好，但复杂度高于迫零算法、收敛速度较慢、均衡能力有限。因此，该算法适用于衰落较慢且不太深的情况。

思考题与习题

1. 简要说明直接序列扩频和解扩原理。

2. 为什么扩频信号能有效抑制窄带干扰？

3. PN 码的哪些特征使其具有类似噪声的性质？

4. 干扰信号的带宽对直接序列扩频接收机的影响是否相同？为什么？

5. 试从频谱扩展的角度解释直接序列扩频接收机抗宽带干扰和窄带干扰能力的差别。

6. 试解释跳频扩频系统抗宽带干扰和窄带干扰的机理。

7. 在 AWGN 信道中，要求在干扰信号功率比有用信号功率大 100 倍的情况下工作，输出信噪比不小于 10dB，信息传输速率为 8kbps，如果系统采用 BPSK 调制，试求所需传输信道的最小带宽。

8. 对于采用 BPSK 调制的直接序列扩频系统，射频最大带宽为 12MHz，速率为 6kbps 的信号通过该系统传输时，系统输出信噪比能调整多少？

9. AWGN 信道的带宽为 4MHz，当干扰信号功率比有用信号功率大 30dB 时，要求输出信噪比最小为 10dB，采用 BPSK 调制，允许的信息传输速率是多少？

10. 某系统在干扰信号功率比有用信号功率大 300 倍的情况下工作，系统需要多大的干扰容限？如果要求输出信噪比为 10dB，则系统的处理增益最低是多少？

11. RAKE 接收机的工作原理是什么？

12. 分集的指导思想是什么？

13. 什么是宏分集和微分集？在移动通信中常用哪些微分集？

14．合并方式有哪几种？哪种可以获得最高的输出信噪比？为什么？

15．均衡器的作用是什么？为什么支路数有限的横向均衡器不能完全消除符号间干扰？

16．与非线性均衡器相比，线性均衡器的缺点是什么？在移动通信中一般使用哪种？

17．试说明判决反馈均衡器的反馈滤波器是如何消除信号的拖尾干扰的。

18．计算序列的相关性。

（1）计算序列 a=1110010 的周期自相关性并绘图（取 10 个码元宽度）。

（2）计算序列 b=01101001 和 c=00110011 的互相关系数，计算各自的周期自相关性并绘图（取 10 个码元宽度）；

（3）比较上述序列，哪个最适合作为扩频码？

19．考虑一个单支路瑞利衰落信号，它有 20%的可能性低于某平均 SNR 阈值 6dB。以阈值为参考，求瑞利衰落信号的均值，并尝试找到在平均 SNR 阈值之下 6dB 处两路或多路选择分集接收机。

20．平坦衰落和频率选择性衰落形成的原因是什么？可以采用哪种经典接收技术来对抗这些衰落？

21．解释判决反馈均衡器的工作原理和优缺点。

22．简述 MIMO 技术分类，并具体阐述它们的差异。

23．通过查阅资料，谈谈 MIMO 技术在现行标准中的应用。

参 考 文 献

[1]　田日才．扩频通信[M]．北京：清华大学出版社, 2007.

[2]　Andrea Goldsmith. 无线通信[M]．杨鸿文，李卫东，郭文彬，译. 北京：人民邮电出版社, 2011.

[3]　林可祥, 汪一飞．伪随机码的原理与应用[M]．北京：人民邮电出版社, 1978.

[4]　W Lee．Mobile Communications Engineering[M]．New York: McGraw-Hill, 1982.

[5]　J Winters．Signal Acquisition and Tracking with Adaptive Arrays in the Digital Mobile Radio System IS-54 with Flat Fading[J]．IEEE Transactions on Vehicular Technology, 1993, 43:1740-1751.

[6]　林迪, 沙学军, 邱昕, 等．多径环境下脉冲超宽带系统性能分析[J]. 哈尔滨工业大学学报, 2008, (40):20-23.

[7]　D Cassioli, M Z Win, F Vatalaro, A F Molisch. Performance of Low-Complexity Rake Reception in a Realistic UWB Channel[J]．IEEE International Conference on Communications, 2002:763-767.

[8]　张贤达．矩阵分析与应用[M]．北京：清华大学出版社, 2004.

[9]　樊昌信．通信原理教程[M]．北京：电子工业出版社, 2005.

[10]　韩纪庆, 张磊, 郑铁然．语音信号处理[M]．北京：清华大学出版社, 2004.

[11]　Li Yong, Sha Xuejun．Hybrid Carrier Communication with Partial FFT Demodulation Over Underwater Acoustic Channels[J]．IEEE Communications Letters, 2013, 17(12):2260-2263.

[12]　王华奎, 李艳萍, 张立毅, 等．移动通信原理与技术[M]．北京：清华大学出版社, 2009.

[13] 啜钢, 王文博, 常永宇, 等. 移动通信原理与系统（第 2 版）[M]. 北京：北京邮电大学出版社, 2005.

[14] 王国珍, 刘毓. 无线通信系统中的 MIMO 空时编码技术[J]. 现代电子技术, 2011.

[15] Goldsmith A, Jafar S A, Jindal N, et al. Capacity Limits of MIMO Channels[J]. IEEE Jsac, 2003, 21(5):684-702.

[16] Cong Ma, Xuejun Sha, Lin Mei, et al. An Equal Component Power Based Generalized Hybrid Carrier System[J]. IEEE Communications Letters, 2019, 23(2):378-381.

[17] 沙学军, 梅林, 张钦宇. 加权分数域傅里叶变换及其在通信系统的应用[M]. 北京：人民邮电出版社, 2016.

[18] 苏昕, 曾捷, 粟欣, 等. 5G 大规模天线技术[M]. 北京：人民邮电出版社, 2017.

[19] 陈山枝, 孙韶辉, 苏昕, 等. 大规模天线波束赋形技术原理与设计[M]. 北京：人民邮电出版社, 2019.

第6章

移动通信组网技术

通信系统分为两类：一类进行点对点通信，在两点之间建立一条通路（其中包括终端设备和信道），确保信息从一点可靠传输至另一点；另一类往往需要进行多点之间的通信，形成通信网。

组网是为了使移动通信系统在较大范围内有秩序地通信，在组网过程中，必须考虑移动通信网的组成、工作方式、多址接入技术、信令方式等。

6.1 移动通信网的基本概念

移动通信要保证在其覆盖范围内为用户提供良好的语音和数据通信，与此同时追求最大的系统容量，其必须由通信网支撑，这个通信网就是移动通信网。

6.1.1 移动通信网的组成

移动通信网主要由两部分组成，一部分是空中网络，另一部分是地面网络。

1. 空中网络

空中网络是移动通信网的重要组成部分，其主要包括以下内容。

1）多址接入

在给定的频率资源下，如何提高系统容量是移动通信系统关注的重要问题。因为不同的多址接入技术对系统容量有较大影响，所以多址接入技术一直是人们研究的热点。

2）频率复用和蜂窝小区

频率复用和蜂窝小区实际上是蜂窝组网的概念，由贝尔实验室提出。蜂窝的概念解决了有限的频率资源与公共移动通信的大容量要求之间的矛盾。

3）切换和位置更新

采用蜂窝组网后，切换技术成为重要问题。多址接入技术不同，其切换技术也不同。位置更新是移动通信特有的，由于移动用户要在移动通信网中移动，其需要在任意时刻联系到用户，对移动用户进行有效管理。

2. 地面网络

地面网络主要包括服务区内各基站的相互连接，以及基站与固定网络（PSTN、ISDN、数据网等）之间的连接。

6.1.2 移动通信网的覆盖方式

移动通信区域的划分应从地形、VHF 和 UHF 的电波传播特性、业务分布、经济指标等方面综合考虑。早期的移动通信系统采用大区覆盖方式。但随着移动通信技术的不断发展，这种大区覆盖方式远不能满足移动通信需要，因此，可以容纳更多用户的大区制和小区制应运而生。

1. 大区制

大区制指用一个基站（发送功率为 50～100W）覆盖整个区域，如图 6-1 所示。在某些情况下，也可能有两个或两个以上基站，但它们之间相互独立。大区制的构成较为简单，覆盖半径为 30～50km，适用于用户密度不大或通信容量较小的系统，一般用户数量在 1000 个以下，总业务量在 20 爱尔兰以下，因此其适用于业务量不大的情况。

因为大区制没有重复使用频率的问题，所以技术不复杂。只需要根据所覆盖的范围确定天线高度及发送功率，并根据业务量确定服务等级及应用的信道数，用有线线路将基站与电话局交换所连接起来，就可以构成一个简单的与固定用户连接的通信系统。

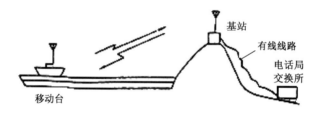

图 6-1　用一个基站覆盖整个区域

大区制的覆盖范围是有限的，基站到移动台的传输距离由以下因素决定。

（1）在正常的传播损耗下，地球的曲率限制了传输距离。

（2）山丘、丛林及建筑等的屏蔽作用，使信号在不正常路径上传播，在正常覆盖范围内产生了静区。

（3）移动台接收机性能与其天线效率有关。

（4）发射机功率是有限的，增大发射机功率只能换来传输距离的微小增大。

（5）多径干扰及其他干扰的存在限制了传输距离。

移动台到基站的传输距离，除了被上述因素影响，还受移动台自身功率的限制。当移动台距基站较远时，移动台可以收到基站的信号（下行信号），基站却收不到移动台的信号（上行信号），即上行和下行不是互通的。移动台与基站的位置如图 6-2 所示。在图 6-2 中，系统的最大传输距离由移动台发射机覆盖范围决定。因此，可以在适当地点设置分集接收台，如

图 6-3 所示，以实现双向通信。

如果某地使用单基站，局部屏蔽物导致局部地区不能被覆盖，则在超高频频段内，可以使用同频转发器，使整个系统可以使用相同的信道，从而使移动台的工作简化。使用同频转发器的系统如图 6-4 所示。

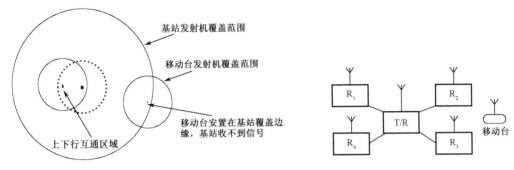

图 6-2 移动台与基站的位置　　　　　　图 6-3 设置分集接收台

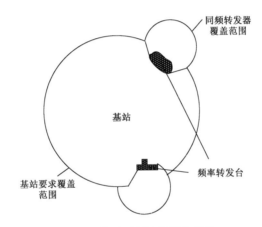

图 6-4 使用同频转发器的系统

2. 小区制

根据电波传播特性，一个基站只能在其天线高度的视距范围内为移动用户提供服务，将这样的覆盖范围称为一个无线电区。小区制指将整个区域划分为多个无线电区，每个无线电区设置一个基站，由其控制本区通信；同时又可以在移动交换中心的统一控制下，实现移动用户在无线电区之间的通信转接及与市话用户的联系。小区制主要应用于用户密度或通信容量较大的情况。

根据用户的区域分布、小区制移动通信系统的频率复用和覆盖方式，可以将服务区分为带状服务区和面状服务区。

1）带状服务区

带状服务区包括铁路、公路、狭长城市、沿海水域等，其业务要在一个狭长的带状区域开展。带状服务区如图 6-5 所示。

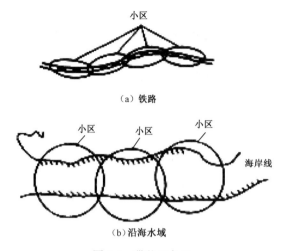

（a）铁路

（b）沿海水域

图 6-5　带状服务区

带状服务区划分能按纵向排列进行。在区域较窄时，基站可以使用具有强方向性的天线（定向天线），整个系统由许多细长小区环连接而成。

带状服务区频率配置如图 6-6 所示。由于相邻小区使用同一频率会造成电波干扰（同频干扰），往往使相邻小区采用二频制（频率 A、B 依次配置）或三频制（频率 A、B、C 依次配置）。有的国家将频率 A 定为 f_1、频率 B 定为 f_2、频率 C 定为 f_3，f_1、f_2、f_3 皆为基站频率，f_4 为移动台频率，形成四频制。上述频率配置方式可以防止同频干扰，频谱利用率也比较高。但是，为了保证移动台不管处于哪个区域都能不间断地正常通信，必须要求移动台有多信道自动转换功能，导致移动台成本较高。因此，带状服务区尽可能采用二频制，只有在超出范围且传播衰落较严重的区域，才采用三频制。

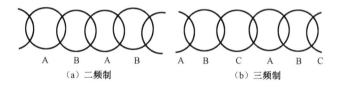

（a）二频制　　　　　　　　　　　　　　　（b）三频制

图 6-6　带状服务区频率配置

在移动通信中，因为移动台经常移动，所以基站与移动台之间的电波传播情况也随时发生变化，小区与小区之间很难找到一个明显的分界线。但为了在小区边缘也能保证通信不中断，往往要考虑一定的场强交叠区，交叠区的大小与地形地物的影响有密切关系。一般来说，希望相邻小区的场强交叠有适当深度，使移动台接收一个小区的基站信号很差，接收另一个小区的基站信号很好（移动台对两个基站的通信都很差的概率等于分别对两个基站通信很差的概率的乘积，一般很小），这样可以通过调整交叠深度来缩小可能出现的弱电场区域。有用信号和干扰信号的传播距离如图 6-7 所示。由图 6-7 可知，越区干扰最严重的情况出现在区域的端点处。带状服务区的同频干扰比较如表 6-1 所示。

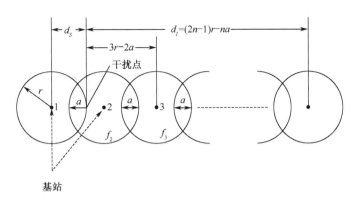

图 6-7　有用信号和干扰信号的传播距离

表 6-1　带状网的同频干扰比较

		二　频　制	三　频　制	n 频　制
d_I/d_S		$(3r-2a)/r$	$(5r-3a)/r$	$[(2n-1)r-na]/r$
I/S（dB）	$a=0$	−20	−28	$-40\lg(2n-1)$
I/S（dB）	$a=r$	0	−12	$-40\lg(n-1)$

注：r 为基站到边界的距离（基站的场强作用范围半径）；a 为交叠距离；路径衰减指数为-4。

2）面状服务区

当服务区为面状时，无线电区的组成方式就复杂多了。这时可以把整个服务区划分为许多小区（无线电区），每个小区的覆盖半径约 5～15km。

6.1.3　蜂窝组网与频率复用

在带状服务区中，小区排列呈带状，区群的组成和同频小区距离的计算都比较方便；而在面状服务区中，这是一个比较复杂的问题。

1．小区的形状

全向天线的辐射区呈圆形。为了对整个服务区进行无缝覆盖，多个圆形辐射区之间一定存在重合。在考虑重合的情况下，实际上每个辐射区的有效覆盖区是一个多边形。根据重合情况不同，如果在每个小区相间 120°设置 3 个区间，则有效覆盖区为正三角形；如果在每个小区相间 90°设置 4 个区间，则有效覆盖区为正方形；如果在每个小区相间 60°设置 6 个区间，则有效覆盖区为正六边形。可以证明，要用正多边形无缝隙、无重合地覆盖一个平面区域，可选的形状只有这 3 种，小区的形状如图 6-8 所示。

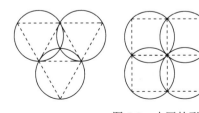

图 6-8　小区的形状

下面以正六边形为例，计算小区面积。正六边形小区如图 6-9 所示。

假设正六边形的外接圆半径为 R，矢量 V_1 和 V_2 分别连接相邻六边形的中心，夹角为 60°。因为起点相同的两个矢量的叉积在数值上等于这两个矢量所构成的平行四边形的面积，所以以矢量 V_1 和 V_2 为边构造平行四边形 $ABCD$，如图 6-10 所示。三角形 ABE 和 ADF 分别与三角形 BCO 和 DCO 面积相等，因此矢量 V_1 和 V_2 构成的平行四边形 $ABCD$ 与正六边形 $AEBODF$ 的面积相等，则正六边形的面积为

$$|V_1 \times V_2| = |V_1| \times |V_2| \times \sin 60° \tag{6-1}$$

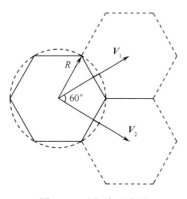

图 6-9　正六边形小区

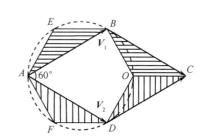

图 6-10　构造平行四边形 ABCD

且有

$$|V_1| = |V_2| = 2R\sin 60° = \sqrt{3}R \tag{6-2}$$

将式（6-2）代入式（6-1），得到正六边形的面积为

$$|V_1 \times V_2| = 3R^2\sin 60° = 2.6R^2 \tag{6-3}$$

3 种小区形状的比较如表 6-2 所示。从表 6-2 中可以看出，在服务区面积一定的情况下，正六边形小区最接近理想的圆形辐射区，其小区面积最大、重合面积最小，可以用最少的小区覆盖整个服务区，因此用正六边形覆盖整个服务区需要的基站最少。由于采用正六边形构成的网络形同蜂窝，因此将采用正六边形小区制的移动通信网称为蜂窝网。

表 6-2　3 种小区形状的比较

小 区 形 状	正 三 角 形	正 四 边 形	正 六 边 形
邻区距离	R	$1.41R$	$1.73R$
小区面积	$1.3R^2$	$2R^2$	$2.6R^2$
重合宽度	R	$0.59R$	$0.27R$
重合面积	$1.2\pi R^2$	$0.73\pi R^2$	$0.35\pi R^2$

2. 小区簇的组成

将共同使用全部可用频率的 N_R 个小区称为一个簇，N_R 表示簇的大小。小区簇内的任意两个小区不能使用相同的频率，只有不同簇内的小区才能进行频率复用。小区簇的组成应满足两个条件：一是簇间可以邻接，且保证簇间的无缝覆盖；二是邻接后的小区簇应保证各相

邻同频小区之间的距离相等。满足上述条件的小区簇形状和簇内小区数不是任意的。正六边形小区组成的小区簇如图 6-11 所示，下面以其为例，计算簇内小区数的表达式。

在图 6-11 中，矢量 V_1 和 V_2 分别连接相邻六边形的中心，矢量 U_1 和 U_2 分别连接小区与相邻同频小区的中心，可得

$$U_1 = k_1 V_1 + m_1 V_2 \tag{6-4}$$

$$U_2 = k_2 V_1 + m_2 V_2 \tag{6-5}$$

式中，k_1、k_2、m_1、m_2 为整数。小区簇覆盖面积的计算可以采用正六边形面积的计算方法，小区簇覆盖面积的计算如图 6-12 所示，

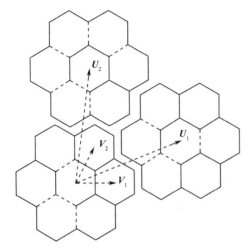

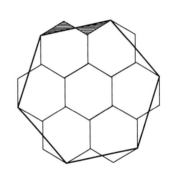

图 6-11　正六边形小区组成的小区簇　　　　图 6-12　小区簇覆盖面积的计算

小区簇的覆盖面积为

$$\begin{aligned}
U_1 \times U_2 &= (k_1 V_1 + m_1 V_2) \times (k_2 V_1 + m_2 V_2) \\
&= k_1 m_2 V_1 \times V_2 - k_2 m_1 V_1 \times V_2 \\
&= |k_1 m_2 - k_2 m_1| |V_1 \times V_2|
\end{aligned} \tag{6-6}$$

令 $N_R = |k_1 m_2 - k_2 m_1|$，$N_R$ 表示簇内小区数。V_1 和 V_2 的模相同，且 V_2 由 V_1 逆时针旋转 60° 得到，则有

$$\begin{cases} V_1 = \mathrm{e}^{\mathrm{j}0} \\ V_2 = \mathrm{e}^{\frac{\mathrm{j}\pi}{3}} \end{cases} \tag{6-7}$$

同样，U_1 和 U_2 的模也相同，且 U_2 由 U_1 逆时针旋转 60° 得到，则有

$$U_2 = U_1 \mathrm{e}^{\frac{\mathrm{j}\pi}{3}} = \left(k_1 \mathrm{e}^{\mathrm{j}0} + m_1 \mathrm{e}^{\frac{\mathrm{j}\pi}{3}} \right) \mathrm{e}^{\frac{\mathrm{j}\pi}{3}} = k_1 \mathrm{e}^{\frac{\mathrm{j}\pi}{3}} + m_1 \mathrm{e}^{\frac{\mathrm{j}2\pi}{3}} \tag{6-8}$$

式中

$$\mathrm{e}^{\frac{\mathrm{j}2\pi}{3}} = \cos\frac{2\pi}{3} + \mathrm{j}\sin\frac{2\pi}{3} = \cos\frac{\pi}{3} - 1 + \mathrm{j}\sin\frac{\pi}{3} = \mathrm{e}^{\frac{\mathrm{j}\pi}{3}} - \mathrm{e}^{\mathrm{j}0} \tag{6-9}$$

将式（6-9）代入式（6-8）可得

$$U_2 = k_2 V_1 + m_2 V_2 = k_1 V_2 + m_1 (V_2 - V_1) \tag{6-10}$$

因此，有

$$\begin{cases} k_2 = -m_1 \\ m_2 = k_1 + m_1 \end{cases} \tag{6-11}$$

$$N_R = m_1^2 + m_1 k_1 + k_1^2 \tag{6-12}$$

式中，m_1 和 k_1 为整数且不同时为零。N_R 的取值如表 6-3 所示。各小区簇的组成如图 6-13 所示。根据式（6-12）可以找到与某小区距离最短的同频小区，即沿任意一条六边形链移动 k_1 个小区，逆时针旋转 60° 再移动 m_1 个小区。

表 6-3　N_R 的取值

m_1 \ k_1	0	1	2	3	4
1	1	3	7	13	21
2	4	7	12	19	28
3	9	13	19	27	37
4	16	21	28	37	48

蜂窝移动通信系统的容量直接与簇在某固定范围内复制的次数成比例。如果 N_R 减小而小区的大小不变，则需要更多的簇来覆盖给定范围，从而获得更大容量。

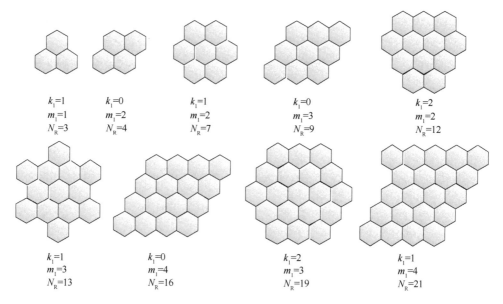

图 6-13　各小区簇的组成

3. 同频复用因子

在服务区内，存在许多使用相同频率的小区，将这些小区称为同频小区。同频干扰和发射机的发送功率无关，仅和同频复用距离 D 与小区半径 R 的比有关。同频复用距离 D 指最近的两个同频小区的中心距离，如图 6-14 所示。按照式（6-12）的方法可以在正六边形的 6 个方向上，找到 6 个相邻同频小区 A（图 6-14 未全部画出），所有同频小区 A 之间的距离相等，

为同频复用距离 D。

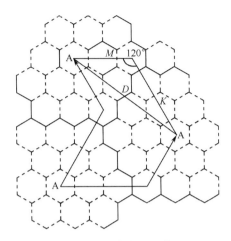

图 6-14 同频复用距离

设小区的辐射半径为 R，在两个距离最近的同频小区之间构成图 6-14 中的三角形。三角形 3 个边的边长分别为 D、M 和 K，M 和 K 所在边的夹角为 120°，因此同频复用距离可以表示为

$$D^2 = M^2 + K^2 - 2MK\cos120^\circ = M^2 + K^2 + MK \tag{6-13}$$

式中，$M = 2m_1\dfrac{\sqrt{3}}{2}R = \sqrt{3}m_1R$，$K = 2k_1\dfrac{\sqrt{3}}{2}R = \sqrt{3}k_1R$。将 M 和 K 代入式（6-13）得到

$$D = \sqrt{3N_R}R \tag{6-14}$$

可得

$$Q = \frac{D}{R} = \sqrt{3N_R} \tag{6-15}$$

Q 为同频复用距离与小区半径的比，Q 影响同频干扰，因此将 Q 称为同频复用因子。Q 越大，同频干扰越小，语音质量越好；Q 越小，容量越大，相同小区半径下的同频干扰越大。因此，小区簇大则同频干扰较小；小区簇小则同频干扰较大。

三频制和七频制小区簇如图 6-15 所示。几种典型小区簇的同频复用因子如表 6-4 所示。在设计蜂窝移动通信系统时，需要对系统容量和同频干扰进行折中。

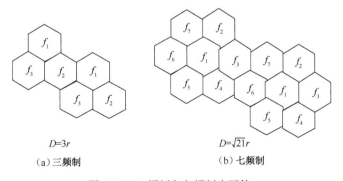

图 6-15 三频制和七频制小区簇

表 6-4　几种典型小区簇的同频复用因子

	N_R	同频复用因子
$k_1=1$，$m_1=1$	3	3
$k_1=1$，$m_1=2$	7	4.58
$k_1=0$，$m_1=3$	9	5.2
$k_1=2$，$m_1=2$	12	6

4. 信干比

假设小区的大小相同，i_0 为同频干扰小区数，则移动台的接收信干比（SIR）可以表示为

$$\frac{S}{I} = \frac{S}{\sum\limits_{i=1}^{i_0} I_i} \tag{6-16}$$

式中，S 是目标基站想获得的信号功率；I_i 是第 i 个同频干扰小区内基站的干扰信号功率。

与发射天线距离为 d 处的平均接收功率 P_r 可以表示为

$$P_r = P_0 \left(\frac{d}{d_0} \right)^{-n} \tag{6-17}$$

式中，P_0 是靠近参考点处的接收功率，该点与发射天线之间有一个较小的距离 d_0；n 是路径衰减指数，一般为 2～4。

如果每个基站的发送功率相同，区域内的路径衰减指数相同，则移动台的接收信干比可以表示为

$$\frac{S}{I} = \frac{S}{\sum\limits_{i=1}^{i_0} I_i} = \frac{R^{-n}}{\sum\limits_{i=1}^{i_0} D_i^{-n}} \tag{6-18}$$

式（6-18）中移动台接收的最弱信号强度与 R^n 成正比，D_i 是第 i 个干扰源与移动台的距离，移动台接收的来自第 i 个同频干扰小区的功率与 D_i^{-n} 成正比。

通常移动台周围有多层干扰小区，主要起作用的是第 1 层干扰小区。在仅考虑第 1 层干扰小区时，假设所有干扰基站与目标基站的距离相等，都等于同频复用距离 D，用户与各干扰基站的距离也相等，则式（6-18）可以简化为

$$\frac{S}{I} = \frac{\left(\frac{D}{R} \right)^n}{i_0} = \frac{\left(\sqrt{3N_R} \right)^n}{i_0} \tag{6-19}$$

式（6-19）表明了接收信干比与小区簇大小 N_R 的关系。$Q = \sqrt{3N_R}$ 为同频复用因子，又称同频干扰因子。

以七频制小区簇为例，其 $Q=4.58$，$n=4$。只考虑第 1 层的 6 个干扰小区，并假设所有干扰基站与移动台的距离相等，则移动台的接收信干比为

$$\frac{S}{I} = \frac{4.58^4}{6} = 18.66\text{dB} \tag{6-20}$$

一般的移动通信系统需要移动台接收信干比大于等于 18dB。式（6-20）表明，在理想情

况下，七频制小区簇可以提供较高的语音质量。但必须注意，式（6-20）基于正六边形小区且假设所有干扰基站与移动台的距离相等。在实际中，随移动台的位置变化和小区簇变化，其距离将发生变化。

七频制小区簇的第 1 层干扰小区如图 6-16 所示，当移动台移动到小区边缘时，其与第 1 层干扰小区的距离不相等。设 $n=4$，根据式（6-18）计算七频制小区簇在最坏情况下的接收信干比为

$$\frac{S}{I} = \frac{R^{-4}}{2(D-R)^{-4} + 2(D+R)^{-4} + 2D^{-4}} = \frac{1}{2(Q-1)^{-4} + 2(Q+1)^{-4} + 2Q^{-4}} = 17\text{dB} \qquad (6\text{-}21)$$

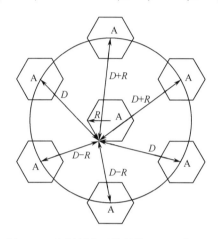

图 6-16 七频制小区簇的第 1 层干扰小区

式（6-21）表明，七频制小区簇在最坏情况下的接收信干比略小于 18dB。如果要满足 18dB 的设计要求，需要使用九频制小区簇，但其每个小区只能使用 1/9 的频谱。

通过上面的例子可以看出，同频干扰不仅决定了链路性能，还决定了频率复用方案和系统容量。

5. 激励方式

在划分区域时，如果基站位于中心，则采用全向天线，将其称为中心激励，如图 6-17（a）所示。如果服务区内有较大的障碍物，采用中心激励的小区将出现电波辐射的阴影区。如果在每个蜂窝相间的 3 个顶角设置基站，并采用 3 个互成 120° 扇形覆盖的定向天线，同样能实现小区覆盖，将其称为顶点激励，如图 6-17（b）所示。

由于顶点激励采用定向天线，除对消除障碍物阴影有利外，还能为来自 120° 主瓣外的同信道干扰信号提供一定的隔离度，因此可以以较小的同频复用距离工作，能够进一步提高频谱利用率，并简化设备、降低成本。

6. 小区分裂

上述分析假设服务区的容量密度（或用户密度）是均匀的，因此小区的大小相同，每个小区分配的信道数也相同。但是，对于实际的移动通信网来说，各地区的容量密度通常是不同的。例如，市区密度高，郊区密度低。为了适应这种情况，对于容量密度高的地区，应将小区

适当划小或使分配给每个小区的信道数适当增加。容量密度不同的小区划分示例如图 6-18 所示，图 6-18 中的号码表示信道数。

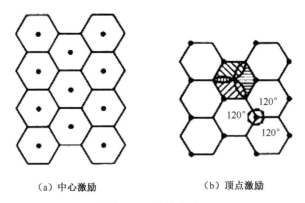

（a）中心激励　　　　　　　　（b）顶点激励

图 6-17　激励方式

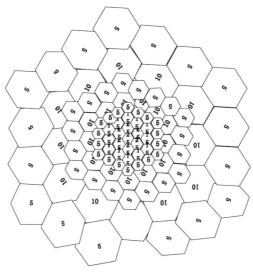

图 6-18　容量密度不同的小区划分示例

考虑到用户数量不断增加，当小区的容量密度高到出现业务阻塞时，可以将小区划分为更小的小区，以增大系统容量并提高容量密度。其划分方法是将原小区一分为三或一分为四，小区划分如图 6-19 所示。

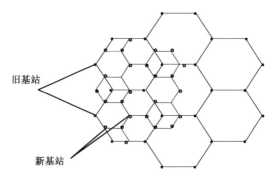

旧基站

新基站

图 6-19　小区划分

小区的划分和组成，应考虑地形地物情况、容量密度、通信容量、频谱利用率等。尤其是当服务区的地形地物较为复杂时，更应该根据实际情况划分小区。

6.2　多址接入技术

当多用户接入一个公共的传输媒质并实现通信时，需要为每个用户的信号赋予不同特征，以区分用户，这种技术被称为多址接入技术。多址接入技术的应用可以允许多个终端共用信道，从而提高频谱利用率，如图 6-20 所示。多址接入技术以不同的依据对同一无线信道进行分割，使不同的终端能在不同的分割段中使用信道，且不会被其他终端干扰。多址接入技术包括频分多址（FDMA）、时分多址（TDMA）、码分多址（CDMA）和空分多址（SDMA）。不同移动通信系统中使用的多址接入技术如表 6-5 所示。

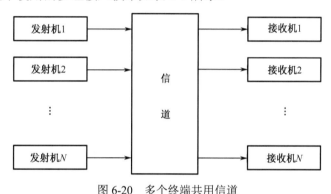

图 6-20　多个终端共用信道

表 6-5　不同移动通信系统中使用的多址接入技术

移动通信系统	多址接入技术
高级移动电话系统（AMPS）	FDMA/FDD
全球移动通信系统（GSM）	TDMA/FDD
美国数字蜂窝（USDC）系统	TDMA/FDD
日本数字蜂窝（PDC）系统	TDMA/FDD
CT2（无绳通信）系统	FDMA/TDD
数字增强无绳通信（DECT）系统	FDMA/TDD
IS-95 CDMA 系统	CDMA/FDD
WCDMA 系统	CDMA/FDD
	CDMA/TDD
CDMA2000 系统	CDMA/FDD
TD-SCDMA 系统	CDMA/TDD

6.2.1　频分多址

频分多址（Frequency Division Multiple Access，FDMA）是模拟载波通信、卫星通信等应用的基本技术。FDMA 按频率分割信道，即为不同的用户分配不同的载频，以共用信道。

FDMA 信道配置如图 6-21 所示，频带被分割为若干间隔相等且没有交叉的子频带，将每个子频带分配给不同的用户，每个子频带在同一时刻仅由一个用户使用，相邻子频带之间有保护间隔，且频带之间无明显干扰。一个子频带相当于一个信道，语音信号在前向信道上从基站传输至移动台，在反向信道上从移动台传输至基站。

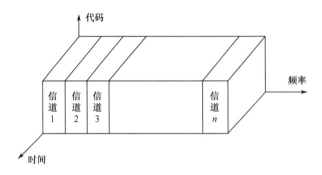

图 6-21　FDMA信道配置

FDMA 通常在窄带系统中实现，终端不间断地发送数据，系统额外费用相对较少，且系统比较简单，但由于发射机和接收机同时工作，因此 FDMA 移动单元需要双工器。

美国的第一个模拟移动通信系统，即高级移动电话系统（AMPS）是以 FDMA/FDD 为基础的。当呼叫进行时，一个用户占用一个信道；当呼叫完成时，信道便空闲出来，以便其他用户使用。AMPS 为每个用户分配唯一信道，因此能同时支持多用户。

FDMA 系统同时支持的信道数为

$$N = \frac{B_t - 2B_g}{B_c} \qquad (6-22)$$

式中，B_t 为系统带宽；B_c 为信道带宽；B_g 为分配频率时的保护带宽。

FDMA 系统中存在邻道干扰、同频干扰和互调干扰。

1. 邻道干扰

移动通信系统属于多信道系统，为有效利用频谱，其信道间隔是有限的，这就带来了相邻信道相互干扰的问题。邻道干扰指相邻信道信号中存在的寄生辐射落入本信道接收机通带内造成的干扰。

以调频方式传输语音信号时，邻道干扰的计算较为复杂，为简化计算，可以用单音调频波的定量计算来近似，单音调频波为

$$\begin{aligned}
s(t) &= \cos(\omega_0 t + m_f \sin \Omega t) \\
&= \sum_{n=-\infty}^{\infty} J_n(m_f) \cos[(\omega_0 + n\Omega)t] \\
&= J_0(m_f) \cos \omega_0 t + \\
& \quad J_1(m_f) \cos(\omega_0 + \Omega)t - J_1(m_f) \cos(\omega_0 - \Omega)t + \\
& \quad J_2(m_f) \cos(\omega_0 + 2\Omega)t + J_2(m_f) \cos(\omega_0 - 2\Omega)t + \\
& \quad J_3(m_f) \cos(\omega_0 + 3\Omega)t - J_3(m_f) \cos(\omega_0 - 3\Omega)t + \cdots + \\
& \quad J_n(m_f) \cos(\omega_0 + n\Omega)t + (-1)^n J_n(m_f) \cos(\omega_0 - n\Omega)t
\end{aligned} \qquad (6-23)$$

由式（6-23）可知，调频波具有无穷多个边频分量，某边频分量落入邻道接收机通带内会

造成邻道干扰。邻道干扰如图 6-22 所示。设调频波的第 n 次边频分量落入相邻波道（第一波道发射机调制波的第 n 次边频分量落入第二波道），Δf_{TR} 为接收机和发射机频率不稳定造成的频率偏差。显然，在最坏的情况下，落入邻道的最低边频分量次数为

$$n_L = \frac{B_L - 0.5B_i - \Delta f_{TR}}{F} \tag{6-24}$$

式中，B_L 为波道间隔；B_i 为接收机的中频带宽；F 为调制信号频率。

在计算邻道干扰时，F 应取调制信号的最高频谱分量，这是因为当频偏 Δf_{TR} 一定时，F 越大，高次边频能量在频率轴上衰减越慢，因此仅考虑调制信号的最高频谱分量 F_m 即可。如果已知频偏 Δf_{TR}，由式（6-24）得到 n_L 后，可以确定第 n_L 次边频分量的幅度 $J_{n_L(m_f)}$，以及 $J_{n_{L+1}(m_f)}$ 和 $J_{n_{L+2}(m_f)}$，从而得到载干比。已知发射机输出功率，就能算出落入邻道的边频分量功率。

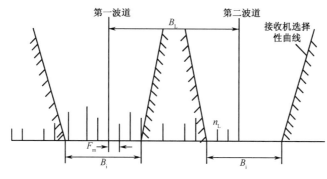

图 6-22 邻道干扰

当载干比小于某特定值时，会直接影响语音质量，严重时会产生掉话或使用户无法正常建立呼叫。为了减小邻道干扰，除了严格规定接收机和发射机的技术指标，还应限制信号发射带宽，提高信道间的隔离度。

2. 同频干扰

同频干扰指具有相同工作频率的电台之间的干扰，是在组网中出现的一种干扰，能进入接收机通带的载频信号都能产生接收机的同频干扰，因此产生同频干扰的频率范围为 $f_0 \pm B_i/2$，f_0 为接收机工作信道载频，B_i 为接收机中频带宽。同频干扰表现为以下 3 种形式。

（1）两个电台的载频差造成的干扰。例如，两个电台的发射机频率稳定度只有 1×10^{-5}，而工作频率为 150MHz，其载频差为 $\Delta f_0 = 1500$Hz。当接收机接收这两个电台的有用信号时会听到 3000Hz 的频差（拍频）啸声，因为其正好落在音频频带内，所以会对音频信号产生干扰。

（2）两个电台调制度（调制波幅值/载波幅值）不同造成的干扰。当两个工作频率相同、调制度不同的信号同时进入接收机时，会引起失真，从而产生干扰。

（3）当两个信号载频相同而调制信号相位不同时也会引起失真，从而产生干扰。

在组网中，有两种情况要考虑同频干扰：一种是大区域同频传输地点分集组网的情况，另一种是小区域组网频率复用的情况。本节只讨论第二种情况。

在移动通信中，为了提高频谱利用率，在相隔一定距离时，不同的小区可以使用相同的信道，将其称为频率复用或信道的地区复用。也就是说，可以将相同的频率分配给相隔一定距离的两个或多个小区使用。显然，同信道的小区相距越远，它们之间的空间隔离越大，干扰越小，但频率复用次数也随之降低，即频谱利用率降低。因此，在进行频率分配时，应在满足

一定通信质量要求的前提下，确定频率复用的最小距离。

3. 互调干扰

互调干扰指非线性器件等产生的各种组合频率成分落入本信道接收机通带内造成的干扰。

在移动通信系统中，产生互调干扰的原因有以下 3 种。

（1）在发射机的末端，功率放大器的非线性使从天线侵入的干扰信号与有用信号相互调制，从而形成干扰，称为发射机的互调。

（2）具有互调关系的两个或两个以上无线信号同时被一个接收机接收，由于接收机调频放大器或混频器的非线性而产生相互调制，称为接收机的互调。

（3）在发射机附近的金属件会产生"生锈的螺栓效应"，金属接头生锈或腐蚀及不同金属接触会在较强的射频场中产生检波作用而产生互调信号的辐射。这种互调为外部效应，可以通过改良金属件的接触方式及采取防锈措施等解决。

电路的非线性特性是产生互调干扰的根本原因。用幂级数表示晶体管的转移特性，即

$$i = a_0 + a_1u + a_2u^2 + a_3u^3 + \cdots \tag{6-25}$$

式中，a_0、a_1、a_2、$\cdots$ 是由晶体管特性决定的常数。设作用于晶体管的是 3 个信号，即

$$u = A\cos\omega_A t + B\cos\omega_B t + C\cos\omega_C t \tag{6-26}$$

将其代入式（6-25），整理得到

$$I = 直流项 + 基频项 + 二次项 + 三次项 + \cdots \tag{6-27}$$

式中，三次项为

$$
\begin{aligned}
I_3 = &\frac{3}{4}a_3 A^2 B[\cos(2\omega_A + \omega_B)t + \cos(2\omega_A - \omega_B)t] + \\
&\frac{3}{4}a_3 AB^2[\cos(2\omega_B + \omega_A)t + \cos(2\omega_B - \omega_A)t] + \\
&\frac{3}{4}a_3 A^2 C[\cos(2\omega_A + \omega_C)t + \cos(2\omega_A - \omega_C)t] + \\
&\frac{3}{4}a_3 AC^2[\cos(2\omega_C + \omega_A)t + \cos(2\omega_C - \omega_A)t] + \\
&\frac{3}{4}a_3 B^2 C[\cos(2\omega_B + \omega_C)t + \cos(2\omega_B - \omega_C)t] + \\
&\frac{3}{4}a_3 BC^2[\cos(2\omega_C + \omega_B)t + \cos(2\omega_C - \omega_B)t] + \\
&\frac{3}{2}a_3 ABC[\cos(\omega_A + \omega_B - \omega_C)t + \\
&\cos(\omega_A + \omega_C - \omega_B)t + \cos(\omega_B + \omega_C - \omega_A)t] + \cdots
\end{aligned}
\tag{6-28}
$$

（1）互调组合将产生很多干扰频率。但就三次项来看，$2\omega_A - \omega_B$ 和 $\omega_A + \omega_B - \omega_C$ 形式的三阶产物将落在 ω_A、ω_B、ω_C 的附近，难以用选择电路滤除，容易对有用信号产生干扰；而其他互调产物与 ω_A、ω_B、ω_C 的频距较大，容易滤除，影响不大。因此，可以将三阶互调干扰归为两类，即二信号三阶互调和三信号三阶互调，分别表示为

$$2\omega_A - \omega_B = \omega_C \tag{6-29}$$

$$\omega_A + \omega_B - \omega_C = \omega_D \qquad (6\text{-}30)$$

式中，等号左边表示三阶互调源频率，等号右边表示三阶互调对信号产生干扰的频率。

（2）三阶互调产物的幅度与晶体管特性的三次项系数 a_3 成正比，说明它是由晶体管特性的三次项产生的。另外，三阶互调产物的幅度还与干扰信号的幅度有关。当各干扰信号的幅度相等时，三阶互调产物的幅度与干扰信号的幅度的三次方成比例，且三信号三阶互调比二信号三阶互调大 6dB。

按照同样的方法分析，可知五阶互调产物的幅度与 a_5 成正比，通常 $a_3 >> a_5$，因此一般只考虑三阶互调干扰，下面介绍如何判断信道组有无三阶互调干扰。

在多信道移动通信网中，各无线信道频率与信道序号的关系可以表示为

$$f_x = f_0 + c_x B_L \qquad (6\text{-}31)$$

式中，f_x 是无线信道频率；f_0 是起始频率；B_L 是信道间隔；c_x 是信道序号。当 n 个信道序号按顺序排成信道序列时，任意两个信道间的差值（频距）为

$$d_{i,x} = c_x - c_i = \sum_{m=i}^{x-1} d_{m,m+1} \qquad (6\text{-}32)$$

得到信道序列和信道差值阵列，如表 6-6 所示。

表 6-6　信道序列和信道差值阵列

信 道 序 列	$c_1, c_2, c_3, \cdots, c_n$
信道差值阵列	$\begin{bmatrix} d_{12} & d_{23} & \cdots & d_{n-1,n} \\ & d_{13} & \cdots & d_{n-2,n} \\ & & \ddots & \vdots \\ & & & d_{1,n} \end{bmatrix}$

因此，信道组可以用载频、信道序列和信道差值阵列 3 种形式表示。当已知起始频率和信道间隔时，它们之间可以互换。为便于推导和计算，这里用信道序列和信道差值阵列表示信道组。

对于信道 c_i、c_j、c_k 的信号，三次非线性失真引起的三阶互调产物落在信道上的充分条件为

$$\begin{cases} c_x = c_i + c_j - c_k \\ d_{ix} = d_{kj} \end{cases} \Rightarrow \begin{cases} c_x - c_i = c_j - c_k \\ d_{ix} = d_{kj} \end{cases} \qquad (6\text{-}33)$$

因此，判断有无三阶互调干扰，只需要判断信道差值阵列中有无相同的差值。

将某无线电区使用的信道数称为占用信道数 M，可以表示为

$$M = c_n - c_1 + 1 = 1 + \sum_{i=1}^{n-1} d_{i,i+1} \qquad (6\text{-}34)$$

在相同条件下，M 越小，频谱利用率越高。目前采用的信道组有两类，一类是 I 型信道组，其信道差值阵列的元素 $d_{ij} \geqslant 1$；另一列是 II 型信道组，其信道差值阵列的元素 $d_{ij} \geqslant 2$。选择信道组的原则有两个，一是保证无三阶互调干扰；二是频谱利用率高。

寻找无三阶互调干扰的信道序列的流程如图 6-23 所示。

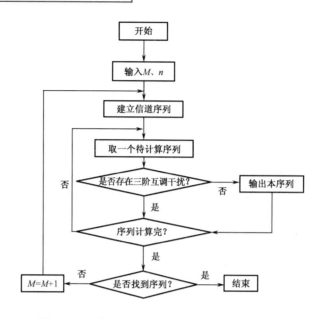

图 6-23 寻找无三阶互调干扰的信道序列的流程

无三阶互调干扰的 I 型信道组和 II 型信道组分别如表 6-7 和表 6-8 所示。

表 6-7 无三阶互调干扰的 I 型信道组

需要的信道数 n	最小占用信道数 M	信道差值阵列的元素
3	4	1,2,4
4	7	1,2,5,7；1,3,6,7
5	12	1,2,5,10,12；1,3,8,11,12
6	18	1,2,9,13,15,18；1,2,5,11,16,18 1,2,5,11,13,18；1,2,9,12,14,18
7	26	1,2,8,12,21,24,26；1,3,4,11,17,22,26；1,2,5,11,19,24,26； 1,3,8,14,22,23,26；1,2,12,17,20,24,26；1,4,5,13,19,24,26； 1,5,10,16,23,24,26

表 6-8 无三阶互调干扰的 II 型信道组

需要的信道数 n	最小占用信道数 M	信道差值阵列的元素
3	6	2,3
4	10	2,3,4；3,2,4；3,4,2
5	15	2,4,3,5；2,4,5,3；3,5,2,4
6	21	3,4,5,6,2
7	29	2,8,6,5,4,3
8	40	2,4,10,3,8,7,5；2,6,5,4,12,7,3；2,6,5,10,4,3,9； 2,6,5,10,9,3,4；2,6,12,5,4,7,3；2,7,4,6,12,3,5； 2,7,12,4,6,5,3；3,2,8,4,7,9,6；3,6,11,5,2,8,4； 3,7,6,2,12,5,4；3,7,12,2,6,5,4
9	50	2,8,5,7,4,14,3,6
10	62	4,7,5,9,10,3,15,2,6

4. FDMA 系统的特点

FDMA 系统具有以下特点。

（1）每个信道占用一个载频，相邻载频的间隔应满足传输信号带宽的要求。为了在有限的频谱中增加信道数，系统希望间隔越小越好。FDMA 系统的相对带宽较小（25kHz 或 30kHz），每个信道的载波仅支持一个电路连接，FDMA 通常在窄带系统中实现。

（2）符号时间与平均时延扩展相比是很大的。这说明符号间干扰较小，因此在 FDMA 系统中无须进行自适应均衡。

（3）基站复杂度高，重复设置接收机和发射机。基站有多少个信道，就需要多少个接收机和发射机，还需要天线共用器，功率损耗大，易产生互调干扰。

（4）FDMA 系统每载波单信道的设计，使得在接收设备中必须使用带通滤波器，以允许指定信道中的信号通过，并滤除其他信号，从而抑制邻道干扰。

（5）越区切换较为复杂和困难。因为在 FDMA 系统中，分配好语音信道后，基站和移动台都是连续传输的，所以在越区切换时，必须瞬时中断传输数十毫秒至数百毫秒，以使通信从一个频率切换到另一个频率。对于语音来说，瞬时中断问题不大；但对于数据来说，将造成数据丢失。

6.2.2　时分多址

时分多址（Time Division Multiple Access，TDMA）按时隙分割信道，即为不同的终端分配不同的时间段，以共用信道。

1. TDMA 帧结构

TDMA 信道配置如图 6-24 所示。在 TDMA 系统中，时间被分割为等长的帧，帧再分割为若干时隙，TDMA 帧结构如图 6-25 所示。时隙的一半用于前向信道，另一半用于反向信道，前向信道和反向信道如图 6-26 所示。根据一定的时隙分配原则，使各移动台在每帧内只能按指定的时隙向基站发送信号。

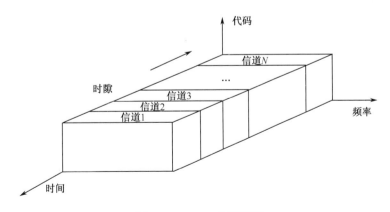

图 6-24　TDMA信道配置

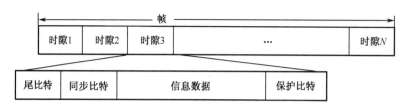

图 6-25　TDMA帧结构

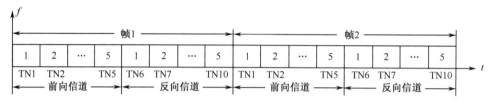

图 6-26　前向信道和反向信道

TDMA 允许多个终端共用载频，TDMA 采用时隙重新分配的方法，为用户提供所需要的带宽，但成本相对较高。对于用户来说，TDMA 系统的数据不是连续的，而是分组发送的，发射机在不用时（大多数时间）可以关掉，以避免电能消耗。

例 6.1　已知 GSM 每帧有 8 个时隙，每个时隙包含 156.25 比特，数据传输速率为 270.833kbps，求：①1 比特的时长；②一个时隙的时长；③一帧的时长；④占用一个时隙的用户在两次发射之间必须等待的时间。

解：

① 1比特的时长 T_b=1/270.833=3.692μs。

② 一个时隙的时长 T_{slot}=156.25×T_b=0.577ms。

③ 一帧的时长 T_f=8×T_{slot}=4.615ms。

④ 由③可得，用户必须等待4.615ms才能进行下一次发射，该时间就是下一帧的到达时间。

2. TDMA 系统的同步与定时

同步与定时是 TDMA 系统的关键问题，是系统正常工作的前提。在 TDMA 系统中，通信双方只允许在规定的时隙中发送和接收信号，因此只有在严格的位同步、时隙同步及帧同步条件下，通信才能正常进行。如果进行相干解调，接收机还必须进行载波同步。

1）同步

这里主要介绍位同步和帧同步。

位同步是接收机正确解调的基础。在移动通信中，有两种传输位同步信息的方法，一是利用专门的信道传输；二是插入业务信道中进行传输，如在每个时隙的前面发送一段 0、1 交替的信号（作为位同步信息）。

帧同步可以对每帧和每个时隙分别设置同步码，要求同步保持时间长、失步概率小。

同步码应具有良好的自相关性，不与信息中的码字相同，以避免出现假同步。此外，从传输效率的角度来看，同步码应较短；而从可靠性和抗干扰能力的角度来看，同步码应较长。因此，需要对其进行权衡。

2）定时

定时是 TDMA 系统的关键部分。只有时间基准统一，才能对网络设备进行管理、控制等，保证系统有条不紊地运行。系统定时常采用主从同步和独立时钟同步。

主从同步指系统内所有设备的时钟直接或间接受控于一个主时钟信号。

独立时钟同步指在联网的各设备内均设有高精度时钟，在通信开始时或在通信过程中，进行一次时差校正，在接下来的很长一段时间内时钟不发生明显偏移，从而实现准确定时。这种方法通常需要各设备采用稳定度很高的石英振荡器；也可以利用 GPS（全球定位系统），由各终端的 GPS 接收机获得 GPS 时基，以实现同步。

3. TDMA 系统的特点

TDMA 系统具有以下特点。

（1）突发传输速率高，设每路传输速率为 R，共 N 个时隙，则总传输速率将大于 NR。同步技术是 TDMA 系统正常工作的重要保证。

（2）发送信号速率随 N 的增大而提高，如果达到 100kbps 以上，符号间干扰将增大，必须采用自适应均衡器，以补偿传输失真。

（3）TDMA 用不同的时隙实现发射和接收，因此不需要双工器。在使用 FDD 方式时，用户单元内部的切换器就能满足 TDMA 在接收机和发射机之间的切换，也不需要使用双工器。

（4）基站复杂度低。N 个时分信道共用载波，占据相同的带宽，只需要一部接收机和发射机，互调干扰小。

（5）抗干扰能力强，频谱利用率高，系统容量大。

（6）越区切换简单。因为在 TDMA 中移动台采用不连续的突发传输，所以切换处理对于一个用户单元来说是很简单的。由于它可以利用空闲时隙检测其他基站，因此越区切换可以在无信息传输时进行，没有必要中断信息的传输，数据也不会因越区切换而丢失。

6.2.3 码分多址

码分多址（Code Division Multiple Access，CDMA）按码序列区分用户，即为不同的用户分配不同的代码，以共用信道。

CDMA 信道配置如图 6-27 所示，在 CDMA 系统中，为每个用户分配唯一的伪噪声码，各用户的伪噪声码相互准正交，以此区分用户。

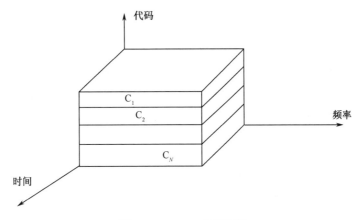

图 6-27 CDMA信道配置

1. CDMA 系统的特点

CDMA 系统具有以下特点。

（1）CDMA 系统中的许多用户使用同一频率，无论使用的是 TDD 还是 FDD。

（2）通信容量大。从理论上讲，信道容量完全由信道特性决定，但实际的系统很难达到理想情况，因此不同的多址接入技术可能有不同的通信容量。CDMA 是干扰受限系统，任何干扰的减少都直接转化为系统容量的增大。因此，一些能降低干扰信号功率的技术可以自然地用于增大系统容量。

（3）容量的软特性。TDMA 系统可同时接入的用户数是固定的，无法多接入用户；而 CDMA 系统多接入用户只会使通信质量略有下降，不会出现硬阻塞现象。

（4）信号被扩展在较宽的频谱上，可以减小多径衰落。如果频谱带宽比信道的相关带宽大，则固有的频率分集将具有减小小尺度衰落的作用。

（5）在 CDMA 系统中，数据传输速率很高，时长很短，因为 PN 码具有较强的自相关性，所以大于一个码元宽度的时延扩展可以被接收机自然抑制。如果采用最大比值合并，可以获得最佳的抗多径衰落效果。而在 TDMA 系统中，为克服符号间干扰，需要用复杂的自适应均衡器，使复杂度提高，并影响越区切换的平滑性。

（6）有效的宏分集和平滑的软切换。CDMA 系统中的所有小区使用相同的频率，不仅简化了频率规划，也使越区切换得以完成。当移动台处于小区边缘时，同时有两个或两个以上基站向该移动台发送相同的信号，移动台分集接收机能同时接收合并这些信号，此时处于宏分集状态。当某基站的信号强于当前基站的信号且稳定后，移动台才切换到对该基站的控制上，这种切换可以在通信过程中平滑完成，称为软切换。

（7）功率谱密度低。在 CDMA 系统中，信号功率被扩展到比自身频带宽百倍以上的频带范围内，因此其功率谱密度大大降低。由此可以得到两方面优势：一是具有较强的抗窄带干扰能力；二是对窄带系统的干扰很小，可能与其他系统共用频带，使有限的频率资源得到充分利用。

在第二代移动通信系统中，IS-95A 和 GSM 在体制上属于同一代产品；在第三代移动通信系统（CDMA2000、WCDMA、TD-SCDMA 系统）中，CDMA 技术也得到了广泛应用。但是，CDMA 系统还存在一些问题，下面主要对其中的两种进行简单介绍。

2. 多址干扰

在 CDMA 系统中，同一小区的许多用户及相邻小区的许多用户都工作在同一频率上，就频率复用来讲，它是一种有效的方式；但在其蜂窝结构中，不同用户的扩频序列不完全正交，会引起多址干扰（MAI），而且随着工作的用户数不断增加，多址干扰将更加严重。

CDMA 系统中的多址干扰分为两种情况：一是移动台在接收所属基站发来的信号时，会受到所属基站和相邻基站向其他移动台传输的信号的干扰；二是基站在接收某移动台发来的信号时，会受到本小区及相邻小区其他移动台所传输的信号的干扰。

CDMA 系统中的多址干扰如图 6-28 所示，图 6-28（a）表示基站对移动台产生的正向多址干扰，图 6-28（b）表示移动台对基站产生的反向多址干扰。

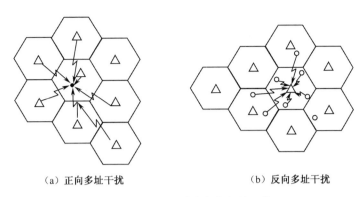

（a）正向多址干扰　　　　　　　　（b）反向多址干扰

图 6-28　CDMA系统中的多址干扰

3. 远近效应

电波传播损耗近似与传播距离的 4 次方成正比，因此在移动台处于小区的不同位置时，其损耗会有非常大的差异，靠近基站的强信号功率远大于远离基站的弱信号功率。远近效应指当用户共用信道时，强信号对弱信号有明显的抑制作用，使弱信号的接收性能很差，甚至无法通信。

远近效应如图 6-29 所示，移动台 MS_1（设距离为 d_1）将对移动台 MS_2（设距离为 d_2，$d_2 \gg d_1$）的信号产生严重干扰。

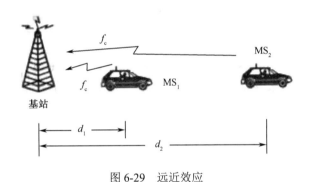

图 6-29　远近效应

假设各移动台的发送功率相同且不进行功率控制，则两个移动台至基站的功率电平差异取决于传输损耗之差。可定义近端对远端的干扰比为

$$R_{d_2 d_1} = L_A(d_2) - L_A(d_1) \tag{6-35}$$

式中，$L_A(d_2)$ 为 MS_2 的传播损耗，$L_A(d_1)$ 为 MS_1 的传播损耗。

前面提到，电波传播损耗近似与传播距离的 4 次方成正比，这是在地形地物条件相同的情况下做出的假设，即

$$\frac{L_A(d_2)}{L_A(d_1)} = \left(\frac{d_2}{d_1}\right)^4 \tag{6-36}$$

则

$$R_{d_2 d_1} = 40 \lg\left(\frac{d_2}{d_1}\right) \tag{6-37}$$

例如，当 d_1 =100m，d_2 =1000m时，$R_{d_2d_1}$ =40dB。由此可见，损耗造成的功率电平差异十分明显。在移动通信系统中，远近效应是普遍存在的。因此，CDMA系统需要采用功率控制技术。

6.2.4 空分多址

空分多址（Space Division Multiple Access，SDMA）按空间分割信道。从理论上讲，空间中的一个信源可以向无限个方向（角度）传输信号，从而构成无限个信道。但是由于发送信号需要使用天线，而天线又不可能有无限个，因此空分多址的信道数是有限的。

在移动通信中，可以采用自适应阵列天线实现空间分割，在不同用户方向上形成不同的波束。SDMA 系统的工作如图 6-30 所示。

实际上，空分多址是卫星通信的基本技术。在一个卫星上安装多个天线，这些天线的波束分别指向地球表面的不同区域，使各区发射的电波不会在空间上重合。这样即使工作在相同时隙、相同频率或相同地址码的情况下，信号也不会互相干扰，从而使系统容量增大。

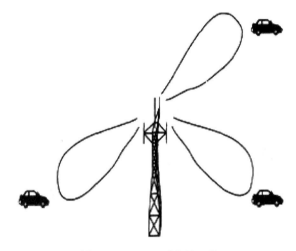

图 6-30 SDMA系统的工作

SDMA 系统具有以下特点。

（1）系统容量大。

（2）覆盖范围大。天线阵列的覆盖范围远大于单天线，因此 SDMA 系统的小区数可以大大减小。

（3）兼容性强。SDMA 可以与任何调制方式、带宽或频段兼容，包括 AMPS、GSM、IS-54、IS-95 等。SDMA 可以应用多种阵列和天线类型，还兼容其他多址接入技术，从而进行组合，如空分—码分多址（SD-CDMA）。

（4）减小来自其他系统和其他用户的干扰。在干扰较大的环境中，系统可以有选择地发送和接收信号，从而提高通信质量。

（5）功率减小。由于SDMA采用有选择的空间传输，因此，SDMA基站发送的功率可以远小于普通基站。

（6）定位功能强。每个空间信道的方向是已知的，可以准确地确定信源位置，为提供基于位置的服务奠定基础。

（7）在一般情况下，SDMA不能单独使用，需要与TDMA、FDMA或CDMA等结合使用。

随着移动通信技术的发展，尤其是自适应阵列天线、智能天线等的应用，SDMA 有更广阔的应用前景。

6.2.5 蜂窝移动通信系统的容量分析

蜂窝移动通信系统的容量可以定义为

$$m = \frac{B_t}{B_c N_R} \tag{6-38}$$

式中，m 是容量；B_t 是分配给系统的带宽；B_c 是信道带宽；N_R 是满足频率复用要求的小区簇中的小区数。

从理论上讲，各种多址接入系统有相同的容量。下面分析 3 种多址接入系统在理想情况下的容量。

假设 3 种多址接入系统的带宽均为 W，每个用户的未编码码率为 $R_b = 1/T_b$，T_b 表示发送 1 比特的时间，所有多址接入系统使用正交信号的波形，则最大用户数为

$$M \leqslant \frac{W}{R_b} = W T_b \tag{6-39}$$

假设在多址接入系统中，每个用户接收到的功率为 S_r，则接收到的总功率为

$$P_r = M S_r \tag{6-40}$$

假设所需的 E_b/N_0（单位比特能量与噪声谱密度之比）与实际值相等，即

$$\left(\frac{E_b}{N_0}\right)_{req} = \left(\frac{E_b}{N_0}\right)_{actual} = \frac{\frac{S_r}{R_b}}{N_0} = \frac{\frac{P_r}{M}}{N_o R_b} \tag{6-41}$$

可以得到

$$M = \frac{\frac{P_r}{M}}{R_b \left(\frac{E_b}{N_0}\right)_{req}} \tag{6-42}$$

因此，从理论上讲，3 种多址接入系统有相同的容量

$$M_{FDMA} = M_{TDMA} = M_{CDMA} = \frac{\frac{P_r}{M}}{R_b \left(\frac{E_b}{N_0}\right)_{req}} \tag{6-43}$$

然而，实际上 3 种多址接入系统的容量并不相同。

1. FDMA 系统和 TDMA 系统的容量

对于 FDMA 系统来说，如果采用频率复用的小区数为 N_R，根据同频干扰和系统容量，对于小区制蜂窝网，有

$$N_R = \sqrt{\frac{2C}{3I}} \qquad (6\text{-}44)$$

可以得到 FDMA 系统的容量为

$$m = \frac{B_t}{B_c \sqrt{\dfrac{2C}{3I}}} \qquad (6\text{-}45)$$

由于数字信道所要求的载干比可以比模拟信道小 4～5 dB（因为数字移动通信系统有纠错措施），因此对于 TDMA 系统来说，可以使 $N_R=3$，得到 TDMA 系统的容量为

$$m = \frac{B_t}{B_c' \sqrt{\dfrac{2C}{3I}}} \qquad (6\text{-}46)$$

式中，B_c' 为 TDMA 系统的等效带宽。等效带宽与每个频道包含的时隙数有关，即

$$B_c' = \frac{B}{m} \qquad (6\text{-}47)$$

式中，B 为 TDMA 频道带宽；m 是每个频道包含的时隙数。

2. CDMA 系统的容量

CDMA 系统是自干扰系统，因此其容量除了与基站或小区配置的信道数有关，还与无线制式、小区环境等有关。影响 CDMA 系统容量的主要因素包括处理增益、E_b/N_0、功率控制、基站天线的扇区数、频率复用效率等。

如果不考虑蜂窝的特点，只考虑一般的扩频通信系统，则有

$$\frac{C}{I} = \frac{R_b E_b}{N_0 W} \qquad (6\text{-}48)$$

E_b/N_0 的值取决于系统对误码率和语音质量的要求，并与系统的调制方式和编码方案有关。W/R_b 是系统的处理增益。

如果 m 个用户共用信道，则每个用户的信号都受到其他 $m-1$ 个信号的干扰，假设到达一个接收机的信号强度与各干扰信号的强度相等，则载干比为

$$\frac{C}{I} = \frac{1}{m-1} \qquad (6\text{-}49)$$

将式（6-49）代入式（6-48）得到

$$m = 1 + \frac{WN_0}{R_b E_b} \qquad (6\text{-}50)$$

如果考虑热噪声功率 η，则

$$m = 1 + \frac{WN_0}{R_b E_b} - \frac{\eta}{C} \qquad (6\text{-}51)$$

上面的结果表明，在误码率一定的条件下，降低热噪声功率、降低归一化信噪比、提高系统的处理增益都能增大系统容量。

应该注意，这里假设到达一个接收机的信号强度与各干扰信号的强度相等。对于独立小区（没有相邻小区的干扰）来说，在前向传输时，不进行功率控制即可满足；但在反向传输时，只有进行理想的功率控制才能满足。此外，应根据 CDMA 系统的特点对公式进行修正。

1）利用激活技术增大系统容量

在典型的全双工通信中，每次通话的语音存在时间小于 35%，即激活期 d（占空比）小于 35%。如果在语音停顿时停止发送信号，其他用户受到的干扰将平均减小 65%，从而使特定用户受其他用户的干扰仅为原来的 35%或使系统容量近似提高到原来的 2.86（1/0.35）倍。因此，CDMA 系统的容量被修正为

$$m = 1 + \left(\frac{WN_0}{R_b E_b} - \frac{\eta}{C} \right) \frac{1}{d} \tag{6-52}$$

当用户很多且系统是干扰受限的而不是噪声受限的时，系统容量可以表示为

$$m = 1 + \frac{WN_0}{R_b E_b d} \tag{6-53}$$

2）通过扇区划分增大系统容量

扇区化能有效增大系统容量，当利用 120°扇形覆盖的定向天线把一个小区划分为 3 个扇区时，每个用户在一个扇区中，各用户之间的多址干扰分量也减小为原来的 1/3，系统容量为原来的 3 倍左右（实际上，由于相邻天线覆盖区域之间有重合，一般为 2.55 倍左右）。因此，CDMA 系统的容量被修正为

$$m = \left(1 + \frac{WN_0}{R_b E_b d} \right) G \tag{6-54}$$

式中，G 为扇区分区系数。

3）通过频率复用增大系统容量

在 CDMA 系统中，所有用户使用同一频率，即若干小区内的基站和移动台都工作在相同频率，因此任意小区的移动台都会受到相邻小区基站的干扰，任意小区的基站也会受到相邻小区移动台的干扰。这些干扰必然会影响系统容量。任意小区的移动台对相邻小区基站的干扰和任意小区的基站对相邻小区移动台的干扰是不同的，对系统容量的影响也不同。对于反向信道，由于相邻小区基站的移动台功率不断调整，对基站的干扰不易计算，只能从概率上计算平均值的下限。然而，理论分析表明，假设各小区的用户数为 M，M 个用户同时发送信号，前向信道和反向信道的总干扰量对容量的影响大致相同，因此在考虑相邻小区的干扰对系统容量的影响时，一般按前向信道计算。

对于前向信道，在一个小区内，基站不断向移动台发送信号，移动台在接收自己所需的信号时，也接收到基站发给其他移动台的信号，这些信号将形成干扰。当系统采用前向功率控制技术时，由于存在传播损耗，靠近基站的移动台受本小区基站的干扰比距离较远的移动台大，但受相邻小区基站的干扰较小。位于小区边缘的移动台受本小区基站的干扰比距离较近的移动台小，但受相邻小区基站的干扰较大。最不利的移动台位置是 3 个小区的交界处。

假设各小区中同时通信的用户数为 M，即各小区的基站同时向 M 个用户发送信号。理论分析表明，在采用功率控制技术时，各小区中同时通信的用户数将减小为原来的 60%，即信道复用效率 $F=0.6$。此时，CDMA 系统的容量被修正为

$$m = \left(1 + \frac{WN_0}{R_b E_b d} \right) GF \tag{6-55}$$

3.3 种系统容量的比较

在给定的带宽（1.25MHz）内，将 CDMA 系统容量与 FDMA 和 TDMA 系统容量进行比较，结果如下。

（1）FDMA 系统。设分配给系统的带宽 B_t=1.25MHz，信道带宽 B_c=25kHz，频率复用的小区数 N_R=7，则系统容量（单位为信道/小区）为

$$m_{\text{FDMA}} = \frac{1.25 \times 10^3}{25 \times 7} = \frac{50}{7} = 7.1 \tag{6-56}$$

（2）TDMA 系统。设分配给系统的带宽 B_t=1.25 MHz，载波间隔 B_c=200kHz，每个载波含有 8 个时隙，频率复用的小区数 N_R=4，则系统容量（单位为信道/小区）为

$$m_{\text{TDMA}} = \frac{1.25 \times 10^3 \times 8}{200 \times 4} = \frac{10 \times 10^3}{800} = 12.5 \tag{6-57}$$

（3）CDMA 系统。设分配给系统的带宽 B_t=1.25MHz，码率 R_b=9.6 kbps，扇形分区系数 G=2.55，占空比 d=0.35，信道复用效率 F=0.6，归一化信噪比 E_b/N_0=7dB，则系统容量（单位为信道/小区）为

$$m_{\text{CDMA}} = \left\{ 1 + \left[\left(\frac{1.25 \times 10^3}{9.6} \right)/10^{0.7} \right] \times \frac{1}{0.35} \right\} \times 2.55 \times 0.6 = 115.1 \tag{6-58}$$

可以得到

$$m_{\text{CDMA}} \approx 16 m_{\text{FDMA}} \approx 9 m_{\text{TDMA}} \tag{6-59}$$

由上述分析可以看出，在系统带宽为 1.25 MHz 时，CDMA 系统的容量约为 FDMA 系统容量的 16 倍或 TDMA 系统容量的 9 倍。需要说明的是，上面的 CDMA 系统容量是理论值，即假设 CDMA 系统的功率控制是理想的，实际上 CDMA 系统容量比理论值低，具体受功率控制精度的影响。另外，CDMA 系统容量的计算与某些参数的选取有关，在参数不同时，得出的系统容量也不同。当前，普遍认为 CDMA 系统容量是 FDMA 系统容量的 8～10 倍。

6.3 移动通信网的信令与接口

通过前面的介绍可知，移动通信网采用多个移动台共用几个（或一个）无线信道的制式。为了确保有秩序地通信，必须进行一定的控制，这就需要一些表示控制目标和状态的信号及指令。为了与有用信号相区分，将语音信号和用户数据以外的信号及指令统称为"信令"。信令允许网络数据库及网络中其他"智能"节点之间交换呼叫建立、监控、撤销、分布式应用进程所需要的信息，包括进程之间的询问和响应、用户的数据或网络管理信息。因此，可以说信令是用户及网络节点交换信息的共同语言，是移动通信网的神经系统。

信令不同于用户信息，用户信息通过移动通信网由发信者直接传输至收信者，而信令通常需要在移动通信网的不同环节（如基站、移动台和移动交换中心等）之间传输，各环节进行分析处理并通过交互进行控制，以保证用户信息有效且可靠地传输，其性能在很大程度上决定了一个移动通信网为用户提供服务的能力和质量。

信令大致分为两种，一种是用户与网络节点之间的信令，称为接入信令；另一种是网络节点与网络节点之间的信令，称为网络信令。

6.3.1　接入信令

接入信令是用户与网络节点之间的信令，在移动通信中指移动台与基站之间的信令。按空中接口标准的不同，物理信道中传输信令的方式有许多种，有的设有专用控制信道，有的不设有专用控制信道；按信号形式的不同，信令可以分为数字信令和音频信令。数字信号传输快，组码数量大，且数字电路便于集成，可以使设备小型化。在移动通信系统中，特别是大容量移动通信系统中，数字信令得到了广泛应用。

1. 信令形式

在传输数字信令时，为便于解码，要求信令按照一定格式编排。数字信令编码格式如图 6-31 所示。第一种格式如图 6-31（a）所示，每发一组地址或数据信息时，发送相应的同频码和纠错码；第二种格式如图 6-31（b）所示，每发一次同步信号，可以发送几组信息码。除字同步用不归零（NRZ）码外，其余均用相位分裂（SP）码。相位分裂码将码率提高了一倍，但能量集中在 1/2 码率以下，其易于判决和传输。

1）前置码（码头）

前置码又称位同步，其作用是将收发两端的时钟对准，给出了每个码元的判决时刻。位同步采用间隔码，并以 0 为结束码元。接收机利用锁相环可以随时在码元中提取位同步信号。

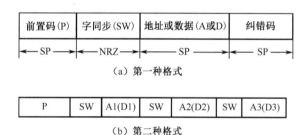

（a）第一种格式

（b）第二种格式

图 6-31　数字信令编码格式

2）字同步

字同步表示信息的开头，相当于时分多址中的帧同步，常采用自相关性较好的巴克码。巴克码如表 6-9 所示。当巴克码错开 k 时，自相关函数为

$$C(k) = \sum_{i=1}^{N-k} a_i a_{i+k} = \begin{cases} N, & k = 0 \\ 0\text{或}\pm 1, & k = 1, 2, \cdots, N-1 \\ 0, & k > N \end{cases} \qquad (6\text{-}60)$$

表 6-9　巴克码

N	码　　型
2	++
3	++-
4	+++- ++-+
5	+++-+

续表

N	码　　型
7	＋＋＋－－＋－
11	＋＋＋－－－＋－－＋－
13	＋＋＋＋＋－－＋＋－＋－＋

例如，7 位巴克码如图 6-32 所示，其自相关函数如图 6-32（a）所示，产生器和识别器分别如图 6-32（b）和图 6-32（c）所示。

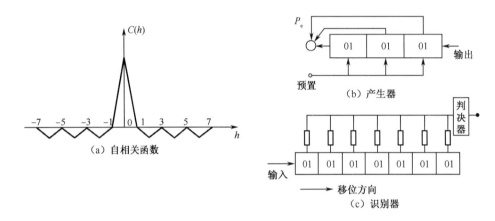

图 6-32　7 位巴克码

3）地址或数据

地址或数据包含以下内容。

移动台编号：移动台编号用普通二进制编码实现，如用 12 位二进制码可组成 4096 个编号。

小区编号：用二进制编码实现，移动交换中心具有识别小区的功能。

信道编号：移动通信是共用信道通信，为了实现指定信道控制，常常需要使用信道编号，信道编号也是用二进制编码实现的。

分类码：用于表示控制信道中的码组类型。

4）纠错码

纠错码又称监督码，不同的纠错码具有不同的检错和纠错能力。一般来说，监督码元越多，纠错和检错能力越强，但编码效率会降低。

2. 数字信令的调制方式

数字信令是二进制的数据流，只有通过调制才能发送出去。考虑到与模拟移动通信系统的兼容性，数字信令要适应信道间隔要求，能够在具有一定带宽的信道内可靠传输，数字信令的调制方式有 ASK、FSK、PSK 3 种。ASK 方式的抗干扰和抗衰落能力弱，在移动通信中基本不采用。

在选择调制方式时，主要考虑信令速率、调制带宽和抗干扰能力等。通常使用基带调制（适用于高速率）和副载波二次调制（适用于低速率）。

在数字移动通信系统中，有严格的帧结构。例如，在 TDMA 系统的帧结构中，通常有专门的时隙用于信令传输。

3. 信令传输协议

在数字移动通信系统中，空中接口的信令分为 3 层，U_m 接口协议模型如图 6-33 所示，第 3 层包括呼叫管理、移动性管理和无线资源管理 3 个模块。它们产生的信令通过数据链路层和物理层传输。按空中接口标准的不同，物理信道中传输信令的方式有许多种，有的设有专用控制信道，有的不设有专用控制信道。前者适用于大容量的公共移动通信网，后者适用于小容量的专用网。

图 6-33　Um接口协议模型

为了传输信令，物理层形成了许多逻辑信道，如广播信道（BCH）、随机接入信道（RACH）、接入允许信道（AGCH）和寻呼信道（PCH）等。这些逻辑信道按照一定的规则复接在物理层具体帧的具体突发中。

在这些逻辑信道上传输的是数据链路层的信息。数据链路层信息帧的基本格式如图 6-34 所示，包括地址段、控制字段、长度指示段、信息段和填充段。不同的信令可以对这些字段进行取舍。其中，控制字段定义了帧的类型、命令和响应。

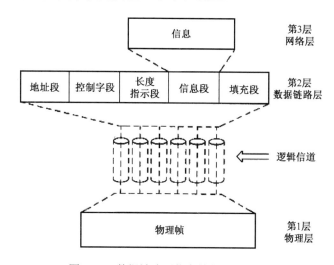

图 6-34　数据链路层信息帧的基本格式

6.3.2　网络信令

网络信令是网络节点与网络节点之间的信令，在移动通信中常用的是 7 号信令（SS7），主要用于在交换机之间、交换机与数据库（如 HLR、VLR、AUC 等）之间交换信息。目前，核心网向 IP 化和基于 IP 形态的多样化发展，使网络信令得以扩展。

6.4　多信道共用及话务量分析

一个无线电区通常使用若干信道，按用户工作时占用信道的方式，可以分为独立信道方式和多信道共用方式。

如果一个无线电区有 n 个信道，将用户也分为 n 组，每组用户分别被指定在某信道上工作，不同信道的用户不能互换信道，将这种用户占用信道的方式称为独立信道方式。在这种方式下，即使移动台具有多信道选择的能力，也只能在规定的信道工作。当该信道被某用户占用时，在其通话结束之前，属于该信道的其他用户都不能占用该信道。但此时其他信道很可能处于空闲状态。显然，独立信道方式对信道的利用是不利的。

多信道共用指一个无线电区内的 n 个信道由该无线电区内的用户共用。当其中 K（$K<n$）个信道被占用时，其他需要通话的用户可以选择剩下 $n–K$ 个信道中的任意空闲信道。用户选取空闲信道和占用信道的时间是随机的。显然，所有信道（n 个）同时被占用的概率远小于一个信道被占用的概率。因此，多信道共用可以大大提高信道的利用率。

研究多信道共用主要讨论两个问题，一是共用信道数的确定问题；二是用户实现信道选择的问题。下面了解几个参数。

6.4.1　话务量、呼损率和用户量

1. 话务量

在语音系统中，业务量的大小可以用话务量衡量，包括流入话务量和完成话务量。流入话务量指单位时间（1 小时）内呼叫次数 C 和每次呼叫平均占用信道时间（包括接续动作时间和通话时间）t_0 的乘积，流入话务量 A 为

$$A = Ct_0 \tag{6-61}$$

式中，C 的单位为"次/小时"，t_0 的单位是"小时/次"，因此 A 是一个无量纲的量，但我们专门将它的单位设为"爱尔兰（Erl）"。

爱尔兰是一条线路连续使用 1 小时情况下的话务量，也就是一条线路所具有的最大话务量。例如，一条线路每小时呼叫 20 次，即 C=20 次/小时，而每次呼叫三分钟，即 t_0=1/20 小时/次，则 A=1Erl。

在移动通信网中，无法保证每个用户都能呼叫成功，即存在呼损。在流入话务量中，单位时间（1 小时）内呼叫 C 次并不都是成功的，因此设单位时间内成功呼叫的次数为 C_c，则完成话务量 A_c 为

$$A_c = C_c t_0 \tag{6-62}$$

另外，话务量单位有时也用 H.C.S 表示，H.C.S 和 Erl 的关系为 1Erl=36H.C.S。如果设占线时间为 t_s，则流入话务量可以表示为

$$A = \frac{Ct_s}{100} \text{H.C.S} \tag{6-63}$$

2. 呼损率

定义 A_L 为损失话务量，即流入话务量 A 与完成话务量 A_c 之差。将损失话务量占流入话务量的比例称为呼损率，用符号 B 表示，即

$$B = \frac{A_L}{A} = \frac{A - A_c}{A} = \frac{C - C_c}{C} \tag{6-64}$$

假设呼叫具有以下性质：①每次呼叫相互独立，互不相关；②每次呼叫在时间上都有相同的概率。

假设信道数为 n，则呼损率 B 为

$$B = \frac{\dfrac{A^n}{n!}}{1 + \dfrac{A}{1!} + \dfrac{A^2}{2!} + \dfrac{A^3}{3!} + \cdots + \dfrac{A^n}{n!}} \tag{6-65}$$

将式（6-65）称为爱尔兰呼损公式。式（6-65）的推导过程如下。

假设系统中有 n 个信道，稳态时系统中有 $0 \sim n$ 个用户的概率为 $P_0 P_1 \cdots P_i \cdots PP_n$。$\lambda_0$ 为单位时间内系统由 0 状态向 1 状态转移的次数，代表新到达的呼叫。μ_1 则是系统从 1 状态向 0 状态转移的次数，代表用户离去。系统状态图如图 6-35 所示。假设在足够短的时间内，系统只能向相邻状态转移。

当系统处于平衡状态时，有

$$P_i \lambda_i = P_{i+1} \mu_{i+1} \tag{6-66}$$

则

$$P_i = \frac{P_{i-1} \lambda_{i-1}}{\mu_i} = \frac{P_{i-2} \lambda_{i-1} \lambda_{i-2}}{\mu_i \mu_{i-1}} = \frac{\lambda_{i-1} \lambda_{i-2} \cdots \lambda_0}{\mu_i \mu_{i-1} \cdots \mu_1} P_0 = \theta_i P_0 \tag{6-67}$$

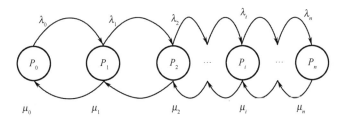

图 6-35 系统状态图

因为

$$\sum_{i=0}^{n} P_i = 1 \Rightarrow P_0 \sum_{i=0}^{n} \theta_i = 1 \tag{6-68}$$

所以

$$P_0 = \frac{1}{\displaystyle\sum_{i=0}^{n} \theta_i} \tag{6-69}$$

代入式（6-67）得到

$$P_i = \frac{\theta_i}{\sum\limits_{k=0}^{n} \theta_k} \tag{6-70}$$

对于用户较多的情况，可以假设单位时间内到达的新呼叫不受系统中正在接受服务的用户影响，即 $\lambda_0 = \lambda_1 = \cdots = \lambda_n = \lambda$，而每个用户的离去率相同，因此 $\mu_1 = \mu$，$\mu_i = i\mu$，得到

$$\theta_i = \frac{\lambda^i}{\mu^i i!} = \frac{\left(\dfrac{\lambda}{\mu}\right)^i}{i!} \tag{6-71}$$

式中，λ 是单位时间内到达的新呼叫的数量；μ 为单位时间内用户的离去率；$1/\mu$ 为用户的平均停留时间；λ/μ 为单位时间内的流入话务量，即式（6-65）中的 A。将式（6-71）代入式（6-70）可以得到式（6-65）。这里的 P_i 为信道全忙的概率，此时新呼叫不能被系统服务，直接体现为损失，因此 P_n 为呼损率 B。

将式（6-65）以表格的形式表示，可以得到爱尔兰损失表，如表 6-10 所示。

为了计算每个信道能容纳的用户数 m，必须计算每个移动台的话务量。而每个用户在 24 h 内的话务量是不均匀的，定义最忙的 1 小时内的话务量（忙时话务量）与全天话务量之比为最忙时集中系数，即

$$K = \frac{忙时话务量}{全天话务量} \tag{6-72}$$

一般 K 为 0.1～0.15。设 C 为移动台每天的平均呼叫次数，T 为移动台每次呼叫平均占用信道时间，K 为最忙时集中系数，则每个用户忙时话务量为

$$a = CTK \times \frac{1}{3600} \tag{6-73}$$

表 6-10　爱尔兰损失表

n	5%				10%				20%			
	A	A/n	m	nm	A	A/n	m	nm	A	A/n	m	nm
1	0.053	0.053	5	5	0.111	0.111	11	11	0.25	0.25	25	25
2	0.381	0.191	19	38	0.595	0.298	30	59	1.0	0.50	50	100
3	0.899	0.300	30	90	1.271	0.424	42	127	1.93	0.643	64	193
4	1.525	0.381	38	152	2.045	0.511	51	205	2.945	0.736	74	295
5	2.218	0.444	44	221	2.881	0.576	58	228	4.01	0.802	80	401
6	2.96	0.493	49	296	3.758	0.626	63	376	5.109	0.852	85	511
7	3.738	0.534	53	374	4.666	0.667	67	467	6.23	0.89	89	623
8	4.543	0.568	57	454	5.597	0.700	70	560	7.369	0.921	92	737
9	5.370	0.597	60	537	6.546	0.727	73	655	8.522	0.947	95	852
10	6.216	0.622	62	622	7.511	0.751	75	751	9.685	0.969	97	969
11	7.076	0.643	64	708	8.487	0.772	77	849	10.86	0.987	99	1086
12	7.95	0.663	66	795	9.474	0.79	79	947	12.04	1.003	100	1204
13	8.835	0.68	68	884	10.47	0.805	81	1047	13.22	1.017	102	1322
14	9.73	0.695	70	973	11.47	0.82	82	1147	14.41	1.03	103	1441

3. 每个信道能容纳的用户数 m

每个信道能容纳的用户数与在一定呼损率下系统所能承载的话务量成正比，与每个电台的话务量成反比，可以表示为

$$m = \frac{\dfrac{A}{n}}{CTK \times \dfrac{1}{3600}} \tag{6-74}$$

式中，A/n 为在一定呼损率下，每个信道的平均话务量。

例 6.2　在某移动通信系统中，每天每个用户平均呼叫 10 次，每次占用信道的平均时间为 80s，呼损率为 10%，最忙时集中系数 $K=0.125$，问给定 8 个信道能容纳多少用户？

解：

① 根据呼损率及信道数，查表求得 $A=5.597\text{Erl}$。

② 每个用户忙时话务量为 $a = CTK \times \dfrac{1}{3600} \approx 0.0278\text{Erl}$。

③ 每个信道能容纳的用户数为 $m = \dfrac{A/n}{a} = \dfrac{5.597/8}{0.0278} = 201.33/8 \approx 25$。

④ 系统能容纳的用户数为 $mn = 200$。

为了方便，将一定 B 值下的 m 值列入表 6-10。该表是以 $a=0.01\text{Erl}$ 为计算依据的。大量统计结果表明，对于公共移动通信网，每个用户忙时话务量可按 0.01Erl 计算；对于专业移动电话网，业务性质不同，每个用户忙时话务量也不同，一般可按 $0.03 \sim 0.06\text{Erl}$ 计算。实际上，共用信道的移动台用户所接受的话务量是极难预测的，按照有线电话的方法，根据爱尔兰理论推算负荷，难以保证结果的准确性。尽管如此，目前移动通信系统的设计仍以上述分析为依据。而表 6-10 和式（6-74）能帮助我们建立几个基本概念。

（1）当无线电区的共用信道数一定时，系统的流入话务量越大，信道利用率越高，但话路阻塞越严重，呼损率越高，服务质量越低。因此，呼损率不能过低或过高。就国内通信水平而言，一般呼损率可以选择为 $10\% \sim 20\%$。

（2）每个信道所能容纳的用户数不仅与话务量有关，还与通话持续时间有关。

（3）系统多信道共用后，可以提高信道的利用率，但随着公共信道数的增加，信道利用率提高缓慢，与此同时，设备的复杂度提高，互调产物也越来越多，因此信道不宜过多。

由上述分析可知，在进行系统设计时，既要保证一定的服务质量，又要尽量提高信道利用率，并要求在经济和技术上合理。因此，必须选择合理的呼损率、正确确定每个用户忙时话务量和采用多信道共用方式工作，并根据用户数计算需要的信道数，或者由给定的信道数计算能容纳的用户数。

4. 排队等待模型

排队等待模型适用于排队等待系统，在用户发起呼叫请求时，如果信道全忙，则进入一个等待队列，假设队列有 m 个位置，此时的系统状态图在图 6-35 的基础上，增加状态概率 $P_{n+1}, P_{n+2}, \cdots, P_m$（$m>n$），因此式（6-68）变形为

$$\sum_{i=0}^{n} P_i + \sum_{i=n+1}^{m} P_i = 1 \Rightarrow P_0 \sum_{i=0}^{m} \theta_i = 1 \qquad (6\text{-}75)$$

得到

$$P_i = \frac{\theta_i}{\sum_{k=0}^{m} \theta_k} \qquad (6\text{-}76)$$

对于用户较多的情况，可以假设单位时间内到达的新呼叫不受系统中正在接受服务的用户影响，即 $\lambda_0 = \lambda_1 = \cdots = \lambda_m = \lambda$，而每个用户的离去率相同，因此 $\mu_1 = \mu$，$\mu_i = i\mu$。当 $n < i \leqslant m$ 时，$\mu_i = n\mu$，得到

$$\theta_i = \begin{cases} \dfrac{\lambda^i}{\mu^i i!} = \dfrac{\left(\dfrac{\lambda}{\mu}\right)^i}{i!}, & i \leqslant n \\[4mm] \dfrac{\lambda^i}{\mu^i n^{i-n} n!} = \dfrac{\dfrac{\lambda^i}{\mu^n}}{n!}, & n < i \leqslant m \end{cases} \qquad (6\text{-}77)$$

将式（6-77）代入式（6-76），得到用户等待概率为

$$\sum_{i=n}^{m-1} P_i = \sum_{i=n}^{m-1} \frac{\dfrac{\theta_i}{i}}{\sum_{k=0}^{} \theta_k} \qquad (6\text{-}78)$$

当 m 趋于无穷大，即排队等待无丢失时，简化概率为

$$P(n, A) = \frac{B}{1 - \dfrac{A}{n}(1 - B)} \qquad (6\text{-}79)$$

将式（6-79）称为 Erlang C 公式。

通过 Erlang C 公式可知，在排队等待模型下，系统损失的话务量减少，代价是等待时间延长。

Erlang C 公式具有一定的局限性：①假设用户一直等待，直到电话接通，而在现实中，用户会在等待一段时间后挂掉电话，然后重新呼叫或放弃；②Erlang C 公式中的信道数只是一个基本数，还需要考虑信道利用率，如信道间干扰、信道扫描时间等。

尽管如此，Erlang C 公式还是得到了广泛应用，由于其得到的服务水平往往低于实际服务水平，设计时有一些余量。实际服务水平高于计算值的主要原因有 3 点，一是计算得到的信道数必须是整数，只有向上取整，才能保障服务水平；二是很少有连续几小时的话务量高峰期，如果系统为满足高峰期业务需求而设计，难免在非高峰期超出实际需要；三是不愿意等待的用户可能终止业务传输，这些被终止的业务传输其实已经被作为需要完成的工作。

6.4.2 信道自动选择方式

在移动通信系统中，假设在由一个基站控制的小区内有 n 个信道，当用户发起呼叫时，怎样在这 n 个信道中选择一个空闲信道呢？主要有以下两种方式。

一种是专用呼叫信道方式（又称公共信令信道方式），其在系统中设置专用呼叫信道，专

门处理呼叫及指定语音。移动台平时停在呼叫信道上等待。呼叫信号通过专用呼叫信道发出，控制中心通过专用呼叫信道为主呼和被呼指定空闲信道，移动台根据指令转入指定的空闲信道上通话。采用这种方式的优点是处理速度快，但当共用信道较少时，呼叫信道不能得到充分利用。因此，其适用于大容量移动通信系统。

另一种是标明空闲信道方式，可以分为循环定位方式、循环不定位方式和循环分散定位方式。

1. 循环定位方式

在循环定位方式中，选择呼叫与通话在同一信道上进行。基站选择一个空闲信道作为临时信道，并在此临时信道上发出空闲信号；所有未通话的移动台都自动对所有信道进行扫描，一旦在这个临时信道上收到空闲信号，就停在该信道上，处于等待状态，当某用户接通后在此信道上通话；然后，基站再选择一个空闲信道作为临时信道，这时所有未通话的移动台将自动切换到新的有空闲信号的信道上。如果所有信道都被占用，基站发不出空闲信号，所有未通话的移动台将不停地扫描各信道，直到收到基站发来的空闲信号。

循环定位方式不设有专用呼叫信道，所有信道都可以用于通话，因而能充分利用信道。另外，各移动台平时都停在一个空闲信道上，无论主呼还是被呼都能立即进行，接续快。但是，由于全部未通话的移动台都停在一个空闲信道上，同时起呼的概率（称为同抢概率）较大，容易出现冲突。当用户较少时，同抢概率较小。因此，这种方式适用于信道较少的系统。

2. 循环不定位方式

在循环不定位方式中，基站在所有空闲信道上都发出空闲信号，而不通话的移动台平时处于在各信道之间扫描的状态。移动台摘机呼叫时，停在首先扫描到的空闲信道上，使用此信道进行呼叫。这种方式的优点是在一个空闲信道上同时起呼的概率较小（与循环定位方式相比），缺点是接续时间长，尤其是当移动台处于被呼状态时。在循环定位方式中，移动台在摘机时就已经停在空闲信道上了，可以立即呼叫；而在循环不定位方式中，移动台在摘机时仍在扫描，在找到空闲信道后才能呼叫，因此多了一个扫描时间。信道越多，所需的总接续时间越长，$Y=n\tau$。其中，n 为信道数，τ 为移动台扫描时在每个信道的停留时间。因此，这种方式不适用于大容量系统。

3. 循环分散定位方式

在循环分散定位方式中，基站在所有空闲信道上都发出空闲信号，而移动台则与在循环定位方式中一样，自动扫描并停在最先扫描到的空闲信道上。这种方式克服了前两种方式的缺点。由于各移动台的扫描是随机开始的，因此这些移动台在未摘机时是分散停留在各空闲信道上的。移动台在摘机呼叫时就已经停留在相应的空闲信道上，可以立即呼叫。因此，循环分散定位方式的优点是既能快速接续，又能分散在各空闲信道上，使同时起呼的概率减小，从而得到了广泛应用。

思考题与习题

1. 大区制和小区制的主要区别是什么？分别适用于哪种应用场合？

2. 为什么蜂窝网要采用正六边形？

3. 比较顶点激励与中心激励的区别，并说明顶点激励的优点。

4. 远近效应在移动通信系统中会造成什么影响？怎么克服？

5. 如何选择同频复用因子？

6. 在正六边形小区组成的小区簇内，各小区的半径相同，基站功率相同且位于小区中心。为保证该系统具有良好的性能，要求 SIR=15dB，并假设带来同频干扰的小区主要是第 1 层的 6 个小区。求当 n=4 时，要获得最大的容量需要多大的 Q 和 N？

7. 为什么不能单独使用 SDMA 系统？

8. 描述 TDMA 帧结构。

9. 已知 C=3 次/天，T=120s，K=0.1，求每个用户忙时话务量 a。

10. 某系统有 50 个用户，每个用户平均每小时发出 2 次呼叫，每次呼叫平均保持 3 分钟，求每个用户的话务量和总话务量。

11. 什么是信令？接入信令的基本形式是什么？

12. 标明空闲信道方式有哪几种？试比较这几种方式的优缺点。

参 考 文 献

[1] 张乃通，徐玉滨，谭学治，等．移动通信系统[M]．哈尔滨：哈尔滨工业大学出版社，2001．

[2] 郭梯云，李建东．移动通信（第 3 版）[M]．西安：西安电子科技大学出版社，2005．

[3] 王华奎，李艳萍，张立毅，等．移动通信原理与技术[M]．北京：清华大学出版社，2009．

[4] Jochen Schiller．移动通信（第 2 版）[M]．周正，王鲜芳，译．北京：高等教育出版社，2003．

[5] 张殿富．移动通信基础[M]．北京：中国水利水电出版社，2004．

[6] 吴伟陵，牛凯．移动通信原理（第 2 版）[M]．北京：电子工业出版社，2009．

[7] 啜钢，王文博，常永宇，等．移动通信原理与系统（第 2 版）[M]．北京：北京邮电大学出版社，2005．

[8] Andrea Goldsmith．无线通信[M]．杨鸿文，李卫东，郭文彬，译．北京：人民邮电出版社，2011．

[9] 李建东．移动通信（第四版）[M]．西安：西安电子科技大学出版社，2018．

[10] 李旭，艾渤，钟章队．移动通信原理与系统[M]．北京：科学出版社，2020．

下篇

系统篇

第 7 章

GSM 及其增强体制

7.1 概述

GSM（Global System for Mobile Communications）是全球移动通信系统，其信令和语音信道都是数字式的，被看作是 2G 的开端。

7.1.1 GSM 的发展历程

在美国还在部署具有划时代意义的高级移动电话系统（AMPS）时，欧洲邮政和电信会议（CEPT）就于 1982 年设立了移动通信特别小组，开始进行具有系统间公共接口、可以实现跨国漫游的泛欧数字移动通信系统的制式标准研究。1991 年，GSM 业务逐渐商业化，其覆盖范围于 1993 年拓展至欧洲以外；1995 年，GSM 进入中国市场，中国用户数每年以惊人的速度不断攀升，截至 2011 年 5 月，这一数字达到 5.8 亿。

2000 年以前，GSM 规范工作都是由欧洲电信标准化协会（European Telecommunications Standards Institute，ETSI）负责的，2000 年转交至 3GPP（The 3rd Generation Partnership Project）。由于 3GPP 主要负责全球第三代移动通信规范、技术报告的发布，因此 2000 年后的 GSM 规范修订主要集中在通用分组无线业务（General Packet Radio Service，GPRS）和增强型数据速率 GSM 演进（Enhanced Data Rates for GSM Evolution，EDGE）技术方面。

GSM 规范的版本有 Phase1、Phase2、Release96、Release97、Release98、Release99 和 Release4 等。根据 Release99，GSM 规范的组织如下。

01 系列：综述；

02 系列：业务方面；

03 系列：网络方面；

04 系列：MS-BS 接口和协议；

05 系列：物理层；

06 系列：语音编码；

07 系列：终端适配；

08 系列：BS-MSC 接口；

09 系列：网络互操作；

11 系列：设备和类型；

12 系列：运行和维护；

每个系列都包括由序号标示的一些规范。因此，给定的规范由定义的系列号和规范号组成。例如，GSM 规范 05.03 是物理层规范，主要针对信道编码方面。

7.1.2 GSM 的业务

不同版本的 GSM 规范支持的业务不同，从提供基本服务向增强数据、增强用户等业务发展。

GSM 的业务可以分为承载业务、电信业务和附加业务，承载业务主要提供在确定用户界面间传输信息的服务；电信业务主要提供移动台与其他应用的通信服务；附加业务集中体现了所有使用方便和完善的服务。GSM 的业务关系如图 7-1 所示。

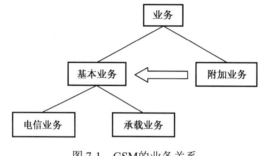

图 7-1　GSM的业务关系

1. 承载业务

承载业务主要指在 GSM 中具有流量、误码率和传输模式等技术参数的数据业务，其只包括 OSI 模型中物理层到网络层的协议。承载业务不仅能提供直接数据通信，还能使 GSM 与其他公共数据网互通。

按照数据传输方式，可以将承载业务分为透明业务和非透明业务。透明业务以原始数据形式发送，因为没有采用任何差错控制，所以透明业务具有精度低、传输速率高的特点；而非透明业务采用无线连接协议（Radio Link Protocol，RLP），以保证数据准确可靠地传输。

针对不同用户需求，GSM 有各种不同类型的承载业务，包括受限语音、异步双工数据、同步双工数据、分组的组合与分解、同步双工分组数据等业务。

2. 电信业务

电信业务包括能够满足用户完整通信需要的所有通信业务，还包括OSI模型的7层协议，是端到端的业务。电信业务是 GSM 提供的最重要的业务，可以为用户提供实时双向通信，使用户可以随时随地与网内、网间用户通信。

电信业务主要包括语音业务和非语音业务两类。语音业务是 GSM 提供的基本业务，包括电话、紧急呼叫和语音信箱业务。非语音业务又称数据业务，包括短信、可视图文接入、MHS 接入、传真等业务。

3. 附加业务

附加业务是对基本业务的改进和补充，必须与基本业务同时开展，不能单独提供。附加业务可以为用户提供许多高级服务，包括号码识别、呼叫转移、移动接入跟踪、通用分组无线业务（GPRS）等。

7.1.3 GSM 的体系结构

复杂的 GSM 其实是由若干功能实体组合而成的，这些功能实体通常是通信系统中有特定功能的具体设备，设备间通过接口连接。GSM 体系结构如图 7-2 所示。

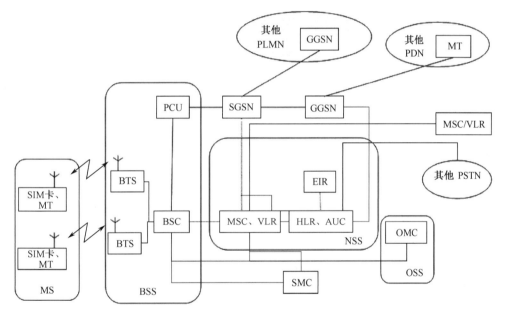

图 7-2　GSM体系结构

GSM 由移动台（MS）、基站子系统（BSS）、网络和交换子系统（NSS）和操作支持子系统（OSS）等子系统构成。BSS 包括多个基站收发台（BTS）和一个基站控制器（BSC）等；NSS 包括一个或多个移动交换中心（MSC）及与之相连的访问位置寄存器（VLR）、归属位置寄存器（HLR）、设备识别寄存器（EIR）和鉴权中心（AUC）；OSS 主要由操作维护中心（OMC）构成，负责系统的运行管理和维护。各子系统的配置和数量取决于系统容量。

1. 移动台（Mobile Station，MS）

按移动终端，可以将移动台分为车载型、便携型和手持型三种。车载型移动台的主体设备与天线分离，可以以较大的功率通信；便携型移动台为可携带设备，天线和主体设备未分离；手持型移动台包括手机，其便于携带，但发送功率较小。另外，GSM 移动台的峰值功率为 20W 到 0.8W，每级减小 2dB。

移动台由移动终端（Mobile Terminal，MT）和用户识别（SIM）卡组成。

1）移动终端（MT）

移动终端是移动台的主体，是完成编码、调制和解调、信息加密、信号发送和接收的设备。GSM 移动台的硬件结构如图 7-3 所示，移动终端由收发信、处理、接口 3 部分构成。

收发信部分包括天线转换、发送和接收、调制和解调 VCO 等装置。

处理部分包括信号处理与控制。发送信号处理包括语音编码、信道编码、加密、TDMA 帧形成和跳频等；接收信号处理包括均衡、信道分离、解密、信道解码和语音解码等。控制是对整个移动台进行控制和管理，包括对定时、跳频、收发信、基带信号处理、接口、终端适配等的控制。这些控制是由控制器实现的。

接口部分主要针对用户设计，包括语音模拟接口（A/D、D/A、话筒、扬声器）、数字接口（数字终端适配器）、人机接口（显示器、键盘、SIM）和其他接口（蓝牙、照相机）。

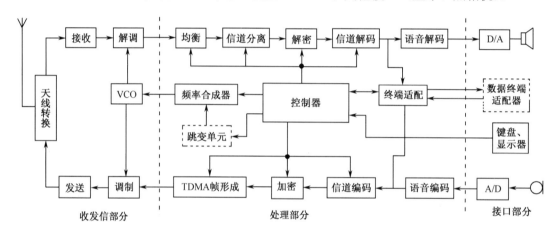

图 7-3　GSM移动台的硬件结构

2）用户识别（Subscriber Identity Module，SIM）卡

SIM 卡是带有微处理器的芯片，从功能上讲，SIM 卡是存储用户身份认证相关信息（PIN、PUK）及有关的管理数据、与系统中的安全保密信息相对应的重要数据库。

每张 SIM 卡代表一个用户。一张 SIM 卡插入任意符合 GSM 规范的移动电话中，即可实现通信。而所产生的费用自动计入持卡用户账户，与所用终端无关，实现了用户与设备分离。这一设计在方便用户的同时，增强了各厂商设备的共享性，有利于推动 GSM 的发展。

不同尺寸的 SIM 卡如图 7-4 所示。除了我们常见的 Mini-SIM 卡和 Micro-SIM 卡（又称 3FF SIM 卡）外，还有 Nano-SIM 卡。Nano-SIM 卡的概念由德国的公司于 2011 年提出，其比 Micro-SIM 卡小 1/3，且厚度减小。不过，无论形式如何，SIM 卡的基本结构和功能都是相同的。SIM 卡由 CPU、ROM、RAM、EEPROM 和串行通信单元 5 个模块组成。

SIM 卡不仅可以存储系统原始数据和入网时 GSM 网络运营商为用户发放的网络参数，还可以存储用户自己的数据，包括少量电话号码和短消息，用户可以用手机随时对其进行添加或删除。网络参数多为暂时存放的数据，如位置区识别码（LAI）、临时移动用户识别码

（TMSI）、禁止接入的公共电话网代码等；系统原始数据多为固定存放的数据，包括通信时 GSM 鉴权加密的密钥和业务代码两类。GSM 鉴权加密密钥包括用户鉴权键 K_i、国际移动用户识别码（IMSI）、密钥 K_c 等。业务代码包括个人身份识别码（PIN）、PIN 解锁码（PUK）、计费费率等。PIN 和 PUK 是用于保护 SIM 卡的用户专属密码。

图 7-4　不同尺寸的SIM卡

移动终端激活后，用户每次开机要输入 PIN 才能登录网络。PIN 可以由用户设定，其出厂值为 1234 或 0000。PIN 可以简单理解为 SIM 卡的密码。SIM 卡有两个 PIN：PIN1 和 PIN2。PIN1 用于保护 SIM 卡的安全，保证 GSM 提供的基本服务；PIN2 与网络的计费（如储值卡的扣费等）和 SIM 卡内部资料的修改有关。3 次错误输入 PIN，会导致其锁定。PIN1 可以通过 PUK 解锁，PIN2 需要到营业厅解锁。如果在不知道密码的情况下自己解锁，PIN2 将永久锁定。但 PIN2 被永久锁定后，SIM 卡可以正常拨号，但再也无法使用与 PIN2 有关的功能。

PUK 是用于解锁 PIN 的万能钥匙，共 8 位。前面提到用户需要通过 PUK 给 PIN1 解锁，但通常用户不知道自己的 PUK，需要到营业厅由工作人员操作。与 PIN 类似，PUK 也会被锁定，输错 10 次后 SIM 卡会自动启动自毁程序，使 SIM 卡失效，此时只能到营业厅换卡。

需要注意的是，上述码的默认状态都是不激活。

2. 基站子系统（Base Station Subsystem，BSS）

基站子系统通过空中接口与移动台（MS）相连，完成无线信号收发和无线资源管理。从功能上看，BSS 为 GSM 的固定部分和无线部分提供了中继。BSS 一方面通过空中接口直接与移动台（MS）建立通信，另一方面通过有线信道（如光纤）与网络端的移动交换机连接。因此，一个区域内基站的数量、基站在蜂窝小区中的位置、基站子系统中相关组件的工作性能等是决定通信质量的重要因素。

在 GSM 网络建设和规划中，很多举足轻重的设计都与 BSS 密切相关。例如，站址选择，容量规划中每个基站覆盖区域包含的信道数、用户数，以及小区规划中系统控制参数的确定等。由于不同 GSM 对应的用户数、用户业务需求等不同，BSS 有不同形式，按小区半径可以分为宏蜂窝（Macro Cell）和微蜂窝（Micro Cell），在某些特殊场合中还采用微微蜂窝。宏蜂窝与微蜂窝性能对比如表 7-1 所示。

表 7-1　宏蜂窝与微蜂窝性能对比

	宏　蜂　窝	微　蜂　窝
小区半径	1～35km	小于 1km
电波传播 预测模型	Okummura-Hata 模型	COST 231-Walfish-Ikegami 模型
传播情况	由移动台附近建筑顶部的绕射和散射决定，主射线在建筑上方传播	由周围建筑的绕射和散射决定，主射线在街道和周围建筑间传播
发送功率	20～40W	10～100mW；2W
组网特点	大面积连续覆盖通信网络	小面积覆盖，多叠加在宏蜂窝上，实现连续覆盖
服务对象	主要服务覆盖范围内的移动台	主要服务低速移动的移动台

在 GSM 建设初期多采用宏蜂窝，其基站天线（基站塔）高，发送功率大，覆盖范围广。但随着 GSM 用户的增多，宏蜂窝的一些弊端逐渐显现。例如，电波传播过程中遇到障碍物而产生阴影区及信号无法覆盖的盲区；小区内业务分布不均匀，使部分地区业务繁忙，即产生忙区（又称热点）。为解决这些问题，引入了微蜂窝。微蜂窝主要应用于两方面：①提高覆盖率，针对宏蜂窝难以覆盖的盲区，如地铁、地下室等；②提高容量，主要应用于忙区，如繁华的商业街、购物中心、商务区等。近年来，又在微蜂窝基础上，提出了微微蜂窝（Pico Cell）的概念。微微蜂窝小区半径一般只有 10～30m，基站发送功率为几十毫瓦左右，其天线一般安装于建筑内部的业务集中地，主要用于解决商业中心、会议中心等室内忙区的通信问题。

对于偏远地区和用户不多的宏蜂窝盲区，一般会设置成本低、设施简单且具有小型基站功能的基站延伸系统。基站延伸系统实际上是一个同频双向放大的中继站，用于接收和转发来自基站和移动用户的信号。基站延伸系统有很多类型，如无线直放站（RF Repeater）、光纤直放站（Fiber Optic Repeater）、微蜂窝外置功放（Micro Cellular PA）和室内信号分布系统（Indoor Distribution System）等。

基站子系统的原理如图 7-5 所示。在图 7-5 中，BCF 为基站控制功能单元，TRX 为收发信机。引入 GPRS 后，基站子系统还包括 PCU，PCU 可以独立设置或与 BSC 合并，PCU 与 BSC 之间的接口不开放。

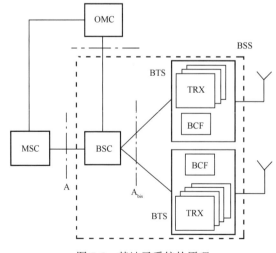

图 7-5　基站子系统的原理

1）基站控制器（Base Station Control，BSC）

BSC 连接了 BTS 和 MSC，并为其交换信息提供通用接口。一个基站控制器通常控制多个基站收发台，其主要功能是进行无线信道管理，实施呼叫并对通信链路进行建立和拆除，以及对本控制区内移动台的越区切换和定位进行控制。在扩展 GSM 的 GPRS 中，BSC 还负责分组无线信道的配置、分组交换业务和电路交换业务转换控制等。

另外，操作维护中心（OMC）对 BTS 进行的操作维护命令必须由 BSC 控制和转发，对 GPRS 中分组控制单元（PCU）的信道配置和接口配置也必须通过 BSC 进行。

BSC 的结构如图 7-6 所示。BSC 在 BSS 中充当控制器和业务集中器，核心设备是交换网络（SN）和公共处理器（CPR），公共处理器（CPR）对 BSC 内部各模块进行控制管理，并通过 X.25 接口与 OMC 相连；交换网络（SN）完成 A_{bis} 接口和 A 接口之间的 64kbps 数据和语音业务信道的内部交换。

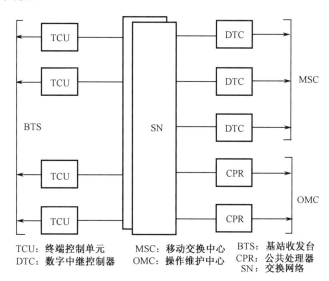

TCU：终端控制单元　　　MSC：移动交换中心　　　BTS：基站收发台
DTC：数字中继控制器　　OMC：操作维护中心　　　CPR：公共处理器
　　　　　　　　　　　　　　　　　　　　　　　SN：交换网络

图 7-6　BSC 的结构

BSC 通过 A 接口与 MSC 相连，BSC 端的接口设备是数字中继器控制器（DTC）；BSC 通过 A_{bis} 接口与 BTS 相连，BSC 的接口设备是设备终端控制单元（TCU）。DTC 中含有 HDLC 控制器和 CCS7 通信控制器，以实现 CCS7 协议；TCU 中含有多个 D 通路链路接入规程（Link Access Procedure of D-channel，LAPD）通信控制器和 HDLC 控制器，以实现 BTS 与 BSC 之间的 A_{bis} 接口的链路层协议。

2）基站收发台（Base Transceiver Station，BTS）

BTS 包括无线传输需要的各种硬件和软件，如发射机、接收机、支持各种小区结构（如全向、扇形、星形等）所需要的天线、连接基站控制器的接口电路及基站收发台本身需要的监测和控制装置等。BTS 完全由 BSC 控制，主要负责无线传输，实现无线与有线的转换、无线分集、无线信道加密、跳频等功能。

在一般情况下，一个全向 BTS 覆盖面积约 1km^2。多个 BTS 组成一个蜂窝网，通过与 BSC 之间的信号发送和接收进行移动通信，蜂窝网内可以进行通信的区域是网络覆盖面，而 BTS 不能覆盖的区域就是手机信号的盲区。因此 BTS 发送和接收信号的范围直接影响网络信号质量，关系到手机是否能在这个区域内正常使用。

BTS 由基带、频带、控制部分组成。BTS 的结构如图 7-7 所示。

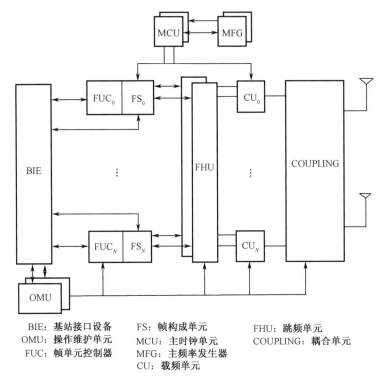

BIE：基站接口设备　　　FS：帧构成单元　　　　FHU：跳频单元
OMU：操作维护单元　　　MCU：主时钟单元　　　COUPLING：耦合单元
FUC：帧单元控制器　　　MFG：主频率发生器
　　　　　　　　　　　　CU：载频单元

图 7-7　BTS的结构

（1）基带部分主要包括帧单元（FU）和跳频单元（FHU）。帧单元完成所有的基带信号处理，如速率适配、信道编解码与交织、解交织、加密、解密、形成 TDMA 帧与信道分离等；跳频单元用于实现基站的慢跳频功能，大多采用基带跳频方式。

（2）频带部分主要包括载频单元（CU）和天线耦合单元。载频单元完成所有的频带信号处理，如 GMSK 调制解调、信道均衡、上下变频、频率合成、中频和射频放大、无线电测试等；天线耦合单元包括对多部发射机输出信号进行合路的合路器，以及对天线接收的前端信号进行分路的分路器。

（3）控制部分主要由操作维护单元（OMU）构成，负责对 BTS 进行操作和维护管理，并提供时间基准，以及对 BTS 内部各部分进行管理、控制及故障检测等。

3. 网络和交换子系统（Network and Switching Subsystem，NSS）

NSS 负责 GSM 中各指令的交换和路由选择，可以管理用户的各种数据，并进行用户安全管理和移动性管理。从结构上看，网络和交换子系统由不同的功能实体组成，如移动交换中心（MSC）、访问位置寄存器（VLR）、归属位置寄存器（HLR）、设备识别寄存器（EIR）和鉴权中心（AUC）等，其核心是移动业务交换中心。

1）移动交换中心（Mobile Switching Center，MSC）

MSC 本身是一个数字交换机，负责处理 MSC 服务区内移动用户主呼和被呼的连接。通过 MSC 为基站子系统（BSS）提供与固定网的接口，可以确保移动与固定网信令协议的协调。

MSC 还具有处理特殊呼叫（如寻呼）、信道资源管理、信道切换、自动漫游等功能。MSC 的结构如图 7-8 所示，MSC 由协处理器（CP）、公共信道网络控制（CCNC）、交换网络（SN）、线路中继群（LTG）组成。

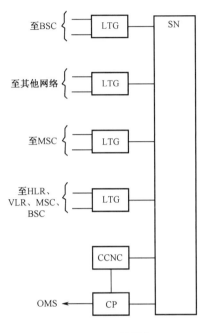

图 7-8　MSC的结构

（1）协处理器（Co-processor，CP）。MSC 的功能是由多个微处理器以分布控制方式实现的，它们的协调工作则是由协处理器实现的。协处理器负责呼叫、安全操作与维护。

（2）公共信道网络控制（Common Channel Network Control，CCNC）。数字移动通信网的公共信道信令系统是 CCITT 的 7 号信令（CCS7），公共信道网络控制是为了控制 CCS7 中的公共信令信道而设置的多微处理器控制模块，其负责不同交换中心之间的信息交换，以控制和监视网络的连接和运行。

（3）交换网络（Switching Network，SN）。SN 采用时分—空分交换原理，具有很强的交换功能，除提供线路中继群之间的交换连接外，还提供协处理器与线路中继群之间的交换连接。

（4）线路中继群（Line and Trunk Group，LTG）。LTG 用于控制和管理与 MSC 相连的所有干线业务流，包括 MSC 至 BSC、MSC 至 HLR 和 VLR（NSS 的两个数据库）、MSC 至其他 MSC、MSC 至其他公共网络（如 PLMN、PSTN 等）。

2）访问位置寄存器（Visitor Location Register，VLR）

VLR 是 GSM 的动态数据库，用于存储控制区域内来访移动用户的相关信息，为该用户的后续呼叫连接创造条件。VLR 与 MSC 共同实现位置登记、越区切换、自动漫游等移动特性功能。当来访移动用户进入 VLR 的控制区域时，需要进行位置登记，将其用户信息添加到该 VLR 的数据库中，以便查询。而一旦用户离开该 VLR 的控制区域，则在其新进入的 VLR 控制区域登记，原 VLR 将从数据库中删除该移动用户的临时记录数据，因此将 VLR 称为 GSM 的动态数据库。

3）归属位置寄存器（Home Location Register，HLR）

HLR 是 GSM 的中央数据库，用于存放移动用户管理的相关数据，包括用户的相关静态数据，如访问能力、用户类别、补充业务等数据，以及与用户目前状态有关的数据，如用户位置更新信息或漫游用户所在的 MSC 和 VLR 地址等。

4）设备识别寄存器（Equipment Identity Register，EIR）

EIR 是用于存放移动用户设备的国际移动设备识别码（IMEI）的数据库。在 GSM 中，每个移动台的 IMEI 都是唯一的，包含移动台的机型、产地和生产顺序等信息。通过对 IMEI 的识别，可以保证网络中移动设备的唯一性和安全性。

5）鉴权中心（Authentication Center，AUC）

AUC 是用于存储鉴权信息和加密密钥的数据库，可以防止无权限用户接入系统，并对无线接口上的语音、数据、信令信息进行加密。

4. 操作支持子系统（Operation Support Subsystem，OSS）

OSS 由操作维护中心（OMC）及外围设备构成，主要负责 GSM 的维护、测试等。详细内容可以参考 GSM 工程优化、维护方面的书籍和资料，本书不进行具体介绍。

7.2　GSM 的信道

在 GSM 的发展过程中，不同的 GSM 标准采用了不同的频率进行信号的无线传输，各种 GSM 标准的频率分配如表 7-2 所示。我国广泛使用的是中国移动和中国联通的网络。GSM 的信道可以分为物理信道和逻辑信道。

表 7-2　各种 GSM 标准的频率分配

系统	P-GSM900	E-GSM900	GSM1800	GSM1900
频率：上行链路	890～915MHz	880～915MHz	1710～1785MHz	1850～1910MHz
下行链路	935～960MHz	925～960MHz	1805～1880MHz	1930～1990MHz
波长	33cm	33cm	17cm	16cm
带宽	25MHz	35MHz	75MHz	60MHz
双工距离	45MHz	45MHz	95MHz	80MHz
载波间隔	200kHz	200kHz	200kHz	200kHz
频点	125 个	175 个	375 个	300 个
峰值速率	270kbps	270kbps	270kbps	270kbps

7.2.1　时隙和帧结构

在 TDMA 系统中，每帧中时隙结构的设计通常要考虑 3 个主要问题：一是控制信息和信令信息的传输；二是多径信道的影响；三是系统的同步。为了解决上述问题，采用以下措施。

（1）在每个时隙中，专门将部分比特用于传输控制信息和信令信息。

（2）为便于接收端利用均衡器克服符号间干扰，在时隙中要插入自适应均衡器所需要的训练序列。训练序列对接收端来说是已知的，接收端根据训练序列的解调结果，可以估计信道冲激响应，根据该响应可以预设均衡器的抽头系数，从而消除符号间干扰对时隙的影响。

（3）在上行链路的每个时隙中要留出一定的保护间隔（不传输任何信息），即每个时隙中传输信号的时间要小于时隙长度。这样可以克服移动台与基站距离的随机变化引起的移动台发出信号到达基站接收机时刻的随机变化，从而保证不同移动台发出的信号在基站都能落在规定的时隙内，而不会出现重合。

（4）为便于接收端的同步，在每个时隙中还要传输同步序列。同步序列和训练序列可以分开传输，也可以合二为一。两种典型的时隙结构如图 7-9 所示。

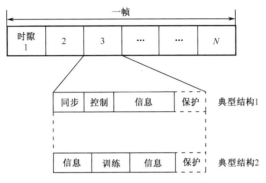

图 7-9　两种典型的时隙结构

GSM 采用的是频分多址（FDMA）和时分多址（TDMA）混合体制，具有较高的频谱利用率。以 P-GSM900 系统为例，其利用 FDMA 在 P-GSM900 系统的上行 890～915MHz 或下行 935～960MHz 范围内分配了 124 个载频，载频间隔为 200kHz。上行和下行载频是成对的，间隔为 45MHz。TDMA 系统在 GSM 的每个载频上分为 8 个时间段，每个时间段为一个时隙，每 8 个时隙为一个循环，每个时隙对应一个物理信道，即每个频点只对应 8 个物理信道。这 8 个时隙编号为 0～7，不同的时隙有不同的用途。可以说一个 GSM 物理信道就是载频上一个时长为 0.577ms 的时隙，物理信道的重复周期为 4.615ms。从表 7-2 中可以看出，GSM 在 900MHz 频段内共有 125 个频点，实际使用的只有 124 个，即 992 个物理信道。

GSM 的帧结构有 5 个层次，即时隙、TDMA 帧、复帧（Multi Frame）、超帧（Super Frame）和超高帧，GSM 的帧结构如图 7-10 所示。

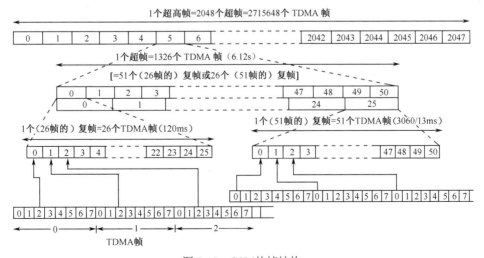

图 7-10　GSM 的帧结构

（1）时隙是物理信道的基本单元。

（2）TDMA 帧由 8 个时隙组成，是载频的基本单元，即每个载频有 8 个时隙。

（3）复帧有以下两种。

① 由 26 个 TDMA 帧组成的复帧，用于业务信道（TCH）、慢速辅助控制信道（SACCH）和快速辅助控制信道（FACCH）。

② 由 51 个 TDMA 帧组成的复帧，用于广播控制信道（BCCH）和公共控制信道（CCCH）。

（4）1 个超帧是由 51 个由 26 个 TDMA 帧组成的复帧或 26 个由 51 个 TDMA 帧组成的复帧构成的。

（5）1 个超高帧等于 2048 个超帧。

在 GSM 中，超高帧的周期与加密和跳频有关。每经过一个超高帧的周期，循环长度为 2715648，相当于 3 小时 28 分 53 秒 760 毫秒，系统将重新启动密码和跳频算法。

7.2.2 逻辑信道及其分类

GSM 根据 BTS 与 MS 之间的传输业务定义了逻辑信道。为了减小干扰，BTS 和 MS 通信时采用不同频点收发信号。将从 BTS 到 MS 方向的信道称为下行信道或信道的下行链路，反之称为上行信道或信道的上行链路。

逻辑信道分类如图 7-11 所示。

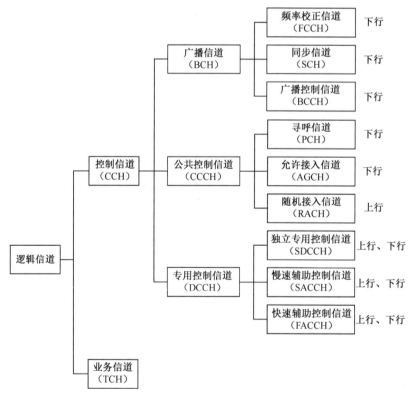

图 7-11 逻辑信道分类

1. 业务信道（Traffic Channel，TCH）

业务信道主要用于传输用户编码及加密后的语音和数据信息，还传输少量的随路信令。业务信道采用的是点对点传输方式，即一个 BTS 对应一个 MS 的上行、下行信道。

按传输速率，可以将业务信道分为全速率业务信道（TCH/F）和半速率业务信道（TCH/H）。半速率业务信道所用时隙是全速率业务信道所用时隙的一半，即一个时隙内的信道被两个用户共用，平均每个用户使用 TDMA 帧中的 4 个时隙；半速率业务需要网络和终端的支持，在用户容量过大时，可以通过降低通话的语音质量来增大用户容量。全速率业务信道和半速率业务信道可以通过设定 BSC 和 MSC 的参数而相互转换，具体由运营商决定。

按传输业务，可以将业务信道分为语音业务信道和数据业务信道。语音业务信道又分为全速率语音业务信道（TCH/FS）和半速率语音业务信道（TCH/HS），两者的传输速率分别为 22.8kbps 和 11.4kbps。在空中接口带宽相同的条件下，由于增强型全速率语音业务信道（TCH/EFR）采用了一种新的语音编码算法，与全速率语音业务信道相比，其能提供更高的语音质量，但其对移动台要求较高。

此外，在业务信道中还可以设置慢速辅助控制信道或快速辅助控制信道。

具体的业务信道如下。

全速率（Full Rate）：TCH/FS——语音（有用信息 13kbps，全部信息 22.8kbps）

TCH/EFR——语音（有用信息 12.2kbps，全部信息 22.8kbps）

TCH/F——数据（9.6kbps、4.8kbps、2.4kbps）

半速率（Half Rate）：TCH/HS——语音（有用信息 6.5kbps，全部信息 11.4kbps）

TCH/H——数据（4.8kbps、2.4kbps）

2. 控制信道（Control Channel，CCH）

控制信道主要用于传输信令和同步信号，可以分为广播信道（BCH）、公共控制信道（CCCH）和专用控制信道（DCCH）。

1）广播信道（BCH）

广播信道是采用一点对多点传输方式的单向控制信道，具体分为以下几种。

（1）频率校正信道（Frequency Correcting Channel，FCCH），负责传输频率校正信息。

（2）同步信道（Synchronous Channel，SCH），包含基站识别码（BSIC）和帧同步信息。

（3）广播控制信道（Broadcast Control Channel，BCCH），主要传输广播控制信息。

2）公共控制信道（Common Control Channel，CCCH）

公共控制信道主要用于传输立即指派信息和寻呼信息，与其有关的 3 个参数是 CCCH 配置、AGCH 保留块数、寻呼信道复帧数。公共控制信道具体分为以下几种。

（1）寻呼信道（Paging Channel，PCH），用于传输基站寻呼移动台的信息。属于下行信道，采用一点对多点传输方式。

（2）允许接入信道（Access Grant Channel，AGCH），用于传输基站对移动台的入网申请应答，并为移动台分配独立专用控制信道（SDCCH）。属于下行信道，采用点对点传输方式。

（3）随机接入信道（Random Access Channel，RACH），用于传输移动台向基站随时提出的入网申请，即请求分配一个独立专用控制信道（SDCCH），或者传输移动台对寻呼的响应信息。属于上行信道，采用点对点传输方式。

3）专用控制信道（Dedicated Control Channel，DCCH）

专用控制信道是采用点对点传输方式的双向控制信道，用于在呼叫接续阶段及通信进行中，在移动台和基站之间传输必要的控制信息。具体分为以下几种。

（1）独立专用控制信道（Stand-Alone Dedicated Control Channel，SDCCH），主要用于指派完成前的 MS 接入信令，如传输鉴权、登记信令信息等。此信道在呼叫建立期间支持双向数据传输，支持短消息业务。

（2）慢速辅助控制信道（Slow Associated Control Channel，SACCH），主要用于在移动台和基站间连续、周期性传输控制信息。例如，基站向移动台传输功率控制信息、帧调整信息，移动台向基站传输信号强度报告和链路质量报告。

（3）快速辅助控制信道（Fast Associated Control Channel，FACCH），与业务信道一同使用，中断业务信道上传输的语音或数据信息，将 FACCH 插入。在未分配 SACCH 的情况下，用于传输与 SACCH 相同的信令。由于其一般在切换时发生，因此 FACCH 常用于传输越区切换等紧急信令。

值得一提的是，小区中的第一个接收机或发射机比较特别，它的时隙 0 必须为 FCCH、SCH、BCCH 或 CCCH（下行 AGCH+PCH）。

7.2.3 突发脉冲

在 TDMA 系统中，典型的时隙结构（又称突发结构）通常包括 5 种组成序列，即信息、同步、控制、训练和保护。信息序列是真正要传输的有用部分；为便于接收端的同步，在每个时隙中要加入同步序列；为便于控制信息和信令信息的传输，在每个时隙中要专门划分出控制序列；为便于接收端利用均衡器克服多径引起的符号间干扰，在时隙中要插入自适应均衡器所需的训练序列；在上行链路的每个时隙中要留出一定的保护间隔（不传输任何信息），即每个时隙中传输信号的时间要小于时隙长度，这样可以克服移动台与基站距离的随机变化引起的移动台发出信号到达基站接收机时刻的随机变化，从而保证不同移动台发出的信号在基站处都能落在规定的时隙内，而不会出现重合。其中，同步序列和训练序列可以分开传输，也可以合二为一。

在 GSM 中，一个 TDMA 帧占 4.615ms，包括 8 个时隙。由于调制速率为 270.833kbps，因此每个时隙的间隔（包括保护时间）为 156.25 比特。

将 TDMA 帧中的一个时隙称为一个突发，将一个时隙中的物理内容称为一个突发脉冲序列。

GSM 的无线载波发送采用间隙方式。突发开始时，载波电平从最低值迅速升至预定值并维持一段时间，此时发送突发中的有用信息，然后迅速降至最低值，结束一个突发的发送。这里的有用信息包括加密比特、训练序列及尾比特等。此外，为了分隔相邻的突发，突发中还有保护间隔比特，其不传输任何信息。

不同的逻辑信道有不同的突发脉冲序列。按功能可以将突发脉冲序列分为 5 种。突发脉冲序列如图 7-12 所示。

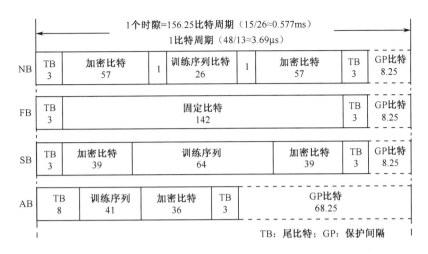

图 7-12　突发脉冲序列

1. 普通突发（Normal Burst，NB）

NB 用于携带业务信道（TCH）和除 RACH、SCH 和 FCCH 外的控制信道的信息。

对 NB 中的各比特简要说明如下。

（1）尾比特（TB），固定为 000，帮助移动台中的均衡器判断帧的起始位和终止位。

（2）加密比特，为 57 比特经过加密的用户语音或数据。

（3）1 比特借用标志，表示此突发脉冲序列是否被快速辅助控制信道（FACCH）的信令借用。也就是说，该比特用于判断其前面所传输的是业务信道的信息还是控制信道的信息。

（4）训练序列比特，为一串已知定义的比特，由接收端在进行均衡训练时所用。NB 规定了 8 种训练序列，用训练序列码（TSC）标记。例如，当 TSC=2 时，训练序列码为 01000011101110100100001110。

（5）保护间隔（GP）比特共 8.25 比特，是一个空白空间，防止用户间的突发脉冲信号重叠。

2. 频率校正突发（Frequency Correction Burst，FB）

FB 用于移动台与基站的频率同步。其相当于一个频率偏移的未调制载波，重复发送就构成了频率校正信道（FCCH）。在 FB 中，固定比特全为 0，TB 和 GP 的位置、作用和组成与 NB 完全相同。

3. 同步突发（Synchronization Burst，SB）

SB 用于移动台的时间同步，包括一个易被检测的较长的训练序列，并携带 TDMA 帧号（FN）和基站识别码（BSIC）信息。其与 FB 一同广播，重复发送就构成了同步信道（SCH）。

4. 接入突发（Access Burst，AB）

AB 用于随机接入，其特点是有一个较长的保护间隔，占 68.25 比特。这是为了适应移动台首次接入 BTS（或切换到另一个 BTS）后不知道时间提前量而设置的。当移动台距 BTS 较远时，第一个接入突发脉冲序列到达 BTS 的时间会晚一些。由于这个接入突发脉冲序列中没有时间调整，为了不与下一时隙中的突发脉冲序列重叠，该接入突发脉冲序列必须短一些，从而留有很长的保护间隔。这样长的保护间隔最大允许 35km 距离内的随机接入。而当小区半径大于 35km 时，就需要做某些可能的测量了。

5. 空闲突发（Devoid Burst，DB）

当没有信息可以发送时，由于系统的需要，在相应的时隙内还应有突发发送，这就是空闲突发。空闲突发不携带任何信息，其格式与普通突发相同，只是其中的加密比特要用混合比特来代替。

7.2.4 逻辑信道和物理信道间的映射

由于 GSM 的逻辑信道与 GSM 业务对应，一个 GSM 载频可以提供 8 个物理信道，但由 GSM 的逻辑信道可知，GSM 的逻辑信道数已经超过了其物理信道数。为了解决上述问题，GSM 对每个物理信道进行了信道复用，在传输过程中按一定指配方法将逻辑信道放在相应的物理信道上，这种指配方法即 GSM 中逻辑信道和物理信道间的映射。

1. BCH 和 CCCH 在 TS0 上的复用

一个基站有 N 个载频，每个载频有 8 个时隙。将载波定义为 C_0、C_1、$\cdots$、C_{N-1}。下行链路从 C_0 的第 0 时隙（TS0）开始，C_0 的第 0 时隙（TS0）只用于映射控制信道，将 C_0 称为广播控制信道。BCH 和 CCCH 在 TS0 上的复用如图 7-13 所示。

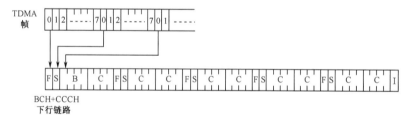

图 7-13　BCH和CCCH在TS0上的复用

BCH 和 CCCH 共占用 51 个 TS0。尽管只占用了每一帧的 TS0，但其长度为 51 个 TDMA 帧，以每出现一个空闲帧作为此复帧的结束，以此方式重复，即时分复用构成 TDMA 的复帧结构。

在图 7-13 中，F（FCCH）表示移动台同步频率；S（SCH）表示移动台读 TDMA 帧号和基站识别码（BSIC）；B（BCCH）表示移动台读有关小区的通用信息；C（CCCH）表示在呼叫接入和寻呼时传输信令；I（IDEL）表示空闲帧，不包含任何信息，仅作为复帧的结束标志。

在没有寻呼或呼叫接入时，基站也在 f_0 上发射，使得移动台能够测试基站的信号强度，以决定使用哪个小区。

对于上行链路，C_0 上的 TS0 不包括上述信道。其仅用于移动台的接入，即作为 RACH。TS0 上 RACH 的复用如图 7-14 所示。

BCCH、FCCH、SCH、PCH、AGCH 和 RACH 均映射到 TS0。RACH 映射到上行链路，

其余映射到下行链路。

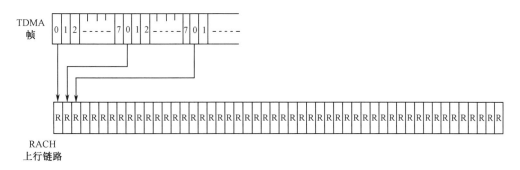

图 7-14　TS0 上 RACH 的复用

2. SDCCH 和 SACCH 在 TS1 上的复用

下行链路 C_0 上的 TS1 用于将专用控制信道映射到物理信道上，SDCCH 和 SACCH 在 TS1 上的复用（下行）如图 7-15 所示。

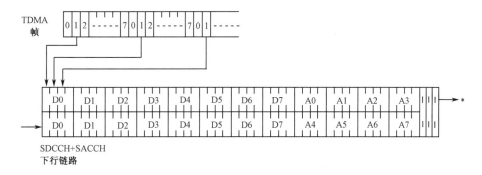

图 7-15　SDCCH 和 SACCH 在 TS1 上的复用（下行）

由于呼叫建立和登记时的码率很低，因此可以在一个时隙上放 8 个专用控制信道，以提高时隙的利用率。

独立专用控制信道（SDCCH）和慢速辅助控制信道（SACCH）共有 102 个时隙，即 102 个时分复用帧。

专用控制信道的 DX 只在移动台建立呼叫时使用；当移动台转移到业务信道（TCH）上时，或者用户开始通话和登记完释放后，DX 就用于其他移动台。

慢速辅助控制信道的 AX 主要用于传输不紧要的控制信息，如无线测量数据等。

上行链路 C_0 上的 TS1 与下行链路 C_0 上的 TS1 有相同的结构，但它们有一个时间偏移，意味着一个移动台可以同时双向接续。SDCCH 和 SACCH 在 TS1 上的复用（上行）如图 7-16 所示。

C_0 上的上行、下行 TS0 和 TS1 供逻辑控制信道使用，其余 6 个物理信道 TS2～TS7 由业务信道使用。TCH 的复用如图 7-17 所示。

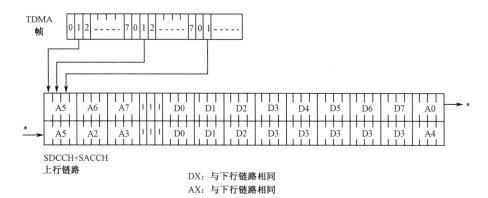

图 7-16　SDCCH和SACCH在TS1上的复用（上行）

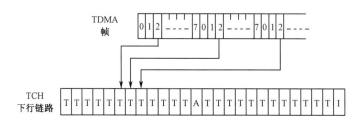

图 7-17　TCH的复用

3. TCH 在 TS2 上的复用

图 7-17 只给出了 TS2 时隙的时分复用关系，T 表示业务信道，用于传输语音和数据；A 表示慢速辅助控制信道，用于传输控制命令，如改变输出功率命令等；I 表示空闲，其不含任何信息，主要用于配合测量。时隙 TS2 是以 26 个时隙为周期进行时分复用的，将 I 作为重复序列的开头或结尾。

上行链路的 TCH 与下行链路的 TCH 的结构完全相同，只是有一个时间偏移。时间偏移为 3 个 TS，也就是说上行的 TS2 与下行的 TS2 不同时出现，表明移动台的收发不同时进行。TCH 上行与下行偏移如图 7-18 所示。

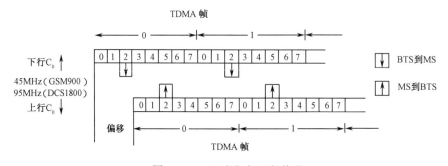

图 7-18　TCH上行与下行偏移

综上所述，可以得出以下结论。

TS0——逻辑控制信道，重复周期为 51 个 TS；

TS1——逻辑控制信道，重复周期为 102 个 TS；

TS2——逻辑业务信道，重复周期为 26 个 TS；

TS3～TS7——逻辑业务信道，重复周期为 26 个 TS。

其他载频 C_1～C_N 的 TS0～TS7 时隙均为业务信道。

7.3　GSM 中的无线传输技术

7.3.1　GSM 中的语音编码技术

随着通信技术的发展与移动用户的增加，频率资源越来越宝贵。在保证一定语音质量的前提下，人们开始探索具有较强的抗干扰能力、易于加密、节省带宽、易于存储的语音编码技术。

1. GSM 对语音编码器的性能要求

1）语音质量

对语音编码器最基本的要求是在用户角度测试合格，在可工作的范围内，应不低于 900MHz 模拟移动通信系统的平均语音质量。此外，语音编码器应具有较强的抗噪声和抗干扰能力，并能处理在移动台转接移动台时出现的两套编码器和译码器复接的情况。

2）码率

GSM 仍然使用 8kHz 取样率，以便与 PSTN 的接口连接。

3）信号的传输

语音编码器没有对语音频段的数据做出要求，然而，必须要求语音编码器能够传输由网络提供给用户的各种音频信号，如拨号音、振铃音、忙音等。

4）传输时延

前面提到，传输时延主要包括语音编码和无线子系统两方面的时延。GSM 要求两者都不超过 65ms。

5）硬件实现

由于对语音编码器的要求主要来自手持机，因此为了保障手持机的轻小和长期工作，需要硬件能在一块 VLSI 芯片上实现，并要求功率消耗尽可能小。

2. RPE-LTP 编码

在 P-GSM900 标准中，采用了规则脉冲激励长时预测（Regular Pulse Excitation-Long Term Prediction，RPE-LTP）编码，其处理过程是先对模拟语音信号进行 8kHz 抽样，调整每 20ms 为一帧后再进行编码，编码后的帧长为 20ms、含 260 比特，因此语音的码率为 13kbps。

GSM 中的 RPE-LTP 编码属于模型式压缩方法，即将人的声音模型化为一个气流激发源流过气管与嘴后的变化。它是由多国合作建立的 GSM 语音编码专家小组于 1985 年以 MPE-LTP 和 RPE-LTP 为蓝本制定的。

RPE-LTP 编码器本质上是一种前向线性预测语音编码器，它用一组间距相等、相位与幅度经过优化的规则脉冲代替余量信号，以使合成波形尽量接近原语音信号。在 GSM 中，直接将余量信号 3:1 抽取序列作为规则码激励信号，认为几个可能的 3:1 抽取序列中能量最大的对原语音波形的贡献最大，而其他样本点的作用可忽略。使得要传输的余量信号样本点数压缩了 2/3，在大大降低码率的同时，保持算法简单且易于硬件实现。GSM 语音编码原理如图 7-19 所示。

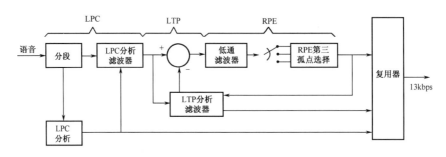

图 7-19　GSM语音编码原理

7.3.2　GSM 中的抗干扰技术

在无线传输过程中，存在来自环境、其他用户等的干扰。通过对前面内容的学习，我们知道可以通过信道编码的方式来对抗信号中的随机干扰，采用交织技术来对抗突发干扰。在 GSM 中，还采用了跳频技术，以进一步增强系统的抗干扰能力。

1. GSM 中的信道编码技术

为提高无线传输的可靠性，通常采用信道编码技术。在 GSM 中，同时使用了分组码和卷积码这两种差错控制编码。

GSM 将语音分成 20ms 的音段，通过语音编码器对其进行数字化和语音编码，产生 260 比特的比特流。由于信道中传的数据类型不同，其对传输差错的敏感性也不同。GSM 根据这些比特对传输差错的敏感性将其分为两类：I 类（182 比特）和 II 类（78 比特）数据。I 类数据对传输差错的敏感性较强，需要对其进行编码保护；对于 II 类数据来说，传输差错仅涉及误码率，不影响帧差错率，无须对其进行编码保护。I 类数据可以分为 I_a 类和 I_b 类。I_a 类的 50 比特非常重要，其中每一比特的传输差错都会导致语音信号的质量明显降低，直接影响帧差错率。因此在进行信道编码时，先对这 50 比特进行块编码，加入 3 个奇偶校验比特和 4 个尾比特，共 57 比特。再与 I_b 类的 132 比特混合并进行半速率卷积编码，共输出 378 比特。这 378 比特和 II 类数据的 78 比特合在一起共 456 比特，此时码率为 456/20=22.8kbps。

上述编码流程适用于语音和数据，但对于不同的业务信道，其编码方案略有差异。GSM 全速率业务信道的编码过程如图 7-20 所示。

2. GSM 中的交织技术

前面提到，无线信道是一种随参信道。由于持续时间较长的深衰落谷点会影响后面的一串比特，因此常出现比特差错成串发生的现象。然而，信道编码仅在检测和校正单差错和不太长的差错串时有效，因此人们引入了交织技术。

在 GSM 中采用了二次交织的方法，即信道编码后先进行内部交织，再进行块间交织。

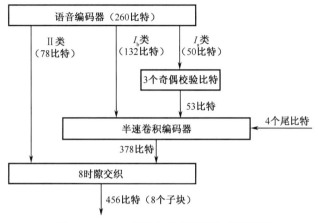

图 7-20 GSM 全速率业务信道的编码过程

GSM 的二次交织过程如图 7-21 所示。在通过信道编码得到 456 比特后，先对其进行内部交织，即将 456 比特分成 8 帧，每帧 57 比特，组成 8×57 比特的矩阵进行第一次交织。

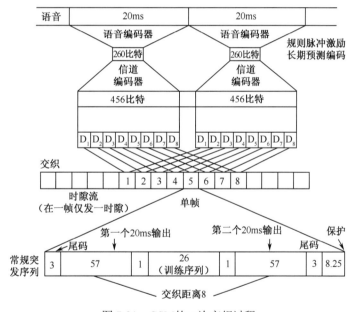

图 7-21 GSM 的二次交织过程

如果有突发错误插入两个语音帧中，则其丢失会导致 20ms 的语音损失 25%，显然信道编码难以恢复这么多丢失的比特。因此必须在两个语音帧间进行二次交织，即块间交织。

令每 20ms 语音的 456 比特为一个块，传输时在每个普通突发脉冲序列中分别插入每块的 1 帧，则一个 20ms 语音的 8 帧分别插入 8 个不同的普通突发脉冲序列；然后逐一发送脉冲序列，此时发送的脉冲序列中的各比特均来自不同的块。这样，即使在传输中丢失一个序列，也只会影响 12.5%，且能通过信道编码进行校正。

二次交织可以削弱连续突发错误的影响，但增加了系统时延。因此，GSM 在移动台和中继电路中增加了回波抵消器，以改善时延而引起的通话回声问题。

7.3.3 GSM 中的调制解调技术

GSM 采用的调制方式是 GMSK 调制,其归一化带宽 B_bT_b=0.3,调制速率约 270.833kbps。

GSM 无线数字传输的组成如图 7-22 所示。将上行信道中传输的模拟信号数字化后,送入 RPE-LTP 编码器,该编码器每 20ms 取样一次,输出 260 比特,码率为 260/20=13kbps;然后进行前向纠错编码,其中包括卷积编码,速率为 22.8kbps;在卷积编码后进行交织,以对抗突发干扰;交织后的数据进入调制器进行 GMSK 调制,再进行功率放大、滤波,通过天线发射到无线信道中。

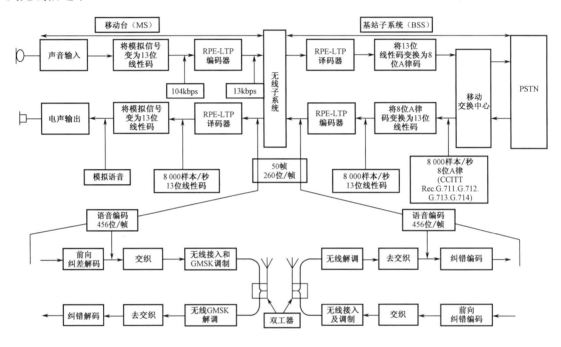

图 7-22 GSM无线数字传输的组成

随着 GSM 的广泛应用和数据业务的快速发展,越来越多的设备开始要求具备无线通信能力,于是出现了 GSM 调制解调器。GSM 调制解调器能提供短消息、语音和数据通信三大功能,在 GSM 中的角色与移动台(MS)类似。GSM 调制解调器使更多的设备与 GSM 相连,实现了远程监控、远程数据采集等扩展功能。与近年来受人追捧的无线传感器网络相比,基于 GSM 的监控网络具有防盗拷能力强、网络容量大、号码资源丰富、通话清晰、稳定性强、不易受干扰、信息灵敏、通话死角少等特点。

GSM 调制解调器主要提供 RS232 接口、USB 接口,其由主机、天线、数据线、电源适配器等组成。GSM 模块是具有独立的操作系统、能进行 GSM 射频处理、基带处理并提供标准接口的功能模块。生产 GSM 模块的厂商主要包括西门子公司、华为、上海希姆通(SIMCOM)、明基等。

7.3.4　GSM 中的抗衰落技术

前面提到，在无线传输环境中，信号存在多径衰落和阴影衰落。GSM 采用了空间分集技术、自适应均衡技术和跳频技术，以对抗信号在无线传输中的衰落。

1. GSM 中的分集技术

利用分集方法，在若干支路上接收相关性很小的、载有同一信息的信号，再通过合并技术将各支路信号合并输出，可以使接收端的深衰落概率减小。

在 GSM 中，时间分集通过交织技术实现；频率分集通过跳频技术实现；空间分集通过设立两个接收天线，使其独立接收同一信号实现。GSM 中的空间分集主要应用于基站或小区中，同一基站通常采用两个水平间隔数十个波长的天线接收同一信号，通过分集选出最强信号或组合为最小衰落信号。

为了获得满意的分集效果，移动单元的天线间距应大于 0.6 个波长，且最好选在 1/4 的奇数倍附近。

2. GSM 中的自适应均衡技术

GSM 在解决数字传输引入的时间色散问题时，采用了自适应均衡技术。均衡有两个基本途径：一是频域均衡，使包括均衡器在内的整个系统的传递函数满足无失真传输条件，分别校正幅频特性和群时延特性，如序列均衡；二是时域均衡，即直接从时间响应出发，使包括均衡器在内的整个系统的冲激响应满足无符号间干扰的条件。

时域均衡的主体是横向均衡器。GSM 中的训练序列如表 7-3 所示，它们有很强的自相关性，从而使均衡器有很好的收敛性。

表 7-3　GSM 中的训练序列

序　　号	十　进　制	八　进　制	十　六　进　制	二　进　制
1	9898135	45604227	970897	00100101011000010001001010111
2	12023991	55674267	B778B7	00101101110111100010110111
3	17754382	103564416	10EE90E	01000011101110100100001110
4	18796830	107550436	11ED11E	0100011110110100010000011110
5	7049323	32710153	6B906B	0001101011100100000110101011
6	20627770	116540472	13AC13A	01001110101100001001110101
7	43999903	247661237	29F629F	1010011111011000010010011111
8	62671804	357045674	3BC4BBC	11101111000100101110111100

3. GSM 中的跳频技术

跳频技术是从军事通信系统引入的，主要是为了保障通信的保密性和抗干扰能力。对于在多径传播环境中慢速移动的移动台，通过采用跳频技术，可以大大提高通信质量。

GSM 中的跳频分为基带跳频和射频跳频两种。基带跳频采用的是慢速跳频方式，无线信道所在频点每个 TDMA 帧跳一次，因此 GSM 的跳频速率为 216.7 跳/秒。跳频序列在一个小区内是正交的；在具有相同载频信道或配置的小区之间，跳频序列是相互独立的。用户发起呼叫或切换小区时，MS 从 BCCH 中获得跳频序列表（MA）、跳频序列号（HSN）和确定跳频初始频点的 MAIO 表。

射频跳频采用固定的发射机，由跳频序列控制，采用不同频率发射。虽然射频跳频比基带跳频具有更高的抗同频干扰能力，但射频跳频必须使用 HIBRID 合成器，且只有当每个小区拥有 4 个以上频率时效果才比较明显，每个小区使用 4 个频率需要配置 3 个 HIBRID 合成器，不仅损耗大，还对基站覆盖范围有一定的影响。此外，合成器要求网络中各基站必须同步，因此大多数厂商的 BTS 采用基带跳频，而不采用射频跳频。

需要注意的是，BCCH 所在的载频不允许跳频。射频跳频需要两个发射机，其中一个固定频率的发射机专门用于提供 BCCH。

7.3.5　GSM 中的其他技术

在 GSM 中，使用最广泛的是手机，手机基本由电池供电，能量有限，GSM 终端发送功率的大小直接影响手机的续航能力。GSM 采用了一系列针对终端发送功率的技术，用于提高频谱利用率，延长电池寿命，在保证良好接收的条件下减小同信道干扰，包括功率自适应控制技术、不连续发射（DTX）技术和不连续接收（DRX）技术。

1. 功率自适应控制技术

功率自适应控制的目的是在保证通信服务质量的前提下，使发射机的发送功率最小。

在 GSM 中，上行和下行的功率控制是彼此独立的，由 BSC 管理。对于上行链路，在专用模式下，MS 的发送功率由 BSC 决定。BSC 通过 BTS 对上行链路进行接收信号电平和接收信号质量的测量，在考虑 MS 最大发送功率的情况下，计算得到 MS 需要的发送功率，再通过下行 SACCH 向 MS 发送功率控制命令。对于下行链路，MS 测量其对 BTS 接收信号的强度和质量，并通过上行 SACCH 定期向 BTS 报告，同时报告的还有 MS 此时的发送功率。BTS 根据 MS 发送的报告计算需要的发送功率，并自行调整。

在 MS 和 BTS 建立连接时，BSC 根据当前网络情况选择分配给 BTS 的初始发送功率。MS 则根据其在空闲模式下监听 BCCH 广播的系统信息，计算小区移动台的最大发送功率，并一直以此功率进行数据的发送，直到收到 SACCH 发送的功率控制命令。由于在收到控制命令后，MS 将在下一个报告周期开始时采用新的发送功率，因此 MS 功率的最大变化速率为 13 帧（60ms）变化 2dB。

GSM 支持 MS 和 BTS 功率控制的最大值为 30dB，每步调节 2dB。所有 GSM 手机都支持 2dB 步长调节发送功率，其中 GSM900 的 MS 最大输出功率为 8W。

在实际应用中，为了避免系统因功率控制的正反馈形成恶性循环，系统不对基站的发送功率进行控制，而主要对移动台的发送功率进行控制。基站的发送功率以满足覆盖区域内移动用户的正常接收需求为准。通过功率自适应控制可以使通话中的平均载干比提高 2dB。

2. 不连续发射（Discontinuous Transmission，DTX）技术

在正常的通信过程中，用户仅有 40%的时间用于传输有用信息。如果将所有信息全部传输，不仅会造成资源浪费，还会增大干扰。

针对上述问题，GSM 采用了 DTX 技术，即在没有语音信息传输时禁止传输信号，不仅可以使总干扰电平降低，提高效率，还可以节省移动台能量，从而延长移动台待机时间。

在 DTX 模式下，通话中传输 13kbps 的语音编码，而在通话间隙传输约 500bps 的低速编码噪声信号。这种噪声是人为制造的，不会使听者厌烦，也不会使听者认为通话中断，因此称为"舒适噪声"。

DTX 模式是可选的，但在 DTX 模式下，传输质量稍有下降。另外，为实现 DTX，移动用户需要知道何时处于通话中，何时处于通话间隙。因此需要在发射端引入语言活动检测（VAD），其功能是检测用户是否在讲话。VAD 通过比较测量得到的信号能量和本身所定义的门限来决定每帧包含的是语音还是噪声。判断的原则是噪声的能量总是比语音的能量低。不连续发射原理如图 7-23 所示。

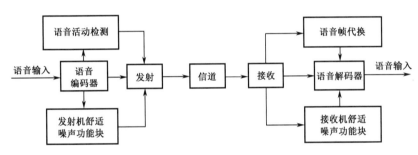

图 7-23   不连续发射原理

发射端的语音活动检测由反演滤波器实现。反演滤波器利用背景噪声在每帧的频谱特性相似的特点，根据背景噪声频谱特性的差异判断语音是否存在。其原理是反演滤波器的系数在仅有噪声时导出，当有语音存在时使噪声衰减，形成频谱特性的差异。将反演滤波器输出的信号能量与门限比较，大于门限则认为是语音信号。

发射机舒适噪声功能块用于产生与发射机背景噪声相似的背景噪声参数，并发给接收端。在接收端，有一个接收机舒适噪声功能块，其可以根据收到的背景噪声参数产生一个与发射机背景噪声相似的背景噪声信号。其目的是使听者察觉不到谈话过程中语音活动控制开关的动作。

另外，接收端的语音帧代换的作用是当语音编码数据中的某些重要码位受到干扰且译码器无法纠正时，用以前未被干扰的语音帧代替，从而保证接收的语音质量。

3. 不连续接收（Discontinuous Reception，DRX）技术

手机在大多数时间内处于空闲状态，需要随时准备接收 BTS 发送的呼叫信号，但是解码 PCH 的信息会耗费大量能量。系统按照 IMSI 将用户分为不同的寻呼组，不同寻呼组的手机在不同时刻接收系统寻呼信息，无须连续接收。在非自身寻呼时间内，手机处于休眠状态；当寻呼到所在寻呼组的时候，手机才对 PCH 信息进行解码，查看是否在寻呼自己。

7.4 GSM 的控制与管理

7.4.1 鉴权和加密

鉴权指对用户身份进行识别。设置鉴权的主要目的是检测和防止出现非法使用移动通信资源和业务的现象，从而保证网络安全，保护运营商及用户的合法权益。

移动用户发起呼叫（不含紧急呼叫）、移动用户接受呼叫、移动台位置登记、移动用户进行补充业务登记和切换等都需要用到鉴权。对移动台的鉴权主要包括 3 部分，分别是在接入网络时对用户鉴权、在无线路径上对信息加密和对移动设备进行识别（中国移动未对此进行鉴权）。

1. 鉴权和加密的用户三参数组

GSM 的鉴权和加密都要使用相应算法，而这些算法需要若干参数，即 GSM 提供的用户三参数组：伪随机数（RAND）、响应数（SRES）和密钥（K_c）。用户三参数组的产生如图 7-24 所示，该过程在 GSM 的 AUC（鉴权中心）完成。

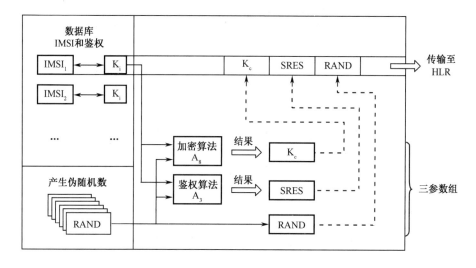

图 7-24　用户三参数组的产生

每个用户在注册登记（购买 SIM 卡）时，会被分配一个用户号码（电话号码）和国际移动用户识别码（IMSI）。IMSI 通过写卡机写入 SIM 卡，同时在写卡机中产生一个与此 IMSI 对应的唯一的用户鉴权键 K_i（128 比特），并存储在 SIM 卡和 AUC 中。同时，SIM 卡和 AUC 中还存储着鉴权算法（A_3）和加密算法（A_5 和 A_8）。在 AUC 中有一个伪码发生器，用于产生一个不可预测的伪随机数（RAND）。RAND 和 K_i 在 AUC 中通过加密算法（A_8）产生密钥（K_c），通过鉴权算法（A_3）产生响应数（SRES）。这样就得到了用户三参数组，将其传输至 HLR，并存储在该用户的用户资料库中。

在一般情况下，AUC 一次产生 5 个用户三参数组，由 HLR 自动存储。当 MSC 或 VLR

向 HLR 请求传输用户三参数组时，HLR 一次性传输 5 组。

2. 鉴权

鉴权的作用是保护网络，防止非法盗用，同时通过拒绝假冒合法用户的"入侵"来保护用户。GSM 中的鉴权算法是 A_3，GSM 鉴权过程如图 7-25 所示。当 MS 发出接入请求时，MSC 或 VLR 向 MS 发送 RAND，SIM 卡使用 RAND 和自身存储的 K_i（与 AUC 内存储的相同），通过鉴权算法 A_3 计算 SRES，然后将 SRES 传输至 MSC 或 VLR，验证用户的合法性。

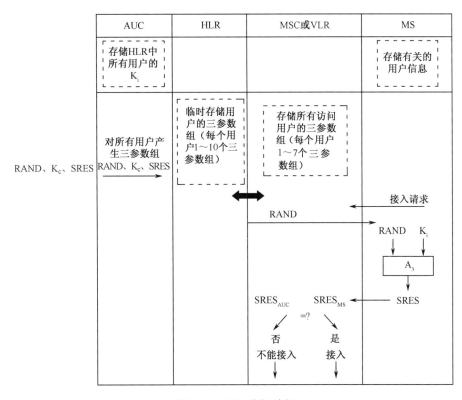

图 7-25　GSM鉴权过程

K_i 是运营商的机密数据，其仅在 AUC 和 SIM 卡中保存。用户鉴权实际上就是检查用户是否拥有 K_i。

3. 加密

GSM 中的加密指无线信道上的加密，即使 BTS 和 MS 之间交换用户信息和用户参数时不被非法个人或团体获得或监听。GSM 加密过程如图 7-26 所示。在鉴权过程中，当 MS 计算 SRES 时，还会采用加密算法（A_8）利用三参数组计算密钥 K_c，并在 BTS 和 MSC 中暂存。当 MSC 或 VLR 发出加密命令时，移动台（MS）利用 K_c、TDMA 帧号和加密命令（M），通过 A_5 对用户信息数据流进行加密（又称扰码），再由无线信道传输。而 BTS 则通过 A_5 将从无线信道上收到的加密信息数据流、TDMA 帧号和 K_c 解密后，传输至 BSC 和 MSC。所有的语音和数据都要加密，且所有与用户有关的参数也要加密。

加密算法 A_5 是标准化的，但规范仍然是保密的。其由 GSM 协会管理并在特许下发给

GSM 设备制造商，包括终端制造商和基站制造商。

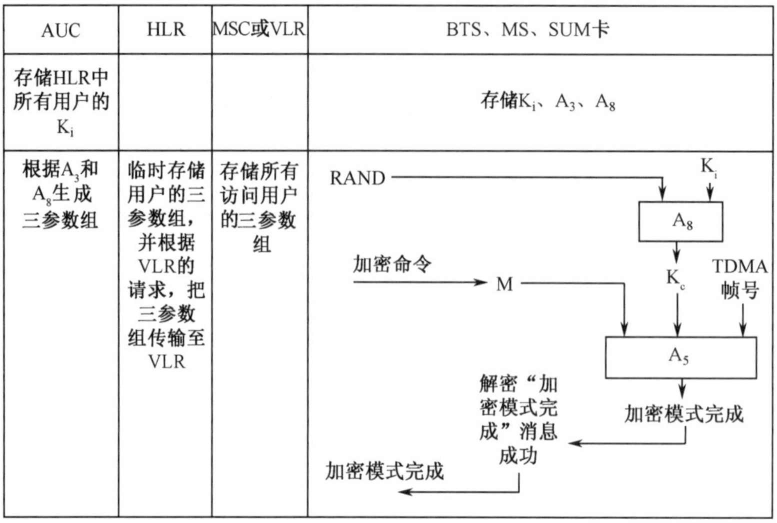

AUC	HLR	MSC或VLR	BTS、MS、SUM卡		
存储HLR中所有用户的K_i			存储K_i、A_3、A_8		
根据A_3和A_8生成三参数组，并根据VLR的请求，把三参数组传输至VLR	临时存储用户的三参数组	存储所有访问用户的三参数组	RAND ——→ ... K_i → A_8；加密命令 → M → K_c、TDMA帧号 → A_5；解密"加密模式完成"消息成功；加密模式完成；←—— 加密模式完成		

图 7-26　GSM加密过程

4. 设备识别

每个移动台设备都有国际移动设备识别码（International Mobile Equipment Identity，IMEI），移动台设备进入运营网，必须经过欧洲型号认证中心认可，并分配一个 6 位的十进制数字，占用 IMEI 15 位十进制数字的前 6 位。设备识别的作用是确保系统中使用的移动台设备不是被盗用的或非法的。设备的识别是在设备识别寄存器（EIR）中完成的。EIR 中存有 3 种名单：①白名单，包括已分配给可参与运营的国家的所有设备识别序列号；②黑名单，包括所有应被禁用的设备识别码；③灰名单，包括有故障的及未经型号认证的移动台设备，由运营商决定。

MSC 或 VLR 向 MS 请求 IMEI，并将其发给 EIR，EIR 将收到的 IMEI 与 3 种名单进行比较，将结果发给 MSC 或 VLR，由其决定是否允许该移动台设备接入网络。何时需要进行设备识别取决于运营商。我国大部分地区的 GSM 网络均未配置 EIR。

5. TMSI

TMSI 是为了防止非法个人或团体通过监听无线信道上的信令交换而窃取 IMSI 或跟踪用户的位置。TMSI 由 MSC 或 VLR 分配，并不断更换，更换周期由运营商设置。通常 TMSI 更换的频率越高，保密性越强，但对用户的 SIM 卡寿命有影响。当 MS 用 IMSI 向系统请求位置更新、呼叫尝试或业务激活时，MSC 或 VLR 对其进行鉴权。允许接入网络后，MSC 或 VLR 产生一个新的 TMSI，将其传输至移动台，写入 SIM 卡。此后，MSC 或 VLR 与 MS 之间的命令交换就使用 TMSI，IMSI 不再在无线信道上传输。

7.4.2　GSM 呼叫接续与管理

1. 呼叫接续

GSM 为用户提供的业务主要是语音业务。由于采用了电路交换，每次通话都需要进行链路的连接和释放，将该过程称为呼叫接续。为了使接续更可靠，GSM 采用了一系列用户管理方案，这些方案基本通过对用户的所在位置、归属位置进行登记、搜寻实现。

1）用户状态

呼叫接续与用户状态相关，GSM 中的移动台用户状态一般为 MS 开机（空闲状态）、MS 关机和 MS 忙，系统对这 3 种状态分别进行不同的处理。

（1）MS 开机。处于 MS 开机状态的移动台的 SIM 卡中存有位置区识别码（LAI），记录了此时移动台的位置信息。同时，MSC 认为 MS 已经被激活，在访问位置寄存器（VLR）中对相应的 IMSI 做"附着"标记。

（2）MS 关机。当 MS 切断电源关机时，其向网络发送最后一条信息，其中包括分离处理请求。MSC 收到该请求后，通知 VLR 对相应的 IMSI 做"分离"标记，而归属位置寄存器（HLR）并没有收到其已脱离网络的通知。当其被寻呼且 HLR 向 MSC 和 VLR 索要移动台漫游号码（MSRN）时，MSC 和 VLR 通知 HLR 其已脱离网络，不再寻呼。

（3）MS 忙。GSM 为 MS 分配一个业务信道，用于传输语音或数据，并在其 ISDN 上做"忙"标记。当 MS 移动时，必须有能力转到别的信道上，即切换。为了决定是否需要切换及怎样切换，系统要对来自 MS 和 BTS 的信息进行分析，称为"定位"。

2）呼叫处理

GSM 的呼叫处理包括移动用户主叫和移动用户被叫两种情况，除了应注意这两种情况在呼叫流程上的区别，还应注意移动用户在接入无线信道时的差异。

移动用户主叫入网是一个随机接入过程。当移动台拨打待叫用户号码后，MS 在随机接入信道（RACH）上发送一条"信道请求"信息，BTS 在收到此信息后通知 BSC，并附上 BTS 对该 MS 到 BTS 传输时延的估计及本次接入原因；BSC 根据接入原因及当前情况，选择一条空闲的独立专用控制信道（SDCCH）通知 BTS 激活；在 BTS 完成指定信道的激活后，BSC 在允许接入信道（AGCH）上发送"立即分配"信息（又称初始化分配信息），其中包含 BSC 分配给 MS 的 SDCCH 描述、初始化时间提前量、初始化最大传输功率及有关参考值。每个在 AGCH 上等待分配的 MS 可以通过比较参考值来判断该分配信息的归属，以避免争抢而引起混乱。

在主叫用户 MS 收到自己的初始化分配信息后，根据信道的描述，使自己调整到该信道上，并建立一条信令传输链路，发送第一个专用信道上的初始信息，其中含有识别码（来自 SIM 卡）、本次接入原因、登记和鉴权等内容。当鉴权通过后，MS 向 MSC 传输业务信息，进入呼叫建立阶段。MSC 会要求 BSC 为 MS 分配一个业务信道（TCH）。当 BSC 没有空闲信道可以分配时，BSC 向 MS 发出"立即分配拒绝"信息，其中含有限制 MS 继续呼叫的时间指示，而 MS 进入等待阶段。这是一种避免 RACH 过载的方法。如果成功分配了 TCH，则 MS 的业务信道连接建立。MSC 收到分配完成信息后，发送 IMSI 的呼叫信息，呼叫被叫用户，并向 MS 发送回铃信息。当被叫用户摘机后，MSC 向 MS 发送连接命令，MS 做出应答并转入通话。

当移动用户被叫时，GMSC 会根据被叫用户的号码分析其 HLR，并向其索要移动台漫游号码（MSRN）。HLR 通过国际移动用户识别码（IMSI）查询被叫用户所在的 MSC 业务区，并向该区的 VLR 发送此 IMSI，请求分配一个 MSRN；VLR 分配并发送一个 MSRN 给 HLR，HLR 将其发给 GMSC；在 GMSC 收到被叫用户此时的 MSRN 后，可以将呼叫连接到用户所在的 MSC；MSC 根据从 VLR 处查询到的位置区识别码（LAI）向该区的所有 BTS 发送寻呼信息，而这些 BTS 通过寻呼信道（PCH）向区内所有 MS 发送寻呼信息；被叫用户收到寻呼信息并识别出 IMSI 后，做出应答响应。

2. 位置登记和更新

1）GSM 的区域概念

GSM 为小区制大容量移动通信系统，其将服务区划分为许多小区，每个小区设置一个基站，负责本小区各移动台的联络和控制，各基站通过 MSC 联系，并与市话局连接。GSM 利用蜂窝结构，可以有效实现信道复用，在提高频谱利用率的同时，可以保证通信质量。GSM 网络结构如图 7-27 所示。

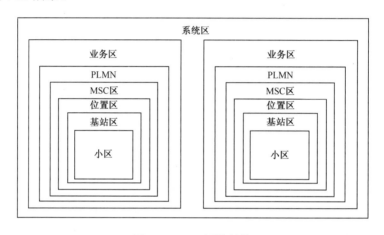

图 7-27　GSM网络结构

小区是采用基站识别码（BSIC）或全球小区识别码（CGIC）进行标识的无线覆盖区域。在采用全向天线的模拟移动通信网中，小区为基站区；在采用 120°天线的数字移动通信网中，小区为每个天线所覆盖的正六边形区域的 1/3。

基站区指一个基站所覆盖的区域。一个基站区可以包含一个或多个小区，因此不是所有的小区都设有专门的基站，但必须为一个特定的基站所覆盖。

位置区指一个移动台可以自由移动而不必重新"登记"位置的区域，一个位置区由一个或多个基站区构成。

MSC 区指由一个 MSC 覆盖的区域。一个 MSC 区由多个位置区构成。

PLMN（Public Land Mobile Network）为公共陆地移动网。在该区域内有共同的编号制度和共同的路由计划。例如，北京市的移动通信网就是一个 PLMN。一个 PLMN 由多个 MSC 构成。MSC 构成固定网与 PLMN 之间的功能接口，用于呼叫接续等。

业务区指由一个或多个移动通信网构成的区域。只要移动台在业务区内，就可以被另一个网络的用户找到，该用户无须知道该移动台的具体位置。一个业务区可以由多个 PLMN 构成，也可以由一个或多个国家构成。

系统区由一个或多个业务区构成，这些业务区要有兼容的移动台—基站接口。

为便于管理，GSM 划分了不同区域，但无论移动台处于何处，只要在系统区内，就应该能实现所有功能，包括越区切换、自动漫游等。因此，网络必须时刻跟踪移动台的移动并了解移动台所处位置，及时更新相关信息。这就是要进行位置登记和更新的原因。

2）位置登记

位置登记指为了使网络能跟踪移动台的移动并了解移动台所处位置，以在需要时能迅速连接移动台、进行正常通信，必须保存其位置信息并及时进行信息更新。通常，移动台的位置信息存储在归属位置寄存器（HLR）和访问位置寄存器（VLR）中。

3）入网位置登记

在 MS 接入 GSM 网络时，如果 MS 是首次开机，在 SIM 卡中找不到位置区识别码（LAI），其将立即要求接入网络，向 MSC 发送"位置更新请求"信息，通知 GSM 这是一个在此位置区内的新用户，MS 首次开机时的入网更新如图 7-28 所示。MSC 根据该用户发送的 IMSI 中的 $H_1H_2H_3$，向该用户的归属位置寄存器（HLR）发送"位置更新请求"信息，HLR 记录发送信息的 MSC（$M_1M_2M_3$），并向 MSC 回复"位置更新接受"信息，则 MSC 认为此 MS 已经被激活，在访问位置寄存器（VLR）中对该用户的 IMSI 做"附着"标记，再向 MS 发送"位置更新证实"信息，MS 的 SIM 卡记录此位置区识别码。

如果 MS 不是首次开机，而是关机后开机，MS 接收到的 LAI（LAI 是在空中接口上连续发送的广播信息的一部分）与 SIM 卡中存储的 LAI 不一致，则 MS 立即向 MSC 发送"位置更新请求"信息。MSC 要判断原 LAI 是否是自己服务区的位置，如果判断为是，MSC 需要将该用户的 SIM 卡中的 LAI 改写为新的 LAI，并对 IMSI 做"附着"标记；如果判断为否，MSC 需要根据 IMSI 中的 $H_1H_2H_3$，向该用户的 HLR 发送"位置更新请求"信息，HLR 记录发送信息的 MSC 号码，再回复"位置更新接受"信息，MSC 再对该用户的 IMSI 做"附着"标记，并向 MS 回复"位置更新证实"信息，MS 将 SIM 卡中的 LAI 改写为新的 LAI。MS 非首次开机时的入网更新如图 7-29 所示。

另外，如果 MS 关机再开机时，接收到的 LAI 与 SIM 卡中的 LAI 一致，则 MSC 仅对该用户做"附着"标记。

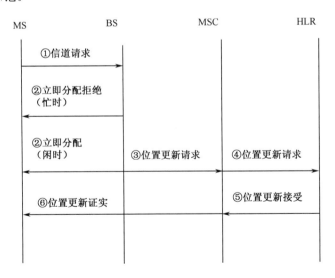

图 7-28　MS首次开机时的入网更新

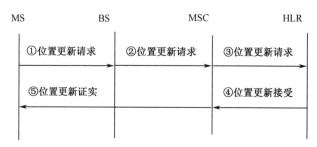

图 7-29　MS非首次开机时的入网更新

4）位置更新

一旦 MS 发现其 SIM 卡中的 LAI 与接收到的 LAI 不一致，便执行登记，将这个过程称为"位置更新"。当 MS 从一个位置区移动到另一个位置区时，必须进行位置更新。

MS 从一个小区移动到另一个小区如图 7-30 所示。MS 被锁定在一个已定义的无线频率上，即小区 1 的 BCCH 载频上，此载频的零时隙（TS0）载有 BCCH 和 CCCH。当 MS 向远离此小区 BTS 的方向移动时，信号强度会减弱。当移动到两小区（小区 1 与小区 2）理论边界附近的某一点时，MSC 会因信号强度太弱而转移到相邻小区的新的无线频率上。为了正确选择无线频率，MS 要对每个相邻小区的 BCCH 载频的信号强度进行连续测量。当发现新的 BTS（小区 2 的 BTS）发出的 BCCH 载频信号强于原小区时，MS 将锁定该载频，并继续接收广播信息及可能的寻呼信息。

由于小区 1 和小区 2 有相同的位置区识别码，因此 MS 接收的 BCCH 载频的改变并没有通知网络，也就是说，MS 在没有进行位置更新时，网络不参与上述过程。

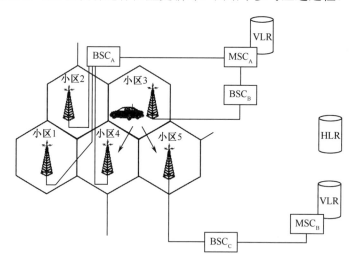

图 7-30　MS从一个小区移动到另一个小区

（1）相同 MSC 和 VLR 中不同位置区的位置更新。

小区 3 和小区 4 属于相同 MSC 和 VLR 中的不同位置区。当 MS 从小区 3 移动到小区 4 时，MS 通过接收 BCCH 可以知道已经接入了新位置区。由于位置信息非常重要，因此位置区的变化一定要通知网络，将其称为"强制登记"。相同 MSC 和 VLR 中不同位置区的位置更新流程如图 7-31 所示。

① 移动台从小区 3 移动到小区 4。

② 通过检测由 BTS₄ 持续发送的广播信息，移动台发现新收到的 LAI 与目前存储和使用的 LAI 不同。

③ 移动台通过 BTS₄ 和 BSC_B 向 MSC_A 发送"位置更新请求"信息。

④ MSC_A 分析得到新的位置区也在本业务区内，通知 VLR_A 修改移动台位置信息。

⑤ VLR_A 回复 MSC_A，通知其位置信息已修改成功。

⑥ MSC_A 通过 BTS₄ 把有关位置更新响应的信息发给移动台。

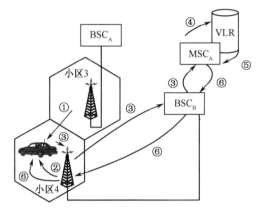

图 7-31　相同MSC和VLR中不同位置区的位置更新流程

（2）不同 MSC 和 VLR 中不同位置区的位置更新。

不同 MSC 和 VLR 中不同位置区的位置更新流程如图 7-32 所示。在图 7-32 中，小区 3 属于 BSC_B，小区 5 属于 BSC_C，而 BSC_B 和 BSC_C 属于不同的 MSC 和 VLR，因此 MS 从小区 3 移动到小区 5 时，属于 MS 在不同 MSC 和 VLR 中不同位置区的位置更新。

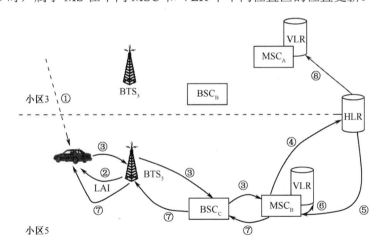

图 7-32　不同MSC和VLR中不同位置区的位置更新流程

① MS 从小区 3 移动到小区 5。

② MS 发现自己锁定的 BCCH 载频信号强度在减弱，而另一小区的 BCCH 信号在增强，并发现新收到 LAI 与目前存储和使用的 LAI 不同。

③ MS 通过基站向 MSC_B 发送"位置更新请求"信息。

④ MSC 向 HLR 发送含有 MSC_B 和移动台识别码的"位置更新请求"信息（进行 MS 的鉴权）。

⑤ HLR 修改该用户的动态数据，并向 MSC_B 返回包含该用户全部相关数据的确认响应。

⑥ VLR 对该用户进行数据注册。

⑦ MSC_B 通过 BTS_5 把有关位置更新的信息发给 MS。

⑧ HLR 通知原 MSC 和 VLR 删除与该 MS 有关的数据。

3. 越区切换

1）概念

切换指一个正在通信的 MS 因某种原因而被迫从当前使用的无线信道转移到另一个无线信道上的过程。从本质上讲，切换的目的是实现蜂窝移动通信的"无缝隙"覆盖，即当移动台从一个小区进入另一个小区时，保证通信的连续性。切换不仅要识别新小区，还要为移动台分配在新小区的语音信道和控制信道。

引起切换的原因通常有以下两点。

① 信号的强度或质量下降到一定值，此时移动台被切换到信号较强的相邻小区。

② 某小区信道容量全被占用或几乎全被占用，此时移动台被切换到信道较空闲的相邻小区。

在通信过程中，MS 不断向 MSC 和 BS 提供大量的参考数据，以判断是否需要发起切换。以这些参考数据为基础，不同的系统可能采取不同的判断依据，具体如下。

① 接收信号载波电平，如信号载波电平低于门限，则进行切换。

② 接收信号载干比，如载干比低于给定值，则进行切换。

③ 移动台到基站的距离，如距离大于给定值，则进行切换。

实际上，在通信过程中测量接收信号载干比较为困难；而用距离判断时，测距精度有时很难保证。因此，常用接收信号载波电平进行判断。

2）类型

（1）相同 BSC 控制的不同小区间的切换。

在 BSC 控制范围内切换要求 BSC 建立与新基站之间的链路，并在新基站分配一个业务信道（TCH），而 MSC 对这种切换不进行控制。相同 BSC 控制的不同小区间的切换如图 7-33 所示。

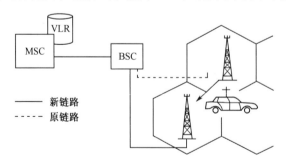

图 7-33 相同 BSC 控制的不同小区间的切换

（2）相同 MSC 和 VLR 中不同 BSC 控制的小区间的切换。

相同 MSC 和 VLR 中不同 BSC 控制的小区间的切换如图 7-34 所示。在这种情况下，MSC 将参与切换过程。当原 BSC 决定切换时，需要向 MSC 请求切换，然后建立 MSC 与新 BSC

和 BTS 之间的链路，选择并保留新小区的空闲 TCH，供 MS 切换后使用，命令 MS 切换到新频率的新 TCH 上。切换成功后，MS 同样需要了解周围小区的信息，如果位置区发生了变化，则在呼叫完成后必须进行位置更新。

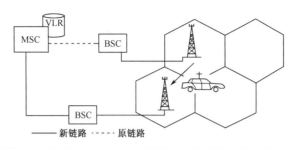

新链路 ----- 原链路

图 7-34　相同MSC和VLR中不同BSC控制的小区间的切换

（3）不同 MSC 和 VLR 控制的小区间的切换。

在通信过程中，移动台不断向所在小区的基站报告本小区和相邻小区基站的无线环境参数。本小区基站依据接收到的无线环境参数判断是否应该进行越区切换。当满足越区切换条件时，基站向 MSC 发送越区切换请求信息，包括国际移动用户识别码（IMSI）和新 BS 码。MSC 立刻判断新基站是否属于本区，如果属于，则 MSC 通知 VLR 为其寻找一个空闲信道（最佳或次最佳替换信道）。VLR 将找到的空闲信道号和 IMSI 发给 MSC，而 MSC 将信道号的频率和 IMSI 经本区的 BS 发给 MS。MS 将工作频率切换到新的频率并进行环路核准。核准信息经 MSC 核准后，通知 BS 释放原信道。至此，MS 完成了一次越区切换。如果环路核准不正确，则 BS 重发，直到核准正确。

如果 MS 在不同 MSC 区的小区间越区切换，MSC 判断新 BS 码属于新 MSC 区，则将越区请求转发给新 MSC（VMSC）。这时，VMSC 访问它的 VLR（VVLR），寻找一个空闲信道。VVLR 将找到的空闲信道号发给 VMSC，而 VMSC 将频率和 IMSI 经 MSC 区的 BS 发给 MS。其后的核准和释放的过程同上。如果 VVLR 找不到空闲信道（全忙），则此次切换失败，稍后再尝试切换。不同 MSC 和 VLR 控制的小区间的切换如图 7-35 所示，具体流程为①→②→③→④→⑤→⑥→⑦→⑧或①→②→⑨→⑩→⑪→⑫→⑤→⑥→⑦→⑧。

4. 漫游

漫游指移动台从一个 MSC 区（归属区，即用户 SIM 卡的申请区域）移动到另一个 MSC 区（访问区）后仍然能使用网络服务的情况。在 GSM 中的位置区与 BSC 对应，不同的 BSC 属于不同的位置区，一个 MSC 可以包含不同的位置区。越区切换主要指 MS 在不同 BSC 之间的移动，而漫游指 MS 在不同 MSC 之间的移动。漫游一般包括位置登记、呼叫转移和呼叫建立 3 步。

1）位置登记

与入网登记类似，每个移动用户的数据（包括 DN、IMSI、MSRN 等）存放在归属区的归属位置寄存器（HLR）中。当移动用户从 MSC 区移动到 VMSC 区时，移动台需要向 VMSC 发送"位置登记请求"信息。VMSC 收到移动台的"位置登记请求"信息后，通过 7 号信令网向归属区的 HLR 发送位置信息，并告知 VVLR 地址或 VMSC 的子地址。位置登记的具体过程如下。

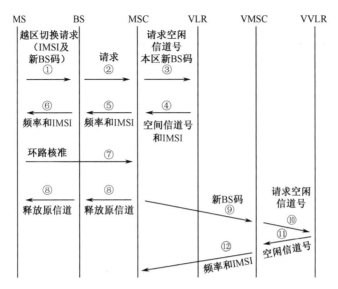

图 7-35　不同MSC和VLR控制的小区间的切换

① GSM 将整个覆盖区域划分为许多业务区，并指定不同的识别码。

② 这些业务区识别码分别由各区的 BCCH 广播。移动台一开机便搜索 BCCH，以判断自己所属的业务区。

③ 当移动台发现收到的业务区识别码已经改变时，可以判断已经进入了新业务区。移动台向 VMSC 发送"位置登记请求"信息。

④ VVLR 向归属区 HLR 和交换网络发送 MSRN，以更新用户信息并确定用户的呼叫方向。该用户还必须被 HLR 确认。

2）呼叫转移

在移动用户进行位置登记后，将进行呼叫转移，如图 7-36 所示。在固定用户呼叫移动用户时，主呼用户需要拨国家号、GSM 网号和移动用户号。呼叫路径是从用户话机经公共电话交换网（PSTN）到移动电话入口局（GSMC）。GSMC 利用 7 号信令网的移动用户应用部分（MAP）访问 HLR，HLR 再访问 VLR。VLR 将该用户的 MSRN 发给 HLR 和 GSMC。GSMC 根据 MSRN 将呼叫转移到 VMSC。

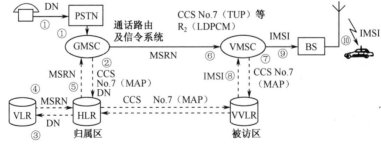

图 7-36　呼叫转移

3）呼叫建立

在呼叫转移到 VMSC 后，VMSC 利用 MAP 向 VLR 查询漫游用户是否在该位置区内。如果在该位置区内，则 VVLR 将此移动台的 IMSI 发给 VMSC，再由 VMSC 通过 BS 呼叫漫游用户。当漫游用户应答后，可以实现固定用户对漫游用户的通信。

在 GSM 中，漫游用户呼叫固定用户或漫游用户呼叫另一漫游用户，其呼叫转移和呼叫建立过程与上述情况类似。

7.5　GSM 演进技术

随着 GSM 的成熟和广泛应用，用户的应用需求迅速增长，不再满足于短消息和语音通信。在 GSM 的基础上，出现了 2.5G 标准的通用分组无线业务（General Packet Radio Service，GPRS）和 2.75G 标准的增强型数据速率 GSM 演进（Enhance Data Rates for GSM Evolution，EDGE）技术。

7.5.1　GPRS 的结构和功能

GPRS 的出现，意味着多媒体业务的开展成为现实。GPRS 可以提供无缝的、直接的网络连接，支持 X.25 协议和 IP 协议。同时，高数据传输速率使其能够在 3G 时代到来之前提供部分多媒体业务，不仅被 GSM 支持，还被 IS-136 支持。因此，GPRS 是从 2G 向 3G 演进的重要环节，被称为 2.5G。

与 GSM 不同，在 GPRS 中，移动台（MS）和外部网络之间不使用永久连接。从结构上来看，GPRS 相当于在 GSM 中引入了基于 IP 的分组数据交换网络，从而得到了更高的数据传输速率。GPRS 采用了与 GSM 相同的时隙、帧、复帧、超帧结构，并保留了 GSM 定义的无线接口。由于提出了多时隙数据传输和新的信道编码类型，因此无论从数据传输速率上还是吞吐量上来看，GPRS 都优于 GSM。GPRS 的结构如图 7-37 所示。

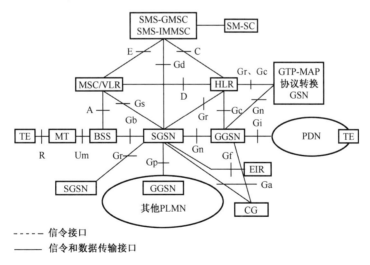

图 7-37　GPRS 的结构

1. 网络和交换子系统（NSS）添加单元

1）网关 GPRS 支持节点（Gateway GPRS Support Node，GGSN）

GGSN 负责与外部网络连接和进行数据传输，具有网关和路由器的作用。一个 GPRS 中通常只有一个 GGSN，GGSN 与多个 SGSN 相连，负责将数据传输至外部网络，并根据接收到的外部网络数据的地址选择 GPRS 中的传输通道，传输至相应的 SGSN。

另外，GGSN 还有地址分配和计费等功能。

2）服务 GPRS 支持节点（Service GPRS Support Node，SGSN）

SGSN 主要负责移动数据管理，主要包括用户身份识别、加密、压缩，用户数据库的访问与接入控制，IP 数据包到无线单元的传输和协议变换，数据业务和电路业务的协同工作和短消息收发等。

在 GPRS 中，通常由单一的 SGSN 负责某区域的网络服务，电信运营商的 PLMN 中包含许多 SGSN，但 GGSN 很少。GGSN 在 GPRS 核心网中的功能是根据分组 IP 地址找到 MS 的位置，并为移动台分配合适的 SGSN。

2. 基站子系统（BSS）添加单元

为了使 GSM 的业务信道和控制信道种类增加，使其支持多种业务，GPRS 在 GSM 的基站子系统中添加了分组控制单元（Packet Control Unit，PCU），其与 BSC 协同工作，提供无线数据的处理功能。PCU 可以看作对 BSC 的分组数据业务的补充，可以插入 BSC，也可作为独立的单元存在。

在 GPRS 中，MS 发出的信息有数据和语音两种形式，BTS 负责识别信息形式，如果为语音信息，则由 BSC 将数据传输至 MSC；如果含有数据信息，则由 PCU 从语音信息中分离出数据信息，并将其传输至 SGSN，以控制信道的分配。

3. 移动台（MS）

GPRS 没有在 MS 中添加新的单元，但原 GSM 仅用于语音通信，升级为 GPRS 后，MS 可以进行传输语音的电路交换及传输数据的分组交换，使系统对移动台的要求提高。因此，GPRS 必须采用 GPRS 或 GPRS/GSM 双模移动台。

另外，GPRS 还引入了以下接口。

Gn：GSN 主干网接口，用于各种 GSN 之间。

Gb：BSS 和 SGSN 之间的接口。

Gr：SGSN 和 HLR 之间的接口。

Gp：不同的 PLMN 之间的接口。

Gs：SGSN 和 MSC 之间的接口。

7.5.2　GPRS 的关键技术

GPRS 是在 GMS 的基础上发展而来的，在无线系统、数据传输等方面仅对 GSM 的标准进行了适当修改。例如，GPRS 中采用 52 复帧结构。

GPRS 的 52 复帧结构如图 7-38 所示。其中，白色表示空白帧，用于传输定时提前量和进行邻区 BSIC 测量；B0～B11 表示用于传输数据的无线块。

除此之外，GPRS 还对 GSM 中的很多技术进行了改进与调整，如编码方式、冲突检测、信道分配等。下面重点介绍 GPRS 的编码方式。

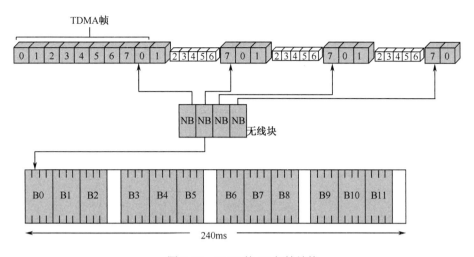

图 7-38　GPRS 的 52 复帧结构

根据 GPRS 的分层帧结构，数据包先进行压缩封装，再由逻辑链路控制（LLC）层添加 LLC 头和帧校验序列，形成 LLC 帧，然后由无线链路控制（RLC）层添加块校验序列，形成 RLC 数据块，添加 MAC 包头并进行卷积编码和穿孔减码后通过无线接口传输。

为了增大系统的吞吐量，GPRS 引入了 3 种与 GSM 全速率业务信道类似的新的编码方式。这里称 GSM 全速率业务信道使用的编码方式为 CS-1，新的编码方式分别为 CS-2、CS-3 和 CS-4。CS-1 到 CS-4 采用了不同的穿孔减码算法，得到由 456 编码比特构成的无线块。这 4 种编码方式可以提供的系统吞吐量依次增大，但对传输的保护功能较弱。

CS-1 编码方式如图 7-39 所示。送入编码器的数据为 184 比特，其中包括 8 比特的 MAC 包头。USF 为上行链路状态标志，在上行方向有 3 种不同的控制比特。184 比特的数据经过编码器后得到 40 比特的后向错误校验（BEC）信息，与 4 比特的尾比特共同组成了输入卷积编码器的 228 比特信息。卷积编码器将输入信息位加倍后，得到 456 编码比特，并传输至交织器。在 GPRS 中使用同一时隙的 4 个连续块，因此这里只进行块交织。

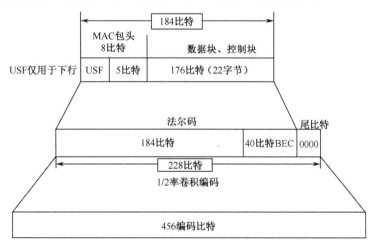

图 7-39　CS-1 编码方式

CS-2 和 CS-3 编码方式与 CS-1 类似，CS-2 和 CS-3 编码方式如图 7-40 所示。但在通过卷积编码器后，需要把比特信息送入对应的减码器，再传输至交织器。

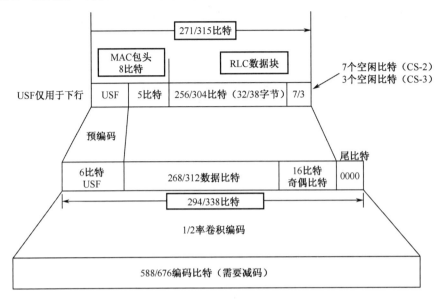

图 7-40　CS-2 和CS-3 编码方式

CS-4 编码方式如图 7-41 所示，其吞吐量最大，送入编码器的数据就有 431 比特，因此在添加 MAC 包头后，不需要进行卷积编码，直接交织即可。

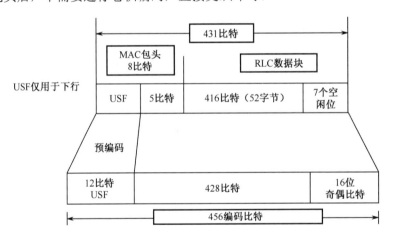

图 7-41　CS-4 编码过程

在采用不同编码方式时，由于 RLC 和 MAC 包中的位数不同，因此其理论传输速率也不同。由于 GPRS 数据块采用 4 个 TDMA 帧的相同时隙上的 4 个连续突发脉冲，而在其复帧中，每 52 复帧中有 48 帧用于数据传输，因此不同编码方式的数据传输速率为（RLC 和 MAC 包的有效数据长度）/（Burst 周期×8×4×52/48）。

7.5.3　EDGE 的发展

2000 年，3GPP 正式发布了 EDGE 标准；2003 年，EDGE 投入商用。

EDGE 工作在分组模式下可支持 384kbps 的多媒体业务。EDGE 支持 GSM 的数据传输速率。由于采用了 8PSK 及定长单元的 MCS 信道编码机制，对于支持 8 时隙的 EDGE 用户，其数据传输速率最高可达 475kbps。

EDGE 可以通过对终端和 BTS 的改造直接应用于现有的 GSM 和 GPRS 中，与其采用相同的网络架构，不需要新的频率许可。因此，EDGE 是一种低成本的解决方案。

由于可以将 EDGE 引入多种通信系统，因此不同蜂窝网标准向 EDGE 演进了 3 个版本，如图 7-42 所示。紧凑型 EDGE 多由美国运营商采用，但未得到广泛应用。人们常说的 EDGE 指由 GPRS 发展而来的经典型 EDGE。

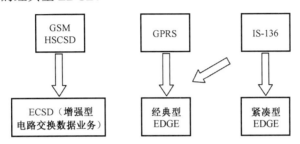

图 7-42　不同蜂窝网标准向EDGE演进了 3 个版本

由于 WCDMA 系统在全球商用的进一步延迟，EDGE 在提出后很快进入了商用阶段，并成长为市场中的一支不容忽视的力量。2007 年，EDGE 引入我国，在南方少数城市进行测试后开始普及。截至 2008 年，全球 EDGE 网络数量达到 283 个。

7.5.4　EDGE 的关键技术

EDGE 和 GPRS 的网络结构完全相同，如具有相同的物理信道和逻辑信道、相同的信令和数据传输的层结构、相同的功率控制过程，以及相同的基于滑动窗概念的 RLC 协议等。

EDGE 在调制方式、链路控制等方面进行了改进，提高了数据传输速率。

1. 调制方式

EDGE 引入了 8PSK 调制，可以为空中接口提供更高的码率。8PSK 调制具有 8 种星座图，每个符号代表 3 比特，码率是 GMSK 的 3 倍。与 QPSK 类似，为了避免信号过原点引起的信号畸变，EDGE 采用了 $3\pi/8$ 相位偏移的偏置 8PSK 调制。与 GSM 和 GPRS 通常采用的发射机不同，EDGE 采用的发射机的最大输出功率比较小，按结构分为中频结构发射机、零中频结构发射机和极环系统发射机 3 种。在解调时，除了采用维特比算法，还可以采用众多次优算法。

值得一提的是，由于 EDGE 同时采用了 8PSK 调制和 GMSK 调制，为了降低成本，通常要求 EDGE 采用的接收机具有调制的盲检测能力。在 EDGE 中，通常通过调制信号的普通突发（Normal Burst，NB）中的训练序列实现。8PSK 调制的普通突发结构如图 7-43 所示。

由于在生成 8PSK 调制信号时，需要将训练序列输入 8PSK 调制器，并映射为星座图中的符号，将生成的符号旋转 $3\pi/8$ 相位，并通过高斯脉冲滤波。对于相同的符号，8PSK 调制和 GMSK 调制的相位不同。

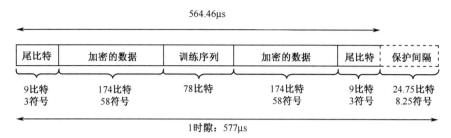

图 7-43　8PSK调制的普通突发结构

2. 链路控制

与 GPRS 相比，EDGE 的链路控制大大改善，EDGE 引入了对链路质量的新估算方法和新的 ARQ 机制——增量冗余（Incremental Redundancy，IR）。另外，在信道编码机制上，EDGE 也采用了与 GPRS 不同的 CS。

在 GPRS 中，LLC 帧需要被分成不同的可变长度单元，即每个 CS 的设计都是独立的，且有自己的数据单元大小。当数据被分段并通过空中接口发送时，如果接收机无法对承载数据单元的数据块进行译码，发射机会在一段时间后进行重传。但如果此时的传输环境发生变化，接收机采用的 CS 解码方式也会随之变化，那么重传的 RLC 数据块将无法被解码，从而导致数据丢失。

在 EDGE 中，MCS（Modulation and Coding Scheme）被划分为四族（Family），每族都包括多个 MCS 且有固定大小的基本数据单元与其相关。EDGE 的 MCS 族及其基本数据单元如图 7-44 所示。经过 MCS 编码的数据块可以承载一个或多个基本数据单元。当传输环境发生变化时，如果新的数据块大于之前的数据块，只需要添加相应的填充字节；否则可以将一个数据块拆分并通过 2 个或 4 个单独的数据块进行重传。例如，采用 MCS-8 的数据块通过 MCS-6 或 MCS-3 进行重传时，必须在其数据块中添加 3 个填充字节；而采用 MCS-9 的数据块可以

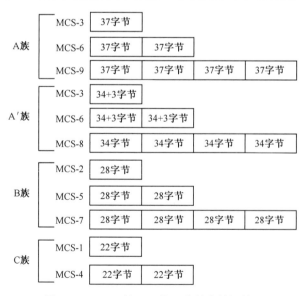

图 7-44　EDGE的MCS族及其基本数据单元

采用 MCS-6 的两个数据块，虽然会导致其编码效率降低为原来的一半，但 EDGE 对数据块的译码能力大大增强。在实际应用中，第一次传输的 RLC 数据块将采用网络最后命令的 MCS 机制传输。

EDGE 对 RLC 和 MAC 协议也进行了相应的调整，主要是改变了用于控制 RLC 数据块重传的窗口。在 EDGE 的 RLC 协议中，重传窗口长度是可变的，由分配的时隙数决定。数据块结构如图 7-45 所示。

RLC 和 MAC 包头
RLC 数据块1
RLC 数据块2 （只有MCS-7、MCS-8、MCS-9包含该部分）

图 7-45　数据块结构

采用不同 MCS 机制的 EDGE 可以提供不同的吞吐量，不同 MCS 机制下的最大吞吐量如表 7-5 所示。

表 7-4　不同 MCS 机制下的最大吞吐量

MCS 机制	调制方式	最大吞吐量（kbps）
MCS-9	8PSK	59.2
MCS-8	8PSK	54.4
MCS-7	8PSK	44.8
MCS-6	8PSK	29.6
MCS-5	8PSK	22.4
MCS-4	GMSK	17.6
MCS-3	GMSK	14.8
MCS-2	GMSK	11.2
MCS-1	GMSK	8.8

EDGE 在 GPRS 的基础上，提供了更高的数据传输速率和更大的网络容量，因此可以提供很多新业务，包括在线游戏、大容量文件的传输、视频和音频下载、流媒体、高速的互联网接入等。由于具有较高的数据传输速率和较好的 QoS 保障机制，EDGE 还支持一些热点业务，如手机电视（Mobile TV）业务和 IP 多媒体子系统（IP Multimedia Subsystem，IMS）业务等。

这里的手机电视业务是基于蜂窝移动通信网络、采用移动流媒体方式实现的，与以欧洲的 DVB-H 为代表的地面数字广播方式和以日韩的 S-DMB 为代表的卫星广播方式不同，流媒体指视频、音频等以实时传输协议承载，并以连续的流的形式从源端向目的端传输，在目的端接收到一定缓存数据后就可以播放出来的多媒体应用。手机电视业务兴起于 2004 年，随着 3G 的普及而不断发展。

思考题与习题

1．GSM 中有哪些主要功能实体？

2．试阐述 GSM 物理信道的组成（帧结构）。

3．解释 GSM 中物理信道和逻辑信道的映射原理。

4．GSM 中逻辑信道的特点是什么？

5．什么是功率自适应控制技术？该技术有什么作用？

6．GSM 的用户三参数组是什么？结合本书介绍其产生过程。

7．GSM 采用了哪些抗干扰技术？

8．简述 GSM 中的二次交织流程。

9．什么是位置登记？为什么要进行位置登记？

10．试画出 GSM 中漫游的流程图。

11．阐述 GSM 中的越区切换过程，并画出流程图。

12．对比 GSM 和 GPRS。

13．计算在 CS-1 至 CS-4 编码方式下，GPRS 的理论传输速率。

14．试简述 EDGE 对 GPRS 有哪些改进。

参 考 文 献

[1] 王华奎, 李艳萍, 张立毅, 等. 移动通信原理与技术[M]. 北京：清华大学出版社, 2009.

[2] Lee W C Y. 无线与蜂窝通信[M]. 陈威兵, 译. 北京：清华大学出版社, 2008.

[3] 张威. GSM 网络优化——原理与工程[M]. 北京：人民邮电出版社, 2010.

[4] 啜钢, 王文博, 常永宇, 等. 移动通信原理与系统（第 2 版）[M]. 北京：北京邮电大学出版社, 2005.

[5] 文志成. GPRS 网络技术[M]. 北京：电子工业出版社, 2005.

[6] R J Bates. 通用分组无线业务（GPRS）技术与应用[M]. 朱洪波, 沈越鸿, 译. 北京：人民邮电出版社, 2004.

[7] 赵绍刚. 增强数据速率的 GSM 演进技术：EDGE 网络[M]. 北京：电子工业出版社, 2009.

[8] 刘军, 张玉凤. 国际/国内 GSM 手机紧急呼叫业务实现及分析[J]. 电信网技术, 2009, 11(11):45-47.

[9] 陈威兵, 张刚林, 冯璐, 李玮. 移动通信原理（第 2 版）[M]. 北京：清华大学出版社, 2019.

第8章

IS-95 CDMA 系统

8.1 IS-95 CDMA 系统概述

8.1.1 IS-95 CDMA 系统的发展

现代移动通信技术的发展始于 20 世纪 20 年代，贝尔实验室提出了蜂窝网的概念，形成了移动通信新体制，一般将这一阶段的移动通信系统称为第一代移动通信系统。第一代移动通信系统实现了频率复用，大大提高了系统容量，但其频谱利用率低、抗干扰能力弱，难以满足日益增长的通信需求。

基于 CDMA 的 IS-95 标准是第二代移动通信系统的两大标准之一。1993 年，美国的高通公司提出了 IS-95 标准，它是最早的 CDMA 系统的空中接口标准。随着技术的不断发展，该标准不断修改，逐渐形成了 IS-95A、IS-95B 等一系列标准。IS-95A 是第一个在全球得到广泛应用的商业化 CDMA 标准，它主要提供语音业务，并通过电路交换实现一些低速率（14.4kbps 以下）的数据业务；STD-008 标准将 IS-95A 从 800MHz 频段扩展至 1.9GHz；为了能支持较高速率的数据业务，美国通信工业协会（TIA）于 1999 年制定了 IS-95B 标准。IS-95B 标准是对 IS-95A 标准的加强，其完全兼容 IS-95A，可以支持速率为 64kbps 的数据业务。IS-95 系列标准已经能解决部分分组数据业务，如收发 E-mail、FTP 和 Web 浏览等，但还难以提供图像、语音等需要宽带接入的数据业务。

人们将基于 IS-95 的标准和产品统称为 CDMA One 系统，又称 IS-95 CDMA 系统。随着移动通信业务的迅速发展、信息网络中多媒体业务的不断涌现和全球范围内手机用户的增多，CDMA2000 成为向第三代移动通信系统过渡的标准。而第三代移动通信系统的主流标准全部基于 CDMA 技术，为了与第三代采用 5MHz 带宽的 CDMA 系统相区别，人们又将 IS-95 CDMA 系统称为窄带 CDMA 系统。

8.1.2　IS–95 CDMA 系统支持的业务和网络功能

1. 支持的业务

（1）电信业务，包括电话、紧急呼叫、短消息、语音信箱、传真、可视图文、智能电报、传真等业务。

（2）数据业务，包括非同步数据、同步数据、异步、PAD 接入等业务。

（3）其他业务，包括呼叫前移、呼叫转移、呼叫等待、主叫号码识别、三方呼叫、会议电话、免打扰业务、消息等待通知、优先接入和信道指配、远端特性控制、选择性呼叫、用户 PIN 接入、用户 PIN 拦截等业务。

2. 网络功能

1）支持业务的网络功能

（1）支持漫游后与 PSTN、PLMN 等建立通信的呼叫处理。

（2）在每次登记、呼叫建立或进行某些补充业务操作时进行鉴权。

（3）支持其他业务，对移动台和基站之间交换的重要信令采取保护措施。

（4）支持空中激活，即用户首次开机时，系统应允许用户注册。

2）支持运行的网络功能

（1）漫游功能，移动台通过 SID 判断是否在漫游，并用漫游灯指示用户。

（2）切换功能，用于无线传播、业务分配、激活操作维护、设备故障等情况。

（3）呼叫处理的附加网络功能，应具备对特殊用户语音信道的加密功能。此功能的实现不能影响设备和系统的开通、运行及其他功能。

（4）鉴权功能，移动台在 CDMA 系统和 AMPS 中都应鉴权。

8.1.3　IS–95 CDMA 系统的体系结构

1. 技术参数

IS-95 的主要技术参数如表 8-1 所示。

表 8-1　IS-95 的主要技术参数

频段	824～849MHz（上行）
	869～894MHz（下行）
载波间隔	1.25MHz
双工方式	FDD
多址接入技术	CDMA
帧长度	20ms
数据传输速率	1200bps、2400bps、4800bps、9600bps
码片速率	1.2288Mcps

续表

信道编码	卷积码 $r=1/3$，$k=9$（上行） $r=1/2$，$k=9$（下行）
调制方式	OQPSK（上行） QPSK（下行）

2. 技术特点

1）大容量

理论计算和实验表明，CDMA 系统的信道容量是 TDMA 系统的 4 倍，是模拟移动通信系统的 10～20 倍。CDMA 系统的频率复用系数远大于其他制式的系统，且 CDMA 系统使用了语音激活技术、功率控制技术等，有助于增大容量。

2）软容量

当 CDMA 系统达到所规定的容量上限时，将通过降低服务质量而增大的容量称为 CDMA 系统的软容量。在 FDMA 系统和 TDMA 系统中，当服务的用户数达到最大信道数时，已满载的系统无法增大容量，如果有新的呼叫，则用户只能听到忙音；而在 CDMA 系统中，可以灵活确定容量和服务质量。例如，可以在话务量高峰期对某些参数进行调整，从而增加可用信道数；在相邻小区的负荷较轻时，本小区受到的干扰较小，容量可以适当增加。另外，小区的呼吸功能也能体现软容量。

3）软切换

小区的覆盖范围是有限的，随着用户的移动，为了保证通信完整，要求移动台在从一个小区进入另一个小区时，能够与新小区通信，并在适当的时间切断与原小区的通信，这就是切换。而软切换指移动台在需要切换时，先与新基站连通，再与原基站切断联系，即先通后断，而不是先与原基站切断联系，再与新基站连通。软切换只能在频率相同的信道间进行，因此 FDMA 系统和 TDMA 系统不能进行软切换。

4）语音质量高且发送功率低

由于 CDMA 系统采用有效的功率控制技术、可变速率语音编码技术和多种形式的分集技术等，因此基站和移动台可以以较低的功率发送信号，延长电池的使用时间，并获得较高的语音质量。

5）语音激活

CDMA 系统使用了可变速率声码器，在不讲话时传输速率低，减小了对其他用户的干扰。

6）保密

CDMA 系统采用扩频技术，使有用信号的频带变宽，用户信号被隐藏在不相干信号中，很难被窃听。另外，CDMA 系统还利用 42 位的伪噪声码标识用户，每次通话都有 4.4 万亿种可能的排列，窃听者很难破解用户信息。因此，CDMA 系统在防止串话、盗用等方面具有巨大优势。

3. 网络结构

IS-95 CDMA 系统参考模型如图 8-1 所示。

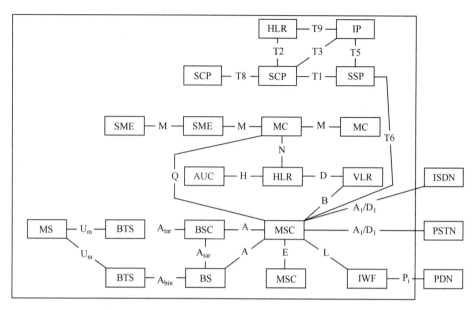

图 8-1　IS-95 CDMA系统参考模型

在图 8-1 中，方框表示功能实体，两个功能实体连线中间标注的是接口信令协议的类型。功能实体定义如下。

1）移动台（Mobile Station，MS）

移动台是将用户接入无线信道的设备。

2）基站系统（Base Station，BS）

基站是架设在某地、服务于一个或多个小区的全部无线设备及无线信道控制设备的总称。基站由基站控制器（BSC）和基站收发台（BTS）组成。一个位置可以放置多个 BTS，BSC 可以控制和管理一个或多个 BTS。

3）移动交换中心（Mobile Switching Center，MSC）

移动交换中心是对移动台进行控制和交换的功能实体，也是蜂窝网与其他交换网络或其他 MSC 之间的自动接续设备，一个 MSC 可以连接多个 BSC。

4）归属位置寄存器（Home Location Register，HLR）

归属位置寄存器用于移动用户的管理和用户信息的维护，如电子序列号、电话号码、国际移动用户识别码（IMSI）、用户所处位置等信息。HLR 可以作为 MSC 的一部分；也可以独立存在。一个 HLR 可以服务多个 MSC，也可以分布在不同地点。

5）访问位置寄存器（Visitor Location Register，VLR）

访问位置寄存器连接一个或多个 MSC，能动态存储用户信息，用户信息是通过 HLR 得到的。当用户在某 VLR 的覆盖区域时，其用户信息被存储。当进入新的 VLR 覆盖区域时，MS 先注册，再通知相关的 VLR 和 HLR。

6）鉴权中心（Authentication Center，AUC）

鉴权中心是管理与移动台相关的鉴权信息的功能实体。AUC 可以与 HLR 合并，也可以独立存在。合并时，H 接口变为内部接口。

7）消息中心（Message Center，MC）

消息中心是存储和转送消息的功能实体。

8）短消息实体（Short Message Equipment，SME）

短消息实体是合成和分解短消息的实体。SME 可以位于 MSC、HLR 或 MC 内。

9）智能外设（Intelligent Peripherals，IP）

智能外设主要针对专用资源，功能包括播放录音通知，采集用户信息，完成语音到文本、文本到语音的转换，记录和存储语音信息，实现传真业务和数据业务等。

10）服务控制点（Service Control Point，SCP）

服务控制点能提供服务控制。

11）服务交换点（Service Switching Point，SSP）

服务交换点负责检出智能服务请求，并与 SCP 通信，对 SCP 的请求做出响应，允许 SCP 的业务逻辑影响呼叫。服务交换点应具有呼叫控制功能和服务交换功能。

12）互操作功能（Inter Working Function，IWF）

互操作功能可以实现公共数据网（PDN）和移动交换中心的协议转换。

4. 协议结构

1）空中接口协议结构

空中接口协议结构如表 8-2 所示。第 1 层是物理层，包括与传输相关的功能，如编码、基带调制、成帧和射频调制等；第 1 层和第 2 层之间有一个复用子层，其允许用户数据和信令共用信道；复用子层上面是第 2 层，该层可以保证基站与移动台之间信令的可靠传输，具有消息重发、信道统计和复制检测等功能；第 3 层完成呼叫处理和控制，具有呼叫建立、切换、功率控制和移动台锁定等功能。

表 8-2　空中接口协议结构

第 3 层（基本业务）	第 3 层（辅助业务）	第 3 层（呼叫处理和控制）	
第 2 层（基本业务）	第 2 层（辅助业务）	第 2 层（信令业务）	第 2 层（数据链路层）
复用子层			（寻呼和接入信道）
第 1 层（物理层）			

2）A 接口协议结构

A 接口指 BSC 与 MSC 之间的接口，其允许在 PLMN 内分配无线资源，并对这些资源进行操作和维护。

A 接口协议结构如图 8-2 所示。

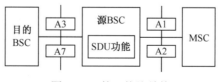

图 8-2　A 接口协议结构

A3 接口用于支持移动台处于业务信道状态时发生的 BSS 之间的软切换，包括信令接口和业务接口；A7 接口用于支持移动台处于非业务信道状态时发生的 BSS 之间的软切换，并支持软切换需要建立新业务时的控制流程；A1 接口主要承载 BSS 与 MSC 之间的呼叫处理、移动性管理、无线资源管理、地面电路管理、短消息、鉴权和加密等业务流程的信令信息；A2接口主要承载基站侧 SDU 与 MSC 交换网络之间的 PCM 数据。

A 接口是分层定义的，A 接口协议参考模型如图 8-3 所示。

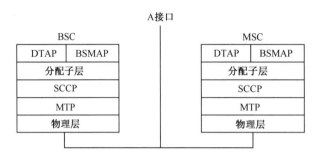

图 8-3　A接口协议参考模型

A 接口协议的各层定义如下。

第 1 层是 A 接口的物理层，传输速率为 2048kbps，其性能符合 GB 7611—87。

第 2 层包括消息传递部分（Message Transfer Part，MTP）和信令连接控制部分（Signaling Connection and Control Part，SCCP），A 接口上的 MTP 采用 64 kbps，SCCP 提供了一个识别某种处理的参考机制（如特定呼叫）。

第 3 层包括直接传送应用部分（Direct Transfer Application Part，DTAP）和基站移动应用部分（BS Mobile Application Part，BSMAP）。DTAP 用于传输发往 MS 的呼叫控制和移动性管理信息，这些信息的传输不透明。第 3 层主要进行呼叫处理、移动性管理和无线资源管理。

3）移动应用部分（Mobile Application Part，MAP）

MAP 是移动通信系统间的接口协议，MAP 的功能是介绍 IS-41C 标准的名词术语定义和网络参考模型（IS-41C 标准支持 AMPS、DAMPS、NAMPS、CDMA 系统间的操作），主要包括以下内容。

（1）功能概述，主要介绍 IS-41C 的名词术语定义和网络参考模型。

（2）系统间切换信息流程，主要介绍 MSC 切换和系统切换的信息和流程。包括 CDMA 系统与 AMPS、NAMPS、CDMA 系统的 MSC 切换和第三方切换，以及带汇接局的第三方切换等。

（3）自动漫游信息流程，主要介绍漫游用户进行登记、始呼、被呼及处于未激活状态时的操作，以及对小区边界的支持、鉴权、信令和语音的加密等。

（4）操作、维护管理消息，主要介绍系统之间和 MSC 之间的阻塞、解闭、电路复位、中继测试等，并对切换时的 OAM 程序、中继线测试程序做了规定。

（5）信令协议，主要介绍协议结构、数据传输业务、应用业务。在应用业务中对 MAP 的操作和参数进行了定义。

（6）信令程序，主要介绍 IS-41C 中涉及的基本呼叫处理程序、系统间切换程序、移动性管理操作程序、鉴权操作程序、语音业务操作程序、短消息业务操作程序和补充业务程序。

8.2　IS-95 CDMA 系统的信道

IS-95 CDMA 系统的信道按无线通信链路的传输方向分为前向链路和反向链路。前向链路指从基站到移动台的无线通信链路，又称下行链路；反向链路指从移动台到基站的无线通信链路，又称上行链路。

8.2.1　前向链路

IS-95 CDMA 系统的前向链路最多有 64 个同时传输的信道，不同的信道采用同一载波发射，通过专用的正交 Walsh 码区分。相邻基站可以使用相同的 Walsh 码，虽然信号之间可能不满足正交性，但可以用 PN 短码进行区分。

利用码分物理信道可以传输具有不同功能的信息，将按照所传输信息的功能进行分类的信道称为逻辑信道。前向链路中的逻辑信道包括控制信道和前向业务信道，控制信道包括导频信道（Pilot Channel）、同步信道（Synchronizing Channel）和寻呼信道（Paging Channel）；前向业务信道传输用户信息、信令信息和功率控制信息。

前向链路包括 1 个导频信道、1 个同步信道、至多 7 个寻呼信道及多个业务信道，共 64 个信道，前向链路结构如图 8-4 所示，$W_i(i=0,1,\cdots,63)$ 表示信道编号。

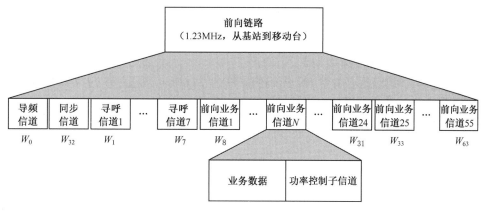

图 8-4　前向链路结构

当需要通信的用户较多且前向业务信道不够用时，可以将寻呼信道临时作为前向业务信道。在极端情况下，可以将 7 个寻呼信道和 1 个同步信道都作为前向业务信道，则在 64 个逻辑信道中，除 1 个导频信道外，其余 63 个信道均为前向业务信道。前向业务信道除载有编码的语音或数据外，还插入了必要的随路信令。例如，在功率控制子信道中必须插入传输功率控制信令；在通话过程中发生越区切换时，必须插入过境切换信令等。

1. 导频信道

导频信道用于传输导频信息，基站连续不断地发送一种无调制的直接序列扩频信号，其传输的是包含引导 PN 码相位偏移量和频率基准信息的扩频信息。导频信道的作用主要有两点，一是移动台通过此信道可以快速、精确地捕获信道的定时信息，以实现同步，并提取相干载波进行解调；二是移动台通过对周围基站导频信号的强度进行检测和比较，决定进行越区切换的时间。

为了保证各移动台载波检测和提取的可靠性，导频信号在基站工作期间是连续不断地发送的，需要在基站的整个覆盖区域内有效，其功率高于业务信道和寻呼信道的平均功率。

导频信道在每个载频上的每个小区或扇区配置一个。由于导频信道上 PN 码的参考相位与信号强度都是通信中的每个移动用户所需要的，因此导频信道不能作为前向业务信道，不携带任何用户信息。导频信道的输入为全 0 信息序列，不经过编码、交织，用 Walsh 码扩频，并进行四相调制。导频信道结构如图 8-5 所示。

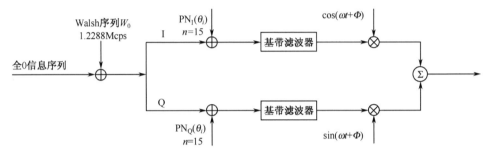

图 8-5　导频信道结构

由于导频信道的输入为全 0 信息序列，因此其由正交的 PN 短码构成，所有基站的导频信道使用相同的 PN 短码，不同基站通过不同的时间偏置识别。PN 短码的码长为 $2^{15}=32768$，周期为 26.66ms。在一个 PN 短码周期内，可以容纳 512 个码长为 64 的 Walsh 码。可用导频信号 PN 短码的初相位偏置指数为 512。

导频信道的周期为 2s，由于 PN 短码的周期为 26.66ms，因此每 2s 可以发送 75 次信息（$75 \times 26.66\text{ms}=2\text{s}$）。导频信道的时间周期恰好等于同步信道高帧的时间长度。因此，移动台在捕获导频信道后，可以与同步信道建立联系，并获得同步信息。

2. 同步信道

同步信道用于传输同步信息，在基站的覆盖区域，各移动台可以利用这些信息进行同步捕获。同步信道上载有系统的时间和 PN 短码的偏置指数，以实现移动台接收解调。同步过程一般包括两个阶段，捕获阶段实现对接收信号中伪码的粗跟踪；跟踪阶段实现对伪码的精跟踪。同步信道在捕获阶段使用，捕获成功后一般不再使用。

同步信道在每个载频上的每个小区或扇区配置一个。当前向业务信道不够用时，同步信道可以临时作为前向业务信道。

同步信道传输经过编码、交织和调制的同步信息。导频信息可以利用同步信息实现同步，因此移动台要对其进行解调。此外，同步信道还传输寻呼信道的速率。同步信道结构如图 8-6 所示。

同步信道的数据传输速率为 1.2kbps，卷积编码后的符号率为 2.4ksps，符号重复后的符号率为 4.8ksps，交织（交织时延为 26.66ms）后的符号率为 4.8ksps，通过与 1.2288Mcps 的 Walsh 码模 2 加运算进行扩频调制，每个调制符号包含的码片数为 1228.8/4.8=256。同步信道的调制参数如表 8-3 所示。

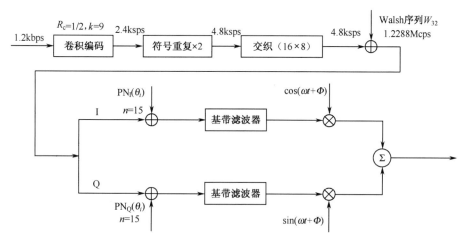

图 8-6　同步信道结构

表 8-3　同步信道的调制参数

参　　数	数　　值
数据传输速率	1.2 kbps
卷积编码参数	$R_c=1/2$, $k=9$
符号重复次数	2
调制符号率	4.8 ksps
码片数	256
码片比特	1024 比特
交织时延	26.66ms

同步信道的帧长为 26.66ms，超帧长为 80ms，每个超帧含 3 帧。同步信道的定时关系以高帧为基础。

3. 寻呼信道

寻呼信道的功能包括向移动台广播系统配置参数、在呼叫接续阶段传输寻呼信息、向未分配前向业务信道的移动台传输控制信息等。移动台通常在建立同步后选择一个寻呼信道，以监听系统发出的寻呼信息和其他指令。每个载频上的每个小区或扇区最多配置 7 个寻呼信道。当移动台收到基站向其分配前向业务信道的指令后，立即转入该前向业务信道进行信息传输。在需要时，7 个寻呼信道都可以作为前向业务信道。寻呼信道的数据传输速率有 9.6kbps 和 4.8kbps 两种，使用哪种由系统决定，由同步信道广播。在给定的系统中，所有寻呼信道的数据传输速率相同。

基站利用寻呼信道向移动台传输信息和特定的报文，使网络能获得公共信息，用于向移动台广播系统配置参数，包括系统参数、接入参数、邻区列表信息、CDMA 信道列表信息等。移动台可以根据这些信息发起接入流程、扫描相邻基站、进行切换等。寻呼信道结构如图 8-7 所示。

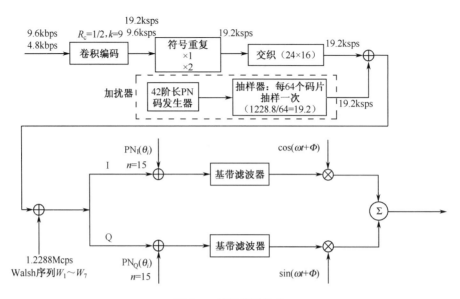

图 8-7　寻呼信道结构

　　符号重复的目的是使符号率在到达交织器输入端时达到19.2ksps。经过交织的信号需要进行数据加扰。寻呼信道和前向业务信道的数据都需要进行数据加扰，数据加扰的目的是保障信息安全。在未分配前向业务信道时，为了能及时获取系统发来的信息，移动台需要保持对寻呼信道的监听。

4. 前向业务信道

1）前向业务信道的主要功能和结构

　　前向业务信道是基站向移动台传输业务信息（如语音和数据）的信道。前向业务信道的帧长为20ms，数据传输速率在帧与帧之间是可变的，不同数据传输速率的发送能量不同。前向业务信道包括 RS1 和 RS2 速率集，RS1 有 9.6kbps、4.8 kbps、2.4 kbps、1.2kbps 4 种速率；RS2 有 14.4 kbps、7.2 kbps、3.6 kbps、1.8kbps 4 种速率。不同速率集对应的信道结构不同。RS1 的前向业务信道结构如图 8-8 所示。

　　如图 8-8 所示，前向业务信道的输入信息分别为每帧（20ms）172 比特、80 比特、40 比特、16 比特，对应的速率为 8.6kbps、4.0 kbps、2.0 kbps、0.8kbps。当速率为 8.6 kbps 和 4.0kbps 时，需要分别添加帧质量指示比特 12 比特和 8 比特；为每帧数据加 8 比特的尾比特，使进入卷积编码器的速率变为 9.6 kbps、4.8 kbps、2.4 kbps、1.2kbps，这 4 种速率分别被称为全速率、半速率、1/4 速率和 1/8 速率；不同速率下的符号重复次数不同，以保证符号率在到达交织器输入端时达到 19.2ksps。交织器的交织矩阵为 24×16 （384 个码元），交织时延为 20ms。

　　前向业务信道的数据也需要进行数据加扰。与寻呼信道不同，前向业务信道的长码掩码有两种格式，一种是公开掩码，另一种是私用掩码，每种掩码对于移动台来说都是独有的。私用掩码用于保密通信，格式由美国通信工业协会（TIA）规定。

　　由图 8-8 可知，前向业务信道以 800Hz 的频率连续不断地发送功率控制比特（对应功率控制子信道）。

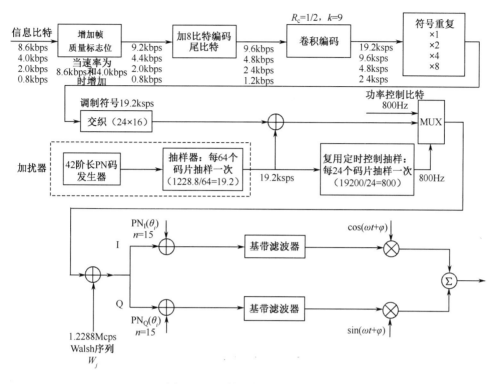

图 8-8　RSI 的前向业务信道结构

2）随路信道

前向业务信道不仅要传输业务信息，还要传输必要的随路信令，系统可以根据需要将这些信令综合到业务信道中进行传输。

随路信道是业务信道中伴生的信道。业务信道传输的业务类型包括主要业务、语音业务、辅助业务、相同数据传输速率的其他业务、必要的随路信令等。根据每帧传输的信息的不同组合方式，可以将业务信道划分为多种随路信道，如主要业务（Primary Traffic）信道、主要业务与随路信令（Primary and Signaling Traffic）信道及主要业务与辅助业务（Primary and Secondary Traffic）信道等。

8.2.2　反向链路

IS-95 CDMA 系统的反向链路与前向链路的根本区别在于，前向链路采用彼此正交的 Walsh 码进行信道化，而反向链路采用长码进行信道化。前向链路采用了导频信道，Walsh 码在相位对齐、符号对齐和码片对齐的情况下是彼此正交的；而反向链路没有采用导频信道，各信号是异步的，不太可能将来自不同用户的 Walsh 码对齐。因此，不采用 Walsh 码区分不同的反向链路信号，而是利用同一用户的不同 Walsh 函数提供 64 阶正交调制，将 6 比特信息转化为 64 个符号中的一个，每个符号是一个 64 阶 Walsh 码，并包含了 64 个码片。

反向链路信道结构包括物理信道和逻辑信道。物理信道由周期为 $2^{42}-1$ 的 PN 长码构成，用长码的不同相位偏置指数区分用户。逻辑信道包括接入信道和反向业务信道，每个移动台不能同时使用这两个信道。反向链路结构如图 8-9 所示。

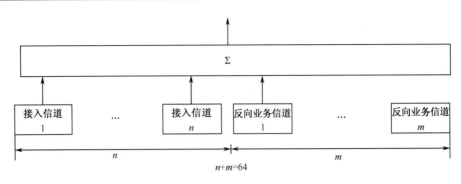

图 8-9　反向链路结构

1. 接入信道

接入信道与前向链路的寻呼信道对应，其作用是在移动台分配业务信道之前，实现从移动台到基站的信息传输。移动台使用接入信道发送非业务信息。接入信道是一种分时隙的随机接入信道，允许多用户抢占一个接入信道。每个寻呼信道支持的接入信道最多为 32 个。接入信道传输的信息主要包括以下几类。

（1）登记信息：移动台通知基站所处位置等登记所需要的信息。

（2）呼叫信息：允许移动台发起呼叫（发送拨号数字）。

（3）指令信息：包括基站查询、更新确认、更新登记、移动台确认、移动台拒收等。

（4）数据子帧信息：指用户产生的数据信息，由移动台发给基站。

（5）寻呼响应信息：对寻呼进行响应。

（6）鉴权查询相应信息：用于验证移动台的合法身份。

接入信道结构如图 8-10 所示。

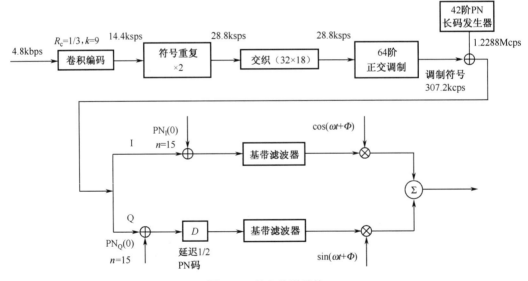

图 8-10　接入信道结构

在反向链路中，交织器输入端的符号率要达到 28.8ksps，因此卷积编码后的符号需要进行符号重复。交织矩阵为 32×18（576 个码元），交织时延为 20ms。经过交织的符号需要进行 64

阶正交调制，然后经长码扩频和数据加扰后进行 OQPSK 调制。需要注意的是，I 路和 Q 路均使用了零偏置的 PN 短码。另外，接入信道的 PN 长码也需要经过长码掩码，但长码掩码格式与前向链路不同。接入信道的调制参数如表 8-4 所示。

接入信道使用随机接入协议，允许多用户抢占一个接入信道。在接入过程中，接入信道的信号采用"接入尝试"的方式发送。接入尝试包括请求接入尝试和应答接入尝试两种，分别用于移动台的起呼和应答基站的寻呼。

表 8-4　接入信道的调制参数

参　数	数　值
数据传输速率	4.8kbps
卷积编码参数	$R_c=1/3$，$k=9$
符号重复次数	2
调制符号率	28.8 ksps
码片数	42.67
码片比特	256 比特
交织时延	20ms

2．反向业务信道

与前向业务信道类似，反向业务信道主要传输业务信息，也可以传输辅助业务和信令信息。反向业务信道的结构与接入信道类似，信号需要经过卷积编码、符号重复、交织、64 阶正交调制、数据加扰和 OQPSK 调制。

与接入信道不同的是，为了减小移动台的功耗和对其他用户的干扰，反向业务信道对交织器输出的符号采用选通门电路进行选通，只允许所需的码元输出，删除冗余码元，该操作被称为可变速率传输。在反向链路中，接入信道最多为 32 个；在极端情况下，反向业务信道最多为 64 个，每个反向业务信道通过不同的 PN 长码识别。在反向传输方向上无导频信息，因此当基站接收反向传输信号时，只能进行非相干解调。

前向业务信道和反向业务信道的比较如下。

（1）卷积编码：前向业务信道码率为 1/2；反向业务信道码率为 1/3。

（2）Walsh 调制：在前向业务信道中用于区分信道；在反向业务信道中用于提供 64 阶正交调制。

（3）PN 长码：在前向业务信道中用于数据加扰；在反向业务信道中用于区分用户，不需要改变速率。

（4）调制方式：前向业务信道使用 QPSK 调制；反向业务信道使用 OQPSK 调制。

8.3　IS-95 CDMA 系统的增强技术

8.3.1　语音编解码技术

IS-95 CDMA 系统中的语音编解码技术一般采用高通公司的码激励线性预测（Qualcomm Code Excited Linear Prediction，QCELP）算法，该算法的效率很高，可以通过门限调整速率，而门限随背景噪声的变化而变化。

QCELP 算法采用语音激活技术，可以根据不同信噪比选择不同速率。

8.3.2 RAKE 接收

RAKE 接收的实现方案有很多种，在 IS-95 CDMA 系统中，前向（下行）链路属于同步码分，而反向（上行）链路则属于异步码分，因此前向 RAKE 接收为相干解调，反向 RAKE 接收为非相干解调。

1. 基站 RAKE 接收的实现方案

基站 RAKE 接收如图 8-11 所示。将每个小区分为 3 个扇区，每个扇区有 1 根发射天线和 2 根接收天线（采用二重空间分集），因此每个小区有 6 根接收天线。

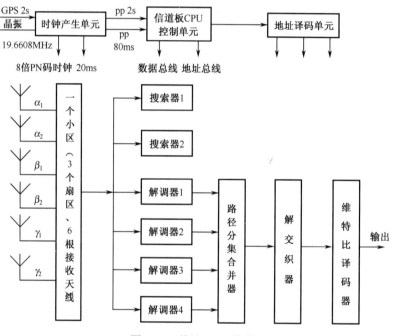

图 8-11　基站RAKE接收

（1）时钟产生单元，利用基站 GPS 收到的标准偶秒（2s）信号和本地晶振（19.6608MHz）产生 RAKE 接收所需要的各类定时时钟信号。

（2）信道板 CPU 控制单元，控制并协调发送、接收操作，将搜索器的搜索结果送入 CPU 进行选择、判断，并将搜索到的 4 条最强路径的相位信息分别送至 4 个解调器。

（3）地址译码单元，用于产生各模块所需的伪码地址信号。

（4）搜索器，用于搜索接收信号的伪码（PN 码）相位，其作用是搜索 4 条最强路径，以进行解调，每个搜索器包含多个并行搜索单元。

（5）解调器，每个基站含有 4 个解调器，用于对搜索到的 4 条最强路径进行解调，并将解调结果输出，送入路径分集合并器进行路径分集合并，再进行解交织和维特比译码。此外，每个解调器内还有一个子单元，用于跟踪回路对路径相位进行解调。

基站 RAKE 接收的核心部件——解调器的结构如图 8-12 所示。

（1）64 进制 Walsh 解调，对 64 个数据与 64 进制 Walsh 码分别进行运算，可以采用快速哈达玛变换（FHT）完成，即用类似快速傅里叶变换（FFT）的蝶形快速算法实现。从原理上讲，哈达玛变换是实数变换且仅取 +1 和 −1，因此相乘运算均可用加减运算代替，使运算加快、硬件简化。

（2）平方相加，在完成 64 进制 Walsh 解调后进行平方相加运算，再将输出送至路径分集合并器。

（3）路径分集合并：将 4 条路径的解调结果送入路径分集合并器，即将 4 条路径的信号能量相加，生成软判决信号。6 个天线中接收到的射频信号经射频解调并分为 I、Q 两路，进行 PN 码解扩复相关搜索。

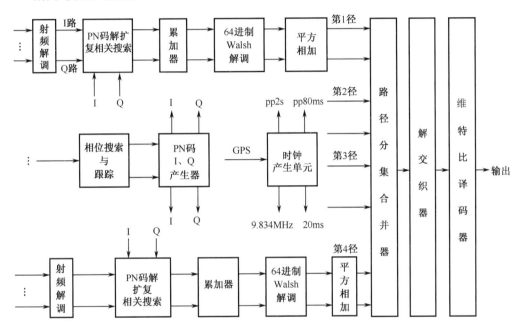

图 8-12　解调器的结构

采用复相关运算可以消除 I、Q 两路相关差引入的相关性对性能的影响。在反向基站 RAKE 接收中，采用的是非相干解调与平方相加处理。另外，由于系统采用 OQPSK 调制，因此解调时 I、Q 两路数据相差 $T_c/2$（半个码元）。复相关过程如图 8-13 所示。

系统能否同步决定了能否正确解调。系统同步可以分为搜索与跟踪两部分。基站先对移动台发送的接入信息进行搜索、捕获，成功后获得接入信息，并与移动台建立通信链路，然后对移动台的业务信道进行搜索并进入解调状态。在解调的同时，搜索器仍能继续搜索其他可能存在的路径。每个解调器的跟踪回路则对解调器的伪码相位进行微调。搜索可以分为初始搜索、解调中搜索和更软切换搜索。

1）初始搜索

将移动台发送一个接入信息（或基站接收）的过程称为一次接入尝试，一次接入尝试由若干接入试探组成，一个接入试探构成一个接入信道时隙，一个接入信道时隙由初始帧和信息帧两部分构成，初始帧为全 0 帧，有 96 个 0（4.8kbps）。移动台发送初始帧是为了与基站同步，其可以省去 FHT 过程而直接进行解扩后的数据累加，其原因是对于全 0 帧来说，FHT 的 0 偏移相关输出最大，其相关过程相当于 Walsh 码时间间隔的数据累加。

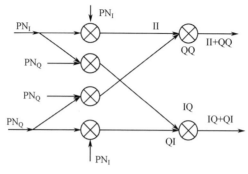

图 8-13　复相关过程

在移动台发送业务信息时，开始几帧也是初始帧，可以简化结构。同时，在初始搜索中，由于未开始解调，可以在 CPU 的控制下将解调器作为搜索器，以加快搜索速度。

初始搜索如图 8-14 所示。

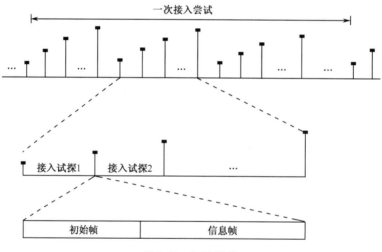

图 8-14　初始搜索

2）解调中的搜索

在解调开始后，搜索器继续搜索，以寻找其他路径。需要注意的是，此时移动台发送的信息不再是全 0 帧，基站在搜索时要进行完整的基带非相干解调处理。

3）更软切换搜索

当移动台发起切换请求时，两个搜索器必须搜索原小区的信号和目标小区的信号，直到切换完成。

2. 移动台 RAKE 接收的实现方案

前面介绍的是基站 RAKE 接收为反向链路，采用多点对一点传输方式。但是，由于 IS-95 CDMA 系统中的反向链路属于异步码分，因此采用非相干解调。而移动台 RAKE 接收为前向链路，是采用一点对多点传输方式的通信链路，在前向链路中，基站专门设置了导频信道，并分配了较大功率，可以为移动台搜索、跟踪及相干解调提供参考信号。

移动台 RAKE 接收与基站 RAKE 接收的基本原理相同，只是在前向链路中，移动台可以利用基站发送的导频信息进行同步码分、相干解调。这说明每个信号都可以锁定在导频信息中进行相干解调。RAKE 接收的基本原理如图 8-15 所示。

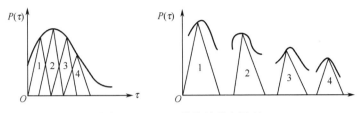

图 8-15　RAKE接收的基本原理

在图 8-15 中，三角形表示伪噪声码的相关函数，共有 4 条路径。RAKE 接收可以将信道中的实际扩散信号能量分离并进行有效利用。4 个相关峰表示 RAKE 接收的 4 个解调器。

8.3.3　语音激活技术和功率控制技术

1. 语音激活技术

为了提高信道利用率，IS-95 CDMA 系统将数字语音占空（Digital Speech Interpolation，DSI）技术与低速率语音编码结合（采用语音激活技术），以增大系统容量并减小干扰。由于 CDMA 系统是一种干扰受限系统，其容量与干扰有关。无通话时，可以降低发送功率，以减小对其他用户的干扰，系统容量可提高约 2 倍。语音激活技术可以使用变速语音编码器实现。

然而，语音激活技术很难应用于 FDMA 系统和 TDMA 系统。如果使用 DSI 技术，必须进行频率和时隙的转换，甚至要重新分配信道。通过发射端语音识别器检测各路语音编码输出是否载有语音。如果载有语音，则分配信道；否则将语音传输信道（或时隙）分配给其他用户，并将信息传输至接收方。

2. 功率控制技术

功率控制技术指在移动通信系统中根据信道变化情况和接收到的信号电平，通过反馈信道，按照一定准则控制和调节发送信号电平。其功能是动态调整发射机的发送功率，其控制范围和精度直接影响系统性能，如偏差过大不仅会使系统容量迅速减小，还会使通信质量急剧下降。

1）一般功率控制

（1）前向功率控制。

前向功率控制的目的是调整基站到移动台的发送功率，为路径衰落小的移动台分配较小的前向功率；为远离基站和路径衰落大的移动台分配较大的前向功率，使小区中的移动台接收到的基站信号电平刚好达到 SIR 所要求的门限。前向功率控制与反向功率控制的主要区别在于，反向链路的多用户对应一个基站，而前向链路则相反。通过前向功率控制，可以避免基站对距离较近的移动台辐射过大，也可以防止在移动台进入传播条件恶劣或背景干扰过强的区域时出现误码率提高或通信质量下降的情况。

（2）反向功率控制。

反向功率控制指移动台根据接收功率的变化，估算从基站到移动台的传播损耗，迅速调整其发送功率。反向功率控制要求任意移动台信号在到达基站的接收机时，具有相同的电平，而且刚好达到 SIR 所要求的门限。显然，其既可以有效防止远近效应，又可以最大限度地减小多址干扰。

反向功率控制的优点是使用户间干扰最小，防止远近效应；对于干扰受限系统来说，由于干扰减小，可以同时容纳的用户增多，使系统的反向容量达到最大；使每个用户的发送功率更合理，可以节省用户设备能量，延长移动台电池的使用寿命。

（3）开环功率控制。

开环功率控制指移动台根据前向链路接收信号的强度或信干比，对信道衰落进行实时估计。如果信号较强或信干比较高，表明用户与基站离得很近，或者存在一个很好的传播路径，此时移动台可以减小其发送功率，反之则增大。

开环功率控制的优点是简单易行，不需要在用户与基站之间交换信道状态及控制信息，成本低且控制速度快。因此，开环功率控制可以有效对抗阴影衰落。由于多径衰落不具备上行和下行的对称性，因此开环功率控制难以对抗多径衰落。

（4）闭环功率控制。

闭环功率控制建立在开环功率控制的基础上，对开环功率控制进行校正。以反向链路为例，基站根据反向链路上移动台的信号强度，产生功率控制指令，并通过前向链路将功率控制指令发给移动台；移动台根据该指令，以开环功率控制选择的发送功率为基础，快速校正发送功率。从而形成了控制环路，实现了精确的功率控制。

闭环功率控制的主要优点是精度高；主要缺点是控制复杂、成本高，用于进行小区间的硬切换时，由于边缘地区信号电平具有波动性，易产生"乒乓"式控制，引起稳定性下降、控制时延增大等。

2）IS-95 CDMA 系统中的功率控制

对于 IS-95 CDMA 系统来说，同一小区中的所有用户工作在同一时隙、同一频段，不同用户采用不同的扩频码区分。用户扩频码之间的互相关性不为零，使得每个用户的信号都对其他用户产生干扰，即多址干扰。同时，IS-95 CDMA 系统是干扰受限系统，即干扰对系统的容量有直接影响。当干扰达到一定程度后，每个用户都无法正确解调自己的信号，此时的系统容量也达到极限。进行功率控制可以使发送功率尽可能小，从而有效限制多址干扰。

在反向链路上，由于小区内的用户随机移动，使各用户的移动台与基站的距离不同，如果小区内各用户的发送功率相同，则到达基站的信号强度不同，距离基站越近，信号越强，在基站接收端会产生以强压弱的现象，同时系统中的非线性将进一步加强这一过程，这就是远近效应。功率控制使系统既能维持高质量通信，又不对同一信道的其他用户产生不应有的干扰。

在前向链路上，同一基站的所有信道的无线环境是相同的，因此不存在远近效应。前向链路的干扰主要来自其他基站和本基站内其他用户的前向信号，当移动台位于相邻小区的交界处时，接收到的服务基站的有用信号很弱，同时还会受到相邻小区基站的较强干扰，这在六边形拐角处尤为严重，称为角效应。如果要确保各移动台的通信质量，则位于小区边缘的移动台需要较大功率。因此，需要对前向链路进行功率控制，以降低干扰，保证通信质量。

IS-95 CDMA 系统对发送功率和输出功率的响应时间有一定的要求，因为其为干扰受限系统，所以要限制发送功率，使系统的总功率电平最低。另外，系统中移动台的输出功率是在功率控制时间内突发的，为了保证可靠传输，要求输出功率的时间响应特性快速上升，保持平稳及快速下降。

功率控制准则包括功率平衡准则、SIR 平衡准则和误码率平衡准则等。一些功率控制准则对于前向链路和反向链路是有区别的。

（1）功率平衡准则。

功率平衡准则指在接收端，各用户接收到的信号功率相等。对于反向链路，功率平衡的目的是使各移动台传输至基站的信号功率相等；对于前向链路，则要求各移动台接收的基站信号功率相等。这种控制方法易于实现，但性能不如 SIR 平衡准则。

（2）SIR 平衡准则。

SIR 平衡准则指各移动台接收的基站信号的信干比相等。基于 SIR 平衡准则的功率控制存在一定的局限性，如果某移动台的 SIR 过低，需要增大发送功率以使 SIR 平衡，但会增大对其他移动台的干扰，必然导致其他移动台也要增大发送功率，这样的恶性循环会导致系统崩溃。为了克服 SIR 的正反馈带来的系统不稳定性，人们提出了将功率平衡与 SIR 平衡结合的混合平衡准则。

（3）误码率平衡准则。

误码率平衡准则也是一种常见的功率控制准则，但具体实现较难。

8.4　IS-95 CDMA 系统的控制与管理

8.4.1　登记

移动台可以通过登记向基站提供它的位置、状态、识别码、时隙周期等信息。

1. 自主登记

自主登记与移动台漫游无关，其包括以下 5 种形式。

（1）开机登记，指移动台在开机时或从其他系统切换过来时进行的登记。

（2）关机登记，移动台在断开电源时需要登记，但只有当移动台在当前服务的系统中登记过的情况下，才进行关机登记。

（3）基于定时器登记，为了使移动台按一定的时间间隔进行周期性登记，需要设置一种定时器。定时器的最大值受基站控制。当计数值达到最大（或计满、终止）时，移动台进行登记。

（4）基于距离登记，当移动台收到一个新基站的纬度、经度信息时，将其与最近一次成功登记的基站的纬度、经度进行比较。如果计算得到的距离大于门限，则移动台进行登记。

（5）基于区域登记，为了对通信进行控制和管理，划分系统、网络和区域 3 个层次。网络是系统的子集，区域是系统和网络的组成部分（由一组基站构成）。当移动台进入新区域时进行登记。

2. 其他登记

除了自主登记，还有以下 4 种登记。

（1）参数改变登记，当移动台修改其存储的某些参数时，需要进行登记。

（2）受命登记，基站发送请求指令，指挥移动台进行登记。

（3）默认登记，当移动台成功发出一条启动信息或寻呼应答信息时，基站能据此判断移动台位置，不涉及两者之间的任何登记信息交换。

（4）业务信道登记，一旦基站得到移动台已被分配到一个业务信道的注册信息，基站就通知移动台其已被登记。

8.4.2 鉴权与加密

鉴权的目的是通过交换移动台、基站、网络的信息，确认移动台的合法身份；并通过鉴权保证数据完整，防止错误数据插入和正确数据被篡改。加密的目的是防止非法用户从信道中窃取合法用户正在传输的机密信息，包括信令加密、语音加密和数据加密。信令加密由每个呼叫单独控制；语音加密通过采用专用长码进行伪码扩频实现；数据加密通过非线性组合滤波产生的密钥流实现。

1. 鉴权

IS-95 标准定义了全局查询鉴权和唯一查询鉴权。全局查询鉴权包括注册鉴权、发起呼叫鉴权、寻呼响应鉴权；唯一查询鉴权在前向、反向业务信道或寻呼信道上启动，基站在注册鉴权失败、发起呼叫鉴权失败、寻呼响应鉴权失败或信道指配后的任何时候将其启动。鉴权算法的输入参数如表 8-5 所示。

表 8-5 鉴权算法的输入参数

过程	随机查询数据	移动台电子序号	鉴权数据（AUTHBS）	共享保密数据	存储注册方式
注册	RAND（0 或 32 比特）	ESN	MSIN1	SSD-A	False
唯一注册	256×24 比特唯一随机变量+（8LSBsof MSIN2）	ESN	MSIN1	SSD-A	False
发起呼叫	RAND	ESN	MSIN1	SSD-A	True
中断	RAND	ESN	MSIN1	SSD-A	True
基站查询	RANDBS（32 比特）	ESN	MSIN1	SSD-A-New	False

鉴权产生一组数据，这组数据必须满足以下特性。

（1）通信双方、移动台和网络均能独立产生这组数据。

（2）必须具有被认证的移动台用户的特征信息。

（3）具有很强的保密性，不易被窃取，不易被复制。

（4）具有不断更新的功能。

（5）产生方法应具有通用性和可操作性，以保证认证双方和不同认证场合产生的规律一致。

鉴权原理如图 8-16 所示。

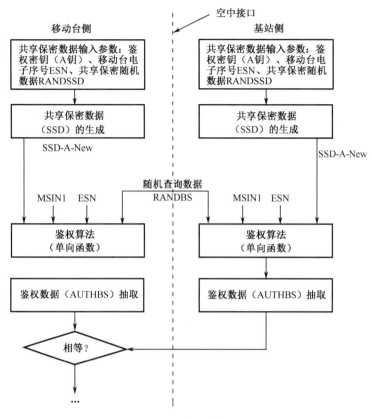

图 8-16　鉴权原理

1）SSD 的生成

SSD 是存储在移动台用户识别卡中的半永久 128 比特共享保密数据，SSD 生成原理如图 8-17 所示。

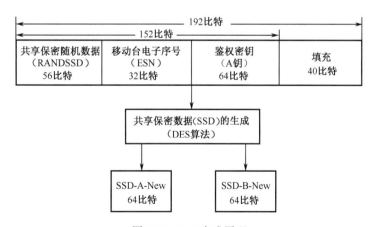

图 8-17　SSD 生成原理

2）鉴权数据抽取

鉴权算法是鉴权的核心，其有 5 组参数：随机查询数据（RANDBS），32 比特；移动台电子序号（ESN），32 比特；移动台识别码第一部分 MSIN1，24 比特；更新后的共享保密数据

SSD-A-New，64 比特；填充，24 比特或 40 比特。

利用上述 5 组参数和单向函数，产生鉴权所需的候选数据组；从经过安全认证的候选数据组中抽取 18 比特鉴权数据。鉴权数据抽取原理如图 8-18 所示。

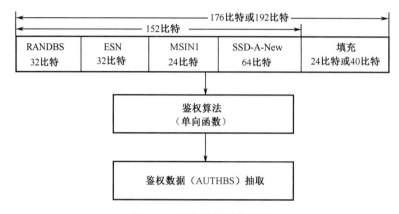

图 8-18　鉴权数据抽取原理

3）SSD 的更新

为了使鉴权数据具有不断变化的特性，要求共享保密数据具有不断更新的功能。SSD 更新原理如图 8-19 所示。

2. 加密

IS-95 CDMA 系统可以对不同信息加密，包括信令信息加密、语音信息加密和数据信息加密 3 类。

（1）信令信息加密，为了加强鉴权过程和保护用户的敏感信息，可以对所选业务信道中信令信息的某些字段进行加密。信令信息加密由每个呼叫在信道指配时通过加密信息中信令加密字段的值来设定呼叫的初始加密模式。

（2）语音信息加密，在 IS-95 CDMA 系统中，语音信息加密是通过长度为 $m = 2^{42} - 1$ 的伪码序列掩码实现的。

（3）数据信息加密，指对信源信息加密，采用外部加密方式和内部加密方式。

在 IS-95 CDMA 系统中，按加密模式可以分为信源信息加密和信道输入信号加密。

（1）信源信息加密，无论信源给出的是信令、语音还是数据信息，如果加密对象是未调制的扩频基带信号，则称为信源信息加密。其采用外部加密方式和内部加密方式。外部加密方式指先加密、后进行信道编码的方式，如图 8-20 所示；内部加密方式指先进行信道编码、后加密的方式，如图 8-21 所示。

外部和内部加密方式均属于序列（流）加密方式，可以采用伪码序列的非线性组合（滤波）方式产生密钥。

（2）信道输入信号加密，指对输入信道的信号进行扩频掩码加密。在 IS-95 CDMA 系统中，语音加密采用这种方式。在具体实现中，先对信道编码交织后的信息进行以掩码为目的的扰码加密过程，再进行 Walsh 码扩频。由于采用了伪码扩频，如果不知道长码掩码和扩频码的相关参数，即使窃取信号也无法解扩和解调。

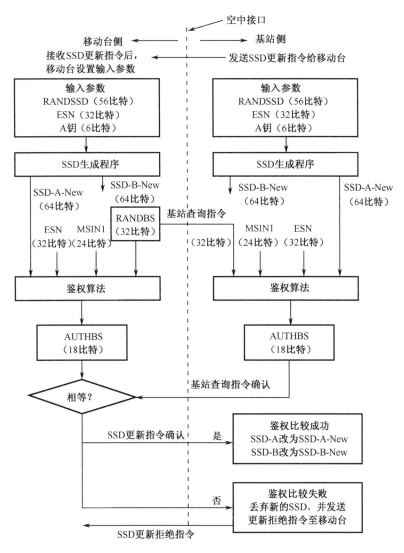

图 8-19　SSD 更新原理

图 8-20　外部加密方式

图 8-21　内部加密方式

8.4.3 切换与漫游

1. 切换

切换可以在不同的信道之间进行，也可以在不同的小区之间进行。在移动通信网中，切换是用户在移动状态下实现不间断通信的可靠保证。在切换过程中，通信链路的转移不能影响通话，切换时间要短，要能自动进行，使用户感觉不到，即对用户来说是透明的。

1）切换分类

根据移动台与原基站和目标基站连接方式的不同，可以分为硬切换和软切换。

（1）硬切换（Hard Handoff，HHO）。

一个小区中可以有多个频率，当频率不同时，必须进行硬切换。在硬切换中，既有频率的切换，又有 PN 码相位偏移的切换。在切换过程中，移动用户与基站的通信链路有一个中断时间，这个时间非常短，用户一般感觉不到。在硬切换过程中，可能存在原通信链路已经断开，但新的通信链路尚未成功建立的情况，此时移动台会失去与网络的连接。

采用不同频率的小区之间只能采用硬切换，因此 FDMA 系统和 TDMA 系统都采用硬切换。硬切换的缺点是成功率较低，当目标基站没有空闲信道或切换信令的传输出现错误时，都会导致切换失败。此外，当移动台处于两个小区的交界处时，由于两个基站在该处的信号都较弱，并且会变化，容易导致移动台在两个基站之间反复要求切换，即出现乒乓效应，使系统控制器的负荷加重，可能导致通信中断。

（2）软切换（Soft Handoff，SHO）。

软切换只能在使用相同频率的小区之间进行，是 CDMA 系统独有的切换方式。软切换指在切换时，移动台先与目标基站建立通信链路，再切断与原基站之间的通信链路，即先通后断。

软切换可以提高成功率，即只有在移动台与新基站建立起稳定的通信后，原基站才会中断其通信控制；当移动台与多个基站通信时，有的基站命令移动台增大发送功率，有的基站命令移动台减小发送功率，此时移动台优先考虑后者。从统计的角度来看，这种做法减小了移动台的整体发送功率，从而减小了对其他用户的干扰，增大了系统容量。如果移动台处于小区边缘，软切换既能提供前向业务信道分集，又能提供反向业务信道分集，从而能够保证通信质量。

软切换会导致硬件设备增多，占用更多资源；当切换的触发机制设置不合理导致控制信息的交换过于频繁时，会影响用户当前的呼叫质量。但对于 CDMA 系统来说，影响系统容量瓶颈的主要因素不是硬件设备资源，而是系统自身干扰。

软切换中还包括更软切换（Softer Handoff）。更软切换指在一个小区的不同扇区之间进行的软切换。

软切换会同时占用两个基站的信道单元和 Walsh 码，通常由基站控制器完成前向链路的帧复制和反向链路的帧选择；更软切换不占用新的信道单元，仅在新扇区分配 Walsh 码，从基站送到基站控制器的只是语音信号。

2）切换过程

切换过程可以分为以下 3 个阶段。

（1）链路检测。这一阶段检测的参数通常是接收信号强度，也可以是信噪比、误码率等，由移动台完成对前向链路的检测，包括信号质量、本小区和相邻小区的信号强度；由基站完成对反向链路的检测，并将结果发给相邻网络单元、移动台、基站控制器、移动交换中心。

（2）切换决策。在这一阶段，将测量结果与预定义的门限进行比较，确定切换的目标小区，决定是否启动切换。为保证检测到的信号强度下降是由移动台正在离开当前基站而不是由瞬时衰减引起的，通常在切换前对信道监视一段时间。

（3）切换执行。在这一阶段，移动台增加一条新的通信链路或释放一条旧的通信链路，以完成切换过程。

2. 漫游

为了达到漫游的目的，在 CDMA 中定义了系统、网络和区域的识别程序。一个系统分为若干网络，而网络又分为若干区域，区域由一组基站组成。系统通过系统识别码标记，系统中的网络用网络识别码标记，区域用区域号标记。因此，任何系统中的任何网络可以由系统识别码和网络识别码构成的系统网络识别对唯一确定。

8.4.4　呼叫接续

1. 移动台呼叫处理

移动台是通过业务信道和基站传输信息的。但在接入业务信道时，移动台要经历一系列呼叫处理状态，最后进入业务信道控制状态。移动台呼叫处理原理如图 8-22 所示。

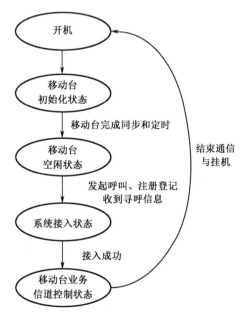

图 8-22　移动台呼叫处理原理

1）移动台初始化状态

移动台接通电源后进入初始化状态。在此状态下，移动台不断检测周围各基站发来的导频信号，各基站使用相同的引导 PN 码，但其偏置各不相同，移动台只要改变其本地 PN 码的偏置，就能轻易测出周围有哪些基站在发送导频信号。移动台比较这些导频信号的强度，即可捕获导频信道。此后，移动台要捕获同步信道，同步信道中包含定时信息，对其解码后，移动台就可以和基站定时同步。

2）移动台空闲状态

移动台在完成同步和定时后，由初始化状态进入空闲状态。在此状态下，移动台要监控寻呼信道。此时，移动台可以接受呼叫或发起呼叫，可以进行登记注册，还可以确定所需的信道和数据传输速率并接收来自基站的信息。

3）系统接入状态

如果移动台要发起呼叫或进行登记注册，或者收到一种需要认可和应答的寻呼信息，则进入系统接入状态，并在接入信道上向基站发送有关信息，包括应答信息（被动发送）和请求信息（主动发送）。

4）移动台业务信道控制状态

在接入成功后，移动台进入业务信道控制状态。在此状态下，移动台和基站之间进行连续的信息交换。移动台利用反向业务信道发送语音和控制信息，通过前向业务信道接收语音和控制信息。

从上述原理中可以看出，呼叫处理包含 5 部分：呼叫请求与建立、鉴权与加密、分配并建立信道、进行正常通信、结束通信与挂机。

2. 基站呼叫处理

基站呼叫处理比较简单，包括导频和同步信道处理、接入信道处理和业务信道处理等。在导频和同步信道处理期间，基站发送导频信息和同步信息，使移动台捕获和同步信道，移动台处于初始化状态；在接入信道处理期间，基站监听接入信道，以接收移动台发来的信息，移动台处于系统接入状态；在业务信道处理期间，基站通过前向业务信道和反向业务信道与移动台进行信息交换，移动台处于业务信道控制状态。

思考题与习题

1. 简述前向和反向链路的构成及各信道的作用、特点。
2. Walsh 码、短码、长码的作用是什么？
3. Walsh 码在前向和反向链路中的作用有什么不同？
4. 什么是远近效应？功率控制的主要作用是什么？
5. 什么是开环功率控制与闭环功率控制？两者有什么不同？
6. 登记的作用是什么？有哪几种登记？
7. 什么是切换？可以分为哪几种？
8. 简述切换过程。
9. 软切换有哪些优缺点？使用软切换的前提是什么？

10．简述移动台呼叫处理过程，请画出示意图。

参 考 文 献

[1]　吴伟陵, 牛凯. 移动通信原理（第 2 版）[M]. 北京：电子工业出版社, 2009.

[2]　张晓林, 国强, 窦峥. CDMA 移动通信技术[M]. 哈尔滨：哈尔滨工程大学出版社, 2010.

[3]　Joseph C Liberti, Theodore S Rappaport. 无线通信中的智能天线——IS-95 和第三代 CDMA 应用[M]. 北京：机械工业出版社, 2004.

[4]　曹仲达, 侯春平. 移动通信原理、系统及技术（第 2 版）[M]. 北京：清华大学出版社, 2011.

[5]　窦中兆, 雷湘. CDMA 无线通信原理[M]. 北京：清华大学出版社, 2004.

[6]　啜钢, 王文博, 常永宇, 等. 移动通信原理与系统（第 2 版）[M]. 北京：北京邮电大学出版社, 2005.

[7]　王华奎, 李艳萍, 张立毅, 等. 移动通信原理与技术[M]. 北京：清华大学出版社, 2009.

[8]　郎为民, 靳焰, 王逢东, 等. CDMA2000 标准化进展[J]. 邮电设计技术, 2006, 1:15-21.

[9]　林志宏. CDMA IS-95 系统的特点及演进策略[J]. 电信技术, 2002, 3:13-16.

[10]　卢艳红. CDMA2000 的体系演进及其关键技术[J]. 武汉职业技术学院学报, 2003, 6:50-53.

[11]　张云勇. CDMA 数据业务的发展[J]. 电信网技术, 2008, 8:13-17.

[12]　陈威兵, 张刚林, 冯璐, 等. 移动通信原理（第 2 版）[M]. 北京：清华大学出版社, 2019.

第**9**章

第三代和第四代移动通信系统

9.1 第三代移动通信系统

9.1.1 概述

1985 年，ITU 提出了第三代移动通信系统。2000 年，该系统进入商用领域，工作频率为 2000MHz，多媒体业务最高运行速率第一阶段为 2000kbps，因此称为 IMT-2000，系统框图如图 9-1 所示。

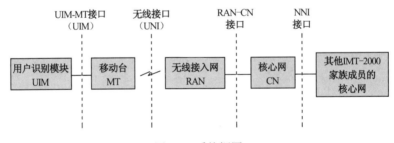

图 9-1 系统框图

第三代移动通信系统的主要目标如下。

（1）全球统一频段、统一标准，全球无缝覆盖。IMT-2000 是一个全球性系统，能容纳不同系统，具有统一频段和基于终端移动性的全球漫游特性，用户能够以低成本的多模终端实现全球漫游。

（2）更高的频谱利用率和更大的系统容量。IMT-2000 拥有强大的多用户管理能力、较强的保密性和较高的服务质量，并能提供足够的系统容量，便于 2G 系统的过渡和演进。

（3）适应多种环境。IMT-2000 的最高速率为 2Mbps，步行环境 384kbps，室内环境 2Mbps。

（4）提供多种业务。IMT-2000 能够方便地调整网络以提供新业务，最小限度地影响网络单元。

（5）支持网络互联。IMT-2000 能够与移动通信网、PSTN、ISDN 等互联，在统一的移动通信系统中，能提供多种业务，如高质量语音通信、可变速率的数据传输、高分辨率的图像传输和多媒体业务等。

（6）具有较好的经济性。IMT-2000 的网络投资（包括网络建设费、系统设备费和用户终端费等）应尽可能低，且终端设备体积小、耗电量小。

为了实现目标，IMT-2000 对无线传输技术（Radio Transmission Technology，RTT）提出了以下基本要求。

（1）全球性标准，在全球范围内使用公共频带，能提供在全球范围内应用的小型终端，以提供全球漫游能力。

（2）传输速率能够按需分配。

（3）在多种环境下支持高速的分组数据传输速率。

（4）上行和下行链路能够适应不对称业务的需要。

（5）具有简单的小区结构和易于管理的信道结构。

（6）便于系统的升级、演进，易于向下一代系统灵活发展。由于在 3G 引入时，2G 已具有一定的规模，因此 3G 必须能在 2G 的基础上灵活演进，并与固定网兼容。

第三代移动通信系统在高灵活性和高频谱利用率的情况下可提供不同服务质量的连接，其支持频率无缝切换，从而支持小区结构。同时，保持对新技术的开放性，使系统不断改进。第三代移动通信系统以全球通用、系统综合为出发点，试图建立一个全球性移动综合数字网。在这个网络中，每个人都可以通过多个网络建立自己需要的通信连接，从而实现"任何人在任何地点、任何时间与任何人"进行通信的"个人通信"。

IMT-2000 的主要特点如下。

（1）全球化，IMT-2000 包含多种系统，在设计上具有高度的通用性，该系统中的业务及与固定网之间的业务可以兼容，以实现全球漫游。

（2）综合化，能综合现有的寻呼系统、蜂窝移动通信系统、卫星移动通信系统。

（3）多媒体化，提供高质量多媒体业务。

（4）个人化，用户可以使用唯一个人电信号码（PTN）在任何终端上获取需要的业务。

9.1.2　组织

在第三代移动通信标准的制定过程中，ITU 起主要的领导和组织作用，具体规范的制定则由地区标准化组织完成。其中起主导作用的是 3GPP 和 3GPP2。

1. ITU

国际电信联盟（ITU）是联合国主管信息通信技术事务的一个专门机构，包括 193 个成员国和 700 多个部门成员及部门准成员。截至 2021 年 2 月，中国 ITU 学术成员共 23 家单位，其中包括清华大学、浙江大学、哈尔滨工业大学、北京邮电大学等 13 所高校。ITU 的历史可以追溯到 1865 年。为了顺利实现国际电报通信，1865 年 5 月 17 日，法、德、俄、意、奥等 20 个欧洲国家的代表在巴黎签订了《国际电报公约》，国际电报联盟宣告成立。随着电话与无线电的应用和发展，ITU 的职权不断扩大。1906 年，德、英、法、美、日等 27 个国家的代表在柏林签订了《国际无线电报公约》。1932 年，70 多个国家的代表在西班牙马德里召开会议，

将《国际电报公约》与《国际无线电报公约》合并，制定了《国际电信公约》，并决定自 1934
年 1 月 1 日起正式改名为国际电信联盟（International Telecommunication Union，ITU）。经联
合国同意，1947 年 10 月 15 日，国际电信联盟成为联合国的一个专门机构，其总部由瑞士伯
尔尼迁至日内瓦。

ITU 的使命是使电信和信息网络得以增长和持续发展，并促进普遍接入，以使各国人民
都能参与全球信息经济并从中受益。具有自由沟通的能力是建设更加公平、繁荣与和平的世
界必不可少的前提。为使该愿景成为现实，ITU 帮助调动必要的技术、财物和人力资源。ITU
的组织结构主要包括电信标准化部门（ITU-T）、无线电通信部门（ITU-R）和电信发展部门
（ITU-D）。ITU 每年召开 1 次理事会，每 4 年召开 1 次全权代表大会、世界电信标准化全会和
世界电信发展大会。

2. 3GPP

1998 年 12 月，3GPP（3rd Generation Partnership Project）在法国 ETSI 总部成立，其会员
包括 3 类：组织伙伴、市场代表伙伴和个体会员。3GPP 的组织伙伴包括欧洲电信标准化协会
（European Telecommunications Standards Institute，ETSI）、日本无线行业及商贸联合会
（Association of Radio Industries and Businesses，ARIB）和电信技术委员会（Telecommunications
Technology Committee，TTC）、中国通信标准化协会（China Communications Standards
Association，CCSA）、韩国的电信技术协会（Telecommunications Technology Association，TTA）、
电信行业解决方案联盟（The Alliance for Telecommunications Industry Solutions，ATIS）和印度
的电信标准开发协会（Telecommunications Standards Development Society，TSDSI）7 个标准化
组织。这 7 个标准化组织被称为标准开发组织（Standards Development Organization，SDO），
SDO 共同决定 3GPP 的整体政策和策略。3GPP 的市场代表伙伴不是官方标准化组织，它们是
向 3GPP 提供市场建议和统一意见的组织，包括 TD 产业联盟（TD Industry Alliance，TDIA）、
TD-SCDMA 论坛、CDMA 发展组织（CDMA Development Group，CDG）等。个体会员又称
独立会员，是注册加入 3GPP 的独立成员，拥有和组织伙伴相同的参与权利，所有希望参与
3GPP 标准制定工作的实体，包括华为、中兴、爱立信等设备制造商及中国移动、中国联通、
沃达丰等运营商，都需要先注册成为 SDO 的成员，才能拥有相应的 3GPP 决定权和投票权。
3GPP 致力于从 GSM 向 WCDMA（UMTS）以及 TD-SCDMA 的演进，4G 和 5G 的演进也是
由 3GPP 主导的。

中国无线电讯标准组（China Wireless Telecommunication Standards Group，CWTS）于 1999
年 6 月同时加入 3GPP 和 3GPP2，成为其组织伙伴，中国通信标准化协会（CCSA）成立后，
取代了 CWTS。

3. 3GPP2

3GPP2 于 1999 年 1 月成立，由 TIA、ARIB、TTC、TTA 发起。

3GPP2 声称其致力于实现 ITU 的 IMT-2000 计划中的移动电话系统规范在全球的发展，
实际上它是从 2G 的 CDMA One（又称 IS-95）发展而来的 CDMA2000 标准体系的标准化机
构，受到了拥有多项 CDMA 关键技术专利的高通公司的较大支持。

3GPP2 设有 4 个技术规范工作组，即 TSG-A、TSG-C、TSG-S 和 TSG-X，这些工作组向

项目指导委员会报告其工作进展。但是随着高通公司放弃 CDMA 向 4G 演进的路线，3GPP2 逐渐边缘化。

9.1.3 主要标准及其演进

第三代移动通信系统中的关键技术是无线传输技术（RTT）。1998 年，在国际电信联盟征集的 RTT 候选方案中，除了卫星接口技术方案，还有 10 个地面无线接口技术方案，被分为 CDMA 和 TDMA 两类，其中 CDMA 占主导地位。在 CDMA 中，国际电信联盟共接受了 3 种标准，即欧洲和日本的 WCDMA、美国的 CDMA2000 和中国的 TD-SCDMA，其中 WCDMA 和 TD-SCDMA 的标准化工作由 3GPP 主导，CDMA2000 的标准化工作由 3GPP2 主导。

1. WCDMA 的演进

宽带码分多址（Wideband Code Division Multiple Access，WCDMA）是第三代移动通信标准之一，是基于 GSM MAP 核心网、以 UTRAN（UMTS 陆地无线接入网）为无线接口的第三代移动通信标准。目前，中国联通采用该标准。

WCDMA 的演进如图 9-2 所示。无线网络的演进主要通过采用高阶调制方式和各种有效的纠错机制等不断增强空中接口的数据吞吐能力，而核心网主要利用将控制与承载、业务与应用分离的思路，逐步从传统的 TDM 组网方式向全 IP 组网方式演进，使无线网和核心网 IP 化，在演进过程中保障了业务的连续性、完善的 QoS 保障机制和网络的安全性。

图 9-2 WCDMA的演进

1）R99

R99 在新的工作频段引入了基于每载频 5MHz 带宽的 CDMA 无线接入网。无线接入网主要由 NodeB（负责基带处理、扩频处理）和 RNC（负责接入系统控制与管理）组成，同时引入了适于进行分组数据传输的协议和机制，数据传输速率可支持144kbps、384kbps，理论上可达 2Mbps。

R99 核心网在网络结构上与 GSM 一致，其电路域（CS）仍采用 TDM 技术，分组域（PS）则基于 IP 技术。R99 的 3G MSC、VLR 与无线接入网（RAN）的接口 Iu-cs 采用 ATM 技术承载信令和语音，分组域 WCDMA R99 的 SGSN 与 RAN 通过 ATM 进行信令交互，流媒体使用 AAL5 承载 IP 分组包。另外，为实现 RNC 之间的软切换功能，还定义了 Iur 接口。而 GSM 的 A 接口采用基于传统 E1 的 7 号信令协议，BSC、PCU 与 SGSN 之间的 Gb 接口采用帧中继承载信令和业务。因此，WCDMA R99 与 GSM、GPRS 的主要区别体现在传输模式和软件协议方面。

在用户的安全机制上，GSM 由 AUC 提供三参数组，采用 A_3 和 A_8 算法对用户进行鉴权和加密；WCDMA R99 由 AUC 提供五参数组，定义了新的用户加密算法（UEA），并采用 Authentication Token 机制增强鉴权的安全性。

2）R4

R4 与 R99 相比，无线接入网的网络结构没有改变，主要区别在于 WCDMA R4 引入了 TD-SCDMA 技术，同时对一些接口协议的特性和功能进行了强化。

在电路域核心网中引入了基于软交换的分层架构，将控制与承载分离，通过 MSC Server、MGW 将语音和控制信令分组，使电路域和分组域可以承载在一个公共的分组骨干网上。WCDMA R4 实现了语音、数据、信令承载的统一，可以有效降低承载网络的运营和维护成本；而在核心网中采用压缩语音的分组传输方式，可以节省传输带宽，降低建设成本；由于控制与承载分离，使 MGW 和 Server 可以灵活放置，提高了组网的灵活性，集中放置的 Server 可以使业务的开展更快捷；其基于软交换，为向 R5 的顺利演进奠定了基础。

3）R5

R5 引入了基于 IP 的 RAN 和高速下行链路分组接入（High Speed Downlink Packet Access，HSDPA）功能，其支持高速下行链路分组接入，理论传输速率可达 14.4Mbps。

在核心网中，R5 引入了 IP 多媒体子系统（IP Multimedia Subsystem，IMS）。IMS 叠加在分组域上，由呼叫会话控制功能（Call Session Control Function，CSCF）、媒体网关控制功能（Media Gateway Control Function，MGCF）、多媒体资源控制器（Multimedia Resource Function Controller，MRFC）和归属用户服务器（Home Subscriber Server，HSS）等功能实体组成。IMS 的引入为开展基于 IP 技术的多媒体业务创造了条件，它代表了业务的发展方向。

4）R6

R6 引入了高速上行链路分组接入（High Speed Uplink Packet Access，HSUPA）功能。利用 HSUPA 技术，上行峰值速率可以提高 2～5 倍，达到 5.76Mbps。HSUPA 还可以使上行的吞吐量比 R99 大 20%～50%。

5）R7 和 R8

从 R7 开始，引入了 HSPA+，基于 OFDM 和 MIMO 的 LTE 技术也逐渐完成了标准化。LTE 技术是 3G 与 4G 的过渡，其在 20MHz 下能提供下行 100Mbps 与上行 50Mbps 的峰值速率，改善了小区边缘的性能，增大了小区容量。

HSPA+要保持后向兼容性，同时在 5MHz 带宽下要达到与 LTE 技术类似的性能。因此，希望在短期内以较小的代价改进系统、提高系统性能的 HSPA 运营商可以采用 HSPA+。

HSPA+的峰值速率可由 14Mbps 提高至 25Mbps。另外，通过对 HSPA+的改进，可以将峰值速率提高至 42Mbps。

各版本的特点如表 9-1 所示。

表 9-1　各版本的特点

版　　本	R99	R4	R5	R6	R7	R8
技术特点	引入 UTRAN	控制与承载分离	引入 HSDPA	引入 HSUPA	HSPA+	多载波、OFDM 的引入进一步提高传输速率
上行、下行数据传输速率	384kbps、2Mbps	384kbps、2Mbps	384kbps、14.4Mbps	5.76Mbps、14.4Mbps	>10Mbps、28Mbps	50Mbps、100Mbps

2. CDMA2000 的演进

CDMA2000 的演进如图 9-3 所示。

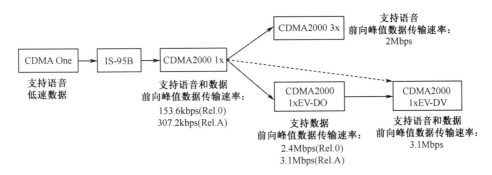

图 9-3　CDMA2000 的演进

各阶段特点如下。

（1）IS-95B：通过捆绑 8 个语音业务信道，提供 64kbps 数据业务。多数国家跨过了 IS-95B，直接从 CDMA One 演进为 CDMA2000 1x。

（2）CDMA2000 1x：在 CDMA One 的基础上升级空中接口，可在 1.25MHz 带宽内实现 307.2kbps 高速分组数据传输速率。

（3）CDMA2000 3x：在 5MHz 带宽内实现 2Mbps 数据传输速率，兼容 CDMA2000 1x 和 IS-95。

（4）CDMA2000 1xEV：增强型 CDMA2000 1x，包括 CDMA2000 1x EV-DO 和 CDMA2000 1x EV-DV 两个阶段。

CDMA2000 1x 的接口性能大幅提高，主要表现在以下方面。

（1）可支持高速补充业务信道，单信道的峰值速率达到 307.2kbps。

（2）采用了下行快速功控，增大了下行信道的容量。

（3）可采用发射分集方式，增强了信道的抗衰落能力。

（4）提供导频信道，使上行相干解调成为可能，上行增益提高 3dB，上行容量增大 1 倍。

（5）业务信道可采用比卷积码更高效的 Turbo 码，使容量进一步增大。

（6）引入了快速寻呼信道，减小了移动台功耗，延长了移动台的待机时间。此外，新的接入方式削弱了移动台接入过程中干扰的影响，提高了接入成功率。

3. TD-SCDMA 的演进

TD-SCDMA（Time Division-Synchronous Code Division Multiple Access）是以我国知识产权为主的、在国际上得到广泛接受和认可的无线通信国际标准，被国际电信联盟正式列为第三代移动通信空中接口技术规范之一，得到了 CWTS 和 3GPP 的全面支持。其设计参考了 TDD 在非成对频谱上的时域模式，该模式是基于无线信道中的周期性重复 TDMA 帧结构实现的。该帧结构被分为几个时隙，在该模式下，可以方便地实现上行和下行链路的灵活切换。TD-SCDMA 是集 CDMA、TDMA 和 FDMA 的优势于一体，系统容量大、频谱利用率高、抗干扰能力强的移动通信系统。其采用了智能天线、联合检测、接力切换、同步 CDMA、低码率、多时隙、可变扩频系统、自适应功率调整等关键技术。

TD-SCDMA 的演进如图 9-4 所示。

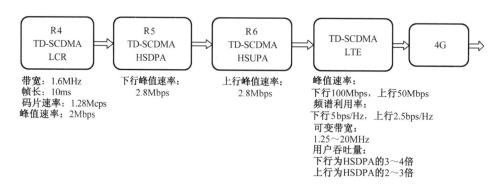

图 9-4　TD-SCDMA的演进

TD-SCDMA 的优势如下。

（1）TD-SCDMA 在上行和下行链路间的时隙分配可以由一个灵活的转换点改变，以满足不同的业务需求。合适的 TD-SCDMA 时域操作模式可以解决对称、非对称业务及混合业务的资源分配问题。

（2）TD-SCDMA 的无线传输方案综合了 FDMA、TDMA 和 CDMA，通过与联合检测结合并引入智能天线，进一步增大容量，减小了小区间频率复用所产生的干扰。基于高度的业务灵活性，TD-SCDMA 网络可以通过无线网络控制器（RNC）连接到交换网络。

（3）TD-SCDMA 所呈现的先进的移动通信系统是针对所有无线环境下的对称和非对称 3G 业务设计的，其运行在非成对频谱上。因此，TD-SCDMA 通过最佳自适应资源的分配和高频谱利用率，可以支持从 8kbps 到 2Mbps 的语音、互联网等 3G 业务。

3G 的三大主流标准对比如表 9-2 所示。就发展背景而言，CDMA2000 和 WCDMA 以成熟的第二代 CDMA/FDD 技术为基础，源于北美及欧洲两大移动通信阵营，均由世界知名运营商和制造商支持，具有强大的研发和产业化优势，其主要优势是已有第二代移动通信系统的成功运营经验和认可度，在技术上较为成熟。另外，FDD 技术在满足终端高速移动方面具有明显优势。其缺点是由于采用 5MHz 带宽，频谱利用率低、抗干扰能力弱、成本高。TD-SCDMA 的主要优势是通过采用 TDMA+CDMA 方式，巧妙增大了系统容量，其频谱利用率高、成本低，并可以适时分配上行和下行链路时隙，特别适用于非对称业务。

表 9-2　3G 的三大主流标准对比

标　　准	WCDMA	CDMA2000	TD-SCDMA
网络基础	GSM	窄带 CDMA	GSM
空中接口	WCDMA	CDMA2000 兼容 IS-95	TD-SCDMA
核心网	GSM MAP	ANSI-41	GSM MAP
载波间隔	5MHz	1.25MHz 的整数倍	1.6MHz
信道带宽（MHz）	5、10、20	1.25、5、10、15、20	$1.6N$
扩频方式	单频波和直扩（DS）	多载波和直扩（DS）	多载波和直扩（DS）
扩频因子	4~512	4~256	1~16
双工方式	FDD、TDD	FDD	TDD
码片速率（Mcps）	3.84	1.2288	1.28
基站间同步	异步（不需要 GPS）或同步（需要 GPS）	同步（需要 GPS）	同步（主从同步，需要 GPS）

标　准	WCDMA	CDMA2000	TD-SCDMA
帧长（ms）	10	20	10
调制方式 （上行、下行）	QPSK、BPSK	QPSK、BPSK	OQPSK、8PSK
上行信道结构	导频 TPC、业务信道、信令、分组业务码时分复用	导频、控制信道、基本信道、补充信道码时分复用	导频 TPC、业务信道、信令、分组业务码时分复用
同步检测 （上行、下行）	与导频信令相干 （导频 I/Q 复用）	与导频信道相干	与（上行、下行）导频时隙相干
切换	软切换	软切换	接力切换
功率控制频率 （Hz）	1500	800	200
上行导频	导频符号和 TPC、控制数据信息时分复用、I/Q 复用	各信道间码分复用（有反向导频码信道）	特殊时隙：上行导频时隙（UpPTS）
下行导频	公共导频和专用导频（采用导频符号，与其他数据和控制信息时分复用 TDM）	公共导频信道（与其他业务和控制信道码分复用 CDM）	特殊时隙：下行导频时隙（DwPTS）
语音编码器	自适应多速率语音编码器（AMR）	可变速率声码器 IS-773、IS-127	自适应多速率语音编码器（AMR）
业务信道编码	卷积码，码率为 1/2 或 1/3，约束长度为 9，高速用 Turbo 码	卷积码，码率为 1/2、1/3 或 1/4，约束长度为 9，高速用 Turbo 码	卷积码，码率为 1/2 或 1/3，约束长度为 9，高速用 Turbo 码
控制信道编码	卷积码，码率为 1/2，约束长度为 9	下行：卷积码，码率为 1/4，约束长度为 9 上行：卷积码，码率为 1/2，约束长度为 9，高速用 Turbo 码	卷积码，码率为 1/2 或 1/3，约束长度为 9，高速用 Turbo 码

4. WiMAX 标准

WiMAX（Worldwide Interoperability for Microwave Access）是 IEEE 802.16 标准。WiMAX 技术是一项新兴的宽带无线接入技术，能提供面向互联网的高速连接，传输距离最远可达 50km。WiMAX 还具有传输速率高、业务丰富多样、有 QoS 保障机制等优点。WiMAX 的技术起点较高，采用了代表未来通信技术发展方向的 OFDM 和 OFDMA、AAS、MIMO 等先进技术。随着技术标准的发展，WiMAX 逐步实现宽带业务的移动化，而 3G 则致力于移动业务的宽带化，两者的融合程度越来越高。2007 年，WiMAX 联盟推进的 IEEE 802.16e 标准成为 3G 标准，IEEE 802.16m 则成为 4G 标准，但由于这两个标准不能很好地融入传统的 3G 和 4G 网络，因此对其的研究基本终止，本书不对其进行详细介绍。

9.2　LTE 系统

9.2.1　LTE 系统概述

移动用户高速数据传输需求的增长推动移动通信系统飞速发展。虽然 3G 已经商用，但仍存在很多问题，如不能支持高速率，不能真正实现不同频段、不同业务环境间的无缝漫游等。

基于这些问题及市场需求的增长和技术的发展，第四代移动通信标准的制定工作被提上了日程。

根据 3GPP 的工作流程，LTE 标准化工作大致可以分为两个阶段，第一阶段是 2004 年 12 月至 2006 年 9 月，进行技术的可行性研究及提交各种可行性研究报告；第二阶段是 2006 年 9 月以后，进行技术标准的具体制定和编写，并提交具体技术规范。

与传统的移动通信系统相比，LTE 系统在无线接入技术和网络结构方面都发生了巨大变化。为了实现更高的数据传输速率，并考虑 LTE 系统所需的带宽及 CDMA 专利等，3GPP 将 OFDM 技术作为下行空中接口的无线传输技术，将 SC-FDMA 作为上行空中接口的无线传输技术。从 WCDMA 到 LTE 的演进过程如图 9-5 所示，从图 9-5 中可以看出，LTE 系统不具备 HSDPA 的后向兼容性，原因在于 LTE 空中接口完全抛弃了 3G 的 CDMA 技术而使用 OFDMA 技术，且其核心网发生了根本变化，使以前的网络不能平滑过渡到 LTE 网络。

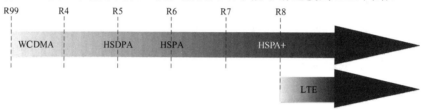

图 9-5　从 WCDMA 到 LTE 的演进过程

从网络结构上看，LTE 网络包括两部分，即接入网和核心网。网络将原基站控制器的功能实体取消，使网络结构趋于扁平化。LTE 系统要求基站演进型 Node B（Evolved Node B，e-NodeB）和接入网关在用户平面直接互联，以减小接入时延，在基站实现 3G 中 RNC 的底层功能，即使 LTE 中的 e-NodeB 高层功能在接入网关（Access Gateway，AGW）实现。同时取消电路交换而采用全部基于分组交换的核心网结构。相关工作主要集中在物理层、空中接口协议和网络架构方面，其中网络架构方面的工作和 3GPP 的系统演进项目密切相关。技术指标如下。

（1）灵活的带宽配置，支持 1.25～20MHz 的可变带宽。下行峰值速率达到 100Mbps，上行峰值速率达到 50Mbps。

（2）较高的频谱利用率，可达 R6 的 2～4 倍。

（3）用户平面时延不超过 5ms，控制平面时延不超过 100ms（不包括下行寻呼时延）。

（4）提高小区边缘数据传输速率，增强性能。

（5）支持与现有 3GPP 和非 3GPP 系统的互操作。

（6）支持增强型多媒体广播和组播业务。

（7）具有合理的终端复杂度、成本和耗电量。

（8）支持 IP 多媒体子系统和核心网，追求后向兼容。

（9）取消电路域，电路域业务在分组域实现，如互联网语音传输协议（Voice over Internet Protocol，VoIP）。

（10）支持运营商之间的相邻频段共存和相邻区域共存。

9.2.2　LTE 系统架构

在 3GPP 的长期演进项目中，对 LTE 系统提出了更严格的时延要求，既要减小控制平面的时延，又要减小用户平面的时延。为满足这一要求，除了空中接口无线帧长度、传输时间间隔（Transmission Time Interval，TTI）等需要变化，还需要优化网络结构，尽量减小通信路径上的节点跳数，以减小网络中的传输时延。

LTE 系统架构如图 9-6 所示，包括 EPC（Evolved Packet Core）和 E-UTRAN（Evolved Universal Terrestrial Radio Access Network）。EPC 负责核心网部分，其又可以分为两部分：一是移动管理实体（Mobile Management Entity，MME），负责移动性控制；二是服务网关（Serving Gateway，S-GW），负责数据包的路由转发。e-NodeB 与 e-NodeB 之间通过 X2 接口连接；而核心网与接入网则通过 S1 接口连接，S1 接口支持多对多连接。

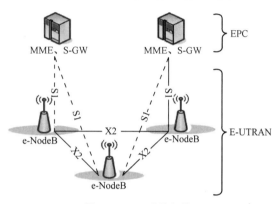

图 9-6　LTE系统架构

与第三代移动通信系统架构相比，LTE 系统的接入网仅包括 e-NodeB 一种逻辑节点，取消了 RNC 部分，使网络结构趋于扁平化，以减小呼叫建立的时延和用户数据的传输时延，并减少了逻辑节点，使成本大幅降低。

逻辑节点（e-NodeB、MME、S-GW）、功能实体和协议层之间的关系及功能划分如图 9-7 所示。

e-NodeB 的功能如下。

① 无线资源管理功能，包括无线承载控制、无线接入控制、连接移动性控制、UE 的上行和下行动态资源分配。

② IP 头压缩及用户数据流加密。

③ UE 附着时的 MME 选择。

④ 上行数据向 S-GW 的路由。

⑤ 寻呼信息的调度传输。

⑥ 广播信息的调度传输。

⑦ 设置和提供 e-NodeB 的测量。

MME 的功能包括如下。

① 非接入层（Non-Access Stratum，NAS）信令加密及完整性保护。

② 接入层安全控制。

③ 核心网（Core Network，CN）节点间的信令交互。

④ 空闲模式移动性控制。

⑤ P-GW（Packet Gateway）和 S-GW 的选择。

⑥ 切换到 UMTS（Universal Mobile Telecommunications System）时的 SGSN（Service GPRS Support Node）的选择。

⑦ 漫游管理。

⑧ 鉴权。

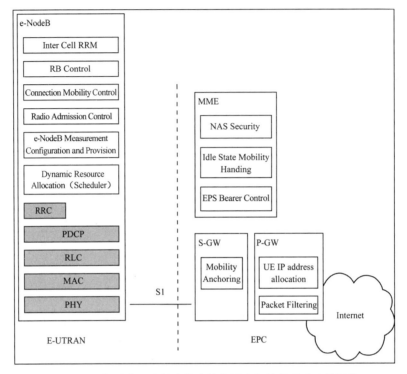

图 9-7　逻辑节点、功能实体和协议层之间的关系及功能划分

S-GW 的功能如下。

① 终止因寻呼产生的用户平面数据。

② 支持 UE 移动性的用户平面切换。

③ 合法监听。

④ 分组路由和转发。

⑤ 上下行传输包标记。

⑥ 用户计费。

P-GW 的功能如下。

① 基于用户的包过滤。

② 合法监听 IP 地址分配。

③ 上下行传输数据包标记。

9.2.3　LTE 系统关键技术

1. 双工方式

第三代移动通信系统把频谱划分为成对频谱（Paired Spectrum）和非成对频谱（Unpaired

Spectrum），分别用于频分双工（Frequency Division Duplex，FDD）和时分双工（Time Division Duplex，TDD）方式。LTE 系统是 3GPP 定义的第三代移动通信系统的演进目标，同样支持在成对频谱和非成对频谱上运行，可以实现对频谱的高效利用。

LTE 系统支持 FDD、TDD 及半双工 FDD（H-FDD）方式。

FDD 的上行和下行信号分别在两个不同的频带上，且上行和下行频带间必须留有一定的保护间隔，避免上行和下行信号间的干扰。在一般情况下，FDD 的上行和下行使用成对频谱，其优点是可以通过信号同时发送和接收，减小了上行和下行信号间的反馈时延。

TDD 与 FDD 相反，其发送和接收信号在相同的频带内，且依据时间轴上不同的时间段来区分上行和下行信号。TDD 不存在像 FDD 那样的成对频谱，可以灵活地配置信道资源，提高信道利用率，TDD 更适合在以 IP 分组业务为主要特征的移动通信系统中使用。

2. 帧结构

LTE 系统支持两类无线帧结构。用于 FDD 的帧结构类型 1 如图 9-8 所示，用于 TDD 的帧结构类型 2 如图 9-9 所示。

图 9-8　用于 FDD 的帧结构类型 1

在类型 1 中，无线帧长度为 10ms，由 20 个时隙组成，每个时隙长度为 0.5ms，分别编号为 0～19，其中每两个相邻时隙称为一个子帧，共有 10 个子帧。

在类型 2 中，无线帧长度为 10ms，分为两个等长的半帧，半帧又分为 5 个子帧，下行导频时隙（Downlink Pilot Time Slot，DwPTS）、上行导频时隙（Uplink Pilot Time Slot，UpPTS）、保护时隙（Guard Period，GP）3 个特殊时隙的总长度为 1ms，包含在子帧 1 和子帧 6 中，其中 DwPTS 和 UpPTS 的长度可配置。

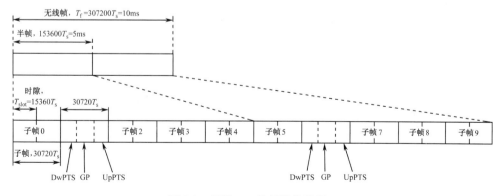

图 9-9　用于 TDD 的帧结构类型 2

3. 多址接入技术

在 LTE 系统中，OFDM 技术成为主要的多址接入技术。下行采用 OFDM 技术，上行采用 OFDMA 技术。但 OFDM 技术有较高的峰均比（Peak to Average Power Ratio，PAPR），使功率放大器的效率降低。考虑到终端的成本和功耗，上行不采用 OFDM 技术，而是采用单载波频分复用 SC-FDMA 技术。

LTE 系统之所以放弃了 3G 系统中较为成熟的 CDMA 技术，主要是因为 OFDM 技术相对于 CDMA 技术具有以下优势。

（1）频谱利用率高，各子载波保持良好的正交性，避免了用户间干扰，获得了较大的小区容量。

（2）带宽扩展性强，其带宽取决于子载波数量，OFDM 技术采用了 FFT，使得带宽扩展时系统的复杂度提高不明显，而 CDMA 技术在带宽扩展时系统的复杂度会大幅提高。

（3）由于加入循环前缀，且转化为窄带传输，因此有较强的抗多径衰落能力。

SC-FDMA 系统的发射端和接收端分别如图 9-10 和图 9-11 所示。对包含 M 个 QAM（或 QPSK）数据符号的每个数据块进行 M 点 DFT，得到频域信号；再对频域信号进行子载波映射，对 DFT 的输出信号补零，使 DFT 的大小与 N 路子载波的 OFDM 调制器匹配；补零后的 DFT 输出信号映射到 N 路子载波上，子载波映射过程也是扩频过程，补零的位置决定了 DFT 预编码后的数据块所映射的子载波；然后经过 N 点 IFFT 使频域信号变换为时域信号，再插入 CP 使上行链路每个用户的发送信号之间实现真正的频域正交；经并串转换后，输出 SC-FDMA 信号。接收端则是发射端的逆过程，这里不再赘述。

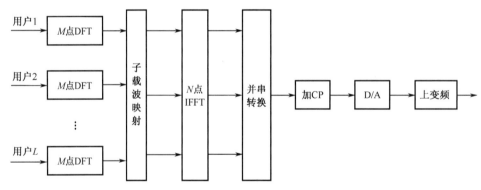

图 9-10 SC-FDMA系统的发射端

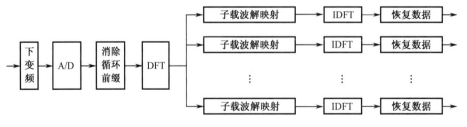

图 9-11 SC-FDMA系统的接收端

SC-FDMA 技术结合了 OFDM 技术的抗多径衰落能力，以及单载波频域均衡（Single-Carrier Frequency Domain Equalization，SC-FDE）技术的低 PAPR 值和低复杂度等优点，可以降低对硬件（尤其是功率放大器）的要求，提高功率效率，并与下行的 OFDM 技术保持一致，大部分参数都可以重用，是目前众多降低峰均比的方案中造成额外复杂度最低的一个。

在 SC-FDMA 系统中，子载波映射决定了哪部分频率资源被用于传输上行数据，而其他部分则被插入若干零值。SC-FDMA 系统中的子载波映射方式有集中式子载波映射（Localized Subcarrier Mapping）和分布式子载波映射（Distributed Subcarrier Mapping）两种。从数据符号上看，这两种映射方式的主要区别在于子载波间补零的方式不同，其产生的信号分别为 LFDMA 信号和 DFDMA 信号。子载波映射方式如图 9-12 所示。

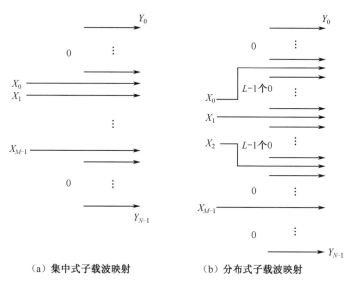

（a）集中式子载波映射　　　　　　（b）分布式子载波映射

图 9-12　子载波映射方式

除了集中式子载波映射方式和分布式子载波映射方式，还有交织式子载波映射方式，将通过这种映射方式产生的 SC-FDMA 信号称为交织式 FDMA（Interleaved FDMA，IFDMA）信号。实际上，交织式子载波映射方式只是分布式子载波映射方式的一种特殊情况，其基本原理是将频域符号等间隔地映射到子载波上，即假设符号数为 M，子载波数为 N，则扩展因子为 $Q=N/M$，映射符号子载波之间插入 $L-1$ 个零值，且 $L=Q$。IFDMA 信号占据了整个传输带宽，而 DFDMA 信号只占据了部分子载波带宽。如果系统是多用户的，不同的子载波映射方式会形成不同的子载波分布。

采用 QPSK 和 16QAM 时的 3 种子载波映射方式的 PAPR 分别如图 9-13 和图 9-14 所示，纵坐标表示互补累积分布函数（Complementary Cumulative Distribution Function，CCDF）。

从图 9-13 和图 9-14 中可以看出，无论采用 QPSK 还是 16QAM，IFDMA 信号都有最小的 PAPR，LFDMA 和 DFDMA 的 PAPR 则依次增大；无论 SC-FDMA 系统采用哪种子载波映射方式，其 PAPR 都比相同条件下 OFDM 系统的 PAPR 小；采用 16QAM 时的 PAPR 略大于采用 QPSK 时。

此外，由于 DFDMA 中不同用户的子载波相互交错，一旦子载波的频域位置出现偏移就会产生较严重的用户间干扰，因此对同步误差和多普勒频移较敏感；而对于 LFDMA，即使出现了由频率造成的用户间干扰，受影响的也只有边缘的子载波，因此其具有较好的链路性能。DFDMA 中不同用户的子载波相互交错，平均分配到整个频域，对于频率选择性衰落信道来说，多个连续符号落入深衰落区的概率较小，无论深衰落区出现在哪里，每次落入深衰落区内的信号数都差不多；而 LFDMA 的子载波连续分布，多个连续符号可能都落入深衰落区，也可能都不落入深衰落区，因此起始符号映射的位置对其影响较大。

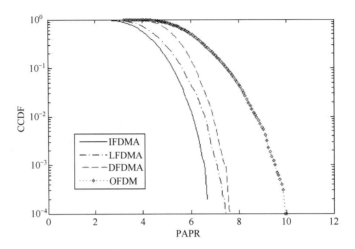

图 9-13　采用QPSK时的 3 种子载波映射方式的PAPR

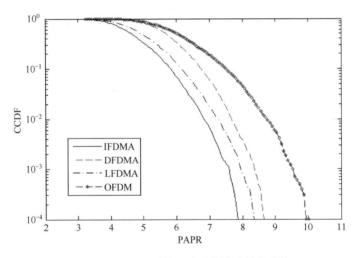

图 9-14　采用 16QAM时的 3 种子载波映射方式的PAPR

4. 多天线技术

在移动通信系统中，可以利用多天线技术抑制信道衰落，以改善系统容量、覆盖区域和数据传输速率等性能。在 LTE 系统中，当天线明显增多时，MIMO 的传输模式将变得多样化。上行系统采用了空间分集和虚拟 MIMO 技术；下行系统则定义了多种 MIMO 传输模式，包括发射分集、开环和闭环空间复用、波束赋形等。

对于上行来说，eNodeB 采用多天线接收 UE 发送的信号，并将接收到的信号合并，以提高信噪比。上行采用的虚拟 MIMO 技术如图 9-15 所示，与传统的 MIMO 技术相比，其无法控制天线数。在图 9-15 中，从终端看只是单天线传输，而从接收端看是由多个终端和一个基站组成的虚拟 MIMO 系统。其利用不同终端的天线，提高了空间的自由度，使信道容量增大。终端只需要根据下行的指示正常发送，而基站则需要完成用户的选择配对和多用户检测。

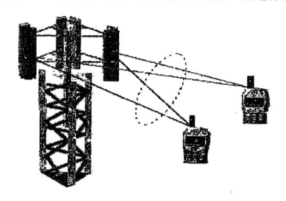

图 9-15　上行采用的虚拟MIMO技术

对于下行来说，不同的多天线传输方案对应不用的传输模式。LTE R8 中定义了 7 种 MIMO 传输模式，如发射分集、开环空间复用、闭环空间复用、多用户 MIMO、波束赋形等；LTE R9 中增加了双流波束赋形，并进行了导频设计，以支持多用户波束赋形。它们的区别体现在天线映射的结构、用于解调的参考信号和依赖的 CSI 反馈类型等方面。不同模式的应用场景不同，对容量和覆盖区域的影响也不同，系统可以根据无线信道和业务状况在各种模式之间进行自适应切换。LTE R9 中下行数据传输支持的传输模式和适用场景如表 9-3 所示。

表 9-3　LTE R9 中下行数据传输支持的传输模式和适用场景

MIMO 传输模式	适 用 场 景
单天线传输	基站配置了一个天线端口
发射分集	低信噪比、高速移动、空间相关性强
开环空间复用	高速移动、高信噪比、空间相关性弱
闭环空间复用	低速移动、高信噪比、空间相关性弱
多用户 MIMO	用户多、高信噪比、空间相关性强、低速移动
Rank=1 的闭环空间复用	空间相关性强、低速移动、低信噪比
单流波束赋形	空间相关性强、低信噪比
双流波束赋形	低速移动、中高信噪比

5. 信道编码

LTE 系统对于数据传输速率较低的信道（广播信道和控制信道）往往采用卷积编码，并采用咬尾卷积的方法解决卷积编码中出现的拖尾比特问题。咬尾卷积编码将编码器中移位寄存器的初始值设置为输入流最后的 6 个信息比特对应的值，使得移位寄存器的初始状态与最终状态相同，这样可以省去拖尾比特，提高编码效率。码率为 1/3 的咬尾卷积编码器如图 9-16 所示。

对于传输速率较高的信道，则需要性能更好的信道编码方案。LTE 系统依据误码率、复杂度、扩展性、分段灵活性等性能指标，通过综合分析采用了 Turbo 码，而没有选择在整体性能上未显出明显优势的低密度奇偶校验（Low Density Parity Check，LDPC）码。在 LTE 系统中采用的 Turbo 编码器如图 9-17 所示。

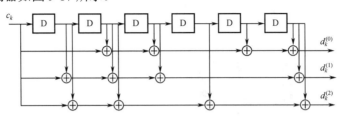

图 9-16　码率为 1/3 的咬尾卷积编码器

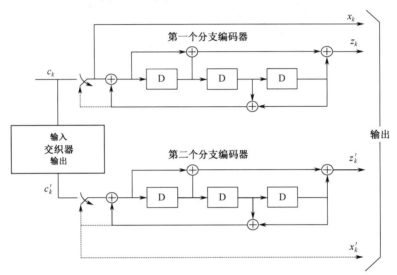

图 9-17　在 LTE 系统中采用的 Turbo 编码器

下面对 TD-LTE 协议要求的 Turbo 码在不同参数下的误码率进行仿真。使用的算法是实际应用较为广泛的 Log-MAP 算法和 Max-Log-MAP 算法。仿真条件为迭代次数是 8、码率是 1/3。交织长度为 40、192 及 512、1408 时的误码率分别如图 9-18 和图 9-19 所示。

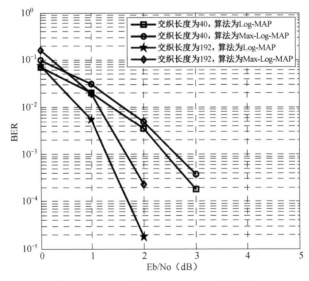

图 9-18　交织长度为 40、192 时的误码率

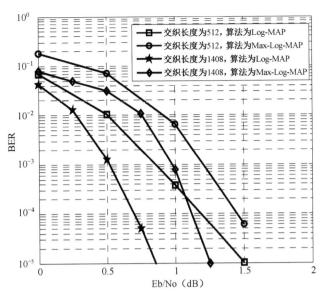

图 9-19 交织长度为 512、1408 时的误码率

从图 9-18 和图 9-19 中可以看出，Max-Log-MAP 算法的抗误码性能较弱，与 Log-MAP 算法相差 0.3～0.4dB。主要原因是 Max-Log-MAP 算法以抗误码性能为代价，降低了复杂度。

一般将数据通过 1 次第一分量译码器和第二分量译码器看作 1 次迭代，仿真条件为采用 Log-MAP 算法，码率为 1/3。交织长度为 40、192、512、1408 时的迭代次数与误码率关系分别如图 9-20、图 9-21、图 9-22 和图 9-23 所示。

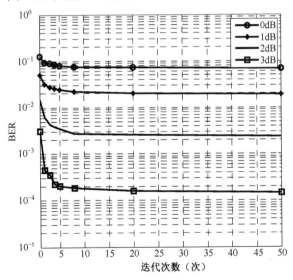

图 9-20 交织长度为 40 时的迭代次数与误码率关系

当迭代次数较少时，随着迭代次数的增加，抗误码性能变化明显；而当迭代一定次数后，抗误码性能几乎不再变化。此外，交织长度较小时的性能曲线收敛速度快于交织长度较大时。例如，在交织长度为 40 时，一般迭代 5 次左右曲线基本收敛；而在交织长度为 512 时，迭代 10 次左右才基本收敛。

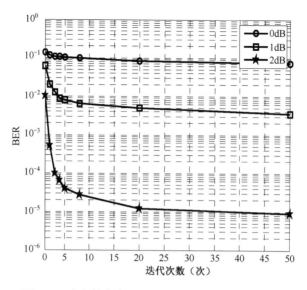

图 9-21　交织长度为 192 时的迭代次数与误码率关系

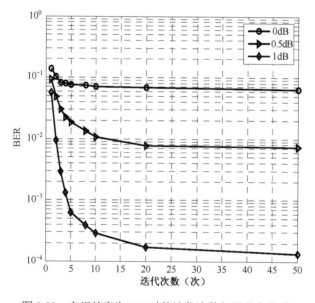

图 9-22　交织长度为 512 时的迭代次数与误码率关系

　　当迭代一定次数后，抗误码性能不再变化的原因是不同迭代次数下输入分量译码器的信息位和校验位相同，不同的是输入的先验信息，而输入的先验信息是上次迭代的输出。第一次迭代输入的是全 0 序列，此时先验信息与系统信息位的相关性很弱；随着迭代次数的增加，先验信息与系统信息位的相关性逐渐增强；当迭代一定次数后，二者的相关性基本不变，因此抗误码性能趋于稳定。

　　仿真条件为采用 Log-MAP 算法，迭代次数为 8。交织长度为 40、192 及 512、1408 时的码率性能比较分别如图 9-24 和图 9-25 所示。

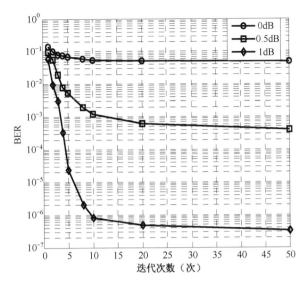

图 9-23 交织长度为 1408 时的迭代次数与误码率关系

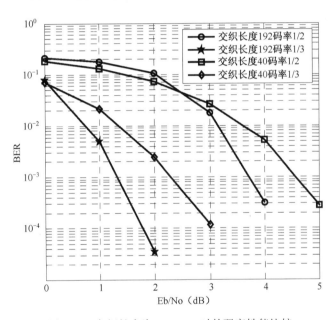

图 9-24 交织长度为 40、192 时的码率性能比较

从图 9-24 和图 9-25 中可以看出，码率越高，抗误码性能越差，原因是在后续的处理中对编码器输出的数据进行了打孔，部分校验位未传输至接收端；而在接收端，未传输的数据用 0 替代，这样很多校验位就被直接看作错码，使得之前未出错的系统信息位出错。由于用 0 替代了未传输的数据，在计算过程中未完成简化，但是因为提高码率可以减少发送的冗余码元数量，所以可以增大吞吐量。当信道状态较好时，可以考虑使用较高的码率传输，从而增大吞吐量。

除了采用上述编码方式，LTE 系统还通过对码块添加 CRC 校验位、对上行反馈的信道质量信息进行块编码、对 HARQ 的控制信息和秩指示信息采用奇偶校验码和重复码进行编码等来检测传输码块是否出错。

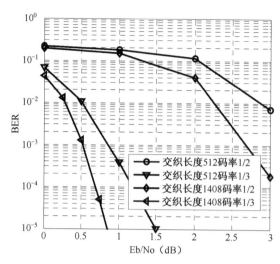

图 9-25　交织长度为 512、1408 时的码率性能比较

6. 链路自适应

链路自适应指系统依据当前获取的信道状态信息，自适应地调整系统传输参数的行为，以适应当前信道的变化。链路自适应主要包括自适应调制与编码（Adaptive Modulation and Coding，AMC）和混合自动重传请求（Hybrid Auto Repeat Request，HARQ）。

自适应调制与编码主要在物理层实现，通过获取信道的相关信息，对调制方式和码率进行调整，以确保传输质量不发生巨大变化。在一般情况下，信道质量较差时，往往采用可靠性较高的低阶调制方式与较低的码率；而信道质量较好时，往往采用可靠性较低的高阶调制方式与较高的码率。影响 AMC 的主要因素是编码调制方案的粒度。粒度指信令描述的精细程度，粒度越小则越精细。粒度过大则系统不能充分利用当前的信道容量；粒度过小虽然能充分反映信道容量，但是会提高成本。信道质量信息的准确性与实时性也是影响 AMC 的因素。由于信道的质量信息是从通信的另一端反馈到发射端的，在信道质量很差时，信道的质量信息可能出现错误，这种错误会严重影响信道估计的准确性；信道的实时性与传输时延有关，当移动终端移动较快时，时延对系统的影响将增大。

无线信道会导致出现传输错误，这类传输错误一般可以通过自适应调制与编码进行纠正，但考虑到无线信道的快速时变特性、接收机噪声的随机特性及系统中存在的各类干扰，往往还会存在一定的传输错误无法通过 AMC 完全消除，因此在移动通信系统中，用于控制随机错误的 HARQ 就变得非常重要。HARQ 是在数据传输后控制瞬时无线链路质量波动影响的机制，传统的自动重传请求（Automatic Repeat request，ARQ）采用丢弃错误数据包后重传的方式，虽然这些数据包不能被正确解码，但是仍然包含了有用信息，而这些信息会在丢弃错误数据包时丢失。这一缺陷可以通过带有软合并的 HARQ 来弥补，在带有软合并的 HARQ 中，错误数据包存储在缓冲器内存中，并与之后的重传包合并，从而获得比分组单独解码更可靠的合并数据包。在 LTE 系统中，HARQ 通常可以分为跟踪合并与增量冗余合并两种方式。跟踪合并每次重传的是原始信息的副本，每次重传后，接收机采用最大比值合并对信息进行合并，并进行译码。由于每次重传的信息相同，可以将跟踪合并的重传视为重复编码。因为没有传输新的冗余比特，所以跟踪合并除在每次重传时提高累积接收信噪比外，不能提供任何额外的编码增益。增量冗余合并通过第一次传输发送信息比特和一部分冗余比特，而通过重传发送另一部分冗余比特。如果第一次传输没有成功解码，则可以通过重传更多的冗余比特来降低码率，从而使译码成功率更高。如果加上重传的冗余比特后仍无法正确解码，则再次重传。随着重传次数的增加，冗余比特不断积累，码率不断降低，从而获得更好的译码效果。

HARQ 针对每个传输块进行重传。在 LTE 系统中，HARQ 采用多个进程的"停止—等待" HARQ 实现方式，即对于某 HARQ 进程，在 ACK/NACK（肯定确认/否定确认）反馈前，此进程中止；在 ACK/NACK 反馈后，再根据其决定是发送新数据还是重传旧数据。

7. 演进型多媒体广播多播业务（E-MBMS）

LTE 系统中的 E-MBMS 可以分为多小区 MBMS 和单小区 MBMS 两类。单小区 MBMS 业务信道（MBMS Traffic Channel，MTCH）映射到下行共享信道（DL Shared Data Channel，DL-SCH），而多小区 MBMS 则通过多小区合并实现，通过同步的多小区共同发送 MBMS 信号，自然形成多小区信号的合并。因为这种合并发生在同一频段，所以又称单频网（Single Frequency Network，SFN）合并。由于其在 UE 端接收多小区 MBMS 信号，因此不会提高复杂度，但在 e-NodeB 端，需要进行一些不同的设计，以满足多小区信号的单频网合并需要，如采用更长的循环前缀（Cyclic Prefix，CP），即扩展 CP（Extended CP）。常规 CP（Normal CP）是在单播系统下设计的，即将本小区 e-NodeB 发出的信号作为有用信号，而将相邻小区的信号作为干扰，此时的 CP 长度只需要大于单小区的多径时延扩展。但是在 SFN 合并 MBMS（MBSFN）系统中，多个小区的 e-NodeB 发出的信号均作为有用信号，这种情况下 CP 需要大于多个小区信号的时延扩展，因此需要更长的 CP。

8. 同步

LTE 系统中的同步主要包括 3 种。第 1 种是 UE 与 e-NodeB 的同步；第 2 种是 e-NodeB 之间的同步，实现同步的方法是通过小区内各 UE 的报告和相邻的 e-NodeB 进行同步校准，使全系统逐步与参考基站同步；第 3 种是上行同步，又称时间控制，即为保证上行多用户信号的正交性，要求各用户的信号同时到达 e-NodeB，误差在 CP 内，因此需要根据用户与 e-NodeB 的距离调整发送时间。

9.3　LTE-Advanced 系统

9.3.1　概述

2008 年 9 月，在 LTE R8 冻结时，为了满足 ITU 对 4G 方案的要求，LTE-Advanced 项目拉开了序幕。如果把 LTE 看作"准 4G"系统，LTE-Advanced 就是名正言顺的 4G 系统。LTE-Advanced 系统具有高速、智能化、业务多样化、无缝接入、后向兼容等优点。

针对 ITU 在频谱利用率、覆盖范围、传输速率、边缘用户体验等方面提出的高要求，LTE-Advanced 系统主要有以下改进。

（1）LTE-Advanced 系统采用 MIMO 技术，下行端口数由 LTE 的 4 个增至 8 个，最大支持8发8收的空间复用；上行则支持4端口的空间复用。通过增强的MIMO技术可以使LTE-Advanced系统的频谱利用率进一步提高。

（2）为了使小区边缘用户也能得到良好的用户体验并丰富业务类型，LTE-Advanced系统采用协作多点（Coordinated Multiple Point，CoMP）传输技术。

（3）为了更好地兼容LTE系统现有标准、降低标准化工作的复杂度及支持灵活的应用场景，LTE-Advanced系统引入载波聚合（Carrier Aggregation，CA）技术，以获得更大的带宽。

9.3.2 系统需求及发展趋势

LTE系统与其说是"演进"，不如说是"革命"，这场"革命"使其丧失了大部分后向兼容性，从网络侧到终端侧都进行了大规模更新换代。LTE系统已基本具有4G技术，只要适当增强就能满足LTE-Advanced系统的需求。LTE-Advanced系统是在LTE系统基础上的平滑演进。基于这种定位，LTE-Advanced系统应支持LTE系统的全部功能，并与LTE系统兼容。同时，随着业界对移动互联网发展趋势的进一步理解，室内的低速环境成为移动互联网的重要应用场景，LTE-Advanced系统的工作重点应放在对室内场景的优化方面。

如何更好地利用频率资源也是需要考虑的问题。LTE-Advanced系统的潜在部署频段包括450～470MHz、698～862MHz、2.3～2.4GHz、3.4～4.2GHz、4.4～4.99GHz等。可以发现，除了2.3～2.4GHz为传统系统常用的频段，新的频段呈高低分化趋势。在系统带宽方面，LTE-Advanced系统最大支持100MHz。由于很难找到这么宽且连续的频带，LTE-Advanced系统提出了对多频段的整合需求。另外，LTE-Advanced系统还强调了自配置与自优化，以及降低终端、网络成本和功耗等需求。

9.3.3 关键技术

1. 载波聚合

为了满足IMT-Advanced系统峰值速率达到下行1Gbps、上行500Mbps的需求，可以从两个方面入手，一是提高频谱利用率，通过LTE-Advanced系统中的MIMO技术和高阶调制技术实现；二是增大传输带宽，在LTE-Advanced系统中扩展到了100MHz。虽然ITU为4G预留了一部分带宽，但是候选频段的分布比较零散，包括400MHz、800MHz、2.5GHz等多个零散频段，各频段间隔较大，且传输特性存在一定的差异。低频段的传输损耗小，覆盖范围大，但是带宽较小；高频段的带宽较大，但其覆盖范围小。为了支持100MHz的带宽，需要将多个LTE兼容的载波（称为成员载波）连接起来，即采用载波聚合（Carrier Aggregation，CA）技术，如图9-26所示。其能有效利用频率资源，并实现后向兼容，是LTE-Advanced系统中使用的关键技术。

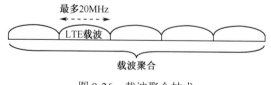

图9-26　载波聚合技术

LTE-Advanced 系统中聚合的各成员载波沿用 LTE 系统中的载波设计，因此带宽不超过 20MHz。通过聚合 2～5 个成员载波，最大可以实现 100MHz 的传输带宽。载波聚合可以分为对称载波聚合和非对称载波聚合，非对称载波聚合指上行和下行聚合的载波数可以不同，以更好地适应非对称业务，由于 TDD 本身支持非对称业务，非对称载波聚合一般应用于 FDD。

载波聚合又可以分为连续载波聚合和非连续载波聚合，连续载波聚合指所有成员载波在同一频段内，且聚合的成员载波之间没有间隔；非连续载波聚合可以分为同一频段内不连续的载波聚合与不同频段内的载波聚合，至少有两个成员载波之间存在间隔。

2. MIMO 增强技术

在 LTE-Advanced 系统中，对 MIMO 技术进行了改进，其天线层数增加，下行支持 8×8 MIMO，上行支持 4×4 MIMO。另外，导频信号和反馈方案也得到了增强。

对于上行 MIMO，LTE-Advanced 系统会为终端分配更多信道，以获得更好的接收效果。上行传输采用预编码技术对数据流进行处理，从而保证接收端能够准确解调。现有的预编码方式有两种，分别是基于码本的预编码方式（通常在 FDD 中使用）和基于非码本的预编码方式（通常在 TDD 中使用）。对于下行 MIMO，LTE-Advanced 系统采用的传输模式与 LTE 系统一致。但对于参考信号，LTE-Advanced 系统有了很大变化，下行公共参考信号被下行解调参考信号和下行测量参考信号取代，极大地提高了预编码的灵活性。

3. 协作多点传输技术

因为 OFDM 可以保证信号之间的正交性，所以 LTE-Advanced 系统和 LTE 系统都要面对减小小区间干扰的问题。协作多点传输技术利用不同位置、不同小区的基站节点，协同发送终端数据或协同接收终端数据，可以减小小区间干扰。

CoMP 技术是 LTE-Advanced 系统扩大网络边缘覆盖区域、保证边缘用户服务质量的重要技术之一。在进行协作多点传输时，各传输节点共享必要的数据和信道状态信息。CoMP 技术可以分为上行和下行两部分，上行针对接收问题，其实质是基站对用户信号的联合接收，对物理层标准的改变较小；下行则针对传输问题，突破传统的单点传输，实现小区协作，为一个或多个用户传输数据，通过不同小区间的基站共享必要的信息，使多个基站通过协作联合为用户传输数据，将传统系统中的小区间干扰转化为协作后的有用信息，或者通过基站间的协作将小区间干扰减小，提高信干比，从而有效增大系统容量。

从干扰处理的角度出发，可以将 CoMP 技术分为协作调度/波束成形（Coordinated Scheduling and Coordinated Beamforming，CS/CB）和联合处理（Joint Processing，JP）两种方式。在协作调度/波束成形中，用户的数据信息只从服务基站发射，但是由小区协作完成。通过基站进行合理的空域调整，减小小区间干扰。在联合处理中，将原相邻小区的同频干扰信号转化为有用信号，实现通信质量的提高，联合处理又可以分为联合传输技术和动态小区选择。协作调度/波束成形与联合处理的区别在于，联合处理可能有多个节点同时向用户传输数据。

思考题与习题

1. 简述第三代移动通信系统的特点。
2. 简述 3G、IMT-2000 和 UMTS 的关系。
3. 介绍 3G 的标准化组织和制定的标准，比较 3G 的 3 种主流标准及其性能特点。
4. 简述 2G 向 3G 的演进过程。
5. 什么是 HSPA？它做了哪些改变？
6. 与第三代移动通信系统相比，LTE 系统增加了哪些新技术？
7. LTE 系统架构有什么改进？优点是什么？
8. LTE-Advanced 系统中的关键技术有哪些？
9. LTE-Advanced 系统中的载波聚合是如何分类的，其实现原理分别是什么？
10. 从干扰处理的角度出发，可以将 CoMP 技术分为哪两种方式，它们的区别是什么？

参 考 文 献

[1] 王华奎, 李艳萍, 张立毅, 等. 移动通信原理与技术[M]. 北京：清华大学出版社, 2009.

[2] 啜钢, 王文博, 常永宇, 等. 移动通信原理与系统（第 2 版）[M]. 北京：北京邮电大学出版社, 2005.

[3] 中兴通讯 NC 教育管理中心. TD-SCDMA 移动通信技术原理与应用[M]. 北京：人民邮电出版社, 2010.

[4] 王映民, 孙韶辉. TD-LTE 技术原理与系统设计[M]. 北京：人民邮电出版社, 2010.

[5] 沈嘉. 3GPP 长期演进（LTE）技术原理与系统设计[M]. 北京：人民邮电出版社, 2008.

[6] 张克平. LTE-B3G/4G 移动通信系统无线技术[M]. 北京：电子工业出版社, 2008.

[7] 周兴围, 赵绍刚, 李岳梦, 等. UMTS LTE/SAE 系统与关键技术详解[M]. 北京：人民邮电出版社, 2009.

[8] 李晓辉, 刘晋东, 李丹涛, 等. 从 LTE 到 5G 移动通信系统——技术原理及其 LabVIEW 实现[M]. 北京：清华大学出版社, 2020.

[9] Stefania Sesia, Issam Toufik, Matthew Baker. LTE/LTE-Advanced—UMTS 长期演进理论与实践[M]. 人民邮电出版社, 2012.

第 10 章

第五代和第六代移动通信系统的发展及关键技术

10.1 第五代移动通信系统概述

10.1.1 5G 的重要地位

4G 改变生活，5G 改变世界。4G 改变生活的例子随处可见，以支付宝、微信等为代表的移动支付应用彻底改变了人们的生活方式，通过手机就可以完成在线支付；以淘宝等为代表的电子商务应用则有助于打破数字鸿沟，老年人也完全可以方便地通过手机下单，且配送时间短；以快手、抖音等为代表的短视频应用将天南地北的人们汇聚在一起，体验一次说走就走的旅行不再是梦想。4G 对经济的快速发展、人民生活质量的提高、社会效率的提高和服务成本的降低起到了非常重要的作用。在 4G 时代，中国构建了世界上最大的 4G 网络，提供了覆盖范围最大、体验最佳的移动宽带，在全球移动通信领域具有领先优势。

在 5G 时代，人类进入将人工智能、大数据、云计算、5G 充分融合的智能互联时代，突破了传统带宽的限制，时延减小，海量终端的问题得以解决，人工智能和移动通信技术深度融合，形成了强大的社会服务体系，并渗透到社会管理层面，改变了社会的方方面面。5G 不仅是通信行业的代名词，更成为社会关注的焦点，各国和各地区都在 5G 领域有巨大投入。实际上，5G 已经超出了单纯的移动通信的范畴，成为第四次工业革命的技术基础，同时也是引领科技创新、实现产业升级、发展数字经济、拉动社会投资、促进经济繁荣的新引擎，在推动经济高质量发展中发挥着重要作用。

2017 年 6 月，中国信息通信研究院发布《5G 经济社会影响白皮书》，阐明了 5G 对经济产出的巨大贡献。从产出规模来看，2030 年，5G 带动的直接产出和间接产出将分别达到 6.3 万亿元和 10.6 万亿元，在直接产出方面，2025 年和 2030 年将分别增长为 3.3 万亿元和 6.3 万亿元，2020—2030 年的年均复合增长率为 29%；在间接产出方面，2025 年和 2030 年，5G 将分别带动 6.3 万亿元和 10.6 万亿元，2020—2030 年的年均复合增长率为 24%。从 5G 对经济增加值的贡献来看，5G 的发展将直接带来电信运营业、设备制造业和信息服务业的快速发展，进而对 GDP 增长产生直接贡献，并通过产业间的关联效应和波及效应，放大 5G 对经济社会发展的贡献，即间接带动国民经济各行业、各领域创造更大的经济增加值，2030 年，预计 5G 对经济增加值的直接贡献将超过 2.9 万亿元，对当年 GDP 增长的贡献率将达到 5.8%。从 5G 对就业增长的贡献来看，5G 通过产业关联及波及效应间接带动 GDP 增长，从而为社会提供大量就业机会，2020 年，5G 将间接带动约 130 万人就业，是其直接提供就业机会的 2.5 倍；预计 2030 年，5G 将间接提供约 1150 万个就业机会，是其直接提供就业机会的 1.4 倍。

10.1.2　5G 的标准化进程

为了推动全球形成有关 5G 的共识，ITU 于 2012 年启动面向 2020 年及未来的国际移动通信愿景研究，旨在研究面向 2020 年及未来的国际移动通信市场、用户、业务应用趋势，并提出未来国际移动通信系统的总体框架和关键能力。在此基础上，ITU 于 2014 年 10 月提出了 IMT-2020 工作时间表，明确了全球 5G 发展总体规划、国际标准化机制流程等重要问题，为后续的 5G 技术、标准和产业发展奠定了基础。工作时间表指出，2015 年以前，5G 工作将主要集中于对愿景、技术趋势和频谱的研究；2015 年年中，启动 5G 国际标准制定，并开展 5G 技术性能需求和评估方法研究；2017 年年底，启动 5G 候选技术征集；2018 年年底，启动 5G 技术评估及标准化；2020 年年底，5G 具备商用能力。

3GPP 在 ITU 的框架下快速推动 5G 的标准化工作。这项工作是一个系统工程，成员公司将研究成果提交到 3GPP，进入提案阶段，如果能够获批和立项则成为研究项目（Study Item，SI），此阶段的结论将形成技术报告（Technical Report，TR），随后根据投票建立工作项目（Work Item，WI），工作项目又可以分为 Stage 1 业务需求定义、Stage 2 总体技术实现方案、Stage 3 实现该业务在各接口定义的具体协议规范，其成果将形成技术规范（Technical Specification，TS）。值得注意的是，3GPP 规范的实施还需要得到各标准组织的批准。随后各运营商一般还会制定企业规范，以及设备和解决方案供应商跟随规范，经过一系列的入网测试、招标测试、验收测试后，才能真正实现商用。

2015 年 9 月，3GPP 对 5G 场景、需求、潜在技术等进行了讨论，并制订了 5G 标准化工作计划，如图 10-1 所示。2016 年 2 月，3GPP 的 R14 启动了 5G 愿景需求和技术方案的研究工作，并于同年 12 月发布了 5G 研究报告。2017 年 12 月，在 3GPP 第 78 次会议上，无线接入网（Radio Access Network，RAN）工作组冻结了 5G NSA 标准，即 Early Drop（早期交付）；2018 年 6 月，在 3GPP 第 80 次会议上，RAN 工作组正式宣布冻结 5G SA 标准，核心网和终端（CT）工作组发布了面向 R15 的详细设计标准，即 Main Drop（主交付）。R15 的发布标志着 5G 的第一个完整标准体系已经形成，在 R15 中可以实现 5G 的独立组网，提供端到端能力，将满足垂直行业对 5G 的需求和期望，为运营商和产业合作伙伴带来新的商业模式。需要指出的是，在 3GPP 的 R15 中，主要完成了 5G 的 3 个典型应用场景中 eMBB 场景的标准制定。但是由于标准的制定需要各工作组之间相互协调，保证网络、终端、芯片等充分兼容，R15 的 Late Drop（延迟交付）版本于 2019 年 3 月正式冻结。3GPP 的 R16 原定于 2019 年年底完成，但由于 R15 Late Drop 的延迟冻结，R16 的冻结时间被延迟到 2020 年 3 月，受新冠肺炎疫情的影响，R16 的冻结时间被进一步延迟到 2020 年 7 月。

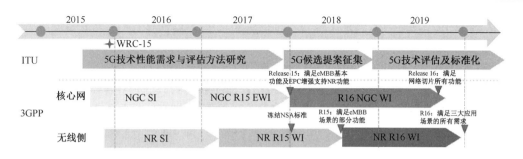

图 10-1　5G标准化工作计划

5G NR（New Radio）标准包括 R15～R17 3 个版本。在 R15 中，无线侧围绕"新架构、新频段、新天线、新设计"等方向，着力实现 5G 创新突破，以用户及服务为中心，构建端到端的智慧系统。其中，"新架构"指打破传统的 NodeB 和 e-NodeB 形式，引入集中单元（Central Unit，CU）和分布单元（Distributed Unit，DU）的网络架构；"新频段"要求 5G 能够在支持传统 Sub-6G 频段的基础上，支持包括毫米波频段在内的 6G 以上中高频段；"新天线"指在 4G 网络的 2～8 通道 MIMO 技术的基础上，支持 Massive MIMO 技术，以大幅提高系统的频谱利用率；"新设计"指引入灵活的帧结构，针对垂直行业的各种差异性需求，使用统一的空中接口设计，满足不同频段（中低频和毫米波频段）、不同场景（eMBB 和 uRLLC）及不同双工方式（TDD 和 FDD）下的需求，即与 4G 的固定帧结构相比，5G 帧结构可以采用多种参数（如上下行配比、子载波带宽、系统带宽等），灵活适配不同的需求。同时，R15 的核心网也发生了巨大变化，其设计理念主要包括"IT 化、互联网化、极简化、服务化"等。其中，"IT 化"引入了软件定义网络，能够基于统一的 IT 基础设施进行编排和调度；"互联网化"打破了传统的 4G 固定网元、固定连接的刚性网络，使 5G 网络成为基于面向服务化架构的、能够动态调整的柔性网络，网元间的协议体系也采用了互联网的 HTTP 2.0（超文本传输协议 2.0）；"极简化"通过引入极简的转发平面增强转发性能，通过引入集中灵活的控制平面提高效率；"服务化"指通过服务化架构，利用网络切片和边缘计算等技术灵活满足多样化网络需求与场景。

2020 年 7 月冻结的 R16 主要有两个方面发生了变化，即基本功能增强和垂直行业能力扩展。基本功能增强包括 2-Step RACH、5G NR 集成接入回传（Integrated Access Backhaul，IAB）、移动性增强、双连接和载波聚合增强、MIMO 增强和 UE 节能等；垂直行业能力扩展包括 uRLLC 增强、5G 与时间敏感网络（Time Sensitive Networking，TSN）集成、非公共网络（NPN）、5G LAN、5G V2X、工作于非授权频段的 5G NR 和 NR 定位等。

R17 的标准化工作正在进行，其主要研究方向包括 NB-IoT 和 eMTC 与非地面网络的集成、低频段的 NR 覆盖增强、定位精度达到厘米级、扩展现实（Extended Reality，XR）评估、NR 多播和广播服务、Inactive 状态下的小数据包传输、NR Sidelink 增强、IAB 增强、动态频谱共享（Dynamic Spectrum Sharing，DSS）增强、NR MIMO 增强、Multi-SIM 等。

10.1.3　5G 的 3 个典型应用场景

增强移动宽带（eMBB）指在现有移动宽带业务场景的基础上，进一步提高数据传输速率。在 5G 网络中，当前的数据传输速率远不能满足高清视频、虚拟现实（Virtual Reality，VR）、增强现实（Augmented Reality，AR）等大流量业务的需求。而 eMBB 场景通过进一步提高数据传输速率使网络能够有效支持一系列大流量业务。在 5G 网络中，希望数据传输速率达到 100Mbps～1Gbps。

超高可靠超低时延通信（uRLLC）指在现有通信系统的基础上，进一步提高通信的可靠性、减小网络时延。在传统的 3G 或 4G 网络中，对可靠性的要求相对较低，但是 5G 网络的无人驾驶、工业机器人、柔性智能生产线等业务对可靠性提出了更高要求，希望这些业务的误码率低于 10^{-8}。在 4G 网络中，时延一般是几十毫秒，而 5G 网络的时延应为 1～10ms，以增强通信的稳定性和安全性。

大规模机器类型通信（mMTC）指在现有物联网的基础上，进一步增加网络能够支持的物联网节点数量。5G 突破了人与人之间的通信，使人与机器、机器与机器之间的通信成为可能。预计 2025 年，中国的移动终端产品将达到 100 亿个，其中有超过 80 亿个物联网终端，这就需要网络有支持大量设备接入的能力，目前的 4G 网络显然没有这样的能力。物联网的应用有两个基本要求，即低功耗和海量接入，大量的物联网节点（如农业采集节点、林业采集节点、智能城市采集节点、智能家居采集节点、工业互联网采集节点等）都要接入网络，且大部分节点无法使用固定电源供电，只能使用电池，如果功耗较大，则部署起来非常困难或节点需要频繁更换，这将大大限制物联网的发展。而 mMTC 能够在 $1km^2$ 内同时接入 100 万个节点，且大部分节点的功耗极低，在一年甚至更长时间内不需要充电，从而能方便地部署。5G 中 3 个典型应用场景的具体应用示例如图 10-2 所示。

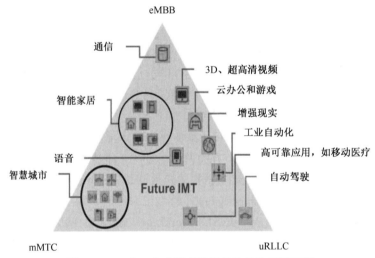

图 10-2　5G中 3 个典型应用场景的具体应用示例

10.1.4　5G 网络架构

5G 网络架构主要包含无线接入网（Radio Access Network，RAN）和核心网（Core Network，CN）两部分。无线接入网主要由基站组成，为用户提供无线接入功能；核心网主要为用户提供互联网接入服务和相应的管理功能等。因为部署新网络需要大量投资且要分别部署这两部分，所以 3GPP 分成两种方式进行部署，即独立组网（SA）和非独立组网（NSA）。独立组网指新建一个 5G 网络，包括新基站、回程链路和核心网；非独立组网指利用现有的 4G 基础设施，进行 5G 网络部署。

在 2016 年 6 月发布的版本中，3GPP 共列举了 Option 1、Option 2、Option 3/3a、Option 4/4a、Option 5、Option 6、Option 7/7a、Option 8/8a 等 8 种 5G 架构选项。其中，Option 1、Option 2、Option 5 和 Option 6 属于独立组网方式，其余属于非独立组网方式。

在 2017 年 3 月发布的版本中，优选了（并同时增加了 2 个子选项 3x 和 7x）Option 2、Option 3/3a/3x、Option 4/4a、Option 5、Option 7/7a/7x 5G 架构选项。

下面对各选项进行介绍。

1）Option 1 和 Option 2

Option 1 和 Option 2 的结构如图 10-3 所示，Option 1 由 4G 核心网和 4G 基站组成，实线表示用户平面，用于传输数据；虚线表示控制平面，用于传输管理和调度数据的命令。Option 2 由 5G 核心网和 5G 基站组成，服务质量高，但成本也高。

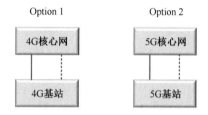

图 10-3　Option 1 和 Option 2 的结构

2）Option 3/3a/3x

Option 3/3a/3x 的结构如图 10-4 所示。Option 3 主要使用 4G 核心网，分为主站和从站，与核心网进行控制平面传输的基站为主站。由于 4G 基站的处理能力有限，需要对基站进行改造，形成增强型 4G 基站，该基站为主站，新部署的 5G 基站为从站。

由于部分 4G 基站的使用时间较长，运营商不愿意花费资金进行基站改造，因此可以采用 Option 3a 和 Option 3x。Option 3a 将 5G 的用户平面数据直接传输至 4G 核心网；而 Option 3x 将用户平面数据分为两部分，用 5G 基站传输 4G 基站不能传输的部分，而 4G 基站能传输的部分及两者的控制平面命令仍使用 4G 基站传输。

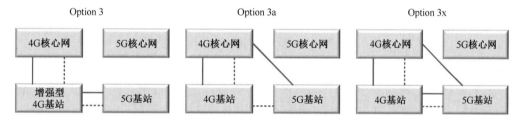

图 10-4　Option 3/3a/3x 的结构

3）Option 4/4a

Option 4/4a 的结构如图 10-5 所示。Option 4 和 Option 3 的区别在于，Option 4 的 4G 基站和 5G 基站共用 5G 核心网，5G 基站作为主站，4G 基站作为从站。由于 5G 基站具有 4G 基站的功能，因此在 Option 4 中，4G 基站的用户平面和控制平面分别通过 5G 基站传输至 5G 核心网，而在 Option 4a 中，4G 基站的用户平面直接连接到 5G 核心网，控制平面仍然通过 5G 基站传输至 5G 核心网。

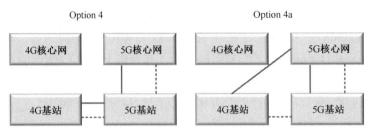

图 10-5　Option 4/4a的结构

4）Option 5 和 Option 6

Option 5 和 Option 6 的结构如图 10-5 所示。Option 5 先部署 5G 核心网，并在 5G 核心网中实现 4G 核心网的功能，而且先使用增强型 4G 基站，再逐渐部署 5G 基站；Option 6 先部署 5G 基站，采用 4G 核心网，其会限制 5G 的部分功能，如网络切片等，因此 Option 6 已经被舍弃。

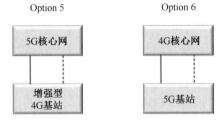

图 10-6　Option 5 和Option 6 的结构

5）Option 7/7a/7x

Option 7/7a/7x 与 Option 3/3a/3x 类似，区别是将 Option 3/3a/3x 中的 4G 核心网变成了 5G 核心网，其传输方式是相同的。Option 7/7a/7x 的结构如图 10-7 所示。

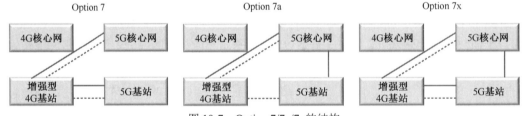

图 10-7　Option 7/7a/7x的结构

6）Option 8/8a

Option 8/8a 的结构如图 10-8 所示，Option 8/8a 使用的是 4G 核心网，通过 5G 基站将用户平面和控制平面传输至 4G 核心网，由于需要对 4G 核心网进行升级，成本更高、改造更复杂，因此已经被舍弃。

图 10-8　Option 8/8a的结构

10.2　第五代移动通信系统的关键技术

第五代移动通信系统面临一系列挑战，包括有限的频率资源制约移动通信系统容量的增大，多频段、多制式、多网络的融合，基站密度增大及物联网设备增加导致的能耗增加，小区密集化和移动设备增多导致的网络干扰增大等。为了解决这些挑战，在 5G 中引入了一系列关键技术，包括超密集网络（Ultra Dense Network，UDN）、毫米波（Millimeter Wave，MMW）、Massive MIMO、非正交多址（Non-Orthogonal Multiple Access，NOMA）、软件定义网络（Software Defined Network，SDN）和网络功能虚拟化（Network Function Virtualization，NFV）、网络切片（Network Slicing）等，下面对其进行介绍。

10.2.1　超密集网络

随着超高清视频、大型游戏、虚拟现实、增强现实等新业务的不断发展，移动网络流量需求呈爆发式增长态势，与 2010 年相比，2020 年全球移动数据流量增长超过 200 倍，预计 2030 年将超过 10000 倍。由移动通信的发展史可知，网络密度、带宽和频谱利用率是系统容量的三大支柱，如图 10-9 所示。在 5G 中，可以通过超密集网络增大网络密度，利用毫米波实现大带宽，频谱利用率则与 Massive MIMO、NOMA 等密切相关。

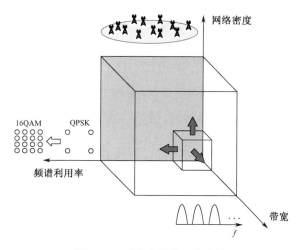

图 10-9　系统容量的三大支柱

研究表明，与 1957 年相比，2008 年的网络容量增大了一百万倍，其中频谱利用率和带宽贡献了 25 倍，空中接口设计贡献了 25 倍，而其余的 1600 倍完全由网络密度贡献。此外，根据目前业界的初步估计，5G 通过引入新的无线传输技术，可以使资源利用率在 4G 的基础上提高 10 倍以上；通过挖掘新的频率资源（如毫米波等），可以使频率资源提高 4 倍左右；通过引入新的体系结构和进行智能化，可以将整个系统的吞吐率提高 25 倍左右。

超密集网络希望在网络热点区域部署大量的低功率接入点（Access Point，AP），以缩短用户接入设备与接入点的距离，减小路径传输损耗，改善用户和 AP 之间的信道状态，提高数据传输速率。同时，由于低功率接入点的覆盖范围小，AP 可以实现密集部署，有效增大了系统容量。作为 5G 的关键技术之一，超密集网络可以有效提高数据传输速率，以满足移动通信网的高速率、大容量需求，在学术界和工业界都受到了广泛关注。超密集网络的架构如图 10-10 所示。

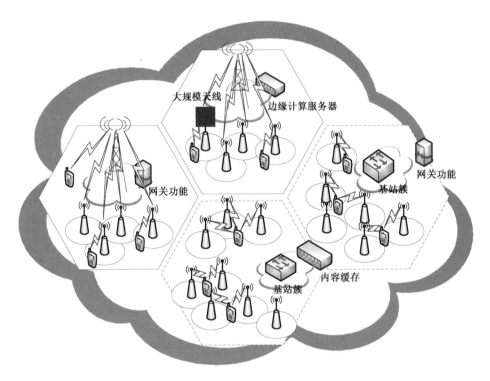

图 10-10　超密集网络的架构

从演进过程上看，超密集网络来自异构网络。3GPP 在 LTE 系统中引入了密集异构的部署方式，允许将小基站部署在宏基站的覆盖范围内，以分担宏基站的负载。为满足高速率需求，小基站部署进一步发展，形成了超密集网络。超密集网络的演进过程如图 10-11 所示。

图 10-11　超密集网络的演进过程

在超密集网络中，可以将各部分分为功能完备的基站和宏扩展接入点两类（除宏基站外）。前者包括微基站（Picocell）和微微基站（Femtocell）等，其能够在较小的范围内以较低的功率实现宏基站中协议栈的所有功能；后者包括中继（Relay）和射频拉远头（Remote Radio Head, RRH）等，是宏基站的扩展，能够有效扩大信号的覆盖范围，并仅实现全部或部分物理层协议的功能。超密集网络中不同类型基站的特点如表 10-1 所示。

表 10-1　超密集网络中不同类型基站的特点

类　型	部　署　方　案	覆　盖　范　围	功　率	接　入　方　案	回　程　方　式
微基站（Picocell）	室内和室外场景	不超过 100m	室内：不超过 100mW 室外：0.25～2W	开放式	理想回程
微微基站（Femtocell）	室内场景	10～30m	室内：不超过 100mW	开放式、闭合式、混合式	非理想回程
中继（Relay）	室内和室外场景	不超过 100m	室内：不超过 100mW 室外：0.25～2W	开放式	带内、带外无线回程
射频拉远头（RRH）	室外场景	不超过 100m	室外：0.25～2W	开放式	理想回程

目前，对超密集网络有两种区分方法，一种是通过网络中 AP 的部署密度来区分，当 AP 的部署间距为几米或十几米时，认为是超密集网络；另一种是通过 AP 和用户的相对密度来区分，当 AP 部署密度与用户密度达到同一量级甚至超过用户密度的量级时，认为是超密集网络。

超密集网络通过在用户密集的区域部署大量 AP，使基站尽可能靠近用户，用户与其服务基站之间的距离可缩短为原来（采用宏基站时）的 1/10。预计 2030 年，微基站之间的距离会缩短为 10m 甚至更短，甚至出现微基站数量接近用户数量的场景，即两者的密度比为 1:1。这样密集的部署可以数百倍地提高区域频谱复用增益，以满足用户需求和设备连接需求。但大量的微基站会使网络结构更复杂、能耗迅速增加、干扰源更多。

移动通信系统中对各类资源的有效分配是避免干扰的有效措施，通过对无线资源的管理调度，也能有效提高资源利用率。频率分配和功率分配是资源分配中的重要内容。但是，频率分配与功率分配是相互影响和制约的，因此需要对其进行联合考虑、联合优化，以得到贴近真实场景的分配结果。此外，还需要考虑每个用户的服务质量（Quality of Service，QoS）需求。除了大量的微基站，超密集网络中还有大量的用户，现有的干扰管理（Interference Management，IM）和资源调度策略将承担非常高的计算复杂度和大量的信令开销。这些挑战使现有的网络架构和通信技术解决方案难以在超密集网络中直接使用，限制了系统获得超密集网络增益的能力。为了发挥网络基础设施密集化带来的优势，可以考虑利用微基站分簇的方法，将大规模网络拓扑分割为许多更小的簇，采用"分而治之"的策略对各簇进行并行处理，以降低系统的计算复杂度。同时，与全局的信息交互相比，各簇间和簇内的信息交互也会大大减少。降低超密集网络的规模，也就降低了超密集网络运行、维护的成本和资源分配的复杂度，增大了其在现实场景中部署的可能性。

在分析超密集网络性能时，需要利用随机几何和概率论等工具，通过对超密集网络进行建模，并分析在特定模式下的网络性能与其在不同参数下的性能变化趋势，为网络设计与算法优化提供指导。现有的研究往往将超密集网络建模为齐次泊松过程（Homogeneous Poisson Point Process，HPPP）。而实际上，更符合实际场景的是泊松簇过程（Poisson Cluster Process，PCP），其能更好地刻画实际场景中用户与基站的分布状态，即在某些热点区域呈聚集状态。在基于 PCP 的双层超密集网络分析中，超密集网络由 PCP 与 HPPP 共同建模，第一层网络建模为 HPPP，用于模拟密度较小、没有聚集现象的宏基站；第二层网络建模为 PCP，用于模拟热点区域，如商场、学校等。同时，用户分为两类进行建模，普通用户建模为 HPPP，用于模拟位置具有很强随机性的用户，如行人等；热点用户建模为 PCP，并与第二层网络建模中的 PCP 共享母点，用于模拟处于热点区域的用户，如商场中的购物者或学校中的学生与老师等。PCP+HPPP 和 HPPP+HPPP 建模的双层网络对比如图 10-12 所示（方块表示宏基站，圆点表示微基站）。

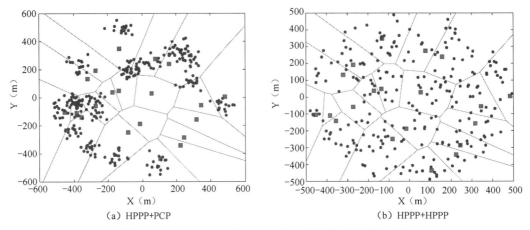

(a) HPPP+PCP   (b) HPPP+HPPP

图 10-12   PCP+HPPP和HPPP+HPPP建模的双层网络对比

通过部署超密集网络和进行小区微型化，可以提高频谱利用率和增大接入网系统容量，从而为实现超高峰值速率与超大系统容量奠定基础。此外，研究表明，5G 网络应致力于建设满足部署轻便、投资轻度、维护轻松、体验轻快要求的轻形态网络，而超密集网络则通过异构网络为搭建轻形态网络提供了良好的支撑，尤其是部分低功率接入点可以由用户自主铺设，从而能够定向满足用户需求。综上所述，超密集网络既有利于为热点区域提供较大的系统容量，又有利于实现轻形态网络，具有重要意义。

10.2.2 毫米波

5G 中的峰值速率需要达到 10Gbps 以上，充的频率资源是保障高速率的重要条件，但目前 6GHz 以下的频率资源已经分配殆尽，很难找到能满足超高数据传输速率应用需求的连续频段，而毫米波频段有丰富的资源，可以极大地提高通信速率，为超高速通信提供了可能。

与低频段相比，毫米波频段有丰富的频率资源，在载波带宽上有巨大优势，可以实现 400MHz、800MHz，满足超高数据传输速率的应用需求。毫米波指波长为 1～10mm、频率为 30～300GHz 的电磁波。由于波长短，元器件尺寸较小，便于设备的集成和小型化。毫米波可以灵活地进行空中接口配置，适用于构建弹性网络。将低频段和毫米波频段结合的高低频混合组网方式和灵活的毫米波通信网络部署将成为未来移动通信系统的基本架构。

1. 标准化工作

3GPP 定义了 FR1（Frequency Range 1）和 FR2（Frequency Range 2）两个频段。FR1 对应低频部分，即 Sub-6G 频段；FR2 对应高频部分，即毫米波频段。3GPP 定义的 FR1 和 FR2 如表 10-2 所示。FR1 频段和 FR2 频段分别如表 10-3 和表 10-4 所示。

表 10-2　3GPP 定义的 FR1 和 FR2

频　段	频　率　范　围
FR1	450～6000MHz
FR2	24250～52600MHz

表 10-3　FR1 频段

编　　号	上行频率范围（MHz）	下行频率范围（MHz）	双 工 模 式
n1	1920～1980	2110～2170	FDD
n2	1850～1910	1930～1990	FDD
n3	1710～1785	1805～1880	FDD
n5	824～849	869～894	FDD
n7	2500～2570	2620～2690	FDD
n8	880～915	925～960	FDD
n20	832～862	791～821	FDD
n28	703～748	758～803	FDD
n38	2570～2620	2570～2620	TDD
n41	2496～2690	2496～2690	TDD
n50	1432～1517	1432～1517	TDD
n51	1427～1432	1427～1432	TDD
n66	1710～1780	2110～2200	FDD
n70	1695～1710	1995～2020	FDD
n71	663～698	617～652	FDD
n74	1427～1470	1475～1518	FDD
n75	N/A	1432～1517	SDL
n76	N/A	1427～1432	SDL
n77	3300～4200	3300～4200	TDD
n78	3300～3800	3300～3800	TDD
n79	4400～5000	4400～5000	TDD
n80	1710～1785	N/A	SUL
n81	880～915	N/A	SUL
n82	832～862	N/A	SUL
n83	703～748	N/A	SUL
n84	1920～1980	N/A	SUL
n86	1710～1780	N/A	SUL

表 10-4　FR2 频段

编　　号	频段范围（MHz）	双 工 模 式
n257	26500～29500	TDD
n258	24250～27500	TDD
n260	37000～40000	TDD
n261	27500～28350	TDD

2019 年，世界无线电通信大会（WRC-19）确定 24.25～27.5GHz、37～43.5GHz、66～71GHz 为 5G 全球毫米波统一工作频段，同时 45.5～47GHz 和 47.2～48.2GHz 为区域性毫米波频段。

根据全球移动供应商协会（GSA）的统计，截至 2020 年 6 月，全球有 97 个运营商（来自 17 个国家和地区）拥有毫米波频段的许可，其中 22 个已经完成了毫米波频段的商用部署。在 3GPP 的 R15～R17 版本中，关于毫米波的内容如下：R15 除了明确 NR 的核心技术和总体架构，还定义了 FR2 的 5 个频段（n257、n258、n259、n260、n261）；同时就高频不同于低频的物理特性（如子载波间隔、帧结构、单用户 MIMO 和多用户 MIMO 的支持、双连接和载波聚合的支持）进行了定义；R16 主要从网络优化的角度，对 R15 进行了增强或补充；R17 主要在业务上进行了拓展，对固定无线接入（Fixed Wireless Access，FWA）和双连接（Dual Connectivity，DC）进行了优化。

2. 毫米波帧结构

毫米波帧结构随子载波间隔的不同而略有不同，以 120kHz 子载波间隔为例，其每帧由两个半帧组成，每帧包含 10 个子帧，每个子帧包含 8 个时隙，每个时隙包含 14 个 OFDM 符号（含 CP），毫米波帧结构如图 10-13 所示。

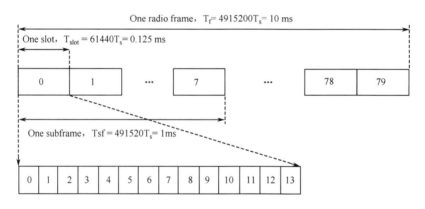

图 10-13　毫米波帧结构示意图

NR 标准支持通过 RRC（Radio Resource Control）信令或 DCI（Downlink Control Information）半静态或动态配置上下行时隙。

高频帧结构大多为一个上行和下行转换周期中有 5 个时隙，毫米波的 3 种常用帧结构如图 10-14 所示。根据需求选择不同的上下行配比，其中有纯下行时隙（标记为 D）、纯上行时隙（标记为 U）和上下行切换的时隙（标记为 S）。在 S 时隙中，上下行切换会预留 GP 符号，预留的 GP 符号数取决于 UE 侧上下行切换的时间和规划的小区半径。

DDDSU 在下行覆盖范围和容量方面有优势；DSUUU 在上行覆盖范围和容量方面有优势；DDSUU 则较为均衡。由于 DDDSU 和 DSUUU 的上行和下行占比不均衡，时延相对较大。

帧结构的设计与应用场景密切相关。如果高频基站主要用于下载业务，则采用 DDDSU 更适合；如果主要用于上行补热和大流量视频上传等，则采用 DSUUU 更合适；如果对上下流量都有一定的需求，则采用 DDSUU 更合适。

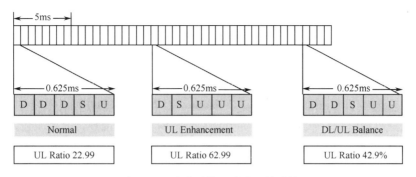

图 10-14　毫米波的 3 种常用帧结构

3. 性能

毫米波的传播损耗大、绕射和衍射能力弱，且受建筑、植被、雨雪、人体、车体等阻挡的影响较大，且从室外到室内的穿透损失较大，覆盖相对受限。

由毫米波的传播特性可知，毫米波适用于基本 LOS 场景（如室外或室内 LOS 等）和近似 LOS 低穿透场景（如室外植被穿透、室内玻璃穿透等），难以覆盖室外建筑阻挡、室内高穿透损耗等场景。

毫米波的传播损耗大，自由空间损耗与载频正相关。在相同的路损模型下，毫米波 26GHz 载波比 3.5GHz 载波的传播损耗大 17.42dB 左右，但其理论传播距离只有 3.5GHz 的 1/6。与低频相比，在高频下建筑的反射和衍射损耗较大，如混凝土反射损耗为 10dB 左右，衍射损耗通常大于 18dB；高频受植被和天气（尤其是大雨）的影响较大；高频从室外到室内的穿透能力较差，其能穿透单玻璃、木头、冰雪等材质，但在混凝土材质和室内多层墙体等情况下，26GHz 比 3.5GHz 的穿透损耗大 100dB 左右；高频受人体阻挡的影响较大，如果终端周围存在人体阻挡的情况，则信号衰减非常明显。3.5GHz 和 26GHz 在不同材料下的穿透损耗如表 10-5 所示。

表 10-5　3.5GHz 和 26GHz 在不同材料下的穿透损耗

频　率	普通多层玻璃	IRR 玻璃	混凝土	木　头	树	雨（大雨 10mm/hr）	雪	冰	人　体
3.5GHz	2.7dB	24.05dB	19dB	5.27dB	7.67dB	0dB	0dB	0dB	3dB
26GHz	7.2dB	30.8dB	109dB	7.97dB	16.46dB	1.57dB	4dB	2dB	9～13dB

通常可以通过增加上行或下行资源、增加收发天线数、增大天线增益、增大发送功率、优化 RB（Resource Block）资源分配等方法来扩大毫米波覆盖范围。

对于毫米波的单站覆盖来说，整体覆盖效果取决于上行和下行控制信道与业务信道的综合覆盖效果。控制信道覆盖主要考虑极限覆盖范围，业务信道覆盖则需要根据边缘速率来确定覆盖范围，不同上行和下行边缘速率对应不同的覆盖范围，可以通过降低对边缘速率的要求来规划覆盖范围。通常上行覆盖相对于下行覆盖受限，业务信道相对于控制信道受限，因此多以 PUSCH（Physical Uplink Shared Channel）的覆盖效果来衡量整体覆盖效果。

10.2.3　Massive MIMO

由于 MIMO 技术在 3G 和 4G 中得到了成功应用，5G 中也采用了 MIMO 技术，并进行了扩展，即大规模 MIMO（Massive MIMO）。Massive MIMO 技术指在通信系统中使用数十根至数百根天线组成天线阵列，从而在相同的资源块上同时服务多用户，其由贝尔实验室的 T. L. Marzetta 于 2010 年年底提出。

随着有源天线技术商业成熟度的提高、垂直维数字端口的开放与天线规模的进一步扩大，3GPP 从 R12 开始对 3D 信道与场景模型问题进行研究，并在 R13 和 R14 及后续版本中对全维度 MIMO（Full Dimension MIMO，FD-MIMO）技术进行了研究与标准化。Massive MIMO 技术利用基站大规模天线配置所提供的空间自由度，提高多用户间的频率复用能力、各用户的频谱利用率，并增强抗小区间干扰能力，从而大幅提高频率资源的整体利用率；利用基站大规模天线配置所提供的分集增益和阵列增益，各用户与基站之间的通信效率也可以进一步提高。Massive MIMO 技术为系统频谱利用率、传输可靠性的提高和用户体验的增强提供了重要保障，同时也为异构化、密集化网络部署提供了灵活的干扰控制和协调手段。因此，随着一系列关键技术的突破及器件、天线的进一步发展，以解决 5G 系统在传输速率和系统容量等方面的性能挑战为出发点，Massive MIMO 技术成为 5G 系统与现有移动通信系统相区别的核心技术之一。

在基站天线的配置方面，可以将所有天线集中配置在一个基站上，形成集中式大规模 MIMO 系统；也可以将天线分散配置在多个节点上，通过光纤将这些节点连接起来，进行数据的集中处理，形成分布式大规模 MIMO 系统。集中式大规模 MIMO 系统的优点是不需要占用多个位置，并可以有效避免光纤数据汇总时的同步问题；而分布式大规模 MIMO 系统的优点是能够有效形成多个独立的传输信道，避免出现集中式大规模 MIMO 系统中天线配置过于紧密导致的信道相关性过强的问题；另外，分布式大规模 MIMO 系统可以获得更大的覆盖范围。

Massive MIMO 技术的潜在应用场景主要包括宏蜂窝、高层建筑、热点覆盖和回传链路等。在需要广域覆盖的场景中，Massive MIMO 技术可以利用现有的 Sub-6G 频段；在热点覆盖或回传链路等场景中，可以考虑使用毫米波频段。针对上述场景，需要根据大规模天线的实测结果，对一系列信道参数的分布特征及其相关性进行建模，从而反映信号在三维空间的传播特性。Massive MIMO 技术的应用场景如图 10-15 所示。

Massive MIMO 技术为无线接入网提供了更大的空间自由度，因此以其为基础的多用户调度技术、业务负载均衡技术和资源管理技术将得到进一步强化。但是，对于需要有效覆盖小区内所有终端的广播信道来说，采用 Massive MIMO 技术会带来一些不利影响。除此之外，还需要考虑在高速移动场景下，如何实现信号的可靠传输和高速率传输。参考文献[7]对 Massive MIMO 技术在实际应用中面临的一系列问题进行了总结。

1）天线规模的影响

虽然当使用的天线越多时，不同用户信道矢量的正交性越好，但是实际上不可能使用过多天线。天线的体积、重量、迎风面积等对大规模 MIMO 系统的部署与维护有重要影响。对于给定的频段，天线阵列的尺寸与天线规模直接相关。以 Sub-6G 频段为例，为了维持与被动式天线阵列类似的迎风面积，并将天线系统的重量控制在合理范围内，在实用的有源天线系统中，使用的数字通道通常不超过 64 个。

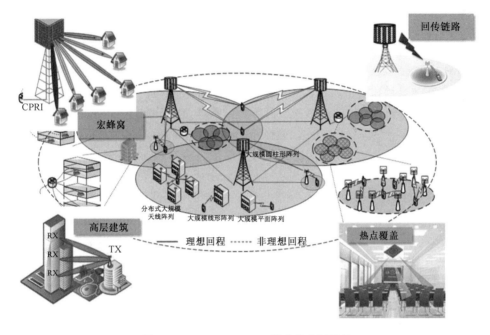

图 10-15　Massive MIMO技术的应用场景

天线规模扩大将使系统中设备的复杂度提高。随着用户数量的增加，如果按照传统的MIMO 处理流程进行处理，系统将面临大量高维度的矩阵运算，且天线系统与地面基带系统之间需要交互的大量数据会给前向回程接口带来较大的传输压力。虽然可以通过大容量光纤及更先进的压缩和光传输技术来解决前向回程接口的传输瓶颈问题，但是计算复杂度的提高仍然是不可避免的。

此外，天线规模和数字通道数会影响信道状态信息参考信号端口数、单用户 MIMO（Single User MIMO，SU-MIMO）与多用户 MIMO（Multi User MIMO，MU-MIMO）层数、码本与 CSI 反馈的设计。天线规模的扩大为 CSI 的获取和参考信号的设计带来了新的挑战。

2）频率的影响

由于 6GHz 以下的频率资源日益紧张，向毫米波频段进一步扩展是 5G 系统发展的需求和必然趋势。R15 最高可以支持 52.6GHz，在后续版本中，NR 系统将逐渐扩展为支持 100GHz。高频信号与低频信号的传播特性存在明显差异，高频信号的传播会受很多非理想因素的影响，如电磁波穿越雨水、植被时可能产生显著衰减，周围的行人、车辆等对电磁波传播的阻挡产生阴影衰落等。实际测量结果表明，上述因素的影响往往随频率的提高而增大。在这种情况下，Massive MIMO 技术带来的高增益和灵活的空域预处理方式为系统克服不利的传播条件、保障覆盖范围等提供了重要支撑。

频率的提高对大规模 MIMO 系统设计的影响是多方面的。高频意味着在天线数相同的条件下，天线尺寸可以更小；或者在天线尺寸相同的条件下，频率越高则可以容纳的天线越多。

因此，对于设备的小型化、部署的便利化和天线规模的进一步扩大来说，频率的提高都是有利的。

综合考虑设计复杂度、布线损耗和散热等因素，较为合理的是以若干天线阵元及相应的射频通道和部分基带功能模块为单位进行集成，形成子阵形式的基本模块。并以此为基础，根据部署条件和场景需要，组合形成所需的阵列形态。在终端侧，由于设备尺寸受限，以多子阵形式增加天线也是一种比较现实的实现手段。

采用 Massive MIMO 技术可以保障传输质量，但出于对成本和功耗的考虑，不可能为所有天线配置完整的射频和基带通道。尤其是当系统带宽较大时，全数字阵列中的大量模数转换器（Analogue to Digital Converter，ADC）和数模转换器（Digital to Analogue Converter，DAC）及高维度的基带运算会为系统的成本、复杂度、散热等实际问题带来难以想象的挑战。基于上述考虑，数模混合波束赋形或单纯的模拟波束赋形将成为高频大规模 MIMO 系统的主要实现形式。在这种情况下，接收机无法在数字域估计出所有收发天线对之间的完整信道矩阵。因此，除了需要数字域的 CSI 测量与反馈机制，还需要一套波束搜索、跟踪、上报、恢复过程，以进行模拟波束赋形。上述过程在 NR 系统中被称为波束管理及波束失效恢复过程。

为了获得较大的赋形增益以对抗传播损耗，模拟波束覆盖的角度可能较小，将显著影响赋形后等效信道的大尺度统计特性。例如，时延扩展减小，信道的频率选择性衰落程度也会相应降低。在这种情况下，频率选择性调度的增益及频率选择性预编码的粒度选择都将受到影响。

毫米波频段的相位噪声会对数据解调产生严重影响，因此需要考虑特殊的参考信号设计，以估计相位噪声。在 5G 系统中，专门设计了相位跟踪参考信号（Phase Tracking Reference Signal，PT-RS），PT-RS 的主要设计目标是估计相邻 OFDM 符号之间的相位噪声引起的相位变化。

3）MU-MIMO 技术的影响

MU-MIMO 技术是提高系统频谱利用率的一种重要手段。与 SU-MIMO 系统相比，由于 MU-MIMO 系统中用户侧的天线数与并发数据流数（包括自己需要接收的数据流与共同调度用户的数据流）的比值更小，且干扰信号的信道矩阵一般难以估计，MU-MIMO 系统的性能更依赖 CSI 的获取精度及预编码与调度算法的优化程度。因此，CSI 的获取是大规模 MIMO 系统的关键问题。

5G 系统定义了两种 CSI 反馈方式，即常规精度（Type I）和高精度（Type II）。Type I 主要针对 SU-MIMO 和 MU-MIMO，Type II 主要针对 MU-MIMO。R15 的 Type II 码本采用线性合并方式构造预编码矩阵，能够显著提高 CSI 的精度，进而极大改善 MU-MIMO 系统的性能。

4）系统设计灵活性的影响

面向 5G 的大规模 MIMO 系统设计需要充分考虑各项系统参数配置的灵活性，以适应复杂多样的应用场景及丰富的业务类型，并尽可能在各层面减小处理时延，具体体现在 CSI-RS（Channel State Information-Reference Signal）、DMRS（Demodulation Reference Signal）、CSI 反馈框架设计等方面。

灵活可配置的 CSI-RS 导频设计。为了保障前向兼容性和低功耗，5G 系统尽量减少了持续发送的参考信号，基本上所有参考信号的具体功能、发送的时频位置和带宽等都是可配置的。对 LTE 中已经存在的 CSI-RS 功能进行了进一步扩展，除了支持 CSI 测量，还支持波束测量、RRM（Radio Resource Management）和 RLM（Radio Link Monitoring）、时频跟踪等。

前置 DMRS 设计。为了减小解码时延，5G 系统的 DMRS 被放置在尽量靠前的位置，即放在一个时隙的第 3 个或第 4 个 OFDM 符号上，或者放在所调度的 PDSCH、PUSCH 数据区的第 1 个 OFDM 符号上。在此基础上，为了支持不同的移动速率，可以配置 1 个、2 个或 3 个附加的 DMRS 符号。上行和下行 DMRS 采用了类似的设计，便于对上行和下行交叉干扰进行测量和抑制。

灵活的 CSI 反馈框架。5G 系统引入了统一的反馈框架，能够同时支持 CSI 反馈和波束测量上报。在该反馈框架中，所有与反馈相关的参数都是可配置的，如测量信道和干扰的参考信号、反馈的 CSI 类型、使用的码本、反馈占用的上行信道资源、反馈的时域特性（周期、非周期、半持续等）和频域特性（CSI 的带宽）等，网络可以根据实际需要配置相应参数。与其相比，LTE 系统需要使用多种反馈模式，并将反馈与传输模式绑定，灵活度低。

此外，为充分挖掘 Massive MIMO 技术的潜在优势，需要寻找符合典型应用场景的信道模型，并分析其频谱利用率和功率效率。此外，大规模 MIMO 系统的核心问题还存在于传输与检测技术、多用户调度技术、资源管理技术、覆盖增强技术方案等方面。

虽然在 Massive MIMO 技术的实际应用中还存在一系列挑战，但是在 5G 系统中，这一技术已经得到了广泛应用，其具有以下优势。

（1）随着天线数的增加，不同用户之间的信道将呈渐进正交性，这意味着用户间干扰可以得到有效的抑制甚至完全消除，从而增大系统容量。

（2）空间分辨率显著提高，充分挖掘空间资源，使网络中的用户可以在相同的资源块上利用 Massive MIMO 技术提供的空间自由度与基站同时进行通信，从而在不增大基站密度和带宽的条件下大幅提高频谱利用率。

（3）阵列增益增大，可以有效减小发射端的功耗。

（4）当天线足够多时，可以采用简单的线性预编码和线性检测接收，如最大比发送预编码和最大比接收，以接近最优的系统性能，从而大大降低系统的实现复杂度。

10.2.4 非正交多址

5G 系统以用户体验速率、连接数密度、端到端时延、流量密度、移动性和峰值速率等为指标，以实现高速率、高密度、高可靠传输。5G 不仅需要满足更高的通信要求、增强用户体验，还需要实现万物互联。5G 不仅对 4G 的传输性能进行了优化，还实现了系统框架、性能指标的大飞跃。这些性能指标的达成是未来实现万物互联、智能生活的基础。作为 4G 系统中的关键技术，正交频分多址（Orthogonal Frequency Division Multiple Access，OFDMA）技术将传输带宽划分为正交的子载波，将这些子载波分配给不同用户，以实现多址接入。但受正交的子载波数限制，OFDMA 技术无法有效满足 5G 的海量连接需求，可以通过采用非正交多址（Non-Orthogonal Multiple Access，NOMA）技术解决。

近年来，研究人员提出了一系列非正交多址技术，它们通过在时域、频域、空域、码域的非正交设计，实现了在相同资源上为更多用户服务的目标，有效增大了系统容量，提高了用户接入能力，主要有以下几种。

- Sparse Code Multiple Access（SCMA）。
- Multi-User Shared Access（MUSA）。

- Non Orthogonal Coded Multiple Access（NCMA）。
- Non Orthogonal Multiple Access（NOMA）。
- Pattern Division Multiple Access（PDMA）。
- Resource Spread Multiple Access（RSMA）。
- Interleave-Grid Multiple Access（IGMA）。
- Low Density Spreading with Signature Vector Extension（LDS-SVE）。
- Low Code Rate and Signature Based Shared Access（LSSA）。
- Non Orthogonal Coded Access（NOCA）。
- Interleave Division Multiple Access（IDMA）。
- Repetition Division Multiple Access（RDMA）。
- Group Orthogonal Coded Access（GOCA）。

在上述技术中，比较常见的包括 NTT DOCOMO 提出的功率域非正交多址（Power Domain Non-Orthogonal Multiple Access，PD-NOMA）、华为提出的基于多维调制和稀疏码扩频的稀疏码分多址（Sparse Code Multiple Access，SCMA）、中兴提出的多用户共享多址（Multiple User Shared Access，MUSA）、大唐提出的基于非正交特征图样的图样分割多址（Pattern Division Multiple Access，PDMA）等。其通过合理的设计，可以实现用户的免调度传输，显著降低成本，减小接入时延和终端功耗。PD-NOMA、SCMA、MUSA、PDMA 的原理分别如图 10-16、图 10-17、图 10-18、图 10-19 所示。

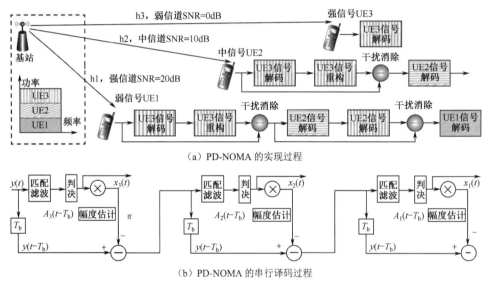

（a）PD-NOMA 的实现过程

（b）PD-NOMA 的串行译码过程

图 10-16　PD-NOMA的原理

考虑到位于小区不同位置的用户的信道状态不同，在发射端，PD-NOMA通过调整发送功率，在相同的时域、频域、空域发送不同的用户信息；在接收端，PD-NOMA 利用到达接收机的不同功率，通过串行干扰消除（Successive Interference Cancellation，SIC）逐一检测不同的用户信息，其难点是设计复杂度较低且性能较好的接收算法。

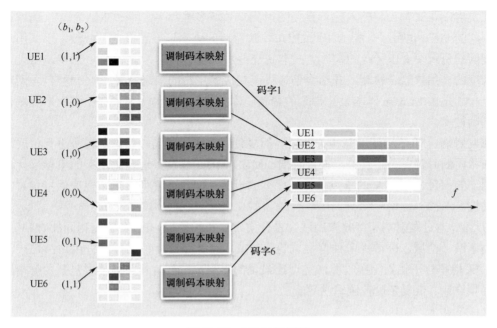

图 10-17 SCMA的原理

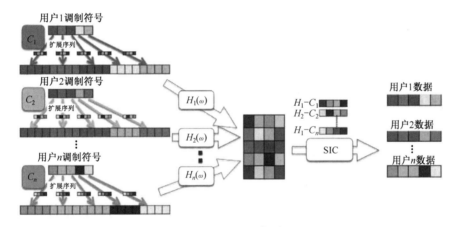

图 10-18 MUSA的原理

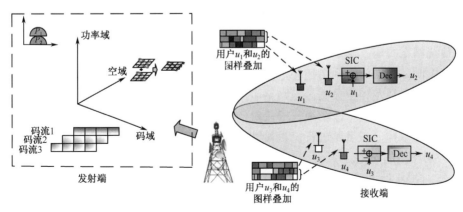

图 10-19 PDMA的原理

在发射端，SCMA 将输入比特直接映射到复数域多维码字，即 SCMA 码字。码本可以分配给不同的 UE，也可以分配给相同的 UE，映射后的码本扩展到多路子载波，不同用户的码字在相同的资源块上以稀疏的扩频方式非正交叠加；在接收端，SCMA 利用稀疏特性，进行低复杂度的多用户联合检测，并结合信道译码完成多用户的信息恢复。SCMA 包含两项关键技术，一项是由 SCMA 码本设计带来的稀疏码本技术，另一项是由 MPA 多用户检测带来的多维调制技术。

在发射端，MUSA 使用互相关性较弱的复数域多元码序列，对调制符号进行扩展，使其可以在相同的时频资源中发送；在接收端，MUSA 通过线性处理及码块级的串行干扰消除分离各用户的信息。MUSA 的重点是扩展序列的设计，即使该序列很短，也应保持相对较弱的互相关性。

PDMA 通过发射端和接收端的联合设计实现。在发射端，PDMA 在相同的时频资源内，采用功率域、空域、码域等多种信号域的单独或联合非正交特征图样区分用户；在接收端，PDMA 采用串行干扰消除接收算法实现准最优的多用户检测。其关键技术包括发射端图样设计、导频设计、低复杂度检测算法等。

10.2.5　SDN 和 NFV

目前，随着 5G 的商用，无线网络中存在一系列异构网络，包括 2G、3G、4G、5G 以及 WLAN 等，而且这些异构网络将持续共存，因此需要实现这些异构网络的互联互通，并更好地进行资源优化。该问题可以通过软件定义网络（Software Defined Networking，SDN）和网络功能虚拟化（Network Function Virtualization，NFV）解决，其基本思想是采用通用的模式并通过软件的方式来定义和控制移动通信网。

1. 软件定义网络（SDN）

传统网络的运作模式是静态的，网络中的设备是决定性因素，控制单位和转发单位紧密耦合。网络设备的连接产生了不同的拓扑结构，不同厂商的交换机模型也不同，导致目前的网络非常复杂；网络设备所依赖的协议存在多样化、不统一、静态控制和缺少共性等问题，进一步提高了网络的复杂度。同时，在网络中增删一台中心设备是非常复杂的，这就导致传统的通信网络适用于静态的、不需要管理者做出太多干预的情况。然而，在 5G 网络中部署的节点将超过 4G 网络的 10 倍，这样密集的网络会使拓扑结构更复杂。通过上述问题可以发现，实际制约传统网络的是其缺乏统一的"大脑"。一直以来，网络的工作方式是网络节点之间通过各种交互机制，独立学习网络拓扑，自行决定与其他节点的交互方式；流量根据节点交互做出的决策，独立转发相应报文；当网络中的节点发生变化时，其他节点感知变化并重新计算路径。这种分散决策机制，在很长一段时间内满足了互联互通的需要，但由于这种分散决策机制缺少全局掌控，在需要进行流量精细化控制管理的今天，表现出越来越多的问题。在此背景下，SDN 应运而生。

2006 年，SDN 技术诞生于美国 GENI 资助的斯坦福大学 Clean Slate 项目，是为了解决在传统网络中将控制和转发集于一体的封闭架构导致的难以进行网络技术创新的问题，该技术是针对有线网络提出的，SDN 技术提出后，得到了产业界的极大关注，并于 2009 年发布了

OpenFlow 1.0 版本，OpenFlow 一直由开放网络基金会（Open Networking Foundation，ONF）管理。ONF 是一个致力于开放标准和 SDN 应用的用户主导型组织。2011 年，ONF 的成立推动了 SDN 的标准化，并推出了第一台可商用的 OpenFlow 交换机；2014 年，Google 骨干网实现 SDN 全面部署；2016 年，SDN 成为未来网络架构研究的重点。2012 年 4 月，ONF 发布 *Software-Defined Networking: The New Norm for Networks*，将 SDN 定义为一种新兴的、控制与转发分离并直接可编程的网络架构，其核心是将传统网络设备紧耦合的网络架构解耦成应用、控制、转发 3 层分离的架构，并通过标准化实现网络的集中管控和网络应用的可编程。

将传统网络设备的数据转发和路由控制功能模块分离，通过集中式控制器对各种网络设备进行管理和设置，可以为网络资源的设计、管理和使用提供更多可能，也更容易推动网络结构的革新与发展。因此，SDN 具有集中化管理、控制与转发分离、开放 API 等特点。

2. 网络功能虚拟化（NFV）

传统网络架构的成本高、运维困难、机会成本大（硬件设备更新换代后，原设备作废），为了获得高收益，NFV 应运而生，外界的技术发展促进了 NFV 的发展：①云计算（Cloud Computing）的发展为 NFV 提供了支持，云计算能提供灵活的虚拟管理，云计算的标准 API，如 OpenFlow，OpenStack，OpenNaaS 等，为 NFV 和云计算的结合提供了帮助，推动了 NFV 的发展；②标准 x86 服务器的性能不断优化、成本不断降低，使基于软件实现网络功能的成本远低于基于专有设备实现网络功能的成本。

ETSI NFV-ISG 将 NFV 定义为一种通过硬件最小化来避免硬件依赖的更灵活和简单的网络发展模式。其实质是将网络功能从专用硬件设备中分离，实现软件和硬件解耦，基于通用的计算、存储、网络设备并根据需要实现网络功能进行动态灵活的部署。

NFV 对控制层进行了细分，充分体现了运营商在部署时避免厂商依赖，以及实现高效管理和按需交付业务的商业化需求，NFV 的功能如图 10-20 所示。

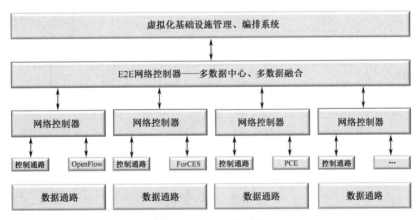

图 10-20　NFV 的功能

因为 NFV 以云计算和虚拟化为基础，所以 ETSI 一开始就把虚拟网元设备间的管理和编排功能加入了架构，NFV 的架构如图 10-21 所示，其包含基础设施层、虚拟网络层、运营支撑层。

（1）基础设施层为 VNF 提供部署、管理和执行环境，并实现对 NFVI 资源（包含硬件资源和虚拟资源）的管控。

- NFVI（NFV Infrastructure）：包括硬件资源层、虚拟化层和虚拟资源层，实现对虚拟网络层业务网元的承载功能。
- VIM（Virtualised Infrastructure Manager）：实现对 NFVI 资源的管理、调度、编排和监控功能。

（2）虚拟网络层基于底层云化基础设施实现业务能力。

- VNF（Virtual Network Feature）为基于 NFVI 资源部署的业务网元。
- EMS（Element Management System）是网元管理系统，提供网元管理功能。
- VNFM（Virtual Network Function Management）负责 VNF 生命周期管理及 VNFD（VNF Descriptor）的生成与解析。

（3）运营支撑层实现对业务的编排、运维与管理。

- OSS（Operation Support System）和 BSS（Business Support System）是支撑系统，实现与 NFVO（NFV Orchestrator）的交互，共同进行维护与管理。
- NFVO 主要负责跨 VIM 的 NFVI 资源编排及网络业务的生命周期管理和编排，并负责 NSD（Network Service Definition）的生成与解析。
- NFVO、VNFM 与 VIM 共同完成虚拟业务网络的部署、调度、运维和管理。

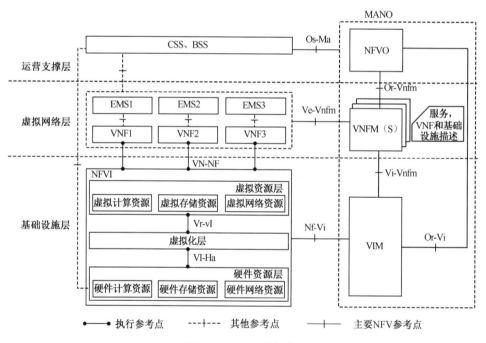

图 10-21 NFV 的架构

在 5G 中引入 NFV 的优点包括降低设备成本和功耗、缩短部署新网络服务的时间、提高新服务的投资回报率、更灵活地更新和发展服务等。

3. SDN 与 NFV 的关系

提到虚拟化，人们会想到用软件的方式实现传统功能。NFV 是具体设备的虚拟化，将设备控制平面运行在服务器上，这样的设备是开放的、兼容的；SDN 是一种全新的网络架构，其思想是取消设备控制平面，由控制器统一计算。

NFV 和 SDN 高度互补,但不互相依赖。可以在没有 SDN 的情况下进行网络功能虚拟化，但将两者结合可以产生更大价值。

NFV 的目标是不使用 SDN，仅通过当前的数据中心技术实现，但从方法上依赖于控制和数据平面的分离，以增强性能、与现有设备兼容、简化基础操作和维护流程。NFV 可以为 SDN 提供基础设施，而且 NFV 和 SDN 都利用基础的服务器、交换机实现目标，这一点上是很相似的。

NFV 体现了 SDN 是一种框架理念，而不是一种技术，为 SDN 的应用提供了宝贵的参考意见。通过引入 SDN 和 NFV，5G 硬件平台能支持虚拟资源的动态配置和高效调度。在广域网层面，NFV 编排器可实现跨数据中心的功能部署和资源调度，SDN 控制器负责不同层级数据中心之间的广域互联；城域网以下可部署单数据中心，中心内部使用统一的 NFVI 基础设施层，实现软件和硬件的解耦，利用 SDN 控制器实现数据中心内部的资源调度。

NFV 和 SDN 在接入网平台的应用是业界聚焦探索的重要方向。利用平台虚拟化技术，可以在同一基站平台上承载多个不同类型的无线接入方案，并能完成接入网逻辑实体的实时动态功能迁移和资源伸缩。利用网络虚拟化技术，可以实现 RAN 内部各功能实体的动态无缝连接，便于配置用户所需的接入网边缘业务模式。

SDN 和 NFV 的融合将提高 5G 进一步组网的能力，NFV 实现底层物理资源到虚拟资源的映射，虚拟化系统实现对虚拟化基础设施平台的统一管理和资源的动态配置；SDN 实现虚拟机间的逻辑连接，构建承载信令和数据流的通路。最终实现接入网和核心网功能单元动态连接，配置端到端的业务链，实现灵活组网。

10.2.6   网络切片

5G 时代是万物感知、万物智能和万物互联的时代。不同业务对网络的需求是多样化的，智能家居、智能电网、智能农业和智能抄表需要大量的额外连接和频繁传输小型数据包的服务支持；自动驾驶和工业控制要求毫秒级时延和接近 100%的可靠性；娱乐信息服务则要求高质量的固定或移动宽带连接。业务需求的多样性为运营商带来了巨大挑战，如果遵循传统网络的建设思路，仅通过整体的网络来满足业务需求，对于运营商来说成本过高且效率较低。因此，网络切片技术应运而生，通过网络切片，运营商能够在一个通用的物理平台上构建多个虚拟化隔离的专用逻辑网络，以满足不同的业务需求。

通过利用基于 5G 服务化架构的网络切片技术，运营商能够最大限度地增强网络对外部环境、用户需求、业务场景的适应性，提高网络资源利用率，优化网络建设投资，构建灵活和敏捷的 5G 网络。

5G 网络切片指将网络资源灵活分配、网络能力按需组合，基于一个 5G 网络形成多个具备不同特性的逻辑子网。每个端到端切片由核心网、无线网、传输网子切片组成，并通过端到端切片管理系统进行统一管理。5G 网络切片整体架构如图 10-22 所示。

网络切片面向应用场景，为运营商的高性价比运营提供了可能，同时也为差异化流量运营提供了可能。网络切片流程如图 10-23 所示，主要包括切片管理和切片选择两项功能。

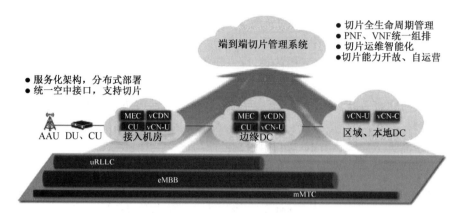

图 10-22　5G网络切片整体架构

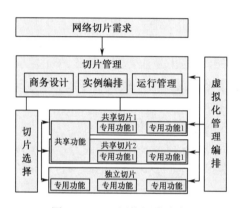

图 10-23　5G网络切片流程

切片管理通过有机串联商务运营、虚拟资源平台和网管系统，为不同切片需求方（如垂直行业用户、虚拟运营商和企业用户等）提供安全隔离、高度自控的专用逻辑网络。切片管理包括 3 个阶段。

（1）商务设计阶段。在这一阶段，切片需求方利用提供的模板和编辑工具，设定切片的相关参数，包括网络拓扑、功能组件、交互协议、性能指标和硬件要求等。

（2）实例编排阶段。将切片描述文件发送到 NFV MANO，实现切片的实例化，并通过与切片之间的接口下发网元功能配置，发起连通性测试，完成切片向运行态的迁移。

（3）运行管理阶段。在运行态下，切片所有者可通过切片管理功能对己方切片进行实时监控和动态维护，主要包括资源的动态伸缩，切片功能的增加、删除和更新，以及故障处理等。

切片选择综合业务签约和功能特性等因素，为用户终端提供合适的切片接入选择。用户终端可以分别接入不同切片，也可以同时接入多切片。用户同时接入多切片的场景形成两种切片架构变体：①独立架构，不同切片在逻辑资源和逻辑功能上完全隔离，仅在物理资源上共享，每个切片包含完整的控制平面和用户平面功能；②共享架构，多切片共享部分网络功能，考虑到终端实现复杂度，可以对移动性管理等终端粒度的控制平面功能进行共享，而业务粒度的控制和转发功能则为各切片的独立功能，实现特定服务。

5G 网络切片的主要特点如下。

1）基于服务化架构的核心网支撑切片按需构建

传统的基于专用硬件的核心网无法满足 5G 网络切片在灵活性和服务等级协议（Service Level Agreement，SLA）方面的需求。5G 核心网基于全新的服务化架构，将网络功能解耦为服务化组件，组件之间使用轻量级开放接口通信。这种高内聚、低耦合的结构使其具备敏捷、易拓展、灵活、开放的特点，从而满足网络切片按需构建、动态部署的高可靠性要求。

2）灵活资源配置和统一空中接口架构设计适配多样化切片场景

5G 无线网支持 AAU、CU、DU 的灵活切分和部署，满足不同场景下的切片组网需求。CU 可以云化部署，方便集中管理无线资源，也可以与 DU 联合部署，以减小传输时延，满足低时延需求。同时，统一的空中接口架构和灵活的帧结构设计支持无线切片资源的灵活配置，结合 Massive MIMO、NOMA 等关键技术，可以适配多样化切片场景。

3）传输网配合多层次切片技术灵活构建传输切片

传输网切片运用虚拟化技术，将网络拓扑资源虚拟化，按需组成虚拟网络，支持多层次的切片隔离技术，如 FlexE（Flexible Ethernet）、LDP（Label Distribution Protocol）、LSP（Label Switched Path）、RSVP-TE（Resource ReSerVation Protocol-Traffic Engineering）、VLAN（Virtual Local Area Network）等技术，满足不同隔离场景下的切片需要。FlexE 等创新技术的应用使虚拟网络切片具备刚性能力，满足高隔离要求下的底层快速转发功能。

SDN 的层次化控制器可以实现物理网络和切片网络的端到端统一控制和管理，从而满足不同业务对传输的要求。

4）端到端切片管理实现模型驱动的切片运营

切片为网络带来灵活性的同时也提高了管理的复杂度，需要通过统一的智能化系统实现端到端切片管理。电信级 DevOps（Development and Operations）平台跨越切片的设计域和运行域，实现从设计、测试、部署到运行监控，以及动态优化的切片全生命周期管理。平台具备拖拽式切片设计环境，进行自动化部署和 AI 增强的自动运维，通过全流程模型驱动，实现业务需求和网络资源的灵活匹配，满足用户的快速定制和部署需求。

网络切片的关键技术包括接入网、传输网、核心网切片使能技术，网络切片标识及接入技术，网络切片端到端管理技术，网络切片端到端 SLA（服务等级协议）保障技术等。

10.3　第五代移动通信系统的应用

5G 与各行业、各领域深度融合，将创造数字经济的新价值体系，催生更多需求，孕育新产品和新服务，构建新业态和新模式，成为中国经济增长的新引擎。

我们不妨大胆想象一下 2025 年的生活场景：早上，智能机器人叫醒你并提前准备好了早餐，在吃早餐时，智能音箱根据你的喜好播报新闻或推送你感兴趣的视频，并整理今天需要完成的事项；出门时，在自动驾驶的车辆中开始一天的办公或带上 VR 眼镜观看自己感兴趣的比赛，车辆根据路况自动选择最优的驾驶路线并自动寻找停车位置，同时在车上通过 5G 高清远程会诊连线医生预约离单位最近的社区医院做 5G 远程诊断；到达公司后，通过 5G 高清远程会议连接到位于不同地理位置的同事，在云端同步最新的工作进展，人工智能会议助手将会议纪要同步到云端网络。下午，到离单位最近的社区医院做 5G 远程诊断，并回单位完成基于数字孪生的产品设计。晚上，在到家时，空调已经调节到室内体感舒适的温度，房间的智能电灯自动开启；无人机将预订的食材准时送达，机器人根据营养要求和身体状况制作晚餐。

在华为发布的《5G 时代十大应用场景白皮书》中，给出了最能体现 5G 能力的十大应用场景。

（1）云 VR/AR：实时计算机图像渲染和建模。

（2）车联网：远控驾驶、编队行驶、自动驾驶。

（3）智能制造：无线机器人云端控制。

（4）智慧能源：馈线自动化。

（5）无线医疗：具备力反馈的远程诊断。

（6）无线家庭娱乐：超高清 8K 视频和云游戏。

（7）联网无人机：专业巡检和安防。

（8）社交网络：超高清/全景直播。

（9）个人 AI 辅助：AI 辅助智能头盔。

（10）智慧城市：AI 使能的视频监控。

下面对其中 3 个与日常生活密切相关的典型应用场景进行介绍。

10.3.1 云 VR/AR

虚拟现实技术（Virtual Reality，VR），又被钱学森先生称为灵境技术。其概念最早出现于 1949 年（在美国科幻小说家斯坦利·温鲍姆的作品中出现），是一项全新的实用技术。顾名思义，就是将虚拟和现实结合。2012 年，一款名为 Oculus Rift（头戴式显示器）的产品开始众筹，首轮融资达到 1600 万美元。

增强现实（Augmented Reality，AR）技术是一种将虚拟信息与真实世界巧妙融合的技术，广泛运用了多媒体、三维建模、实时跟踪及注册、智能交互、传感等多种技术手段，将计算机生成的文字、图像、三维模型、音乐、视频等虚拟信息模拟仿真后，应用于真实世界，两种信息互为补充，从而实现对真实世界的"增强"。

虚拟现实（VR）与增强现实（AR）是能够彻底颠覆传统人机交互内容的变革性技术。变革不仅体现在消费领域，还体现在许多商业和企业市场中。在 4G 时代，移动互联网拉近了线上、线下的距离，如抖音等短视频业务实现了"永远在线"；在 5G 时代，万物互联将让我们同步感知虚拟世界和现实世界，虚拟和现实将充分融合，体验不再受时间和空间的限制，实现"永远在现场"。

VR/AR 业务对带宽的需求是巨大的。高质量 VR/AR 内容处理走向云端，满足用户日益增长的体验需要的同时降低了设备价格，VR/AR 将成为移动网络最有潜力的大流量业务。虽然现有 4G 网络平均吞吐量可以达到 100 Mbps，但一些高阶 VR/AR 应用需要更高的速度。

中国信息通信研究院在《虚拟（增强）现实白皮书（2018 年）》中，指出了 VR/AR 五大关键技术领域，即近眼显示、感知交互、网络传输、渲染处理、内容制作。我国在网络传输平台方面具有一定的优势，在近眼显示上与国际领先水平接近，但在其他 3 个关键技术领域，与国际领先水平还存在一定的差距。要牢牢把握技术创新与产业变革的窗口期，发挥虚拟现实带动效应强的特点，以技术创新为支撑，以应用示范为突破，以产业融合为主线，以平台聚合为中心，着力构建"虚拟现实+"融通发展生态圈。

2019 年 4 月，韩国在全球率先推出 5G 商用服务，VR/AR 业务是韩国三大运营商（SK 电讯、KT、LG Uplus）提供的重要内容。LG Uplus 提供的 U+AR 主打 360° 观看明星，并可以通过 AR 的方式与明星合影，同时还提供视频、游戏、电影和表演等业务。2019 年，25% 的 5G 流量来自 AR/VR；而在 4G 时代，该数据仅为 2%。2020 年 8 月，为推动 VR 发展，中国电信天翼云 VR 举办了"天翼云 VR 未来星推官"线上虚拟云签约仪式（如图 10-24 所示），同时推出"小 V 未来星推官"招募计划。

图 10-24　"天翼云 VR 未来星推官"线上虚拟云签约仪式

VR/AR 的应用需要进行海量数据传输，同时要求 VR/AR 眼镜具有存储和计算功能，使其成本居高不下。在 5G 网络低时延、大带宽、海量连接能力的支持下，可以将数据和计算密集型任务转移到云端，充分利用云端服务器的数据存储和高速计算能力，使 VR/AR 眼镜对主芯片计算能力的需求减小，从而有效降低主芯片的成本。同时，设备的云端能力提高，本地的存储需求减小，其成本将进一步降低；而终端运算能力下降后，电池的需求也可以进一步减小，电池可以变得更轻、更小，从而减小眼镜的重量，使其更适合佩戴和使用。云的引入，有效地降低了 VR/AR 终端产品的成本、减小了重量，极大地拓宽了应用场景，继而推动了整个产业的发展。

ABI Research 预测，2025 年 VR 和 AR 市场总额将达到 2920 亿美元，云 VR/AR 将成为 5G 的"杀手锏"级应用。

10.3.2　车联网

车联网是将车辆与一切实物相连接的新一代信息通信技术，V2X 中的 V 代表车辆，X 代表与车辆交互信息的对象，目前主要包含人、车、交通路侧基础设施和网络。车联网如图 10-25 所示。

车联网是智慧交通中最具代表性的应用之一，通过 5G 实现"人、车、路、云"一体化，成为低时延、高可靠场景中的典型应用之一。基于 5G 的车联网将更加灵活，实现车内、车际、车载互联网的信息交互，实现远控驾驶、编队行驶和自动驾驶等典型应用场景。

2018 年，全球首个城市级蜂窝车联网（C-V2X）示范应用项目在无锡市落地；2019 年 5 月，工业和信息化部复函江苏省工业和信息化厅，支持创建江苏（无锡）车联网先导区，无锡成为我国第一个国家级车联网先导区；2019 年 10 月，江苏省工业和信息化厅批复支持苏州市以常熟市、相城区、工业园区为主体创建省级车联网（智能网联汽车）先导区。另外，2019 年，首个 5G 自动驾驶示范区落户北京市房山区，在高端制造业基地共同建设中国第一条 5G 全覆盖的自动驾驶车辆测试道路，打造国内首个 5G 自动驾驶示范区，率先将 5G 前沿通信技术应用于产业发展。

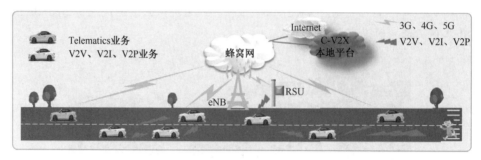

图 10-25　车联网

基于 5G 的车联网有 3 个典型应用场景，分别是远控驾驶、编队行驶和自动驾驶。

（1）远控驾驶使车辆冲在前，车辆的控制由远程控制中心完成，5G 可以满足其往返时延小于 10ms 的要求，在这种情况下，行驶速度为 90km/h 时进行远程紧急制动的刹车距离不超过 25cm。当发生森林火灾、地震、危化品泄露、山洪暴发等灾害时，由于施救环境恶劣，也可以进行远控驾驶。

（2）编队行驶使车辆跑得稳，整个车队以极小的车距编队驾驶，可以减小油耗和驾驶员的数量，主要应用于卡车或货车，能增强运输的安全性、提高效率。

（3）自动驾驶使车辆听得懂，不再需要驾驶员，乘客只需要提供目的地。在大部分应用场景中（如紧急刹车），V2I（Vehicle to Infrastructure）、V2P（Vehicle to Pedestrian）、V2V（Vehicle to Vehicle）、V2N（Vehicle to Network）等多路通信同时进行，数据采集和处理量大，需要通过 5G 满足其大带宽、低时延和超大连接数（1000 亿个连接）、高可靠性（99.999%）和高精度定位等需求。

车辆与网络关联的发展过程如图 10-26 所示。21 世纪初期，蜂窝网被引入车联网，但当时的应用较为简单，更多体现在远程诊断和在线导航等方面；2015 年以后，随着 5G 概念的深化，V2X 受到了更多关注，为了推动其所需的通信解决方案和应用的研究和发展，包括相

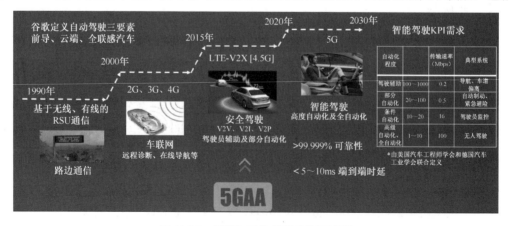

图 10-26　车辆与网络关联的发展过程

关的标准化工作、商业机会挖掘、全球市场拓展等，5G 汽车联盟（5G Automotive Association，5GAA）于 2016 年 9 月成立，由奥迪、宝马、戴姆勒、爱立信、华为、英特尔、诺基亚、高通等公司组成，截至 2021 年 2 月，5GAA 的成员已经扩展到 126 家。与此同时，3GPP 也在积极推进车联网的标准化工作，车联网标准化进程如图 10-27 所示。

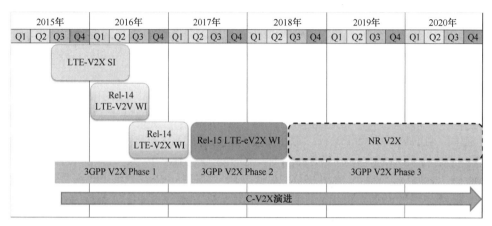

图 10-27　车联网标准化进程

V2X 既支持有蜂窝网覆盖的场景，又支持没有蜂窝网覆盖的场景。对于具体的通信技术来说，V2X 可以提供两种通信接口，分别为 Uu 接口（蜂窝通信接口）和 PC5 接口（直连通信接口）。当支持 V2X 的终端设备（如车载终端、智能手机、路侧单元等）处于蜂窝网覆盖范围内时，可以在蜂窝网的控制下使用 Uu 接口；无论是否有网络覆盖，都可以采用 PC5 接口进行 V2X 通信。V2X 将 Uu 接口和 PC5 接口结合，共同进行 V2X 业务传输，形成有效的冗余，以保障通信的可靠性。车联网整体架构如图 10-28 所示。

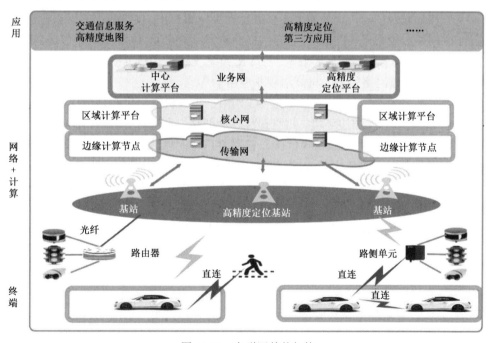

图 10-28　车联网整体架构

10.3.3　联网无人机

无人驾驶飞机（UAV）简称无人机，是利用无线电遥控设备和自备的程序控制装置操纵的不载人飞机，其全球市场在过去十年内大幅增长，现已成为军事、商业、政府和消费应用的重要工具。2019 年，全球无人机销量约 680 万架，市场规模约 950 亿元，与 2018 年相比，增长超过 50%，其中军用无人机占比超过 60%。在民用无人机领域，中国的大疆占全球约 70% 的消费级无人机市场份额，在全球民用无人机制造企业中排名第一。

随着无人机技术的发展，在许多垂直行业出现了"无人机+行业应用"的发展形式。无人机在农林植保、电力及石油管线巡查、应急通信、气象监视、农林作业、海洋水纹监测、矿产勘探等领域应用的技术效果和经济效益十分显著；此外，无人机在灾害评估、生化探测、污染采样、遥感测绘、野生动物保护等方面也有广阔的应用前景；在公共安全领域，无人机也有了一系列应用，包括边防监控、消防监控、环境保护、刑侦反恐、治安巡逻等；当发生突发事件时，无人机可以代替人类及时赶往现场，利用可见光视频及热成像设备等，将实时情况回传至地面设备，为指挥人员提供决策依据。

无人机与移动通信网的结合越来越紧密，形成了联网无人机，无人机与移动通信网的结合，将给产业界带来 10 倍的商业机会。但是，在联网无人机迅速发展的同时，其应用领域越来越广泛，应用需求越来越高，对无人机通信链路也提出了许多新需求，而 5G 能赋予联网无人机超高清图像视频传输（50～150Mbps）、低时延控制（10～20ms）、远程联网协作和自主飞行（100kbps、500ms）等重要能力，有效扩展联网无人机的应用场景、改善应用效果。5G 联网无人机将提供无人机群的协同作业和 7×24 小时的不间断工作。

2018 年 5 月 10 日，上海市开展首次 5G 外场综合测试，在上海市经济和信息化委员会的指导下，上海移动联合华为在北外滩试飞搭载世界领先 5G 通信技术模组的无人机，并成功实现了基于 5G 网络传输的无人机 360° 全景 4K 高清视频的现场直播，岸边的人们可以实时在屏幕上看到无人机传回的全景高清视频，在 VR 终端上可以实现沉浸式观看，尽享黄浦江美景，成功推动基于 5G 网络的无人机高清视频应用的落地。

2019 年 7 月，浙江省进行了首次基于 5G 网络的无人机自动化及精细化线路巡检。基于 5G 网络的无人机可以感知周边环境，规划最优巡检线路，实现自主导航；同时在无人机上搭载了 4K、8K 高清摄像头及热成像摄像头，将巡检高清视频实时回传至数据中心，操作人员可以在后台远程实时控制高清摄像头的状态，也可以支持故障巡检的远程专家决策。5G 无人机除了搭载外置摄像头实时回传视频，还可以连接和采集众多传感器的数据并进行实时回传及数据处理，实现对输电线路的在线监测。此外，5G 网络结合 AI 技术，还可以有效实现对图像、视频的智能识别，减小误判、漏判的概率，提高检测效率，并实现实时预警。

《国务院办公厅关于推进电子商务与快递物流协同发展的意见》（国办发〔2018〕1 号）明确指出要提高科技应用水平。鼓励快递物流企业采用先进适用技术和装备，提升快递物流装备自动化、专业化水平。

2019 年，全国邮政管理工作会议提出要促进科技创新，推广应用无人机、无人车、无人仓库等技术；物流快递是极具潜力的无人机应用领域之一，2017 全球智慧物流峰会的数据显示，2025 年智慧物流市场规模将超过 10000 亿元；2020 年 8 月 21 日，一架大型无人机出现在西北地区上空，标志着顺丰大型无人机基于业务场景首次载货飞行取得了圆满成功，这也是国内首次将大型无人机用于物流场景，这种大型无人机的最大航程为 1200km，巡航速度为 180km/h，最大载荷 1.5t。

除了无人机的单机应用，还出现了多机编队应用。当前，多机编队主要应用于表演，需要解决授时、导航、抗干扰能力、路径协调等问题，多架无人机协同运动需要精确的位置同步和时间同步，酷炫的编队还需要规划合理路线，并避免相互干扰。2017 年 12 月，在《财富》论坛的欢迎酒会上，1180 架无人机编队利用"科技舞蹈"在广州塔前表演，表达了对《财富》论坛的欢迎；2018 年 2 月，在平昌冬奥会的开幕式演出中，1218 架无人机组成单板滑雪运动员的形象；2020 年，哈尔滨工业大学迎来建校 100 周年校庆，1000 架无人机升空摆出哈工大百年纪念标识等造型，如图 10-29 所示。

图 10-29　1000 架无人机升空摆出哈工大百年纪念标识等造型

10.4　第六代移动通信系统的愿景及预期的关键技术

10.4.1　第六代移动通信系统的愿景

当前，全球新一轮科技革命和产业变革正在加速演进，人工智能、VR/AR 和物联网等新一代信息通信技术的广泛应用产生了巨大的数据流量。资料显示，2010 年全球移动数据流量为 7.462EB/月，2030 年这一数据将达到 5016EB/月，移动数据流量的快速增长对移动通信系统的迭代提出了更高要求。此外，在制造、交通、教育、医疗和商业等领域，智能化成为不可逆趋势。为了实现智慧城市建设，数百万个传感器将被嵌入车辆、楼房、工厂、道路、家居环境中，需要可靠无线通信方式的支持。随着通信需求的增长，移动通信从 1G 逐步发展至 5G。虽然已经开始在全球范围内大规模部署 5G，但是人类探索未知领域和改变自身生活质量的欲望也随之增长，随着 R16 的冻结和 R17 相关内容标准化进程的加快，研究人员将关注的重点逐步转移到第六代移动通信系统上。

2018 年 7 月，ITU-T SG13 全会决议通过了成立 Network 2030 焦点组（Focus Group on Network 2030，FG-NET-2030），旨在探索面向 2030 年及以后的网络技术发展，包括新的媒体

数据传输技术、新的网络服务和应用及其使能技术、新的网络架构及其演进。其从更大的角度探索新的通信机制，不受现有网络范例概念或特定技术的限制，探索后向兼容的新理念、新架构、新协议和新的解决方案，以支持现有应用和未来的新应用。

2020年2月，在瑞士日内瓦召开的第34次国际电信联盟无线电通信部门5D工作组（ITU-R WP5D）会议上，面向2030年及6G的研究工作正式启动。这次会议初步形成了6G研究时间表，规划了重要节点。ITU着手编写未来技术趋势报告，将于2022年6月完成，重点描述IMT系统的技术演进方向。此外，ITU还计划于2023年6月完成未来技术展望建议书，包含IMT系统的总体目标，如应用场景、主要系统能力等。目前，ITU尚未确定6G标准的制定计划。

与此同时，各国和各地区也在积极推进6G相关工作。2018年11月，诺基亚与芬兰奥卢大学、芬兰国家技术研究中心等合作开启"6Genesis——支持6G的无线智能社会与生态系统"项目，并于2019年3月召开了全球第一个6G峰会；2018年以来，美国联邦通信委员会（FCC）主导开展了对6G频谱、无线传输技术、频谱使用创新3类关键技术的研究，并重点研究了"融合太赫兹通信与传感"等相关项目，指出基于区块链的动态频谱共享技术将成为发展趋势；英国也是全球较早开展6G网络研究的国家之一，GBK国际集团组建了6G通信技术科研小组；日本制定了2030年实现6G技术商用的综合战略，其在太赫兹等各项电子通信材料领域的领先优势使其在发展6G方面具有独特优势；作为最早进行5G商用的国家，韩国于2019年4月正式宣布开始开展6G研究，组建了6G研究小组，并于2020年1月宣布将在2028年进行6G商用，韩国6G研发项目目前已经通过了可行性调研的技术评估；2019年11月，为促进中国移动通信产业发展和科技创新，科技部会同发展改革委、教育部、工业和信息化部、中科院、自然科学基金委组织召开6G技术研发工作启动会，宣布成立国家6G技术研发推进工作组和总体专家组，正式启动6G研发工作，同时华为在加拿大渥太华成立了6G研发实验室，并行推进5G与6G，中国三大运营商也启动了6G研发工作。

2019年10月，芬兰奥卢大学6G旗舰研究计划发布了全球首个6G白皮书《6G泛在无线智能的关键驱动因素及其研究挑战》，包括以下内容。

- 6G的社会和商业驱动力。
- 6G使用案例和新设备形式。
- 6G频谱和KPI目标。
- 无线硬件的进展和挑战。
- 物理层和无线系统。
- 6G网络。
- 新服务的推动者。

2020年3月，中国电子信息产业发展研究院发布了《6G概念及愿景白皮书》，重点关注了以下内容。

- 从5G走向6G：打通虚实空间泛在智联的统一网络。
- 6G应用场景展望。
- 6G网络性能指标及潜在关键技术。
- ITU面向2030网络及6G的研究。
- 世界各国6G研究进展。
- 中国推进6G研发的相关建议。

该白皮书对 5G 网络中的 3 个典型应用场景进行了扩展，给出了以下 7 个 6G 应用场景。

（1）人体数字孪生。通过大量智能传感器（>100 个/人）在人体的广泛应用，对重要器官、神经系统、呼吸系统、泌尿系统、肌肉骨骼、情绪状态等进行精确实时的"镜像映射"，形成一个完整人体的虚拟世界的精确复制品，进而实现人体个性化健康数据的实时监测。此外，结合专业的影像和生化检查结果，利用 AI 技术提供健康状况精准评估和及时干预。

（2）空中高速上网。采用全新的通信技术和超越蜂窝的新颖网络架构，在降低网络使用成本的同时，在飞机上为用户提供高质量的空中高速上网服务。

（3）基于全息通信的 XR。信息交互形式将逐步由 AR/VR 演进至高保真扩展现实（Extended Reality，XR）交互，最终全面实现无线全息通信。用户可随时随地享受全息通信和全息显示带来的体验升级——视觉、听觉、触觉、嗅觉、味觉乃至情感将通过高保真 XR 充分被调动，享受沉浸式全息体验。

（4）新型智慧城市群。采用统一网络架构，引入新业务场景，构建更高效、更完备的网络，采用网络虚拟化技术、软件定义网络和网络切片等技术将物理网络和逻辑网络分离，使人工智能深度融入 6G 系统。

（5）全域应急通信抢险。由地基、海基、空基和天基网络构成分布式跨地域、跨空域、跨海域的空—天—海—地一体化网络，"泛在连接"将成为 6G 网络的主要特点之一，完成在沙漠、深海、高山等现有网络盲区的部署，实现全域无缝覆盖。

（6）智能工厂 PLUS：利用超高带宽、超低时延和超高可靠等特性，对工厂内车间、机床、零部件等运行数据进行实时采集，利用边缘计算和 AI 等技术，在终端侧直接进行数据监测，并且能够实时下达执行命令。通过引入区块链技术，智能工厂所有终端之间可以直接进行数据交互，实现去中心化，提高生产效率。

（7）网联机器人和自治系统。6G 系统将促进自动驾驶汽车或无人驾驶汽车的规模化部署和应用，支持可靠的车与万物相连（V2X）及车与服务器之间的连接，支持无人机与地面控制器之间的通信。

10.4.2　第六代移动通信系统预期的关键技术

1. 超维度天线技术

超维度天线（xDimension MIMO，xD-MIMO）技术是 Massive MIMO 技术的演进，其不仅包括天线规模的进一步扩大，还包括新型系统架构、新的实现方式和智能化处理方式等。xD-MIMO 的使用不限于通信，还包括感知、高维度定位等。

新型系统架构包括分布式 xD-MIMO 系统和基于智能超表面（Reconfigurable Intelligent Surface，RIS）的 xD-MIMO 系统等。分布式 xD-MIMO 系统采用灵活的分布式部署，通过各分布式节点间智能高效的协作进行资源调度和传输，可以有效消除用户的边界感、扩大覆盖范围、减小能耗。基于 RIS 的 xD-MIMO 系统可以通过智能超表面实现 xD-MIMO 的集中式或分布式传输，以及传播环境的智能重构。

新的实现方式包括轨道角动量和全息 MIMO。利用轨道角动量不同模态间的正交性进行传输，可以进一步扩展传统 MIMO 的维度；全息 MIMO 根据电磁波的干涉原理记录空间电磁场，通过全息信号处理方式将空间维度真正扩展到三维空间。

xD-MIMO 的智能化处理方式体现在各方面，包括智能化波束赋形、信号处理等，未来将充分挖掘 xD-MIMO 技术的潜力，使其性能达到前所未有的高度。

2. 空天地融合技术

针对天基多层子网和地面蜂窝多层子网组成的多重形态立体异构空天地融合通信网络，期望构建包含统一空中接口传输协议和组网协议的服务化架构，以满足不同部署场景和多样化业务需求。未来用户只需要携带一部终端，就可以实现全球无缝漫游和无感知切换。

空天地融合技术应具备简洁、敏捷、开放、集约和资源随选等特点，尽量减少网络层级和接口，降低运营和维护的复杂度。此外，面对空天地在传输时延、多普勒频移等方面差异极大的信道环境，网络应能高效利用时、频、空、功率等多维资源优化传输性能。应对这些挑战，需要建立弹性可重构的网络架构、高效的天基计算、空天地统一的资源管控机制、高效灵活的移动性管理与路由机制，进行空天地的智能频谱共享、极简极智接入、多波束协同传输，以及统一的波形、多址、编码设计。

3. 智能无线技术

以机器学习为代表的人工智能技术将与 6G 系统的各层面（如网元设计、协议建立、网络侧和空中接口等）深度融合，形成智能无线技术，增强移动通信系统的整体性能和定制化性能、提高自治能力，并有效降低成本。例如，可以探索新型调制技术、提高频谱利用率、更好地实现频谱感知和共享、动态进行网元功能与能力的调整、适应通信场景的变化等。

与 5G 以外挂形式引入人工智能的方式不同，6G 将采用网络内生的智能无线技术实现无线网络智能化。鉴于算力由计算中心向网络边缘、用户终端不断扩展，智能无线技术将呈现分布式发展趋势，核心网、基站、终端等网元将具备不同程度的智能，借助联邦学习、迁移学习等新兴机器学习技术，共同提高 6G 网络的智能化水平。

4. 通信感知一体化技术

5G 系统可以为感知数据提供传输通道。在 6G 系统中，无线感知和无线通信可以实现深度融合，采用被动感知、主动感知、交互感知等方式与无线通信互补。例如，可以利用无线感知技术获取需要传输的原始图像或对应的数据信息，而获取的信息也可以进一步辅助通信的接入和管理。

在 6G 系统中，可以进一步有效利用太赫兹、可见光等高频资源，通过通信和感知模块的融合及波形和多天线技术的协同，实现对环境、位置、动作的精准感知，同时还可以缩小设备体积。但通信与感知技术的融合也会对移动通信系统的接收机和发射机提出更大挑战，如采用与雷达类似的主动感知技术需要接收机和发射机支持全双工通信等。

5. 演进的多址接入技术

多址接入技术在过去的几代移动通信系统中均具有重要作用。通过该技术，可以使更多用户同时接入网络，有效增大系统容量。但当前的多址接入技术在标准化和产品实现中仍然偏向正交，即采用完全正交的时间、频率资源来区分用户，使得资源的利用有限且不够灵活，对于 6G 来说，其具有一定的局限性。为了使更多用户同时接入且满足相应场景的通信需求，需要采用演进的多址接入技术（如非正交多址技术及其相应的增强技术等），以提高资源利用率及接入和传输的成功率，同时有利于更高优先级用户集合的接入。通过优化的空中接口设计，非正交多址技术可以有效增加接入的用户数量，减小传输时延，特别是有利于垂直行业中小包数据的突发传输。

思考题与习题

1．简述 5G 的标准化进程。

2．5G 的 3 个典型应用场景分别是什么，其具体应用有哪些？

3．5G 网络架构的演进方式有哪些，特点是什么？

4．5G 的哪些关键技术可以有效增大系统容量？

5．SDN 和 NFV 的概念是什么，两者有什么关联？

6．5G 有哪些应用？你觉得哪几项对生活的改变是最大的，为什么？

7．6G 扩展了哪些应用场景？

8．6G 预期的关键技术有哪些，这些关键技术的出发点是什么，要解决什么问题？

参 考 文 献

[1]　项立刚．5G 时代[M]．北京：中国人民大学出版社, 2019．

[2]　李正茂, 王晓云, 张同须．5G+：5G 如何改变社会[M]．北京：中信出版集团, 2019．

[3]　刘光毅, 方敏, 关皓．5G 移动通信系统：从演进到革命[M]．北京：人民邮电出版社, 2016．

[4]　Chen S, Qin F, Hu B, et al．User-Centric Ultra-Dense Networks for 5G: Challenges, Methodologies, and Directions[J]．IEEE Wireless Communications, 2016, 23(2):78-85．

[5]　黄劲安, 曾哲君, 蔡子华．迈向 5G——从关键技术到网络部署[M]．北京：人民邮电出版社, 2018．

[6]　小火车, 好多鱼．大话 5G[M]．北京：电子工业出版社, 2016．

[7]　李晓辉, 刘晋东, 李丹涛, 等．从 LTE 到 5G 移动通信系统——技术原理及其 LabVIEW 实现[M]．北京：清华大学出版社, 2020．

[8]　王映民, 孙韶辉, 等．5G 移动通信系统设计与标准详解[M]．北京：人民邮电出版社, 2020．

[9]　孙松林．5G 时代——经济增长新引擎[M]．北京：中信出版集团, 2019．